活出自我

你的努力终将成就更好的自己

冯化志◎编著

民主与建设出版社

· 北京 ·

© 民主与建设出版社，2020

图书在版编目（CIP）数据

活出自我 / 冯化志编著 . -- 北京 : 民主与建设出
版社，2020.4

（活出自我）

ISBN 978-7-5139-2943-1

Ⅰ . ①活… Ⅱ . ①冯… Ⅲ . ①成功心理—通俗读物

Ⅳ . ① B848.4-49

中国版本图书馆 CIP 数据核字 (2020) 第 033534 号

你的努力终将成就更好的自己

NI DE NU LI ZHONG JIANG CHENG JIU GENG HAO DE ZI JI

出 版 人	李声笑
编 著	冯化志
责任编辑	刘树民
封面设计	三石工作室
出版发行	民主与建设出版社有限责任公司
电 话	（010）59417747 59419778
社 址	北京市海淀区西三环中路 10 号望海楼 E 座 7 层
邮 编	100142
印 刷	三河市天润建兴印务有限公司
版 次	2020 年 4 月第 1 版
印 次	2020 年 4 月第 1 次印刷
开 本	850 毫米 × 1168 毫米　1/32
印 张	25
字 数	605 千字
书 号	ISBN 978-7-5139-2943-1
定 价	168.00 元（全五册）

注：如有印、装质量问题，请与出版社联系。

前　言

现代社会，随着物质资料的极大丰富，生活节奏的日益加快，人们的精神需求也变得越来越多样化，越来越任性。每个人都想过自己想过的生活，做自己想做的事。但是，并不是任何人都拥有随意任性的权利。因为，任何的任性，都需要你有与之相匹配的能力。没有能力的任性，只会让自己陷入困境甚至绝境。

我们必须明白一个道理：一个人的能力越大，你所能够享受的权利也会越大，但是也请记住一点，就是你同时要承担的责任也会越大。正如梁启超所说"人生须知负责任的苦处，才能知道尽责任的乐趣"。

是的，任性可以让你过上随心所欲的生活，但是那种生活却只会浪费你的生命，滋生你的懒惰与乖戾的性格，它只会让你沉沦在自我毁灭的道路上，而让你身边的一切慢慢远离你，直至有一天，你会变得一无所有。

当然，并不是所有的任性都是负面的，都是不允许的，毕竟人是有思想的，是会有情绪波动的，总会有需要发泄的时候，而这时稍微任性一下也是未尝不可。比如疯狂的购物，比如来一次说走就

走的旅行等等，但是有一点我们必须明白，这种任性的实现，却是要匹配你现实中的实力的，若是连温饱都解决不了，那么又何谈去任性呢？

所以，如果没有相应的能力去匹配你的任性，最好收起你的脾气，做一个循规蹈矩的人。而如果你想要拥有这份能够适当任性的权利，那么从现在起就开始努力吧！去争取那份能够让你任性的能力。相信你只要肯付出汗水，愿意去为自己的任性买单，就一定会走向成功，赢取一个美好的未来。

为了使年轻朋友的任性能够匹配自己的能力，我们特地编撰了"活出自我"丛书，分别是《别让生活耗尽你的美好》《戒了吧，拖延症》《别在该动脑子的时候动感情》《世界那么大我要去看看》《你的努力终将成就更好的自己》5本。该套书以简明的语言，朴实的道理，详细具体地讲述了该如何去奋斗，如何培养自己多方面能力的方法。相信通过对本书的阅读，一定会让我们的综合能力得到大幅度提升。只有通过淬炼的人生，才会是潇洒的人生；只有付出努力的人生，才能使我们想怎么任性就怎么任性！

目录

第一章

攀登成功的巅峰

成功是什么？如何达到成功的巅峰？

成功的机会在于个人，而不在于什么工作，唯有在选择之后努力经营，才能攀至人生的巅峰。无论你是否已经决定，还是事业或生活都已经在快速前进，希望你都能加入这趟旅程，收获更多的成功。

生命中错过的美好事物

先讲一个故事给大家听吧。

很久以前，在美丽如画的纽约市，住着一位叫约翰·希斯的商人。有一次，他要去波士顿，到机场买好机票，还有几分钟时间，他就走到电脑算命机旁边，踩上去扔了块铜板，结果掉下来的是一张命运卡，上面写着："你的名字叫约翰·希斯，体重一百八十八磅，正要搭两点二十分的飞机去波士顿。"

他深感意外，因为上面写得完全正确。他觉着是有人在开玩笑，于是又踩了上去，投了一个铜板，接着，又掉下来一张命运卡："你的名字还是约翰·希斯，体重仍是一百八十八磅，你还是要搭两点二十分的飞机去波士顿。"

他更讶异了。他相信是有人故意捣蛋，便决定捉弄一下对方。他到厕所换了衣服，再踩上算命机，投了铜板，命运卡又掉下来了："你的名字还是约翰·希斯，体重还是一百八十八磅——不过你刚刚错过了两点二十分的班机。"

这本书就是写给那些错过两点二十分的飞机，或者因故提早下飞机的人看的。换句话说，本书是为错过生命中许多美好事物的人写的，希望能帮助所有的人得到自己应得并且有能力得到的东西。

作者在书中字斟句酌，尽可能用对话的方式写作，像和你单独在房里面对面讨论你和你的未来一样。他希望读者把所有希望及乐观的信息当作对他们的勉励，如果真能如此，也就可以如愿以偿了。

在本书的开头，就已播下希望、成功、快乐、信心及热爱的种子，然后"灌溉""施肥"，甚至额外增加一些种子。等到看完本书，你就会收到自己辛苦经营的成果。

再强调一下，这是一本有关"积极精神态度"，或者"积极生命态度"的书。只有积极信仰的力量，才能使积极思想付诸积极行动。人是属于三度空间（肉体、灵魂、精神）的，因此，只有谈"完整的人"，才可能获得一切的成功。

挖掘自己的潜力

人们常说"一幅画胜过千言万语"，经过千千万万人的重述，就会有许多人相信。但金克拉却这样认为："相信这句话的人并没有仔细读过林肯的《盖茨堡演讲》或《人权法案》，也不了解诗篇第二十三篇或《主祷文》。这些作品都是文字——仅仅只是文字——但却改变了国家的命运，改写了历史，影响了人类。"

另外，还有必要谈一则文字对生命戏剧化影响的实例。几年前，电影《彼得大帝》正在拍摄时，有一幕令人永生难忘的戏。

饰演彼得大帝的演员正在布道，讲题是关于信仰与忠诚。戏拍完后，摄影机仍在继续工作，许多演员起身上前向主角的精彩演出祝贺，其中有一位女演员玛嘉丽·蓝伯仍深深融入剧情中（幸好摄影机并未停止转动），怎么说呢？一年多前，她因车祸受伤，寸步难行。她听了这些充满信心、鼓舞的演讲之后，竟然坚定了自己的信仰，站起来往前走，而且不停地走！

当然，有必要说明一点，并不是说本书的"文字"能改变世界，或者能造成像玛嘉丽·蓝伯一样神奇的效果。但我们深信，书中的哲理必能带给你彻底的改变。曾经有许多人证实，只要肯接受"更丰富的人生"的观念，就会得到极大的收益。

本书希望能"挖掘"你更大的潜力。请牢牢地记住：本书能带给你很大的收获，更重要的是能使你的心灵产生奇迹。

获得"神来之笔"

阅读本书时，希望你感到是在和朋友一起说话，问你问题，基于需要，大部分问题都是是非非。需要你回答问题时，希望你先想清楚。不要在乎看完这本书要多久，要关心能从书中获得什么。第一次看这本书的速度一定很快，但是多读几遍必能得到更多灵感和信息，使你早日享受更丰富的人生。

人们在听完演讲、读完书，或听过录音带之后，常会有豁然开朗之感，可能会想"这让我想起……"，或"我也联想到……"。但是事隔不久，当时一清二楚的念头，却无论如何都想不起来。大多数人都有这个通病，所以请你准备一本"神来之笔"笔记本。标准的速记本和本书大小相当，便于携带，颇为实用。

阅读本书时，把"神来之笔"笔记本放在旁边，因为本书必定会让你产生许多想法及意见。此时最好把书放到一旁，打开"神来之笔"笔记本，把你的想法及意见全部记下，这样可以使你成为积极参与的读者，更深入体会，更加专心。有一位诗人说得好："听过就忘了，看过又听过就会记住；但是，如果看过、听过又实际做过，就会真正了解并且成功。"

也有可能，第二次阅读本书时，你会发现自己比初次阅读时获得更多想法及意见。如果你在每天开始活动之前及晚上就寝前，都能花几分钟看这本书，就更能体会这一点了。

你阅读这本书时，请你准备红、黑两支笔，记下你的想法。初次阅读时，用红笔在"神来之笔"笔记本第一栏写下心得。以后重读本书，就把感想用黑笔写在上半部的第二栏中，从下往上写，就象征着你由生命中警戒的"红色"走向稳重的"黑色"。

同时，也希望你在认为特别有意义的地方划线注记。这些记号和笔记会使这本书成为专属你个人的书，让你永远保存它，随时作为参考。

这一点非常重要，因为任何人都不可能事事过目不忘，这也意味着你我将合著这本书，使它成为"我们的"书。这本书会相当成功，你说是吗？

文字的神奇力量

人们经常会因为过于重视实用性，变得没有效率。几年前，《达拉斯晨报》的编辑指出，"比尔"不适合做"威廉"的小名，"查理"也不适合代替"查尔斯"。有一位体育记者把他的话奉为神灵，在南卫公会大学的杜克·华克全盛时期，这位记者报导道：杜克·华克在第三季球赛中，竟然让比赛以"查尔斯马"结束，各位想必都同意，这个比喻会因为以"查尔斯"代替"查理"而失去某些意义。

最可笑的一个例子，是一位作者用电脑对林肯《盖茨堡演讲》所做的郑重其事的分析。事实上，这篇讲稿只有362个字，而且其中302个都是单音节。全文简单明了，但却铿锵有力、深入人心。

然而，电脑却对这篇千古名文严加批评，例如原文以气势取盛的"Four score and seven years"（四个二十年又七年）被斥为"咬文嚼字、冗长累赘，不如'八十七年'来得直截了当"。其实只要对英文稍有了解的人都知道，后者绝没有前者那么打动人心。

林肯说："我们正在进行伟大的内战。"电脑却认为"伟大"一词并不恰当。尽管这一场战争使得646392人受伤，包括364511人丧生。又认为"美国人无法忘怀盖茨堡之役"这句话有点消极。

相信大家都同意，流利的文字、戏剧化的表现手法，再充分结合感情、逻辑及一般常识，远比机械式的言词动人心弦。动动脑筋多想一想，充分掌握、发挥文字的力量，你也能对人类造成很大的影响。

怎么定义美梦成真

成功包含健康、财富与快乐，而诚实、美德、信心、正直、爱与忠心，则是成功必备的要素。当你在人生旅途中时，只要和其中任何一项原则妥协，你就会发现自己到头来一无所有。如果你使用欺瞒诈骗的手段，也许会得到财富，但真正的朋友却越来越少，心情也难以平静，绝对称不上成功。有人说："唯有步步踏实，才能登上高峰。"即使你挣得万贯家财，却因此失去了健康，就算不上成功；为了升官而忽略了家庭，也不能称为成功。这些生不带来、死不带走的世俗之物将来要留给谁呢？

金克拉曾研究过许多成功的人，相信这些要素是他们最重要的武器。面对危机时，如果我们拥有良好的信誉，我们所往来的对象，以及维系我们健康、财富与快乐的人，便会乐于支持我们，和我们合作。能力固然重要，但信用是关键。

然而，在现实生活中却有相当一部分人，他们头脑聪明、口才好、满腹才华，却往往一心只想赚钱，只想钻法律的漏洞。他们老是在找寻"好生意""好赚的钱"，却不会有太大成就，因为他们没有可靠的基础。

还有一种人，虽然建立了正确的基础，却只能建地下室或鸡舍。他们多半不能发挥天赋，求得更丰富的生活。另外一些人根本不了解，成功机会在于个人，而不在于什么工作，唯有打好基础，才能一步一步地攀上高峰。他们不明白成功与快乐并非偶然，而是在选择之后努力经营出来的。

现在请把你希望一生中得到的东西一一列出，以后也可以再加以补充。刚开始，你或许想有更多好朋友、个人更成长、身体更健康、更富有、更快乐、更安全，有更多闲暇、升迁机会更多、心灵更平静、得到更多真爱、更能干、对人类更有贡献。

也许你还有其他想要的东西，但是只要拥有以上这些东西，人生一定会更丰富、更有意义，目前，你有可能尚未拥有你渴望的一切，希望未来能达到目标。值得庆幸的是，这些东西都不是空想，只要肯努力，你会比梦想中更早得到这一切。虽说强调这些是可以达到的目标，但是正如成为举重选手之前必须先锻炼肌肉一样，你也必须先具备或培养某些特性，才能得到那些你想得到或应该得到的东西。

"爬树"秘诀的启迪

相信你一定可以得到前面所说的"好东西"，但下面六个步骤是绝对必要的。棒球选手如果不一一踩垒，就会被判出局；你如果不一一实现这些步骤，也同样会"出局"。

狄克·贾德纳是一位杰出的销售专家，他曾举例强调这六个步骤的重要性：刚认识一个"好女孩"就想吻她的男孩，绝对不会被这个女孩列入认真考虑的对象；刚学会算数的学生就想马上学几何，无异于自找麻烦；刚刚自我介绍完就想签订单的推销员，绝对做不成生意。上面的追求者、学生和推销员，都是因为想要一步登天而失败。如果他们能按部就班地来，成功的机会就会很大。

有些人的确动作比其他人迅速，但是只要你一步一步来，必定可以得到你真正想要的东西。踏上成功这座阶梯之前，第一步，要完善健全的自我形象。第二步，要确认他人价值、能力，以及分工合作的必要及效率。第三步，要确立目标。盖房子必须有计划，建构人生更少不了计划或目标。第四和第五步，是要有"正确"的精神态度、乐于工作。从本书中学会真正"享受"代价，而非"付出"代价。这么说，是因为成功代价远比失败低得多。只要把生命中的成败做比较，就清楚了。但请你不要误会，工作是绝对必要的，至于引以为苦或乐此不疲，就在于各人的想法了。

第六步是要有出人头地的雄心。你必须有许许多多"心愿"，并且生活在自由制度下，才能掌握自己的命运。

你已经具备了成功所需的一切特点：你有几分信心、正直、诚实、爱和忠诚；你喜欢自己和朋友；你有目标，有正确的态度，认真工作，而且还有一点愿望。你真正需要的，只是善于利用现有的一切，让所有特点尽情发挥。你运用得越多，可以开发的资源就越多。是的，成功只需要全心全意地投入——这个条件也是你已经拥有的。

下面两个故事充分说明了这个道理。有一对年轻夫妇在乡间迷了路，看到一个老农，就停车上前请教："先生，请问这条路可以到什么地方？"老农毫不迟疑地回答："孩子，只要方向正确，这条路可以带你到世上任何你想去的地方。"

一位年轻的主管把未处理完的公事带回家处理，他那5岁的儿子每隔几分钟就会打断他的思路。几次过后，这位主管看到晚报上有一幅地图，就把地图撕成很多块，叫儿子重新拼好。他认为这下可以清静一会儿，让他做完工作了。谁知不到三分钟，小家伙就跑来告诉他拼好了。这位主管深感意外，问他怎么会这么快。小家伙回答："反面有一个人头，我把纸反过来，把人头拼好，世界就拼好了。"不用说，你把"自己"料理好，你的世界也就没问题了。

试想：虽然你必须一步步走向人生的巅峰，但是却不必在阶梯上筑巢。有人说："爬橡树有两种方法，一种是持续往上爬，一种是坐在树杈上。"本书的目的就是教导你如何"爬树"。

成功的信念与态度

玛丽·柯罗丝丽常说："一个有坚定信念的人，胜过一百个只有兴趣的人。"有坚定的信念，才能持之以恒，完成预定的计划。一个有坚定信念的推销员，对自己推销的产品有信心，因此态度、肢体语言、声音、表情等方面就能反映出这种态度，会使顾客感觉产品确有价值，十有八九会购买——不是因为对产品或服务有信心，而是因为相信这位推销员。

人的感情是会感染的，如果说勇气经常会感染他人，坚定的信念也同样具有传染性。对自己所传授的知识有坚定信心的老师，必定能够让学生具有同样的信心。玛·凯·艾许曾说过："很多人都因为别人对他们的深切期望，而达到出乎自己意料的成就。"简单地说，就是因为别人对自己的信念，使自己产生信心，有了更高的成就。

是的，信心是由于相信及知道自己所宣传、从事或推广的东西绝对正确而产生的。这些信念感染了你周围的人，那些人和社会都会因此获益。

一个有坚定信念的人，必定会把这些信念传递给他人。一个有坚定信念的伟大领袖，必定能以他的坚定信念吸引许多信服他的人。同时，有坚定信念的人一定会乐于工作，并且远比那些缺乏信念的人更成功。

请相信这个理念，培养你的信念，全身心地投入。坚定的信念远比广博的知识更具有说服力。约翰·麦斯威尔说："千万不要低估态度的力量，因为它足以反映真实的自我。它源于体内，展现于外。它是我们最好的朋友，也是最可怕的敌人。它比语言更坦白、更真实，它是决定我们吸引人或引人憎恶的关键。唯有表现于外，它才会感到满足。它是我们过去的记录者、现在的代言人，也是未来的预言家。"

许多人都说"态度"比"事实"更重要。根据研究，能不能找到工作，能不能找到好工作，与态度有85%的关系。

态度是学习的关键，它影响着人们的人际关系，以及事业的晋升。具有正确态度的学生，十分乐于主动学习，而不是只求及格。具有正确态度的工人，会尽力把工作做好，而不只是应付。具有正确态度的丈夫或妻子，遇到困难的处境，能够以更有效的方式处理，使夫妻关系更稳固。具有正确态度的医生，能够更善于帮助患者克服疾病。

面对两个条件相同的运动选手，教练必然会选择态度好的那个上场。雇主选择员工，任何人选择配偶，也都是同样的道理。

开启成功的钥匙

金克拉在其著作中列举了许多故事，因为他相信生命本身就是一个连续不断的故事。他也尽一切努力吸引你的注意，使你全神贯注。

理由很简单，你每分钟大约阅读200～400字，但是你的头脑每分钟却能运作800～1800字。通常，我们都会用许多不相干的思想来填补其中的空白。另外，你阅读、学习的速度也经常改变，常常会心不在焉，甚至看了好几页书都不知所云。

例如，你看这本书时，不知道中途放下书多少次去做别的事：照顾孩子、上班、购东西、看足球赛或者上洗手间。不信的话，随便翻到你看过的任何一页，仔仔细细地再看一次，都可能发现第一次没有注意到的文字、思想或观念。这并不是说你头脑不如人，事实上越聪明人越容易发生这种现象。而且，越聪明、越有野心的人，将来会越努力改善这种情形。

你如果知道自己会在看书途中分心做别的事，就更应该采纳这意见，用笔划上重点。如果你也把这些感想和心得记在"神来之笔"笔记本中，就真的成为"积极"的读者，而不是"消极"的读者了。日后复习时，既方便又容易抓住重点。美国某著名大学从研究中发现，人们所接触的新资讯，两星期之后，只留下2%的记忆。但是如果连续接触同样的资讯六天，就可以记住62%。更重要的是，接触同一资讯的次数越多，就越可能付诸行动。事实上，行动正是学习的表现。"有信心却不能表现，等于没有信心"，学习了却不付诸行动，等于没有学习。

金克拉曾说过："我提出一项看法时，很多人都会点头表示早已知道或听过。这时，我很想停下来，问问他们有没有实际去做，因为光是知道理论，却不能付诸行动，还不如不学。不肯看书的人和不会看书的人并没有差别。了解成功的原则却不加以运用，和不懂这些原则的人也没有区别。看到这里，你应该会'想要'采取行动了吧?"

如果有人回答"对"，金克拉就说："恭喜! 恭喜! 你成功了!"因为成功并非目的，而是一种过程，是前进的方向。你不但已经上路了，而且方向正确。你和大多数人不同，所以他满心欢喜地恭喜你。

金克拉认为，大多数人必须等一切就绪之后才采取行动，他们不愿意努力克服困难，因为他们不了解，只有克服困难才会有收获。他们不愿意对自己下注，对他们而言，生命的球赛早已经结束，他们早已输了。他们的墓志铭上会写着："生于1942年，死于1974年，葬于1997（或他们心跳停止的年份）。"这些人就像厨师的饼干一样。

在金克拉小时候，他住在密西西比州亚如市，隔壁人家相当富有。他知道他们很有钱，因为他们不但有厨师，而且厨师还可以另外弄点心吃。19世纪30年代，这就表示相当富有了。

有一天，他在厨子那儿吃午餐，他总会千方百计设法过去吃顿饭。事实上，他们家其实有很多东西可吃，但是他每次要再添第二盘时，家人都会说："不行，你已经吃很多了。"厨师捧出一盘扁得像钱币一样的饼干，金克拉问："莫德，这些饼干怎么搞的？"她笑着说："本来要发起来的，可惜始终发不起来。"

你认识像这样功亏一篑的人吗？你认识"等小孩放学（或上学）再做某件事"的人吗？他们也许会等"天冷（或天气暖和）了"再做某件事，也许会"等圣诞节到了（或圣诞节过去）""等约翰修好车（漆好房子、剪好草地）"……再采取行动。总之，这些老是借口等"外在"事物改变之后，才会采取"内在"行动的人，永远都一事无成。

你认识一些三心二意想要减肥、回学校念书、选修演讲课程、美化草地、积极参与社区或教会活动的人吗？不幸的是，这些要等万事俱备再采取行动的人，根本永远不会付诸行动。要等所有绿灯都亮了才起步的人，永远也出不了家门，就像发不起来的饼干一样。

许许多多的案例证明"必须利用别人、欺骗别人才能成功"的观念是错误的。事实上,要证明成功之道没有别的途径,只有完完全全地诚实——对自己、对朋友都一样。

金克拉认为,只要尽力帮助别人得到他们想要的东西,就能够如愿得到一切你所想要的东西。无论你是推销员、医生、父亲、母亲、商人、学生、牧师、技工或政府官员,这都是不变的真理。

无论你已经有所决定或是还迟疑不决,甚至事业或生活都已经快速起飞,希望你能系紧安全带,准备登上人生的巅峰,这是一趟惊险刺激的旅程,比约翰·韦恩的西部片更刺激,比莎士比亚的戏剧更震撼,比马戏团更逗趣,路上充满爱与欢笑,能使你得到比所罗门王宝藏更丰富的收获。总之,这本书就是你开创未来的手册。

当然,你可以得到自己想要的东西,而不必盼望早已拥有的东西。只要有信心,就能成功,但是首先一定要有信心。继续往下看,必定会越来越有信心,越来越接近成功。

第二章
学会设定目标

　　你过去或现在的情况并不重要，你将来想获得什么成就才最重要。除非你对未来有伟大的抱负；否则，你终生将一事无成。因此，你必须要有目标，有了目标，内心的力量才会找到方向；漫无目标地漂泊将使你碌碌无为，后悔终身。

是缺少方向还是没时间

没有目标的人，就像没有舵的船，只能漂泊在失望与挫折的大海之中。法国著名的昆虫学者费伯赫，曾经用一种"前进毛虫"做实验。顾名思义，这种毛虫只会跟着前面的毛虫往前走。费伯赫小心地让毛虫绕着花盆围成一圈，花盆里是它们最爱吃的松针。毛虫绕着花盆不停地打转，转了七天七夜，终因疲倦而死。虽然食物近在咫尺，但是它们只知道盲从，终于饿死。

许多人也会犯同样的错误，一辈子都没有收获。他们只会盲目地跟着人群兜圈子，却与举手可得的财富擦身而过。他们为什么会这样，他们只有一个理由：别人都这么做。

下面故事里的老王就是一例。

老王的夫人叫他去买火腿，买回来之后，她怪他没叫肉贩子把火腿的末端切掉。老王问她为什么要切掉，她说因为她妈妈一向都是这么做。后来岳母来访，夫妻俩就问起这事，岳母说她也是从母亲那儿学来的，因此他们就决定向老祖母问清楚。祖母说，因为她的烤箱太小，一次烤不下，只好分做两次。老祖母做事有她的道理，你是否也一样呢？

大部分人有目标吗？显然没有。随便在街上拦下一个年轻人，问他："你现在做的什么事一定可以保证将来失败？"对方回过神来之后，很可能会说："这是怎么说话！我做每件事都是为了将来能成功！"事实往往不遂人愿。

一生都没有成功的人，是不是原本就希望失败呢？应该不是，只是他们根本没有任何计划。既然计划如此重要，为什么只有很少的人愿意把计划写下来呢？原因有四点：一是缺乏指引；二是不知如何着手；三是害怕无法达到目标，感到脸上无光；四是自我形象不良，觉得自己不配得到人生的美好事物，用不着白费工夫写下来。只要你肯用心汲取本书的理论及步骤，以上四项难题就能迎刃而解。

设定目标的危险度低于未定目标的危险度

如果你担心制定了目标却达不到，会让别人看笑话，不妨在告诉给朋友之前考量一下，只告诉相信、希望你会成功的朋友。还有一些人不愿意把目标写下来，一旦没有成功，也可以若无其事地说自己没有失败，因为原本就没有制定目标。

如果依照这种理论解释，船应该停在港口、飞机应该停在地面、房屋应该空着，这样才比较保险，因为船离开港口、飞机离开地面、屋子里住了人，都有发生"危险"的可能。问题是，船久停在港口会引来甲壳动物居住，飞机久不飞行更容易生锈，屋子空着更容易损坏。

不错，设定目标的确有危险性，但是没有目标，危险性更大。道理很简单，飞机是用来飞行的，船是用来航海的，房子是给人居住的，人生在世更是有目的的：那就是尽一己之力，做出对人类的贡献。

如何为目标努力

假如明天有一个老朋友打电话来，兴奋地说："我有个好消息给你，你可以免费跟我们公司到新加坡度假三天，一块钱都不必花。明天早上八点出发，还有两个空位。老板开他的私人飞机，载我们到他的海边别墅去住。"你的第一个反应很可能是：太棒了！——不过我有一大堆事要做，短短一天，这些事怎么可能做得完？

但是你还没答复友人，夫人就想到一个办法，建议你告诉朋友稍后再给他回话。挂上电话，夫人就开始动脑筋安排，你也拿出纸笔，把该做的事一一写下来，依重要顺序排好，还有一些事则交给别人处理。然后打电话告诉你的朋友："你知道吗？我把工作全都安排好了，可以跟你们一起去了。"

接下来的二十四小时中，你可以完成平常需要好几天才能完成的工作，对吗？

你的答案一定是肯定的！既然如此，明天——或者该说"每天"——为何不到新加坡度假呢？把你接下来三天中所要做的事列出来，假如要在一天内做完才能去度假。开始工作之前，你一定会动脑筋仔细计划，努力完成，必定会事半功倍。以后，随时去度假就不成问题了，从此以后，你的人生就有了方向。

人们经常抱怨没有时间，其实真正的问题是缺少方向。许多专家说，浪费时间跟谋杀一样有罪。仔细想想，应该说是

"自杀"，而不是"谋杀"。时间可能成为你的朋友，也可能变成你的敌人，关键就在于你如何去把握、应用了。

人生目标的重要性

在一场篮球冠军争夺赛中，两队都已经做过热身运动了，准备开始比赛。场中气氛热烈，队员们都感受到冠军赛的紧张气氛。他们回到休息室，教练最后给他们打气："各位，比赛就要开始了，今晚是决胜负的关键。记住，没有人会记得婚礼中的伴郎，也没有人记得第二名，只有第一名才是所有人眼里的主角。"

队员们个个满怀壮志地冲向球场，差点把门都撞坏了。但是他们一进球场立刻愣住了，代之而起的是失望、愤怒，因为篮球架上竟然没有球网。没有球网，怎么比赛篮球？谁知道球到底进了没有，每一队各得了多少分。事实上，没有球网根本无法比赛。因此，球网的确很重要，人生目标就是每个人自己的球网，你的球网准备好了吗？

美国的老人院有一个有趣的现象：假日或具有特殊意义的日子（例如生日、结婚纪念日）来临之前，死亡率就会骤然降低，许多人立下目标要再多活一个圣诞节，多活一个结婚周年或多过一次国庆等等。但节日一过，目标达到了，活下去的意愿就降低了，死亡率就急速上升。不错，只有生活有目标时，生命的延续才有意义。人人都知道目标的重要性，但是许多人仍然过着漫无目的的生活。

已故的麦斯威而·莫兹写过一本值得仔细玩味的书《心

理神经机械学》（Psycho-Cybernetics），书中文字浅显优美。莫兹认为人和脚踏车一样，如果不持续朝目标前进，就会摇摇摆摆地倒下去。

茱莉非常爱她的马"爱而兰"。但是她一度为了这匹马愤怒、伤心、失望、沮丧。为了一场马赛，她整整花了好几个星期洗刷、训练爱而兰。比赛当天，她早上三点就起床，为爱而兰做最后的修饰，把它弄得像艺术杰作一样。万事俱备之后，茱莉也打扮得像洋娃娃一样骑马进场。结果呢？什么奖也没得到，因为爱而兰根本不肯跳栏，所有的努力和梦想都化为泡影了。

遇到挫折时，你可以束手待毙，放弃所有希望；也可以打起精神，全力冲刺，争取你想要的东西。16岁的茱莉·金克拉为了自己的目标——冠军马——决心先放手。她登报出售爱而兰，拒绝讨价还价，终于按她所要求的价格售出。她把这笔钱存进银行，开始寻找另一匹马。她遍访当地的马场，参观马展，阅读所有相关刊物，最后终于找到一匹叫伦姆的种马，问题是价钱远比她卖掉爱而兰的钱高得多。茱莉认为自己努力所争取到的东西才可贵，她达到目标的原则是：努力向看得见的目标前进，达到短期目标之后，眼光必能看得更远。于是她用现有的钱付了伦姆的头期款，再拟出分期付款计划买下伦姆。为了缴交分期付款的费用，她找了一份工作。她还自己花钱让伦姆受专业训练。不久，茱莉房间墙上的奖牌开始不断增加，她在伦姆身上所付出的代价，得到了四倍以上的回报。

茉莉的故事告诉我们，如果我们非常渴望得到某样东西，就必须立下目标去达成。只要有必胜的信心，什么问题都会迎刃而解。

金克拉曾搭机飞过尼加拉大瀑布上空。虽然瀑布远在好几里外，但是面对澎湃的巨流，仍然能感觉到它雄伟的气势。

看着那奔泻而下的水流，金克拉心中忽然掠过一种想法：几十年来，不知道有几亿吨的水流过这座180尺高的石壁，但是冲力一消失，却没有造成任何改变。有一天，有人经过详细计划之后，控制了部分庞大水力，把水引到某处，产生了极强大的电力，发动了工厂的转轮，照亮了千千万万户人家，生产了无数的产品。有了这股庞大的电力，工作机会增加了，儿童有了受教育的机会，道路、医院、大楼也因此兴建，好处很多。这一切都是因为一个人有计划地运用尼加拉瀑布的水，导向一个特定的目标，这正是你所应该做的。

确定你想要什么

你的目标是什么？

字典上对"目标"的解释是目的、计划、希望做的事。不论你是谁、在什么地方、做什么事，都应该要有目标。J.C.潘尼说："给我一个有目标的小职员，我可以把他变成改变历史的人；给我一个没有目标的人，我可以把他变成一个小职员。"做母亲的应该有目标，推销员应该有目标，家庭主妇、学生、工人、医生、运动员也都应该有目标。你或许无法像尼加拉瀑布那样照亮整个城市，但是只要有了明确的目标，你就能发挥自己的力量。

你知道艾德蒙·希乐礼爵士如何成为首先登上珠穆朗玛峰的人吗？如果他告诉你，他有一天出门散步，走着走着就发现自己站在世界的最高峰上，你会相信吗？如果通用汽车公司董事长告诉你，他只是一直埋头工作，不断升级，就有了今天的地位，你会相信吗？你当然会觉得很可笑，但是，如果你认为自己不需要设定任何目标就可以有所成就，不是更可笑吗？

所罗门王告诉我们："贪爱银子的，不因银子知足。"也就是说，如果我们让金钱支配一切，那么无论有多少钱都不会满足。过去两年中，有五位亿万富翁去世，他们临死之前都还在拼命赚钱，就是最好的例证。有人问某人，他认为巨富霍华·休斯留下多少遗产，他回答："全部。"如果有人问你准备留下多少遗产，不妨告诉他："跟霍华·休斯一样多。"

当然，金钱是衡量个人努力的指标。无论你从事哪一行，付出越多，所得的金钱报酬也越多。我们都知道，需要用钱时，几乎没有任何其他东西可以取代它。

现在，谈另一个梦想成真的故事。

狄克斯特·雅格是个精力充沛、充满爱心、具有坚定信仰的年轻人。

他急于踏上成功之路，因此放弃耶鲁大学的奖学金。他最初做汽水生意，相当成功，因此深信自由办企业能够致富。后来他又相继推销过多种产品，都相当成功。1965年加入安丽公司之后，他更是大展宏图。但是，雅格的成功不只是由于工作勤奋、充满热忱，更是由于他为人坦诚、具有爱心、忠于工作，以及坚定的信心。梦想之花早就存在他的心中，他辛勤灌溉，终于开花结果。

雅格夫妇甘为这份事业付出所有的一切，也得到极大的回报。雅格太太对他们的成功做了如下的结论："如果你对必须付出的努力自我设限，也就限制了未来的成就。"他们夫妇就因为毫无限度地付出，因此获得了不可限量的成功。

雅格夫妇对自己的梦想意志坚定，锲而不舍。他们努力的过程告诉我们，只要你尽力帮助许多人得到他们想要的东西，就能得到自己想要的一切。更重要的是，雅格和他美丽的妻子、七个健康快乐的孩子比以往更加亲密。

现在，你应该已经了解了设定目标的重要性，接下来要探讨的是目标的特性、设定目标的方法，以及达成目标的步骤。

做出好的决定

设定目标之后，就会产生勇往直前的动力。本书列举了来自各阶层的人成功的例子，只要你仔细读他们的故事，学习他们的毅力，保证你会产生许多奇妙的想法。

目标要"大"，才能使你产生达成目标的壮志。如果你的目标只是一些普普通通的事，例如付房屋货款、汽车货款，或者平平安安地过日子，绝对不会激起你的雄心。只有拥有正确的目标，才能激发潜能加以完成。

大家都知道，运动员遇到强劲的对手时，往往表现得特别好。同样地，如果你把自己的对手——目标——定得越强大，就会表现得越好。

如果你每天都为了达成目标而不懈努力，晚上就寝时，就可以心安理得地告诉自己："今天我尽全力了。"然后安安稳稳地睡个好觉。有位智者曾说："不要订小计划，因为小计划不能激发人的灵魂。"

你用什么眼光去看人生，就会得到什么样的收获。把铁条做成门把，可以值1美元，把它制成马蹄，可以值50美元。但是同样一根铁除去杂质，加以精练，做成名表里的主发条，身价就高达25万美元了。

你看铁条的眼光，决定了它的用途及价值；你看自己的眼光，也决定了你一生的成就。不论从事哪一行业，目标一定要大。当然，目标的大小因人而异。布克·T.华盛顿说："衡量成就的大小，要看在达到目标的过程中，必须克服多少障碍。"

目标必须要大

小时候，金克拉在一家杂货店打工，旁边是一个兼卖咖啡和花生的小摊，摊主人叫乔叔。每次乔叔煮咖啡、烤花生时，香味总会引来许多人。他烤好花生，倒在一个大纸盒里，再分别装进小袋子，一袋卖一毛钱。每次装满一袋，他就从袋子里拿出两颗，放进另一个小盒子。大纸盒装完之后，小纸盒里的花生往往还可以多装几袋。乔叔出身贫寒，一直到死都过得很困苦。他整天都想着花生，但花生并不是他的问题。

金克拉在南卡罗莱纳州大学上课时，看到一个永远难忘的招牌，上面写着："老柯花生——保证是镇上最差的。"他好奇地打听，镇上人告诉他，老柯刚开始卖花生时就用这句标语。大家都觉得很好笑，但是仍然照样买他的花生。后来，他在装花生的袋子上印上这句话，大家觉得更好笑了，但是还是照样买他的花生。老柯的生意越做越好，他雇了一些孩子在街上卖花生，名气也越来越大，并且申请了"老柯花生"的专利。现在，老柯成功富有，他也同样一辈子与花生为伍。

这两个人的工作性质及环境相似，但是一位贫困一生，另一位出身贫苦，却不甘长此以往。他们卖同样的东西，但是对前途却抱着不同的目标，因此也有了完全不同的人生。

一个人从事哪一行，和是否富有并没有绝对的关系。任何一种职业都可能致富，也可能穷困潦倒，有些经营加油站的人很富有，有些则面临破产；有些做生意的人发大财，也有些很落魄，类似的情形不胜枚举。个人要首先掌握机会，职业的影响只居于次要地位。能够全力以赴，才能把握工作中的机会。

任何一行都有人在努力奉献，因而赚了很多钱。也就是说，成败的关键不在于工作本身，而是看你对自己及工作特点持什么态度。目标一定要大，才能激发你的潜力。

目标必须是长远的

如果没有长远目标，可能因为一时受挫而心灰意冷。原因很简单，别人或许不那么在意你的成败。有时你会觉得别人故意挡住你的去路，事实上最大的障碍是你自己。别人或许可以暂时阻挡你——但是，只有你自己能改变你的一生。

有时候，环境会变得无法控制，如果没有长远目标，一时的打击可能会让你感到不能自拔。其实没有必要，你要学会乐观地面对各种顺境与逆境。你会发现不论障碍有多大，都可能成为通往成功的垫脚石。有了长远目标，就容易多了。只要朝看得见的短期目标前进，到达之后，可以继续把眼光向远处看。

如果要等十字路口的灯都变成绿灯才踏上旅途，就永远出不了门。

有一次，金克拉坐在洛杉矶飞往达拉斯的班机上。班机原定五点十五分起飞，但是一直延误到六点零三分。离开洛杉矶时，预定前往达拉斯，但是二十分钟后却因为风向与预报的不同，飞机有些偏离航道。等到机长稍做调整之后，又往达拉斯飞行。

飞机稍微偏离航道时，机长并没有调头回洛杉矶重新开始飞行。同样地，我们朝人生的目标前进时，也要适时适当地调整自己的方向。

设定长远目标之前，不要期望一开始就克服所有困难。

因为如果还没开始行动就要排除所有障碍，就不会有任何人愿意尝试任何事了。如果你早上出门上班之前，打电话问警察，是否绿灯全都亮了，他一定会觉得你是神经病。我们都知道，绿灯要一个个通过，同样地，障碍也要一一克服，总有一天能抵达目的地。

你是梦想家吗

如果你没有每天的目标，就是典型的梦想家。有梦想是好事，只要打下基础，日复一日，努力实现。已故的查理·柯伦说："成功的机会不会像尼加拉瀑布一样奔流而下，而是像涓涓细流一样缓缓滴下。"

想要成功，就必须每天都努力向目标迈进。举重选手一定要每天锻炼肌肉，上场时才能一举夺魁。父母一定要每天对子女进行身教，才能教出有规矩的好孩子。每天都要抱着比昨天更好的目标，才能得到更大的成就。要想改善环境，就要先改善自己，才能有所展望。

每天的目标是个性最好的指标，也是培养个性最好的方式。我们所有的努力、规矩、决心，都表现在这上面，长远目标在此暂时褪下了光环，让每天点点滴滴的努力建立起稳固的基础，让梦想实现。

如果你在一个烈日之下，让阳光透过高倍放大镜照着一箱剪报，但却不停地把放大镜前后左右移动，绝对没办法升起火来。但是，如果一动不动地对准报纸握着放大镜，阳光的热力就会集中起来，穿过透镜，燃起熊熊大火。

不论你有多少聪明才智，如果不能像放大镜一样对准目标发挥全力，就绝对不能得到与自己能力相当的成就。猎人一次只猎一只鸟，而不是一群鸟，不是吗？

设定目标的技巧，就在于能够确实针对特定事项详细列出。很多钱、很大的房子、高薪、做更好的太太……都太过笼统。例如，大房子可以再详细说明。如果不知道从何着手，可以多收集有关图片及说明，也可以参观各种样品房。

收集有关资料之后，确实写下所希望的坪数、式样、地点、房间数、格局、颜色、环境等。

目标的负面影响

如果你的目标是下列三种情况之一，就可能会有负面影响。

第一，如果你不认为成功操在自己手中，一切都希望于"运气"，目标就会变成负面的。第二，如果你的目标太大或不切实际，也会变成负面的。第三，如果目标不合乎你的兴趣，而且目的是取悦他人，也会成为负面的目标。

如果你的目标太大或不切实际，就存在着必败的念头，到时别人就不能因为"不可能做到"的事责怪你。

下面这个故事中的年轻人，很可能就抱着这种心态。

几年前，金克拉到某一地区演讲时，一个20来岁，衣衫褴褛、文化水平不高的年轻人走向他，出乎意料地对他说："金克拉先生，你今天使我茅塞顿开，我想跟你握握手，告诉你你帮了我什么忙。"金克拉当然鼓励他往下说，问道："我帮了你什么忙？"他的兴奋之情溢于言表，说道："你帮我赚了100万美元。"金克拉回答："太好了，希望我也能和你一起分享。"他略带苦恼地说："其实我还在准备，希望今年能达成目标。"

这下子金克拉可为难了，是当头浇他一盆冷水，还是让他继续做这个不可能的梦呢？一年赚100万，等于每周赚2万。一个穷困潦倒、教育程度不高的年轻人，一年要赚这么多钱，实在有点异想天开，何况他连最起码的2000元本金都没有。过去的二十五年中，他连2000美元都赚不到，现在却准备在一年之中赚到五百倍的钱！

如果目标大得不切实际，失败的打击可能会使你一蹶不振。因此，目标设得不要高不可攀。

如果目标与你的兴趣不符，只是为了取悦别人，难免会心生怨恨，阻碍你的成功。

另一个造成负面影响的因素，是存有侥幸心理。凡是能够成功的人，都具有明确的目标，能发挥所长，全力以赴，努力不懈。如果你希望成功，也应该向他们看齐。

清点你所拥有的

已经谈过目标的重要性了，但是你会发现，达到目标比设定目标容易，只要能设定恰当的目标，就等于成功了一半，因为从目标中可以看出你有信心去实现它。只要有信心，成功就在望了。

下面以推销为例来说明，希望你能有所感悟。

推销员要创造好的业绩，势必要有目标。无论有多少经验，都必须要有记录来设定大而合理的目标。如果你不知道自己的立足点何在，即使世上最详尽的地图，也无法指引你到任何地方。做任何事都要有起点，记录可以帮你建立起点。每天花几分钟，连续做三十天记录，就可以了解你真正的生产力、工作能力及运用时间的效率。因为做记录的关系，你会发现后半个月比前半个月的成绩好。这三十天的记录务必诚实，因为它关系着你的未来。

做记录必须注意以下几个步骤：第一，记下你睡醒、起床、开始工作的时间；第二，记下你每天用餐、吃点心、打电话、处理其他私事的时间；第三，记录和顾客约谈的电话、顾客突然来访、为顾客提供服务所打的电话、商品展示、与顾客当面接触的时间，以及你的销售业绩；第四，记录你下班后为工作所花的额外时间。最初几天做起来也许有些困难，但是一旦成为习惯之后，业绩就会随之上升。

等到建立起自己的模式之后，就很容易改掉现有的缺点。你可以从过去的记录中，找出工作状况最好的日子、星期、月份及季节，作为日后的参考。目标要明确、远大。每个月检讨一次目标，最好是发现工作能力攀升而把目标调高，不是因为无法达到而一再降低。

下面是一些需要注意的事项：第一，不要好高骛远，如果你原本业绩平平，不要一下子想和公司的销售冠军一比高下；第二，和业绩比你好的人比较，而不是和业绩最高的人较量。如果能做一双重挑战——一方面和业绩比你好的人比较，一方面和你自己最好的表现比较，这样一定会有收获，既有良好的业绩，又有优厚的收入。当然，只要不断向业绩比你好的那个人挑战，最后才会没有人比你更好，你就会成为业绩最好的推销员了。

把你最想要的、最期望的东西写下来，也许你会说："我想要的东西太多了，要三天才写得完。"一旦真的动笔，你会发现或许要不了那么多时间。

把你想要的东西依重要性顺序写下，也许你会同时有好几个目标，例如在高尔夫球俱乐部夺魁、在公司销售业绩领先等。然后，你就必须就这几条决定先后顺序，并把某些目标稍做调整。

接下来要做的是，是找出通往目标的障碍，拟订克服这些障碍的时间表及计划，如果没有障碍，你早就得到自己想要的一切了。大多数管理专家都相信，能够认清问题，就已经解决了一半，而且克服这些障碍的速度会比你预计的快得多。克服了通往某一个目标的障碍，其他问题也就很容易解决了。

前面提到的那个梦想一年赚100万美元的年轻人，应该像拳击选手一样，每次只向高他一等的对手挑战，一步步建立信心、吸取经验。许多拳击选手就是因为好高骛远，没有足够的经验就向顶尖高手挑战，因而失败了。

希望那个年轻人一步一步来，不要一下子把目标设得太高。不妨先调查公司员工的平均收入，把第一个月的目标定得比平均月薪稍低，建立起信心，因为信心是成功的基石。接下来，可以选择比他收入稍多的同事为目标，逐步击败。最后，必然会成为最优秀的员工，赚更多的钱。

只要这样按部就班朝目标前进，这个年轻人一定会走得更远、更快，也过得更快乐。

要有成功的灵魂

几年前的初冬，一个年轻的厨具推销员坐在金克拉的办公室，他们正在讨论第二年的计划。金克拉问他："你希望明年有多少业绩？"他笑着说："保证比今年好就是了。"金克拉说："太好了，你今年的业绩是多少？"他又笑笑，答道："其实我也不知道。"这个年轻人不了解自己的立足点，也不清楚自己过去的表现，只是靠着无知所产生的自信，就自以为知道未来的方向。

不幸的是，大多数人的情况也相去不远。他们不了解自己的现状，不清楚自己过去的成就，却都自认知道自己的方向。你也是这样的人吗？如果是，幸好你及时看了这本书。

听了那个年轻人的话，金克拉向他提出一个具有挑战性的问题："你想不想在厨具业名留青史？"他眼睛一亮，兴奋地问："我应该怎么做呢？"金克拉回答："很简单，只要打破公司的最高纪录就可以了。"这一回，他的反应冷淡多了。

"说得轻松，可是根本没有人能打破那个记录。"金克拉好奇地追问原因，他说那个记录根本就是伪造的。

这个年轻人以记录不实为失败的借口，金克拉向他保证记录绝对合法，并且刺激他说："既然有人可以创造纪录，就一定有人能打破。"动机是成功的灵魂，所以金克拉又用一些奖励来提起他的动机。金克拉告诉他，如果他打破这个空前的记录，公司会把他的照片和总经理的放在一起，他听了非常高兴。金克拉又进一步告诉他，公司会以他的照片做全国性的广告，他更高兴了。最后金克拉又说，公司会送给他一个金奖杯，尽管他对这些刺激都兴趣十足，但是仍然对自己能创造高峰业绩感到怀疑。

经过金克拉的再三鼓励，他终于带着迟疑的态度答应认真考虑一下。这一点非常重要，因为随随便便定下的目标一遇挫折就会放弃。

12月26日，这个年轻人打电话给金克拉。这辈子，"从我们见面之后，我就确实记录我所做的每一件事。我现在知道每次敲门推销、打电话推销、开展售会或打开自己样品箱时，可以做成多少生意，也知道每周、每天或每小时工作可以有多少业绩。"然后又激动地告诉金克拉："我快要破纪录了!"金克拉插嘴说："不对,应该说我'已经'破纪录了!"

这么说,是因为他从来未用过"如果"这两个字。在这一年中他发生了车祸,但是他没有说:"如果我的车子没撞毁,我就会破纪录了!"他所爱的两个人去世了,但是他没有说:"如果我家没有人去世,我就会破纪录。"十二月时,他的目标已经在望了,但是因为卖力工作,他的嗓子十分糟糕,医生警告他立即停止说话,他却做了一件事——换医生。他唯一的决定就是:"我一定要破纪录!"

过去,他每年的业绩从未超过34000美元。但是这一年当中,在同样地区,以相同的价格卖相同的产品,他的业绩却高达104000美元,是以往三倍以上的成绩。他当然打破了公司有史以来的最高纪录,公司也依照约定奖赏他,使他名利双收。

这个年轻人学会了安排、利用时间,知道每一分钟都值得把握,积少成多,每天多了一两小时可以利用,一周下来就多了8~10小时,一年就有四五百小时,比一般公务员整整多工作五十天。会有如此出色的成果,也就不足为奇了!

这个年轻人所做的,正是设定目标及完成目标所需要的一切原则:

(1)以记录来了解自己的现况。

(2)把一年、一个月及一天的目标都记录下来。

(3)目标非常明确。

(4)为了提高兴趣并向自己挑战,把目标定得很高,但在能力范围之内。

（5）有长远目标，不至于因为日常的小挫折而心灰意冷。

（6）把达到目标途中的障碍列出来，并且拟订克服障碍的计划。

（7）目标必须靠日积月累的努力完成。

（8）愿意做任何必要的努力去达到目标。

（9）坚信自己能够达到目标。

（10）在初期就已经预见自己能达到目标。

记住，一定要慎选和你分享目标的对象。和与你同样乐观、能给你信心的人分享目标，对你有帮助。反之，和那些对你没有信心、只会冷讽热嘲的人分享目标，对你必然有害无益。故事里的年轻人与家人分享他的目标，他们信任他，给予他支持。他也与其他人分享目标，因为他有自知之明，知道这样更容易促使自己达成目标。

这个例子虽然不一定适合每位读者，但是设立达到目标的原则却是相同的。有位母亲问道："目标这么多，我该怎么设定呢？"做母亲的一定要有远大的目标，包括教导子女如何在复杂的社会中生存，每一位都应该把教导子女快乐、健康、身心健全当作最大的目标。长远目标可以是"教导子女贡献社会"。

日常目标中最重要的一项，就是教导子女如何做事。中国有句俗话："给他一条鱼，不如教他钓鱼的方法。"可见做事懂得方法才是最重要的。教导孩子如何做事情，才是给孩子最好的礼物。

每个人的短期目标，应该都是今天尽力而为，但是明天要做得更好。未来才是你今后所要过的生活，如果能设定目标，依次奠定基石，必能筑起通往人生巅峰的阶梯。

洛莉·威而森在一篇文章中指出，"德州墨裔美人商会联合会"推选布兰姐·瑞斯为德州年度风云女性。这个有九千名会员的团体，每年选出一位事业经营最成功、最热心参与社区活动，以及最有专业贡献的职业妇女加以表扬。

瑞斯女士是一位独立的职业妇女，她拥有"革新电脑集团"。刚进企业界时，她在银行任过职。她后来发现，有一位女同事竟然在同一个工作岗位待了四十年，立刻断定这个工作并不适合她。她先申请进入纽奥良大学，后来又决定到海军服役，不过，她日后还是回去完成了大学学业。

除了在海军服役时学到种种与荣誉、纪律有关的事之外，云游四海的经历也使她体会到必须找寻自己的专长，并且加以投资。大学毕业后，她发现自己对电脑特别擅长，因此空闲时就为没有耐性的朋友设定电脑系统。起初是免费服务，她后来发现，可以利用电脑知识来创业。1986年，她在家乡纽奥良创立了第一个软件设计公司，后来迁到达拉斯。

身为海军老兵的布兰姐，见过各种场面及人物，因此面对一屋子大公司的大老板，她仍然可以泰然自若地展示她的电子设备。她无须向他们弯腰打恭，因为她能完全配合科技的趋

势，勇敢地迁移、扩展公司。有目共睹的优异成果，使她荣登
"德州年度风云女性"。

训练跳蚤的方法

　　我着手写《成功的阶梯》时，文思泉涌、轻轻松松地提
笔往下写。写到"你可以到自己想去的任何地方，做自己想做
的任何事，拥有自己想要的东西，成为自己理想的人"时，我
对自己的杰作非常满意，告诉自己说："写得真好！"不幸的
是，当时我腰围四十一寸，体重二百零二磅，我不禁犹豫了。
如果有读者问我是否真的相信自己的话，我该如何回答呢？

　　于是，我开始重新检讨自己说过的话，结果得到一个结
论：如果我真的相信，就应该照样去做；如果不相信，根本就
不该写出来。接着，我又扪心自问："老金！你现在的模样真
的合乎你的理想吗？"

　　我左思右想，只有两个办法，一个是删掉这段文字，一
个是改变自己。幸好达拉斯著名的"有氧运动中心"负责人库
柏博士对有氧运动研究精深。我在该中心做了五个小时的健康
检查，得到一个结论：对46岁的中年人而言，我的身体状况实
在糟透了。医生为我列了一份详细的计划表，我决心开始身体
力行。

回家之后，夫人得知我计划，立即为我选购了运动服和运动鞋。第二天早上闹钟一响，我立即跳下床，穿上漂亮的运动服和运动鞋，在我家四周跑了一圈。第三天，我在我家周围跑了一圈半。第四天跑了两圈……

有一天，我整整跑了半里路、一里路、一里半……我也开始做伏地挺身，由六个进步到八个、十个、二十个……现在我甚至可以做一个伏地挺身，在空中拍一下手。另外我也做仰卧起坐，第一天八下，接着是十下、二十下、四十下……

结果，我的腰围及体重一路下滑，再配合适当的饮食，体重由二百零二磅减少为一百六十五磅，腰围则由四十一寸减到三十四寸。

我写下那段话之后的十个月，终于达到自己理想的身材了。

上面这段金克拉的亲身经历，牵涉到设立目标及达到目标的所有原则。这个目标是其自愿设立的，它关系着他的信用，因此他有达到目标的足够动机。这个目标很大，大到对他构成真正的挑战，他必须全力以赴，才能达成目标。但是这个目标不至于大到无法实现。反过来说，这个目标也不会太小，如果他只打算减五磅，根本没有人会注意他变瘦了。然后，当他的体重和腰围依照计划日渐减少时，亲友为他都感到非常骄傲，他们的夸奖给了他很大的帮助。他的自信大增，体力也大为改善。他花了不少时间跑步，但是工作效率却大为增加。

目标的大小相当重要。金克拉的目标非常明确，而且是长期目标。从其决心减肥到预定出书，只有十个月的时间，想要减三十七磅，简直有点不可能。但是再一想，每个月只要减三点七磅，似乎又相当乐观。要想达到目标，乐观的态度是非常重要的。

减轻三十七磅体重似乎是个遥不可及的目标，但是把这个大目标细分成每天的短期目标，想要减肥就有希望。既然体重是一点一点增加的，只能同样一点一点地去减。每减一点体重，金克拉的自信就增加一分。不错，一次成功会带来下一次成功，因此设定目标时一定要仔细，让每天都享受一点成功的滋味。

只有不断完成短目标，才能达到长远目标。记住，每完成一天的目标，就接近长远目标一步了。

设定目标时，对时间也必须有合理的限制。时间太长容易使人失去兴趣，太短又无法做到，变得毫无意义。设定的时间必须合理可行，又具有相当挑战性。如果你也有减肥问题，想要一劳永逸地加以解决，就必须遵守下列原则：

第一，这个目标必须是你自己的决定，而不是受到别人的压力。

第二，请一位瘦医生为你检查。因为体重过重的医生很可能不了解过重的危险性，无法让你口服心服，也无法在你实行减肥计划期间给你必要的心理咨询。

第三，不要用减肥药来减轻体重，因为效果绝对不会持久。如果吃药有用的话，就不会有胖医生了。

第四，找一个积极的医生，请他告诉你"可以"吃什么，而不是"不要"吃什么。减肥已经够辛苦了，何必再用种种否定的思想来限制自己呢？不要急于在短时间内减轻体重，重要的是要养成良好的饮食习惯，吃得少，但是营养要均衡。

减肥免不了要挨饿，但是与其因为体重增加而哭丧着脸，不如因为体重减轻而笑着挨饿。记住，口腹之欲只是一时的满足，但是活得更苗条、更健美，才能带给你长远的快乐。

减肥的好处多不胜数，不过要强调的是，一旦达到你所设定的理想体重，你的自我形象及自信必定会突飞猛进，并且影响到生活的许多其他层面。记住，一次成功会带来另一次成功。

为什么把金克拉的经历说得如此详细呢？不是要劝你减肥，而是因为其中包含了设定目标及达到目标的所有原则：

第一，这个目标是他自己设定的，其他人并未给他任何压力。

第二，他的信用面临挑战，因为他告诉读者可以成为理想中的自己，但是当时的他并不合乎自己的理想。

第三，必须信守承诺才能达到目标。

第四，这个目标很大，势必要采取行动。

第五，目标很明确。

第六，目标是长期的。

第七，他把长远目标细分为每天减轻1.9盎司的小目标。

第八，有计划地向目标迈进。

第九，详细检查过身体，了解自己的现况。

现在再回头谈前面那个在一年之内业绩翻三倍的厨具推销员的事。

那位推销员是怎么使业绩蹿升的呢？因为他学会了"训练跳蚤"。你知道如何训练跳蚤吗？如果你不会，就没办法成功。这是毫无疑问。现在，你一定想知道如何训练跳蚤，对吗？

把跳蚤放在一个有盖的罐子里，跳蚤每次往上跳，就会碰到盖子。有趣的是，跳了几次之后，跳蚤就会自动调整往上跳的高度，不再碰到盖子。这时候，即使把盖子打开，它们也不会跳到罐子外面。也就是说，跳蚤一旦给自己设定了高度，就再也跳不出这个高度了。

你是悲观主义者吗

有的人原本有无限的雄心壮志，想要出书、征服高山、打破纪录，或者对社会有所贡献。但是碰了几次壁，绊了几次跤之后，"朋友"开始对你的遭遇及人生表示悲观，结果你也受到影响，变成悲观主义者了。

悲观主义者往往只会接受"未卜先知者"传递给他的失败借口，后来自己也学会为失败找理由。但是，前面所说的那位热诚敬业的厨具推销员却完全不同。他非但不为自己的失败找借口，反而能设立长远目标。他把长远目标细分为每日目标：每天卖350美元的餐具。结果，他的业绩在一年之内增长了三倍。

这个故事里的年轻人，就是金克拉的弟弟乔治。他以训练跳蚤的同样原理，成为美国数一数二的演说人才及推销训练专家，忙着教导别人如何打破自我的记录以及训练跳蚤。

罗杰·班尼斯特是位杰出的跳蚤训练专家。多年来，许多运动员都想达到在四分钟内跑完一英里的成绩，但是始终没有人能打破这个记录。因为每当运动员抬起脚跟预备起跑时，教练的声音就会在他耳边响起："你最好的成绩是四分零六秒，恐怕很难再进步了。"医生的声音也在他脑中回响："你想用四分钟跑完一英里？别胡闹了，你的心脏会从嘴巴里跳出来的。"就连媒体及一般人也都抱着悲观的态度，认为那是超出人类体能的范围，因此，运动员始终无法达到这个成绩。

罗杰却不这么想，他是个跳蚤训练专家，因此成为第一个以四分钟跑完一英里的成绩打破纪录的人。这一来，世界各地的好手知道人类体能还可以突破，纷纷奋起直追。不到六周，澳大利亚的约翰·蓝迪也打破四分钟的记录。时至今日，有五百多名选手在四分钟之内跑完一英里，包括一个37岁的人。四分钟记录之所以能被打破，不是因为人类体能大增，而是因为它只是心理障碍，并非真正无法突破的界限。

跳蚤训练专家就是能跳出瓶子的人。他有自发性的动机，不受任何外在消极态度影响。如果你希望在人生所有层面都成功，就必须做个合格跳蚤训练专家，所以再三阐述，希望你确实明白"跳蚤训练专家"的意义。

从未定过目标的人，突然之间要定出人生各方面的目标，可能会觉得相当吃力。乔治曾经对他手下的销售人员建议：如果你从未定过目标，最好先由一个短期目标入手。选出业绩最好的一个月，加上10%，就是一个月的目标。找出业绩最好的日子，写在案头可以一眼看见的地方。算出要达到上述目标的每日平均业绩，写在最佳业绩日的下面做个比较，后者一定比前者高，你就应该对第一个月的目标充满信心了。

一个月之后，如果达到目标，就可以设立一季的目标。如果目标没有达到，就重新设定目标。第一个目标达到之后，才能继续订立第二个目标。把月目标乘以三，加上10%，就是季目标。把季目标分成十三份，就是每周的平均业绩，和以往业绩最好的那个星期比起来，前者一定比后者低。这样一来，你对季目标的成功应该信心十足了。

达到季目标之后，就要定年目标了。把季目标乘以四，再加上10%，就是年目标。增加10%相当合理，而且一次次累积下来，成绩也相当可观。同样，把以往业绩最好的一个月写在纸上，再算出年目标下应有的平均月目标，写在下面做个比较，自然又会信心十足地达到目标了。

众所周知，有很多无法控制的外来因素，例如玩具、游泳衣、苗圃等行业都有季节性，必须加以调整，才能补偿你无法控制的改变。但是一旦置身其间，你会发现季节因素的影响力并没有你所想的那么大。淡季反而可能比旺季有更好的业绩。

第一季过后，你会对设立生活其他层面的目标跃跃欲试，一次成功会带来另一次成功，只要迈开脚步，就已经踏上成功之路了。

走进目标之门

看了下面这个胡蒂尼的故事，可以帮助你更接近目标。

胡蒂尼是位魔术大师，也是技术高超的开锁高手。他曾夸下海口，说是只要让他穿着外出服走进监狱，他可以在一小时内逃出任何监狱。当时，爱尔兰岛的一个小镇新建了一座监狱，于是向胡蒂尼提出挑战。胡蒂尼十分乐意接受这个可以名利双收的机会，欣然应允。他得意扬扬地走进监狱，牢门关上之后，他立即脱掉外衣，信心十足地开始工作。三十分钟后，他的表情变了。一小时后，他全身汗如雨下。二小时后，他体力不支，倒在门上，门立刻应声而开。原来这扇门根本就没有锁，不是不可破。其实胡蒂尼只要轻轻一推，就可以打开那扇门。许多时候，你只需轻轻一推，就可以打开门。

在生命的竞赛中，只要你设定目标，打开心门，世界就会向你打开成功之门。其实，大多数上锁的门只存在你的心中，相信你看到这里，已经敞开心门了。

也有预先看见成果的人，奈斯梅少校从前打过球。令人惊讶的是，他再度上场时，竟然打出七十四杆的漂亮成绩。在七年之中，他完全没有接触高尔夫，身体状况也非常差，一直住在四尺半高、五尺长的牢房里，因为他成了囚犯。

那七年的战俘生涯中，他有五年半完全独处，不能见任何人、和任何人说话，也无法做日常的体能活动。最初几个月，他什么都没做，只是祈祷自己赶快被释放。后来他知道，如果要保持身心健康，继续活下去，就要做些积极的活动。他选择了自己最喜欢的高尔夫球，每天在牢房里打。

怎么打呢？他每天在心里整整打完十八个洞，所有细节都一一地在他心里展现。他"看见"自己穿着高尔夫球装，在各种不同的天气状况下打球，他"看见"球场上的一草一木、一鸟一石，也"看见"自己拿球的姿势，还告诉自己左臂要伸直，眼睛要看着球。他还"看见"球飞过空中，掉在地上，滚到他所选的位置。

就因为奈斯梅少校能在心中"看见"自己努力的结果，所以得到了可喜的成果。这七年之中，他每周练习七天，每天练完十八洞，从未有任何一杆不进洞。每天在心里打高尔夫球要花四小时的时间，也使他始终保持身心健康。他的故事告诉我们：要想达到目标，一定要预先在心中"看见"自己成功。

如果你希望加薪、升迁、成绩进步、蛋糕做得更好、拥有理想中的房子……务必再仔细读一遍这个故事。每天花几分钟照着程序练习一遍，有朝一日，你就会发现自己已经达到目标了。

这就是"没有压力的练习"，运动员上场之前、医生实习之前、推销员开展示会之前，都必须过这一关。不论你从事哪一行，有了足够的"没有压力的练习"，遇到有压力的情况，也就能够应对自如了。

至于减肥的过程，可以把一张身材适中的同性照片铭记在心，并且决心变得像他（她）的身材一样标准。千万别再把自己看成是个胖子，结果会如愿以偿，变成自己理想的体形。不错，要想达到目标，一定要预先"看见自己成功"。

著名演说家赫塞·威尔逊曾谈到童年在东德州和两个玩伴一起在废弃的铁轨上玩的故事。

他的两个朋友，一个身材中等，另一个一看就知道从来不会少吃一顿饭。几个孩子彼此挑战，看谁能在铁轨上走得最远。赫塞和第一个朋友总是走不了几步就跌下来，那个胖男孩却一直往前走都不会摔下来。赫塞不禁好奇地追问他有什么秘诀。胖男孩告诉他们，他们两个人一直看着自己的脚，所以一再跌倒。胖男孩却因为太胖，看不到自己的脚，只好看着铁轨远处的一个定点（长远目标），朝看得见的目标走过去，走近之后，再选择另一个较远的目标，继续往前走。

胖男孩的话很有哲理，如果老是盯着脚，只能看到铁锈和杂草。如果眼光投向远处，就能"看见自己要达到目标"。

如果赫塞和他朋友在铁轨上手牵手往前走，也永远不会跌倒。这就是合作。很多人以为只有欺骗别人、占人家便宜才能成功，事实刚好相反。

加拿大野雁天生就知道合作的价值。它们飞行时总是成V字队形，一边比另一边长。这些野雁会定期更换领队，因为领头的承担迎面而来的强风，替左右两旁的同伴减少了飞行阻力。科学家发现，在风洞试验中，一群野雁可以比一只野雁多飞72%的距离。同样地，人类彼此合作，而不是钩心斗角时，也可以飞得更高更快。

我们最大的动力来自家庭，尤其是配偶。如果夫妻彼此同心协力，而不只是陪在旁边，就能更快、更容易达到目标，也更能享受其中的乐趣。

如果配偶对你所做的事毫不关心，应该设法让他了解你想法，告诉他的合作及赞同对你深具意义，必然能使你们在过程中得到丰硕收获。如此建立亲密关系及共同兴趣，就是大目标之下的美好小目标。世界上的事就是如此，了解自己方向的人，不但所受到阻力最小，而且会天助自助。

做你最感兴趣的工作

如何选择职业

宗教学家爱德华·黑尔就如何选择职业，有着许多精辟的论述。我们把它们概括如下：

（1）首先，要考虑工作本身性质，它对个人、对社会是有益还是有害的。例如，你千万不能做强盗或土匪；千万不要选择对你同胞构成伤害的职业或工作。当然，你可以生产枪炮，因为它们除用来杀人外，还有其他用途。但是，作为一个销售饮料的商人，千万不要销售假冒伪劣产品。

（2）对两种职业进行选择时，要看哪一个更有利于你的身体健康，更符合自身的条件。

（3）把你在以前某一领域中所获得的资源或经验带到一个新的领域，你和别人拥有均等的机会，这样做也是合理的。那些敢于把自己作为一个新天地的开拓者的人，往往会成为该领域的创始人。

（4）假如你知道自己在某一领域有特别的才华，那么，就选择它作为自己的职业。

（5）如果就目前来看，任何工作或职业，对你来说，似乎都不会有什么广阔的发展前途。不要为此感到难过。随着年龄的增长，你会得到正常的提升。我们当然应该及早选择一种最适合自己的职业，但也不能过于急躁，仓促行事。

（6）不要从事任何政府部门或国家法律所不允许从事的职业和工作。因为，对每一个公民来说，在他所生活的社区，他都必须遵守公共道德，遵守社会规范。

当然，不管怎么说，任何建议都带有建议者的思想倾向。选择职业是一件十分困难的事情。但是，它又是一件极为重要的事情。前面，我们曾经把职业的选择称为人生的紧要关头。问题的关键就在于要做出正确的职业选择，做出了错误的选择，你就可能稀里糊涂地度过一生。

有这样一个人，一开始他当了一名药剂师，两年后他又当了一名外科医生，接下来，他去当了牧师。没有过多久，他又跑去当兵。当兵之后，他又继续去当牧师。现在他又是一名医生。人应该保持一定的职业的稳定性。然而，世界上像他这样的人成千上万。有的人本来应该去当医生的却当了法官；有的人本来应该去当农场主的却当了牧师；有的人本来是应该去当牧师的却当了手工匠；在选择职业的过程中，有的年轻人只考虑他们的衣着和双手。他们只想穿漂亮的衣服，使他们双手保持白净细嫩。这些就是不利因素，那么，阻力就会被大大强化，成为一种超过实际的、极为可怕的力量。相反地，如果你在精神上自信，对你所拥有的有形的和无形的资产重新估价，并且时时想到这些有利因素，充分发挥它们的作用，那么，你就可以从任何艰难险阻中走出来，无往而不胜。

如何培养自信心

自信心的强弱主要取决于平常主宰你精神的思维方式。如果你想到的是失败，那么你面临的将是失败。如果你想到要自信，并且让它成为起主导作用的习惯，那么，不管你遇到什么样的困难，你都会克服它们的。

诀窍就在于要对自己充满信心，心里要有一种踏实感、安全感。这样，就会驱除内心的恐惧和不自信。一个人的精神面貌可以在几周之内发生翻天覆地的变化。可以从一个彻底失败者变成一个充满自信、充满激情的人。他可以充满勇气和魅力。通过简单的思想调整，一个人能够重新获得信心和力量。

怎样才能培养自信心呢？这里有几条行之有效的克服自卑、增强自信心的方法。很多人在生活中应用过这些原则，都取得了良好效果。按照这些方法行事，你也会培养起自信心，也会对自己能力有一个崭新的认识。

（1）在心灵深处，对自己未来发展，要有一个稳定、恒久的远景目标和规划。牢牢地把握这一目标，切不可让它消失。你要在精神中寻求，使这一目标更加明晰。决不要把自己想象为一个失败者，决不要怀疑你的目标的实现。那是最危险的思想。因为你的精神一直在为你的目标的实现而努力。所以，不管目前的情况是如何的糟糕，你都只能设想"成功"。

（2）无论何时何地，只要影响你的消极思想一产生，理性的声音、积极的思想就应立即把它驱逐出去。

（3）在想象中，不要设置任何障碍物。要藐视任何一个所谓的障碍，把它们减少到最低限度。对困难事实要经过研究，采取切实有效的办法把它们消灭，但是，只有当困难确实存在的时候才能考虑对策。千万不要因为畏难心理过高地估计它们。

（4）不要因为敬畏别人而模仿别人。伟人们伟大那是因为你自己跪着。没有谁会比你更有效率。记住：大多数的人虽然表现出自信，但他们也经常像你一样感到恐惧，对自己表示怀疑。

（5）找一个合适的咨询医生，让他帮助你找出你自卑和信心不足的根源，它们往往是从孩童时代开始的。认识自我是很重要的。

（6）每天念诵下面这句话十遍，如果可能大声念出来："靠着造物主所赋予我的力量，凡事都能做。"这是克服自卑思想的最奇妙的力量。

（7）正确地估价自己的力量，然后，把它提高10%。不要变成一个自我中心主义者，但是要保持应用的自尊，相信造物主所赋予你的力量。

我们常常看到这样的情况，有些人博学多识，但所从事的职业与他们的才能不相配，结果久而久之竟使原有的工作能力都失掉了。由此可见，不称心的职业最容易毁灭人的精神，使人无法发挥他的才能。

做事必须要有远大的志向，才能聚精会神、全力以赴。世上没有什么比不称心的职业更能摧毁人的希望、践踏人的自尊、使人丧失内在的力量了。那些对工作不称心的人，别人常常可以从他的脸色、举止及态度上看出他的不快乐，他们通常脸上没有笑容，说话走路做事都是懒洋洋的，提不起一点精神。

有的家长强迫子女从事他们不称心的工作，那些可怜的孩子常常感到无比压抑、痛苦，又不知所措。家长们当然认为自己是为孩子好，当然希望子女们能在事业上步步高升，崭露头角。但是，他们一点也不考虑子女的个性志趣，家长的一番好意不仅对子女无益，反而阻碍了子女的发展，葬送了他们一生的大好前程。

一般的家长常常根据自己过去的经验，把自己的观点强加于子女。对于那些在某一领域大有成就的家长们更是如此，由于他们本身对某一事业大感兴趣而大获成功，所以想当然认为也要引导子女们走这条路。其实，他们这样考虑是毫无道理的。时代在不断地进步，环境在不断地变迁，以前对现在不一定对，现在对的未来也不一定对。但是这些家长们全然不明白，一意孤行。所以，奉劝那些准备择业的年轻人，一定要根据自己的个性来选择，对于父母的意见要仔细地研究清楚，不可盲目听从。

在择业上有一句金玉良言："做你最感兴趣的工作。"当年轻人获得了一份称心如意的工作时，家长如果还对他喋喋不休，对他的职业品头论足，会使他陷于失败与烦恼的苦海中。相反，父母应该积极鼓励他，帮助他解决工作中存在的问题。

当你的父母、同学、朋友都劝你去做个大律师、大政治家、演说家、医生、艺术家或工程师时，千万不可草率决定，应该三思而行，在仔细分析观察自己的个性特征和兴趣后，坚定意志去做最合你心愿的工作。

上面永远是好的

第二次世界大战期间，美国研制出一种有"头脑"的鱼雷，具有强烈的毁灭性。鱼雷瞄准目标之后，就会在目标上建立标的。不论目标如何变换方向，鱼雷都会紧追不舍。妙的是这种鱼雷是仿造人脑设计的，也就是说，人脑中也有一种东西，能在目标上立定标的；即使目标改变位置，或者你一时分心，只要找到"标的"，仍然可以命中目标。

各行各业的专家都会告诉你，在其投球上篮、推销成功、挥杆进洞……之前，都会预先看见自己达到目标。也就是说，在他们采取行动之前都已经立下了"标的"。

做母亲的人如果有心成为更好的母亲，就应该找到自己的标的，并且预先看见自己达到目标，也就是看见自己做好母亲应做的事。同样道理，如果你是学生，有心做更好的学生，就要把自己看成更好的学生，做好学生应做的事。这样一来，体内无形的力量就会把你推向你的目标。

多年前，一群志同道合的登山者组织了一支探险队，预备破纪录征服阿尔卑斯山的马特合恩峰。记者采访来自世界各地的好手时，问到其中一名队员："你曾登上马特合恩峰吗？"那人回答："我愿尽力而为。"第二个人答道："我会全力以赴。"第三名队员回答："我一定会好好努力。"最后问到一个年轻的美国人，他用坚定的眼神看着记者说："我一定会成功。"结果，只有一个人成功地登上马特合恩峰，就是那个说"我一定会成功"的年轻人，因为他预先看见自己成功了。

信徒彼得在水面上走了一段距离，才开始往下沉，《圣经》上清清楚楚地说，他看见狂风之后感到害怕，当时就开始往下沉。他在风中看见了什么？为什么会往下沉呢？显然是因为他的眼光离开了目标——耶稣基督。眼光一旦脱离目标，你也同样会下沉。也就是说，只要你预先看见自己达到目标，不论是肯定的还是否定的目标，都会真正达到目标。

眼光注视着目标时，成功的机会就会大大增加，不论你注视的是胜利的目标或失败的目标都一样。

有一个年轻水手，初次出海就在北大西洋遇上了暴风雨。船长命令他爬上船桅调整帆的方向。年轻水手向上爬时犯了一个错误——低头向下看。船身不断摇晃，巨浪滔天，看起来非常可怕。年轻人吓得失去了平衡。这时，一名老水手在下面喊道："往上看！往上看！"年轻人赶紧抬头往上看，果然又恢复平衡。

遇到不顺利的情况，看看自己的方向是否正确。如果往前看不乐观时，不妨往上看——上面永远是好的。

你现在相信设定目标的重要性了吗？有没有开始记录，找出自己的起点？有没有开始设定目标？有没有列出达到目标之前可能碰到的障碍？你是否能预先看见自己完成目标——至少是一部分——呢？如果你的答案是肯定的，请在成功阶梯的

"目标"两字上画一个大圈，然后在"神来之笔"笔记本上写下三十天内的目标。

把目标写在卡片上，字体要清晰、易读，把卡片拷贝保存，随身携带，每天复习。目前，"行动"就是我们的目标。记住，世界上最大的火车静止不动时，只要在其车轮前面各放一根一寸长的木头，就能使它固定在原地不动。然而，同一辆火车以时速一百里行驶时，却能穿透五尺厚的水泥墙，力量的确惊人。你采取行动的时候也是一样情形，现在就立即采取行动，冲破挡在通往目标途中的障碍吧！

现在你已经踏上第三阶，准备迈向第四阶了。你可以用笔在第三阶上写上：这就是我——正在步步高升！

创造美好的人生

相信许多人都会同意，3岁的孩子就断了双臂，实在是人间一大悲剧。尚·保罗·布克就遇到了这个悲剧。但是，他和父母亲很快就接受事实——他这辈子都不可能再长出双臂，应该尽力设法适应，发挥他所具有的长处，不要整天为失去的东西唉声叹气。

大多数人失去一部分肢体或财物，都会表现出"我什么都没有了，一切都完了"的态度。尚·保罗却不会这样埋怨，他在父母鼓励下，找到了自己的路。有他这样的儿子，任何父母都会引以为荣；像他这样的队员，任何教练都会张开双臂欢迎。现在的尚·保罗是个活泼、热心、积极的年轻人，如果有人说他做不到某件事，他反而更会千方百计努力去做到。他会踢足球、用脚写字、用脚控制除草机、游戏、滑雪、溜冰、踢橄榄球。

橄榄球队教练鲍伯·汤普森说，尚·保罗是个愉快的球员，队友说他踢的球又准又狠。大家都敬重他，教练夸他是个了不起的球员，"他根本不觉得自己有任何障碍。他唯一不打的前锋与中卫间的位置，只要有办法克服困难，他一定会努力做到"。在他心里，几乎没有克服不了的障碍。即使偶尔有难过的时候，也很快会烟消云散。

尚·保罗必定会有灿烂的人生，事实上，他现在已经非常杰出，完全可以做许多人的典范。希望你也能向这个积极向上的年轻人看齐。

第三章

注意心态问题

　　谈到成功的时候，许多人坚信态度是一切。实际上，态度确实很重要，但是它不是一切。不过，请记住一点，态度虽然不是唯一对成功有益的东西，但它却是成功的最重要的因素之一。

态度非常重要

你想不想赚更多的钱、活得更潇洒、减少疲惫、增加效率、对社会更有贡献、身体更健康、与家人相处得更加和睦呢？只要你有正确的心态，这些事都可以实现。

美国有多所学校教人做各种事，从修指甲到操作重机械、烫头发……无所不包。但是除非你有正确的心态，否则任何一所学校都不能教你如何出类拔萃。一件事能否成功，要看个人的态度如何。简单地说，态度比天资更重要。

根据哈佛大学的研究，85%成功的原因，是由于态度正确，只有15%才是因为技术卓越。

美国"心理学之父"威廉·詹姆斯说，当代最重要的发现，就是"改变态度，就可以改变一生"。换句话说，目前的态度并不一定能决定你的未来，你仍然可以改变它。本书所要教你的，就是如何拥有积极的人生态度。

态度这个主题有许多层面，其中之一与"乐观"有关。乐观的人穿破了鞋子，会很高兴自己又可以脚踏实地了。罗勃·舒勒比喻得好，悲观的人说："我看见了才相信。"乐观的人却说："只要我相信，就会看见。"乐观的人采取行动，悲观的人却只会守株待兔。乐观的人看见半杯水，会说杯子是半满的；悲观的人看见半杯水，会说杯子是半空的。理由很简单，前者会再加水进去，后者却会把水倒出来。对社会没有贡献，只知一味取之于社会的人，必然很悲观，而且通常都是宿命论者，因为他始终担心得到的不够多。尽一己之力奉献社会的人，是乐观的、自信的，因为他遇到问题总是自己设法解决。在人生的征途中，成败往往只是一线之隔。

例如，闻名世界的赛马纳修，在赛马场上出赛不到一小时，就可以赢得百万元奖金，这是经过几百小时训练的结果。纳修的身价的确值100万美元，是稀有的好马。100万美元也可以买一百匹价值一万元的马，百万元的马跑得是否比一万元的马快一百倍呢？当然不可能。

那么，百万元的马到底比一万元的马速度快多少呢？阿灵顿杯马赛的赛程共长一又八分之一里，冠、亚军的奖金相差十万元。在一次比赛中，冠、亚军仅仅相差了一寸，而这一寸之隔就相差了十万元。

1974年肯塔基达比杯马赛中，获得第一名的骑师得到27000美元奖金，不到二秒钟后，第四名的骑师也抵达终点，但是他只得到30美元奖金。人生的所有比赛都是如此，无法改变规则。我们学会规则，全力以赴。

事实证明，胜负之分、成败之别往往就在一些小节上。例如手表慢了四小时绝对不成问题，因为一看就知道时间不对。但是如果只慢四分钟，问题可就大了。例如要赶十点钟的飞机，你却十点四分才赶到，那就绝对赶不上了。

人生的各种竞赛，成败之间往往只有极小的差距，但所得到的报酬却有天壤之别。

"几乎"谈成的买卖拿不到佣金，"几乎"要成行的旅游根本没有趣味，"几乎"可以升级也没办法加薪。而成败的关键就在于正确的心态。

为成绩读书的学生，固然可以得到好成绩，但是为求知而读书的学生，必然会得到更好的成绩和更丰富的知识。如果你只为薪水工作，虽然可以得到薪水，但是数目可能不大。如果你为了公司的前途而工作，不仅会获得高薪，也会得到个人的成就感及同事的敬重。

一谈到"态度"，多数人都会想到积极与消极两种态度，我们先看看大家最熟悉的积极态度。

说到"积极思想"，金克拉的小女儿苏珊10岁时的一句话，可说是这个语词的最佳定义了。当时，金克拉刚从佛罗里达州主持海军的座谈会回来，家人到机场接他回家。他兴奋地谈着途中的细节，无意中听到苏珊的朋友问她爸爸是做什么的。苏珊告诉她金克拉专门卖"积极思想那种东西"。小女孩问她什么叫"积极思想那种东西"，苏珊解释道："噢！就是心里很难过的时候，能让你非常高兴的东西。"这句话说得真是妙极了。一个人的思想确实左右他的未来。

你一定听说过有些夫妇结婚多年却没有子女，于是领养了孩子。不到一两年，他们自己也生育了，这表示什么呢？的的确确有许多人因为生理因素无法生育，但是却有更多人是因为心理因素的影响。

许多夫妇久婚不育，担心后继无人，于是领养了孩子。这时候，就有许多亲友告诉他们："我的表姊（妹妹、朋友、邻居……）本来听医生说不能生育，就领养了孩子。没想到几个月之后就怀孕了，如果你们也一样，岂不是太妙了？"

头脑对我们最忠了，人发出的指令，它总是唯命是从。这些夫妇原本一直告诉自己的头脑："我们不能生育。"身体就执行脑的命令没有生育。后来，朋友把相同状况下的积极例子告诉他们，夫妇俩不免彼此勉励："如果我们也像他们一样，岂不是太妙了？"故事的结局一定可想而知了吧！

几年前，金克拉到密歇根州的一个餐会为房地产经纪人演讲，那是一次令他永生难忘的经历。演讲之前，金克拉愉快地和左边的绅士寒暄，这是他当天所犯的最大错误。金克拉问他最近生意如何，原以为他会谈得口沫横飞，没想到他却大吐口水。他告诉金克拉工人正在罢工，所以根本没有人买鞋子、衣服、车子，当然更没有人买房子，他消极的态度深具传染性，金克拉想只有这个人离开，房里的气氛才会好起来。

幸好后来有人问他问题，金克拉赶快跟右边的女士交谈。问她："最近好吗？"这个问题有很大的发挥空间，结果你猜她说什么？"金克拉先生，你知道工人正在罢工……"他想："天哪！又来了！"接着，她绽放出动人的笑说："所以生意好得不得了，大家现在都有空仔细选购理想的家园。他们对美国经济有信心，知道罢工迟早会结束。最重要的是，他们知道现在是买便宜房子最好的时机，所以生意真是应接不暇。如果再继续罢工六个礼拜，我今年就可以开始休假了。"

同样一场罢工，可以使一些人面临破产，也可以使一些人致富，其中最大的差别就在他们的态度。你的工作也是如此，如果你的思想消极，工作必定死气沉沉，毫无起色；如果你的思想积极，工作也必定得心应手。

积极的态度会带来积极的结果，因为态度具有传染性。热忱就是一种积极的态度，好牧师和伟大的牧师、好母亲和伟大的母亲、好推销员和了不起的推销员之间的差别通常就在于是否具有热忱。

假的热忱不会随着情况起伏，它是一种生活方式，是内在感情的表露，而不是来讨好他人的工具。热忱的人无须大声喧哗，但是他们的一举一动都表现出对生命的爱，以及生命对他们的意义。有些热忱的人的确嗓门很大，但嗓门大并非是热忱的必要条件；反之，嗓门大也并不一定代表热忱。

爱伦·贝勒密为人非常热忱，他发现大多数人都让环境控制自己的态度，而不能用态度来控制环境。情况顺利的时候，他们的态度就好；情况不顺利的时候，他们的态度也跟着变坏了。受伦认为这是不正确的，人应该建立坚固的态度模式，无论情况好坏，都应该保持良好的态度。

爱伦退伍之后，母亲就邀他共同经营她的杂货店，店很小，但是生意很好。爱伦的母亲相当能干，把孩子教育得非常好。

从小母亲就灌输他们一个观念：有一天你们一定会出人头地。于是爱伦向银行贷了一笔不小的款项——95000美元——经营超级市场。由于经营得当，声名远播，大家都认为这里是经营超市的地点，闻风而来，六个月之内，当地新开了一家连锁超市。爱伦和四名员工参加了一连串研讨会，其中有一场谈到热忱的重要性。研讨会结束的当晚，爱伦决定从今后要求自己和员工以五倍的热忱对待顾客，顾客从一进门到离开店里，处处都受到热烈的欢迎，生意当然很好。短短四周内，营业额由每周15000美元蹿升到3万美元——以后也一直维持在这个水准之上。

爱伦所住的小镇，人口并没有暴增，竞争的连锁超市也没有歇业，它改变是因为爱伦注入的热忱。他始终本着这种精神做生意，因此扩展了二十六家非常成功的分店。1974年经济不景气时，爱伦的公司却赚到有史以来最大的利润。公司里上上下下都充满热忱，因此几乎没有人离职。爱伦和大多数成功的生意人一样，相信只要多为员工的利益着想，员工自然会为公司着想。

有一名船夫每载送一个客人，就可以收入一角钱，有人问他每天来回多少次，他答道："我尽可能多来回几趟，次数越多，赚的钱也越多；如果不渡河，就一点收入也没有了。"

大脑所吸收的资讯，能够决定你的成就及想法。改变你所吸收的资讯，就可以改变你的想法及成就。

1979年，金克拉投资一大笔钱买了一部电脑，这部神奇的机器可以处理存货、薪资、顾客名单、标签……甚至煮咖啡、打扫厨房，他非常喜爱！但是六个月后，他却恨不得以低价卖掉它。

　　但现在即使给他十倍的价钱，他也不愿意出售，为什么呢？因为他们最初雇用的程序设计师把电脑弄得一塌糊涂。直到有一天，玛丽莲和大卫走进他的办公室，保证可以让那部电脑恢复神奇的功能，金克拉立刻满怀期望地请他们动手。不久，电脑真能做到有求必应，甚至有过之而无不及。电脑的确很神奇，但是它"输出"的东西决定于"输入"的东西。电脑绝对不比设计它程序的人聪明，你也一样。你的思想、行为、表现，都决定于你所"输入的程序"。

　　你和电脑之间最大的不同，是你可以选择程序设计师。如果你的成就不如自己的期望，也许是你选错了程序。本书的目的之一就是为你"输入"好的程序，帮助你做自己想做的事，成为自己想成为的人。

　　态度是成功与否的关键。下面这个发生在几千年前的故事，可以证明这是千古不变的道理。

　　身高九尺、体重四百磅的巨人向以色列的子民挑战，17岁的大卫来探望几个哥哥时，问他们为何不接受巨人的挑战，他们认为巨人太高大了，不可能打倒。大卫却认为巨人的身子这么庞大，一定能够命中。他决定和巨人较量，哥哥都以为他疯了。显然哥哥是拿自己的身材和巨人九尺的身材相比，大卫则是把巨人和上帝相比，巨人当然微不足道。结果，大卫赢了。

你认为能你就能

进入未知领域，产生畏惧心理是很正常的，应该如何克服这种怯懦和畏惧呢？让我们来看看克里蒙特·斯通还是孩子的时候，是如何面对这个问题的。

斯通小时候，非常胆小。家里来了客人他就躲到另一间房间去，打雷的时候他会躲到床底下。有一天，斯通突然想：“如果雷真要打下来，我就是躲在床下或屋子里的任何地方也一样危险。”因此，斯通决定征服这种畏惧。机会来了。有一天，风雨雷电交加，他强迫自己走到窗前，观看闪电。奇妙的是，他开始喜欢观赏雷电从天空打下来的美丽景象。从那以后，没有一个人比斯通更喜欢观赏雷电交加的奇景。

人遇到新的事情，处在新的环境中时，都会感到某种程度的畏惧。如何才能克服这种畏惧心理呢？以下是斯通的经验：

（1）相信就是能力，我们怎么想，事情就会怎么变。我们要想成为坚强有才干的人，就要永远记住这个成功的准则：“你认为能你就能”，并且把它注入我们的意识之中。

恐惧之所以能打败我们，使我们不敢前进，自觉虚弱渺小，那是因为我们的心智受到了恐惧的左右。一旦我们无视这种危机，信心就会使我们产生一种一直隐藏着而没有发挥出来的超级力量，使我们做出前所未有的事来。

（2）不要把自己限制在狭窄的范围内，你必须发现真正的自我。要记住，没有任何人或任何事可以击败你，只要你不被自己软弱的心理打败。

一只在养鸡场孵化长大的老鹰，一直未觉得自己与小鸡有什么两样。直到有一天一只了不起的老鹰翱翔在养鸡场的上空，小鹰才感到自己的双翼下有一股奇特的力量在火热的胸膛里猛烈地跳着。它抬头看老鹰的时候，一种想法在心中："我和老鹰一样，养鸡场不是我待的地方，我要飞上青山，栖息在山岩上。"最后它飞上了青山，到了高山的顶峰，它发现了自己伟大。

每个人都有创造的潜能，不论遇到什么困难或危机，只要冷静而正确地思考，就能产生有效的行动，创造奇迹。

（3）你可以取得比以前更伟大的成就。人的本性中有一种潜在的不可征服的本质，不论遭到什么样的失败，你仍能走出困境，登上成功的顶峰。

有些人太容易接受失败，有一些人虽然一时并不甘心，但是麻烦和挫折消磨了他们的志气，最后也就放弃了奋斗。只有具有坚定信心和勇气的人，才能历经人生坎坷去奋斗，获得最后的胜利。

正视你的畏惧，认清它的真面目，并且坚定地抗拒它。

采取坚强的行动，站起来面对畏惧，下定决心，永远不让畏惧左右自己，即使平常的生活中，也不要受畏惧的支配。

李先生对自己公司的工作状况不太满意，于是在开会时宣布："各位，我觉得本公司目前的工作状况不佳，想要重新整顿。我身为公司的首脑，应该以身作则。从今以后，如果我表现得很好，希望大家也能效法；如果我自己不好，即使各位做得不好，我也不会责怪大家。我相信，如果每个人都能尽忠职守，公司一定会有光明的前途。"

李先生的立意很好，但是仅仅几天之后，他就在郊区的俱乐部里和朋友聊天忘了时间。等他猛然想起来，立刻夺门而出，飞车赶赴公司，不幸却因为超速而接到罚单。

李先生怒不可遏，自言自语道："太过分了，像我这么循规蹈矩的公民，还要开罚单给我！那些警察不去抓犯人，却来找我的麻烦。难道开快车就一定会发生危险吗？太可笑了！"

他走到办公室时，为了转移别人的注意力，立即把推销部经理找来，愤怒地质问销售计划进行得如何。经理回答："不知道怎么回事，生意没谈成。"

这下子，李先生更火上加油，斥责道："你在公司十八年了，眼看着扩展公司的大好机会被你弄吹了，你不觉得对不起公司吗？告诉你，你要是不想办法把生意拉回来，我就炒你鱿鱼。别以为你在公司待了十八年，就吃定了公司！"

推销部经理满肚子火，一边走出去，一边在心里嘀咕：

"十八年来，要不是我，公司会发展得这么大吗？只不过没有谈成一笔生意，他就威胁要开除我，太过分了！"

他回到办公室，就把秘书叫进来质问："我今天早日给你的五封信打完没有？"她回答："没有！你不是叫我一定要先把希德公司的账算出来吗？"推销部经理破口大骂："不要找借口！告诉你，今天一定要把那五封信寄出去，要是你做不到，我就换个能做到的人。别以为你在公司待了7年，就吃定了公司！"

秘书小姐当然也气得两眼冒火，踩着高跟鞋走出去，一边在心里念道："神气什么嘛！我为公司效忠三年，做的工作比其他三个人还多。要不是我，公司哪会有今天。我又没有两双手，一下子做不了那么多事。想开除我，你以为你是谁呀？"她像一阵风似的走到总机小姐面前说："我有几封信要你打，虽然这不是你的工作，可是你除了偶尔接接电话，什么事都没有，何况这是急事，今天一定要把信寄出去。要是你做不到就告诉我，我会找个能做到的人。"

她一走，总机小姐就咬牙切齿地说："莫名其妙！我在公司最辛苦，薪水最低，还要我做额外的工作。他们整天喝咖啡、聊天，做不了一点事，每次忙不过来就找我的麻烦，太过分了！想炒我鱿鱼，门都没有！加两倍的薪水，也没有人肯做这份工作！"

她满怀怒火，回到家时已经气得七窍生烟了。一进门，她就看见12岁的儿子躺在地板上看电视，又看到他裤子后面裂了一条大缝，立刻高声质问："说过几百遍了，叫你一回到家里就换衣服，听不懂吗？妈妈辛辛苦苦赚钱养这个家，你连这一点小事都做不到吗？马上去换衣服，今天晚上罚你不许吃晚饭，三个礼拜不准看电视。"

她12岁的儿子一骨碌爬起来，一边跑出去，一边抱怨："太不公平了！我替妈妈做事的时候不小心弄破了裤子，可是她根本不听我解释。"这时，家里的猫咪不声不响地走过他面前，他狠狠地踢猫一脚说："滚出去！没事挡什么路！"

不用说，在这整个事件中，只有猫咪无法把怒气发泄到别人身上。在此想问一个非常简单的问题：如果李先生直接到总机小姐家踢那只猫一脚，事情不就单纯多了吗？

还有一个更重要的问题：你最近拿谁的猫出气呢？想想看，你对和蔼可亲有什么反应？你对好天气有什么反应？相信你也能和蔼可亲、温文有礼地回报对方，但这是任何人都做得到的，没什么特别值得夸奖的。

再想想，如果到餐厅用餐时，碰到一个尖酸刻薄、动作缓慢、粗鲁无礼的侍者，你会有什么反应？早上匆匆忙忙赶着上班，偏偏一路塞车，又碰上阴雨绵绵的冷天，你有何感想？你会因为外物影响你的心情，还是能够了解别人"踢他家的猫"与你无关？后面一辆车的司机不管前面车情况多严重，一个劲儿猛按喇叭，你有什么反应？回头狠狠瞪他一眼，恨不得臭骂他一顿，还是置之一笑说："他踢他的猫，与我无关，我用不着踢我的猫。"

夫人把别处受的气发泄在你身上时、月考只考了七十多分时、错过一次"跳楼大拍卖"时、受到上司数落时……你有什么反应呢？面对这些消极情况时的态度，就是决定你一生是否成功、快乐的关键。

街上的流浪汉、社团领导人、成绩优秀的学生、白手起家的富翁、模范母亲……他们都曾经面对失败、伤心、挫折，但是因为面对困境时的"反应"不同，因此有不同的结果。流浪汉遇到问题时，只会麻痹自己，逃避现实。其他人则不然，他们遇到同样或甚至更大的问题时，会积极面对问题，设法解决，因此变得更坚强、更成功。

我们不能防止生活中会有那些遭遇，但是可以调整自己的态度去面对各种状况。下一次别人用言词侵犯你时，你就知道那是他在踢自己的猫，犯不着跟他一般见识。最重要的是，你要学会如何用积极的态度去面对消极的处境。

下一次有人拿你出气，你就面带微笑地问他："今天有人踢你的'猫'了吗？"

有一幅画，画的是魔鬼和一个年轻人在下西洋棋，魔鬼刚刚下了一着棋，眼看就要吃掉年轻人的国王。年轻人脸上写满了沮丧和挫折。有一天，西洋棋大师保罗·麦瑟也来观赏这幅画。他左看右看，忽然目光一亮，对画中年轻人欢呼道："不要放弃，你还有一步可以走。"你也和画中的年轻人一样，"永远"还有一步可以走。

最后还得说明一点，态度像流行性感冒一样，具有传染性。如果你想感冒，就多和感冒的人接近；如果你想感染良好的心态，就多和有良好心态的人接近。如果一时找不到这样的人，就去寻找好书籍或录音带。

什么使你成功与失败

你昨天吃东西了吗？上星期吃东西了吗？上个月吃东西了吗？你一定觉得很奇怪，怎么会问这种问题，因为你昨天、上星期、上个月当然都吃了东西。

有些人偶尔少吃一两顿，就受不了。如果再问他："你最后一次填饱心灵是什么时候？"

你猜他的答案会是什么？你的答案又是什么呢？这个非常重要，因为肚子不吃东西会饿，心灵不加以充实也同样会饿。

从来没听肚子饿的人说："我快饿死了，怎么办？你有没有好办法？"这种情况大概永远也不可能发生，因为每个人都知道肚子饿吃东西就没事了。

有些人消极、沮丧，生活很不快乐，有趣的是，这些人迫切需要灵感、资讯，却始终拒绝参加演讲、座谈会或读好书、听好音乐。

别人提到成功人士积极、乐观的态度时，这些失败者往往会说："他们当然乐观、积极，因为他们一年可以赚500万美元。要是我一年赚500万美元，一定也会积极上进。"

他们总认为成功者是因为一年赚500万美元才乐观，事实刚好相反。成功者因为拥有正确心态，所以才能有500万美元的年收入。

无论你从事任何职业，都必须多找机会参加研讨会、看好书、听好的演讲，这样才能不断成长，出人头地。

成功的人为什么具有积极的态度？或者反过来问，为什么具有积极态度的人都会成功？他们的态度积极，是因为他们经常以积极有力、干净美好的想法充实心灵。他们知道只要填饱大脑，就不必再担心脖子以下的身体。他们不必担心衣食住行，也无须挂虑老年后的经济问题。看了下面的实例，你会明白这个道理。

我们学习新事物时，都必须经由意识层次。但是只有等到非常熟练、可以不经思考就做出来时，才能做好一件事，也就是来自潜意识。

还记得刚学开手动挡车的情形吗？踩离合器，加一点点油，小心地把变速杆推进一挡，慢慢放离合器，等速度够了再换二挡。只要一不小心，车子就会熄火。无论如何小心翼翼，似乎总是做不好这件事。

现在呢？你可以同时踩油门、换挡、放离合器、打开一片口香糖、摇下车窗和邻车的驾驶说话。你可以轻轻松松做这件事情，因为你已经把开车的步骤移进潜意识中了。所有的学习都应该是这样，由"意识"变成"无意识"或"自动"，几乎成了反射动作。

音乐家刚学习一种乐器时，也都经历过缓慢痛苦的有意识的学习过程。但是必须等到能不经思考或由潜意识演奏时，才能优美流畅。

刚开始学打字或打电脑键盘时，也必须辛苦地寻每一个键的位置，一分钟大概只能打十个字。用意识（思想）打字时，成绩总是非常差。后来，你不必再思考该敲哪个键，只是用潜意识不停地打，反而打得更快。

学习任何事物都一样，进入潜意识之后，自然就做得好了。我们的态度也一样，把它移进潜意层次之后，即使遇到消极的状况，也能积极地反应。虽然需要决心、努力和练习，但绝对是可以做到的。那时，无论遇到任何状况，我们都会本能地做出积极的反应。

有个叫约翰的人被洪水困在屋顶上，邻居刚好漂流到他屋前，对他说："这场洪水真可怕，对不对？"约翰回答："还好。"邻居诧异地反问："这还不算严重？你看你的鸭舍已经被水冲到下游了。"

约翰不以为然地说："我知道，好在我的鸭子一只也没少，都在附近游来游去，没问题了！"那人说："可是，约翰，大水冲毁了你的农作物。"

约翰仍旧不放在心上："不，我的作物在洪水来之前就毁了。上星期县政府的人还说我的土地缺水，这下可好了。"

他又说："可是水还在涨，眼看就要涨到你的窗户了。"

生性乐观的约翰笑得更开心了："太好了，我的窗子脏得一塌糊涂，正需要清洗。"

这虽然只是笑话，但也包含了不少真理，故事中的约翰对任何情况都持乐观的态度。如果你也希望时时保持乐观的态度，就要经常用积极、美好、有启发性的信息充实自己。

但是，只要一打开电视、翻开报纸，跟悲观的人交谈，或偶然听到别人谈话，都可能使你干净、乐观的心灵蒙上垃圾。这时候你应该怎么办？

除了依照前一节所说的三个步骤调整自己的态度之外，还可以依照本节所说的方法，经常充实灵心。

哈佛大学心理学教授大卫·麦克李兰曾经做过精确的科学研究，证明只要我们改变自己和对环境的看法，就能改变动机。

学习必须认真，让它有如你身体的一部分那么自然。不但在意识层次了解它，也要在潜意识中感觉它，才能本能、自动地对生活中的消极事件做出积极反应。这就是"态度控制"。

山田铃木是一位杰出的日本科学家，他曾经做过一项被世人视为奇迹的实验。他挑选了一些只有几星期大的婴儿，在他们的摇篮边播放优美的音乐，每首曲子重复播三十天，一直持续到孩子2岁左右。

再让母亲上三个月音乐课，2岁的孩子则在一旁聆听。接着，他把小型小提琴放在孩子手上，让他们摸索乐器，学习拉弓动作。由刚开始的二三分钟，慢慢延长到一小时，等孩子长大些，就自然而然学会拉小提琴，而且乐在其中。

后来，铃木教授举办了一场音乐会，大约有1500名上述日本儿童参加。他们的平均年龄只有7岁，却能演奏肖邦、贝多芬、维瓦第等人的作品。

他特别强调，这些孩子并非音乐神童，他只是依照孩子语言发展的步骤发挥他们的天赋，也就是接触、模仿、鼓励、重复及改进。幼儿学习语言的过程就是如此。

铃木教授相信，几乎任何事物都可以用同样的方法学会。

有位科学家与美国印第安两个部落相处一段时日之后，发现这些人当中，竟然连一个口吃的人都没有。他很好奇，不知道究竟是巧合，还是印第安人的特性。

于是，他进一步研究美国所有印第安部落，结果仍然找不到任何口吃的人。他仔细钻研印第安语言，才了解到为什么印第安人没有口吃。原来，我们看、听或想到一个字时，脑子里就会呈现相关的影像。

例如，看到或听到"失败""骗子"或"笨蛋"时，脑子里就会出现"失败""骗子""笨蛋"等的影像。如果语汇中没有"口吃"这个词，脑子里无法想象出"口吃"的情景，结果当然不会有任何人口吃。

金克拉认为"改变"个人的词汇就可以改变人生，把"恨"这个字从你的词汇中删掉，不要去看它、想它。随时用"爱"来代替它，多写它、感觉、看它，甚至做梦也梦到它。把"消极"这个词去掉,用"积极"来代替它。依此类推,必定会获益无穷。我们在脑子里想到了什么,就会由行动中表现出来。

改变你的精神食粮,删除所有消极观念,你的消极行为就会越来越少,直至完全消失。

你的精神食粮是什么

了解精神食粮的重要性之后,你可能会问:"我已经忙得不可开交了,哪来时间补充精神食粮呢?就算要补充,要补充什么呢?"

听过一个樵夫的故事吗?他明明努力工作,柴却越砍越少,原来他抽不出时间磨斧头,所以工作效率越来越低。

一般男士每年要花200美元修饰头部的"门面"(剪头发、刮胡子),女人的花费更是无法估计。那么,我们是否应该花同样的时间及金钱充实内在呢?

加州大学的一项调查显示,洛杉矶居民如果利用每天的开车时间听录音带,可以在三年内听完两年大学课程,不需要多花任何额外的时间。

经常听有益录音带的人必定最快乐、最能适应环境。如果再加上正确的读书计划,就能拥有足够的精神食粮。原则是，动的时候听录音带，坐的时候看有益的书。这样做能使生活积极，提供你广泛的知识及正确的人生观。

一般人不看书最常用的借口是没时间，其实那只是失败者的借口。只要抽出时间做该做的事（阅读优秀文学作品），其他要做的事很快就会减少了。

建议：不要向别人借书，也不要借书给别人。经常买，建立自己的书库，加上标志以便日后参阅。

下面是几个放好书的地点：（1）床头，（2）厕所，（3）电视机上，（4）常坐的椅子旁，（5）某个可以安静阅读的角落。

美国太空总署太空人亚伦·毕恩，是首先在月球上漫步的太空人之一。毕恩上校常在车上播放有启发性的录音带。

人们都知道，太空人的甄选几乎是人类有史以来最为严谨的测试。每位太空人一定要有健康、坚定不移的自我形象，要在最艰难的环境下与同行同甘共苦，要有良好的心态，包括钢铁般的意志、纪律、决心以及乐观的心态。

"全球家庭用品公司"是加拿大最大的家庭用品产销中心。它的总经理曾说，他手下十九名业绩最好的销售人员中，有十七人（包括排名在前的十一个人）每天听推销训练录音带，他们并非是顶尖高手才要听那些录音带，而是因为听了那些录音带，才成为顶尖高手。

事实上，世界上各地的业务经理及主管都证明，他们业绩最好的员工都经常听好的录音带、看好书，几乎毫不例外。

　　所以一再鼓励你做这些努力，理由非常简单。只有不断充实、进修的人，才能登上人生的高峰。成功者都知道，我们的身体、心灵及精神都同样需要养分，才能不断成长。

　　许多人以为只有在沮丧、情绪低落的时候，才需要补充精神食粮，其实这是错误的观念。心情不好时，这种"需要"固然特别明显，也可能有实质上的效益，但是就长远利益而言，在情绪好的时候看励志书籍或听录音带，效果会更大。

　　原因是心情不好时往往会饥不择食，也许会因为选择错误而弄巧成拙。沮丧时可能把焦点放在"问题"上，而疏忽了找寻"解决之道"。

　　情绪好的时候，想象力丰富，很容易接纳好意见，就对这些好的想法采取行动。此时，你的注意力放在"解决办法"，而不是"问题"本身。

　　你的态度、热忱、团队精神及在老板心中的价值都大为提高，也就是你加薪升职的时候。

　　珊蒂·布莱纲是很有活力、很有上进心的人。她在许多大公司指导营业人员提升业绩、提高进取心。她指出，一个人往往会因为看了某一本书、听了某一录音带而得到启发，进入较高的层次。

　　这时，如果再看或听一遍同样的内容，往往会有新的认识，又迈向更高的层次。因此，有心成功的人都应建立自己的

"成功"藏书，以便随时参考，日益成长。

建议你养成一个好习惯：强迫自己和积极、乐观的人为友，强迫自己遵循"拍手起床"等习惯，强迫自己多听好的录音带，连续做二十一天以上，习惯就会牢牢跟定你了。

成功的黄金守则

选择了一种习惯，也就选择了一种习惯所造成的结果。好习惯不易培养，却易于相处。坏习惯很容易沾染，却不易相处。坏习惯总是在不知不觉中就养成了。

拿吸烟来说，心理学家莫瑞·班克斯认为那只是自卑情结的表现。还记得当初是如何开始抽第一支烟的吗？很可能只是要露一手给同事看，表示你是个"大"孩子，可以跟他们一样抽烟。

虽然你的身体一直反抗："不要！不要！"你却强迫身体接下香烟。第一次喷出一个个烟圈时，多么神气啊！一边聊天，一边轻轻松松地吞云吐雾，是多么"成熟"啊！但是如果你能同样轻轻松松地把烟戒掉，不是更好？

据统计，美国人在22岁以后染上烟瘾的人，不到5%。可见懂得思考、成熟的人无论和有烟瘾的人相处多久，都不会染上抽烟。此外，自从证明抽烟与肺癌有关之后，已经有很多人戒烟成功。

再回头看你的抽烟史，虽然你的身体勇敢地反对抽烟，你仍然强迫它接受。你的身体只好自我调整道："好吧！我勉为其难，可是我并不喜欢抽烟。"你回答道："没关系，反正你非抽不可。"

后来，身体又退让几步说："我也不知道自己从前为什么反对，其实抽也不错嘛！"就这样，身体一再妥协，终于真正开始享受抽烟的乐趣。

从这时候起，你告诉朋友，你抽烟是因为乐在其中，人总要有点乐趣嘛！你还告诉他们，你随时都可以戒烟，因为你已经戒过十多次了，其实抽烟也并非你真正的"习惯"。最后，你的身体已经完全屈服，会主动要求你抽烟了。

习惯这个东西很奇妙。奇妙（或者说可悲）的是，坏习惯明明可以避免，却有人明知故犯，不但浪费金钱，还会引起各种问题。以抽烟为例。刚开始是不知不觉染上烟瘾，等烟瘾太大，已经戒不掉了。

原本谨守道德标准的人，有可能会受他人影响，渐渐变得没有道德。例如一个"好"孩子，偶然在社交场合中认识一群以试婚、吃禁药、酗酒等为乐的人，虽然他最初完全不赞同这些举止，但是如果他对这群人中的某一个有兴趣的话，由于多次接触，就会慢慢受到感染，开始接纳他们的价值观。

人脑具有很大的弹性。原先深感厌恶的不道德行为，经过几次接触，就变得能够"容忍"，再慢慢改变成可以"接纳"，进而"赞同""投入"。

吃东西没有节制也是一种习惯，许多人已经习以为常，根本不知道自己一天到底吃了多少食物。小时候，父母或许基于好意，认为爱孩子就要有求必应，他们也认为浪费食物是罪过，要孩子把碗里的东西吃干净。一天多吃几口，一年就多了十公斤。

如果你有体重过重的问题，绝对不是只因为昨天暴饮暴食，而是每次多吃一口，日积月累所造成的。解决这个问题，只有一口一口地少吃。

还有很多人因为贪图口腹之欲，偏好甜食，再加上不肯运动，一天所增加的体重就更多了。

如果我们认为自己不会"近朱者赤，近墨者黑"，那就是自欺欺人了。所罗门王，娶了膜拜偶像的非利士女子为妻之后，不久也开始膜拜偶像。大力士参孙力大无敌，却因为受不了大利拉不断以性要挟，终于说出他神力由来的秘密，而变成瞎眼的奴隶。

南方的孩子搬到北方，不到几个月，就会变成北方口音。同样地，北方的孩子搬到南方，也很快就学会南方口音。无论什么人，都必然会受到周围环境的影响。

我们不仅会受到交往的人影响，沾染上他们的习性，也会因为习以为常，对身边的环境变得麻木。例如一直住在肥料厂附近的人，就不会感觉到异味的存在。

从这些例子可以看出，只要长期处在消极、罪恶或有毁灭性的环境中，就会从反对变成容忍，从容忍变成接纳，再从接纳变成参与，甚至乐在其中了。

习惯像一张网，每天织一条线，后来就变得牢不可破，无论好习惯或坏习惯都一样。我们常常责备年轻人没有道德、不负责任，是人类有史以来"最糟糕"的一代。这些话或许有几分道理，不幸的是，我们只看到"问题"，却忽略了背后的"原因"。

年轻人的观念多半来自电视、电影、收音机、报刊，以及其他人的行为。显然，大部分电视公司、报社、电影院、药品进口公司、酒吧……的老板都并非青少年。受害者是年轻人，在他们身上发横财的却是成年人。

喜欢说脏话也是一种坏习惯。常听有人出口成"脏"，旁人还替他解释："他就是这样子，其实心里并没有那个意思。"问题是谁知道他什么时候有这个意思，什么时候没有这个意思呢？总不能他每说完一句话就插嘴问清楚，那未免太有失礼貌了吧！

没有人会因为用粗话骂人而造成好的改变，只听说有许多人因为习惯说粗话而失去朋友、商场上的机会或情人。说脏话这种坏习惯，也是在不知不觉间悄悄染上的。习惯说谎、迟到、听不到闹钟声继续蒙头大睡的人，都是因为对坏习惯一点一点地让步，最后，坏习惯就成了固定的生活方式。

酗酒的人都是从小酌开始，过了一段时间，身体能容忍更多酒精，需求也更增加，日积月累，终于造成可怕的后果。偶尔看到父母给刚学走路的孩子喝一口啤酒，真担心以后世界上是否又多了一个酒鬼。做父母的酗酒已经够多了，还要把子女也引入歧途，真是可悲。

所有坏习惯都是在不知不觉间慢慢染上的，等到你察觉的时候，往往已经造成很大的伤害。不过值得安慰的是，既然坏习惯是学习错误的榜样而造成的，只要改变周围的环境，就可以改变坏习惯。

培养良好的习惯

坏习惯绝对不能养成，我们先看看避免恶习要注意些什么。

第一，教导年轻人保持健全身心、正确道德观的好处，不让坏习惯有养成的机会。

第二，许多父母会极力反对动手打孩子，但是多数心理学家都同意，当孩子了解应该对自己的行为负责时，行为就会比较谨慎。

心理学家詹姆斯·道伯森也认为，如果不以爱心管教孩子，任他放纵，对孩子有百害无利。管教孩子的目的是让他明白，他是可教的孩子，父母管教他是因为爱他，希望他有更美好的未来。

第三，以身作则。孩子最容易看到的是父母的一举一动。的确，父母如果真心希望孩子不要抽烟、喝酒、吸毒，就应该以身作则。

不要有的父母，自己动不动就吃镇静剂、阿司匹林、每天抽一两包烟，有朝一日发现孩子吸烟时，却又很惊讶，不知道孩子从什么地方学来的坏习惯。

第四，反抗不实的广告。烟、酒商向来肯花大成本做出最有创意的广告，烟商以运动明星、购烟赠奖等方式来吸引年轻人。酒商则以高雅的品味及上流社会生活为卖点，强调喝酒的你也是其中的一分子。

因为这些烟、酒广告，过去五年，美国青少年饮用烟、酒的比例已大幅提高。我们应该用戏剧性的方式来抗争这些不实的广告。例如在广告中出现老妇叼着烟，每过一会儿就把烟拿开咳个几声。还可以用科学数据告诉女孩子，抽烟的人容易皮肤干燥、未老先衰。

第五，带孩子实际去看抽烟、酗酒及吸毒的下场，最好看望因为抽烟而感染肺癌的人，让孩子和他谈一谈，听听他困难的呼吸。

这的确是令人感伤的事，但是别忘了提醒孩子，这些都只是从"一根烟"开始的。要让孩子看到香烟广告略过不提的一面，让他知道坏习惯要付出极大的代价。

也可以当着孩子的面问那些抽烟的人，如果早知今日，他们当年会尝试抽烟吗？相信大多数人都会强调不会。

决定抽烟、喝酒、暴饮暴食，往往是基于感情因素，而不是理智。

青少年多半希望借着这些行为或习惯得到接纳。这时，亲子之间最需要的就是爱与坦诚的沟通。孩子能够接纳、肯定自我，就不会再急于得到他人的接纳及认可了。同时，有了明确的目标，就知道坏习惯是可以克服的。

最重要的是要自己立下破除坏习惯的决心，不让任何人或任何事影响你。如果是在别人的劝说之下勉强实行，多半会徒劳无功。

因此，首先要下定决心，掌握自己的生活，做自己的主人，不要让坏习惯掌握住你。

要去除坏习惯非常困难，但结果会让你的人生充满趣味，得到许多补偿。戒烟成功的人，会重新体会到食物的美味，以及空气、衣服、家具的清新气味。减肥成功的人去掉多余的肥肉后，身心都感到轻松多了。戒除坏习惯之后，能够重新拾回失去的自尊，生活也过得满意多了。

许多人戒除坏习惯的方法，和当初染上坏习惯的方法完全一样——多接近有积极人生目标及乐观态度的人。

有许多人千方百计想要改掉坏习惯，始终没有成功，最后却在戒酒中心、戒赌或减肥成功的过来人当中，听到种种成功的经验之谈，得到真诚的关切，身边的环境充满积极、热忱、鼓励，成效当然相当可观。朋友对个人的习惯有着极大的影响力。

通常，如果当初染上坏习惯的借口已经不存在，也可以点醒当事人。例如，当初为了缺少安全感或得到同事接纳，才开始抽烟、骂脏话、赌博……

但是同事压力已经不复存在。体会到这一点之后，加上已经建立起健康的自我形象，当事人就不再需要依赖这些坏习惯了。

戒除坏习惯的另外一个办法是"替代"。

真正说起来，并没有所谓"戒除"坏习惯，只是用好习惯"替代"坏习惯。戒酒者用乐观、忠心的朋友和积极、鼓励的环境，取代原先消极的朋友和沉闷的环境。

在心理上来说，改掉坏习惯之后，需要有新的活动及习惯来填补空虚。酗酒者看到戒酒成功者在生活上种种令人振奋的改变，自然会立下新目标，也可以"预见"自己达成目标之后的新生活。

坏习惯主要是源于内心的需求，所以要多看书、多听演讲，用健康、向上、有鼓励作用的观念填满心灵。一旦心里充满积极思想，渴望拥有长久的成功及快乐，就没有多余的空间容纳坏习惯。

换句话说，不要就某项（些）坏习惯钻牛角，要多培养成熟的智慧，让心中充满积极思想。

当然，停止坏习惯最好的办法就是根本不要开始。只要不抽第一口烟，不喝第一口酒，不说第一个谎言，就永远不必为后来所养成的坏习惯苦恼。如果你已经染上坏习惯，一定很想知道如何戒除。在个人无法达成目标的情况下，就要求助于外力。这时候，信念往往能发挥很大的力量。戒除中心也是不错的选择。但是如果你选择第二种方式，就必须谨慎选择，以免事倍功半。

前面谈到过早晨起床。这是很好的习惯，刚开始并不容易实行，必须勉强自己去做。几天之后，会变得越来越容易，甚至趣味十足。

持之以恒地做二十一天，好习惯就养成了。你会生活在完全不同的世界里，变得快乐、积极、充满热忱。仔细观察别人的好习惯，设法培养，生活就会增加许多趣味。

跑步的习惯和所有好习惯一样不易培养，但是一旦养成，就会感到乐在其中。储蓄也是好习惯。刚开始，你必须强迫自己付账单之前先付一些钱给自己。不论你有多少收入，都必须先为自己和将来存一些钱。户头里的钱日益增多，你也会感到越来越快乐。

不久，这个好习惯就会深植在你体内，成为你的一部分了。不错，储蓄的确是一种好习惯，不过开始时你必须紧紧抓牢它，不要找任何借口"暂时停止"存钱。存钱的习惯可以代表一个人的个性。如果你目前的收入存不了钱，将来的收入也一样存不了钱。

微笑也是一种习惯，有人不喜欢虚伪的笑容，但是虚伪的笑容毕竟胜于真实的怒容，不是吗？只要多展现笑容，养成习惯，自然就不再虚伪了。记住，我们不是因为快乐而笑，是因为笑而感到快乐。

此外，你怎么对待别人，别人就怎么对待你，所以你必须对别人微笑，别人才会对你微笑。如果你对别人咆哮，别人就会对你报以咆哮。

养成一个好习惯，就会得到另一种附加的好习惯。例如存钱可以增加你的安全感，使你的自信增加，你就会对人更和气、更友善。

习惯对人的影响实在太大了，它可以造就我们，也可以毁灭我们。如果你希望自己快乐、健康、有礼貌、成功，开始选择习惯的时候就要多用心。养成某种习惯之后，就由习惯来塑造我们。有句话说得好：个性是由日积月累的各种习惯组合成的。每一种习惯起初都来自微不足道的小事，但是滴水穿石的力量却非同小可。

有人认为快乐与成功不是目的，而是整个人生的过程。生命中充满了各种令人兴奋的事，每迈出一步，就会感受到接近目标的喜悦，从而加快脚步。现在我们已经离成功又近了一步，很高兴你还在继续努力，加油吧！

第四章

为自己而工作

工作是一切事业的基石，是成功的源头，是天才的根本，是生活的调味。只有爱工作，才能得到最大的幸福和成功，因为天下没有白吃的午餐，更没有天生的推销员、律师、医生……

不可能有天生的赢家

从前，有一位聪明的国王召集全国的智者说："我要你们收集人类所有智慧，著书留给后代。"智者离开皇宫之后，经过很长一段时间的努力，终于带回十二册巨著，骄傲地把这套"人类智慧全集"呈献给国王。国王看了之后却说："各位，我相信这是人类智慧的精华，但是内容实在太长了，恐怕没有人想看，还是浓缩一下吧。"智者又回去花了很长的时间，浓缩成一本书。国王仍然觉得太冗长，命令他们再次浓缩。智者挖空心思，呕心沥血，把一本书浓缩成一章，一章又变成一页，一页变成一段话，最后只剩下一句话。这一次，国王终于满意地说：诸位，这的确是人类智慧的结晶，如果每个人都能体会这个道理，世界上大部分的问题都能解决了。这句话就是："天下没有免费的午餐。"

有一位智者说："成功的家庭必须有辛勤工作的父亲和负责家务的母亲。"如果你能赞同父母的这种观念，必能和家人和睦相处。

工作是一切事业的基石，是成功的源头，是天才的根本。

工作能使年轻人比父母更有成就。

把工作所得储蓄起来，就是所有财富的基础。

工作是生活的调味品，爱工作，它才能带给你最大的幸福与成功。

爱你的工作，生活就会美好、有目标、有收获。

我们研讨工作的重要性时，希望你保持开放的心。你或许知道，有些人的心就像水泥一样，搅拌好之后，就一成不变。其实人的心像降落伞一样，只有张开的时候才能发挥最大的效力。

有些人诚恳地接受能使生活变得更美好的道理，也知道正确心态、健康的自我形象、积极的人生哲学能带来美好、快乐的人生。可惜他们经常左耳进、右耳出。再强调一次，如果不去实行，任何实际、美好的理论都只是空话。

许多人找到工作之后就不再认真做事。就像问某些人为公司工作多久，回答常是典型的"从公司威胁要开除我开始"。有人问一位雇主有多少员工，他回答："公司人数的一半。"可见有许许多多人每天上下班，却把工作当成瘟疫一样看待。

多年前，金克拉到澳大利亚演讲时，遇到一个叫约翰乃文的年轻人，他对工作的心态就非常正确。他热爱生命、家庭和工作。他原来兼职推销《世界百科全书》，因工作极为认真，从兼职改为全职。后来，升为地区负责人。

法国名画家雷诺瓦老年时患关节炎，手部扭曲变形。他的画家朋友马蒂斯看到他只能忍痛用手指夹笔作画，心里非常难过。

有一天，马蒂斯问他为什么要强忍痛楚作画，雷诺瓦回答："痛苦会过去，美却是永恒的。"

常听人说："要是有人给我一笔钱，让我付清所有欠款，银行里还能再余一些钱，这辈子我就可以重新起步好好走下去了。"很多人都有这种观念，永远在等待别人带领他们迈出第一步。我们要坚信："给人一条鱼，只能让他饱餐一顿；教他钓鱼的方法，却可以使他终生受用。"给人一笔钱，并不是助人的正确方法，因为他不是拿这笔意外之财去"还债"，就是去买渴望已久的东西，反倒助长了花钱的坏习惯。一旦养成习惯，就难以改变了。

金克拉到各地巡回演讲时经常询问听众，他们最希望未来的生活中拥有什么，许多人都提到"安全感"。

自己建立的安全感与退休计划和别人给你的安排之间，有很大的差异。真正的安全是内在的，一定要自己争取，别人是无法给你的。

字典上对安全的解释是免于危险，免于疑虑或恐惧，不必担心。麦克阿瑟将军讲得好："安全感就是生产能力。"能够满足自我需求，因此得到自尊、自信的人，远比靠别人解决问题的人具有安全感。工作不仅供给我们生活所需，更赋予我们生命。只有自给自足并且能贡献他人的人，才会真正感到快乐。

许多老板都同意，现职人员远比失业的人容易找到好工作。失业越久，越不容易找到工作。找到工作是事业的第一步，最不容易迈出。但是只要有了第一份工作，往上爬就容易多了。

　　许多人找工作时最大的问题，就是对工作要求太多，一心想找"十全十美"的工作或雇主，却没有想到自己未必是十全十美的员工，只知注重薪资、休假、退休等福利。对于想跳槽的人，这些条件当然有商榷的余地；但是对失业或没有工作经验的人，这些要求未免太高了。别忘了，一般人都是由下往上工作，只有盗墓者才从上往下工作——而他们最后总是置身在洞穴中。

　　高楼万丈平地起，任何事都必须迈出第一步。一旦开始，继续往下做就不难了。遇到困难或不喜欢的事，更应该立即动手。等得越久，就觉得越可怕。就像第一次站在游泳池的跳板上一样，越是犹豫不决，跳水的成功率就越小。

千万别被小聪明所误

　　假如你在目前的工作岗位上，每天按时上下班、工作努力、对老板忠诚，接受当初谈妥的薪水，那么你和老板互不亏欠。你做了分内的工作，但还不到让老板加薪的程度。优秀的老板总是很乐意加薪，但是他经营的不是慈善事业，总得把钱花在刀刃上，你有值得加薪的表现，他才会加薪。换句话说，你必须特别努力、特别忠心、特别热忱、额外加班、多承担责任，才有可能加薪或升职。

只要你表现出色，给你加薪的人应该是你目前的老板，否则也会有别人给你加薪。俗话说："一分耕耘，一分收获。"小时候，金克拉在一家杂货店帮忙，经常到处跑腿。他们店的对面也是一家杂货店，店里的伙计名叫查理，他整天忙个不停。有一天，他问他的老板安德森先生，为什么查理总是那么忙。安德森先生说查理希望老板加薪，他一定能如愿以偿。因为即使对面的老板不加薪，安德森先生也会给他加薪。

的确，只有额外的努力才会带来额外的收获。没听说有人只做分内的工作就会成大功、立大业。一般人都愿意在上班时间做分内的工作，但是分外的工作，大多数人就没有兴趣。

工作给予我们的不只是生计所需，也是一种特权，同时也为以后的生活铺路，就像下面这个小故事一样。

一位农夫有好几个儿子，他要他们辛勤地在田里工作。有一天，邻居对农夫说，孩子们不必工作得这么辛劳，也一样会有好收成。农夫坚定地回答："我不只是在培育农作物，也是在培育儿子。"

接着讲一个关于洛杉矶老人的故事。

很多年以前，有一群家猪从某个村子逃进遥远的山里。过了几代之后，这些猪越变越野，甚至对往来的人构成了威胁。村里的猎人多次上山找寻，都无法猎杀它们。

有一天，从外地来了一个老人，用小驴子拖着一辆车，车上装满了木板和谷子，准备上山抓野猪。村人都嘲笑他，不相信他能赤手空拳做到猎人办不到的事。但是几个月后，老人回到村里告诉村人，野猪已经被困在山顶的猪圈里了。

老人解释抓野猪的经过："我先找到野猪平常觅食的地点，在空地中间放些谷子引诱它们。野猪起初很害怕，可是忍不住好奇心，它们领头的带头在谷子旁边闻来闻去，终于尝了第一口，其他野猪也跟着吃了起来。我当时就知道它们一定会成为我的猎物。第二天，我又在空地上多放一点谷子，并且在几尺外立了一块板子。它们起初对板子很害怕，可是又抵不住白吃午餐的诱惑，所以不久又回来吃谷子。就这样日复一日，我终于把捕捉野猪的环境布置好了。每次我多加一块木板，它们都会退缩一阵子，但是后来又会忍不住回来白吃一顿。猪圈完全盖好时，它们早就习惯不劳而获到这里吃谷子，所以我轻轻松松就逮到所有的野猪了。"

这是个真实故事，道理简单。让动物依赖人获得食物，就夺走了它谋生的能力。人类也是一样，想要使一个人跛足，只要给他一根拐杖——或者长期给他"免费的午餐"，让他习惯不劳而获，他就只能听命于你了。

你刚刚跳槽到一个薪水很高的单位，但不久就发现，老板是个脾气暴躁、为人粗鲁的人，下属稍有过失便大发雷霆，出言不逊，有时言语还严重刺伤人的自尊心。有一天，这种祸事终于降临到你头上了。这时候，你该怎么办？

很多人梦想找到一份十全十美的工作，老板又好，薪水又高，但这样的美梦并不是每个人都能实现的。不少人肯付出很多代价只为换取一个薪水很高的工作或职位。

如果老板真是个脾气暴躁、为人粗鲁的人，这也给了你一个表现自己宽容、大度的好机会。另外，就算他不分青红皂白就出言不逊是大错特错，但是，要是你把这当成鞭策自己上进的动力，对待工作一丝不苟、精益求精，从不出现任何闪失，难道他还能鸡蛋里面挑骨头不成？再说，忍受他大发雷霆的人又不止你一个，其他同事如何面对呢？这样在潜意识中可以为自己找些心理平衡。

每个人的性格是不一样的，遇到一个脾气暴躁的老板也不奇怪。如果有一天因为你的小过失遭到他出言不逊、大伤自尊心的指责，解决问题的方法应该是：首先，等老板把话说完后，承认自己的过失，然后告诉他你想出来的补救措施。这样，老板一定会消了心头之火，如果老板是个讲理的人，听了你的一番话一定会感到内疚。

想一想老板为什么这样做，理解老板的意图，然后调整自己的行为。墨菲认为这是比较有益的方法，既可以做好自己的工作，又可以搞好与老板的关系。

其实，老板的意图并不难理解，关键在于能否做到"设身处地"和"将心比心"，只要真心去理解，就能够做到谅解，但是若不想去理解，那永远也无法得到真正的相互谅解。例如，你是否理解老板的处境，他之所以脾气暴躁又出言不逊，也许是出于无奈或是迫不得已，或是工作压力过大，或是与他的地位和出身有关。

你既是他的下属就应该对他敬让三分。

只有你所选择的事业与你的能力、体格和智力相和谐，同时还须适合自己的个性，使自己能胜任并愉快地从事这一职业，你才会永不抱怨。

为什么有很多人会怨叹工作的不幸和人生的无聊呢？一个重要的原因就是他们正从事着与自己的兴趣个性相冲突的职业。

如果你所选择的职业不适合你，那就不可能有实现成功愿望的奇迹出现。当今社会，大多数人都没有考虑到这一点，他们喜欢做在他人看来很体面的工作，而工作本身的特点却不在考虑范围之内。

世上不知有多少人因为只考虑工作的体面而断送了一生的幸福，他们以为体面的工作肯定是成功的捷径，而不管自己的性格、才能是否与之相称，原因在于他们完全不懂得成功的真正意义。

如果你认为自己在事业上缺乏足够的才能，那么还是抛弃这种事业为好。否则，你一生的结局一定是后悔和失望。

选择终身的职业是一件颇费周折的事情，在决策之前，必须先剖析自己的才能与志趣，要深思熟虑地加以考察，职业的重要方面与自己的志趣相合，而且的确能够胜任，这才算得上是选择了最适合自己的职业。

一个人一旦选择了真正感兴趣的职业，工作起来也会特别卖力，总能精力充沛，意气焕发，能愉快地胜任，而决不会无精打采、垂头丧气。同时，一份合适的职业还会在各方面发挥自己的才能，并使自己迅速地进步。

你一旦有了想从事某种职业的愿望，就要立即打起精神，不断地勉励自己，训练自己、控制自己，只要有坚定的意志、永不回头的决心，不断地向前迈进，做任何事情都有成功的希望。

在选择职业时，你固然要对某些问题深思熟虑，譬如自己是否能胜任？是否真的有兴趣？但当你做出了这些实现愿望的决定后，就不能再三心二意了。你必须集中所有的勇气和精力全力以赴，你要不断鼓励自己，要有与一切艰难险阻做斗争的勇气，要不怕吃苦、不怕碰壁，更要远离对失败的恐惧。

任何职业只要与你的志趣相投，你就绝不会陷于失败的境地。但是，在工作的过程中，有人常常容易受到外界的诱惑，受制于自己的欲望，便把全部精力放在不好的事上去了。

想获得成功，你就必须为自己设计一个一生的职业计划，然后集中心思、全力以赴地去执行这一计划。凡是能成就大事的人遇到重要的事情时，一定会仔细地考虑："我应该把精力集中在哪一方面呢？怎么样才能使我的品格、精力与体力不受到损害，能获得最大的效益呢？"

首先，你应该选择一个最适合自己发展的环境，在这一环境中，竭尽全力去把事情做得尽善尽美，以此来实现你期望的目的。你所选择的工作一定要适合你的性格、才智和体力。总而言之，一开始做事的时候一定要先迈开步伐，然后才能大踏步前进，在一个适合自己的环境里，我们做起事来才能感到顺畅愉悦。

你在就职时抱着什么样的想法选择职业和公司？可能很多人都会这样想"希望选择好的职业""想在安定的公司内上班""加班少，薪水高的公司比较好。"

虽然这些想法是无可厚非的，但是，如果太拘泥这些想法就会影响到你事业的发展。

大学毕业的时候想"那种职业是现在的时髦产业，将来一定有发展空间"，所以进入该公司就职。但是如此选择的公司，进入5年之后就可以看见未来，届时则很可能会产生"什么嘛，比起当初所想的差多了"而感到失望。

现在的大公司也有可能会突然遭遇破产的厄运，今后会发生什么事都是不足为怪的。即使现在公司业务发展顺利，但数年后会是什么情形是谁都无法预知的。

为公司的规模所迷惑，不小心选择了不适合自己行业的人也不少，从长远眼光来看，这些人以后一定会后悔。

怎么说呢？理由很清楚，因为不喜欢这份工作。既然无法喜欢，也就提不起干劲。所谓提不起干劲就是不论经过多长时间，都无法取得成绩，也无法发挥能力，这样一来，即使反复想着"事业成功"的念头，也是无法有长进的。

因此在选择职业时，绝对不能为公司外观规模所惑。最重要的一点就是从事自己喜欢的工作，如果是自己喜欢的工作，热情和信念就会泉涌而出，即使努力也不觉得辛苦，而且能够更加积极。

那么如何选择适合自己的工作呢，这就要看自己有什么样的天赋了。

为了发现自己的天赋，可以去察觉自己特有的能力，专心致力于自己觉得兴奋不已的事情。

准备好笔和纸，把自己的特性列出来，使自己的特性更为明确化。

第一，把自己的性格中的长处写出来："喜欢和人会面""不拘小节""仔细而认真"等，找出能发挥自己能力的职业。

第二，写出自己擅长的事情。这可追溯到孩提时代，"擅长于音乐""擅长写作""数学成绩出类拔萃"等，这将会成为发现自己天赋的提示。

第三，写出到目前为止自己人生中享受过的事情，这也可以追溯到孩提时代。有人听从建议去实行，想起"中学的时候把收音机拆开重新组合，感觉非常快乐"而从推销员成功转行为技术人员。

第四，写出热衷的事情。假设有人有这样的回忆："高中时代参加文艺社，热衷写作，那时总觉得时间一转眼就过去了。"现在开始也不迟，应该从事写作工作，或和大众媒体有关的工作。如果能够热衷就不会觉得辛苦，也不会觉得厌烦这样的事。

以上几项建议，究竟自己适合什么职业呢？请好好地想想。到底什么样的工作关系到自身价值的创造和自我实现呢？比起笼统模糊的思考，现在应该更明确了吧。

切记，在决定你一生的事业时，唯一的定律是："你所从事的事业，必须是所有可能的事业中你最能胜任的。"

如果想要以自己的工作为途径实现愿望，首先应该为工作找一个心情快活的理由。

如果年轻的厨师想早日使自己的手艺精湛，只是想着"我要做美味的料理"，就以为能实现心愿，那是天方夜谭！不只是"要做美味的料理"，而是要抱着"做美味的料理是上天赐予我的最完美的工作"的念头，料理的手艺就能进步了。为什么呢？因为如果这样想的话，做菜这件事就会变成一件愉快的事情。

如前面所说，殷切期盼的事情必会实现，人生确实是应该依照愿望中的规划去发展。但走错一步，最先产生的就是焦虑，而焦虑过度就会陷入"总是止步""事情总是不按自己的意思发展"的负面情绪。这样一来，负面的念头就可能进入到潜意识中。

相反，如果能想着"工作是最完美的使命"或"完成这个工作是自己的使命"的话，就不会产生工作是公司委派的任务或因为上司的命令才行动的情绪。

希望大家把自己做的工作当成是一件极其快乐的事情，而不只是听天由命。

例如想做某一件事情的时候，我们容易以自己的尺度去思考事情而行动，然而过分考虑自己，就会形成以自我为中心的情况，这样对实现成功的愿望不会有什么好处，所以应该要以"对他人有益，对社会有益"的意识来思考问题，这样不但会产生积极的心态，同时也会给你以工作上的快乐。

如果"对社会有贡献、为他人服务"这样的意识形成行动的精神力量，成为思考核心的话，那就不会只意识到自我，而是能进入忘我的境界，形成符合潜意识的生存方法，如此一来，就会有——"即使遭遇到麻烦或困难，潜意识也一定会将你引向好的方向"的心境，更进一步关系到积极的想法——正面思考的坚定信念。

看一个人能否实现自己成功的心愿，只要看他工作时的精神和态度就可以了。如果某人做事的时候，感到受了束缚，感到所做的工作劳碌辛苦，没有任何趣味可言，那么他决不会做出伟大的成就。

一个人对工作所持的态度，和他本人的性情、做事的才能有着密切的关系。

一个人所做的工作，就是他人生的部分表现。而一生的职业，就是他志向的表示、理想的所在。所以，了解一个人的工作，在某种程度上就是了解其本人。

如果一个人轻视自己的工作，而且做得很马虎，那么他决不会尊重自己。如果一个人认为他的工作辛苦、烦闷，那么他的工作决不会做好，这一工作也无法发挥他的特长。在社会上，有许多人不尊重自己的工作，不把自己的工作看成创造事业的要素、发展人格的工具，而视为衣食住行的供给者，认为工作是生活的代价、是不可避免的劳碌，这是多么错误的观念啊！

人往往就是在克服困难的过程中，产生了勇气、坚毅和高尚的品格。常常抱怨工作的人，终其一生，绝不会有真正的成功。抱怨和推诿，其实是懦弱的自白。

在任何情形之下，都不允许你对自己的工作产生厌恶，厌恶自己的工作，这是最坏的事情。如果你为环境所迫，而做一些乏味的工作，你也应当设法从这乏味的工作中找出乐趣来。要懂得，凡是应当做而又必须做的事情，总要找出事情的乐趣，这是我们对于工作应抱的态度。有了这种态度，无论做什么工作，都能有很好的成效。

一个人鄙视、厌恶自己的工作，他必遭失败。引导成功者的磁石，不是对工作的鄙视与厌恶，而是真挚、乐观的精神和百折不挠的热情。

无论你的工作是怎样的卑微，你都应当有艺术家的精神，应当有十二分的热忱。这样，你就可以从平庸卑微的境况解脱出来，不再有劳碌辛苦的感觉，你就能使自己的工作成为乐趣，而厌恶的感觉也自然会消失。

一个人工作时，如果能以顽强不息的精神、火焰般的热忱，充分发挥自己的特长，那么不论所做的工作怎样，都不会觉得工作辛苦。如果我们能以充分的热忱去做最平凡的工作，也能做出最精巧的工作；如果以冷淡的态度去做最高尚的工作，也不过是个平庸的工匠。所以，在各行各业都有发展才能的机会。

在我们的社会中，没有哪一个工作是可以藐视的。

一个人的终身职业，就是他亲手制成的雕像，是美丽还是丑恶，是可爱还是可憎，都是由他一手造成的。而一个人的一举一动，无论是写一封信，出售一件货物，或是一句话、一个思想，都在说明雕像或美或丑，或可爱或可憎。

无论做什么事，务必竭尽全力，这种精神决定一个人日后事业上的成功与失败。如果一个人领悟了通过全力工作来免除工作中的辛劳的秘诀，那么他也就掌握了达到成功的方法。倘若能处处以主动、努力的精神来工作，那么即使在最平庸的职业中，也能增加他的权威和财富。

不要使生活太呆板，做事也不要太机械，要把生活艺术化，这样，在工作上自然会感到有兴趣，自然也会尽力去工作而达成自己的愿望。任何人要实现自己的愿望都应该有这样的志向：做一件事，无论遇到什么困难，总要做到尽善尽美。在工作中，要表现自己的特长，发展自己的潜能，不能因工作的卑微而自我轻视。如果你厌恶自己的工作，必遭失败。

一定记住成功的誓言

辛克尔是历史上担任体育新闻播报员最久的人。四十多年来，许多人口中的"体育新闻大好人"指的就是他。他总是能发掘别人的长处，而且完全是发自内心，毫不做作。有人认为他批评得不够尖锐，给予运动员过多的赞美，辛克尔的回答是："这就是我做人的原则。"

克里斯·辛克尔想要当体育新闻播音员的梦想，早在20世纪30年代就开始萌发了。他仔细听收音机里的棒球赛，研究播音的风格。父亲买了一台早期的录音机给他，他就把比赛录下来，仔细模仿播音员的风格。进了波都大学之后，克里斯每逢暑假都在印第安纳州蒙夕市一家电台打工。1952年，他开始担任美国国家广播电台的代理播报员，后来又在电视上替纽约巨人足球队担任后备播音员。他的目标永远是施展全力，展现自己最好的一面。

今日的克里斯·辛克尔是美国数一数二的体育新闻主播。他之所以有这样的地位，是因为了解自己、能发掘别人的长处、努力不懈。希望每个人都能像他一样："用行动表现自己。"

当你学会了如何正确地看待每一个人时，你在社交活动中能够学到的东西会多得让你自己感到惊讶。

当然，实际上只有在你自己付出了许多的同时你才会获得许多。你越是展示自己的才华，心地越是无私，越是慷慨大方，越是毫无保留地与别人交往，你获得的回报也就会越多。要得到多少，你就必须先付出多少。任何东西只有先从你这儿流出去，才会有其他东西流进来。

总之，你从别人那儿获得的任何东西都是你原先付出的东西的回报。你在付出时越是慷慨，你得到的回报就越丰厚。你在付出时越吝啬、越小气，你得到的就越少。你必须是出于真心的、慷慨的，否则，你得到的回报本应是宽阔的大河，但实际上你只得到了一条浅浅的溪流。

一个人如果能够利用各种可能的机会去探知生活的方方面面，他可能会获得全面而均衡的发展，然而他忽略了培养自己在社交方面的才能，结果是除了自己那点儿少得可怜的特长外，他仍然是一个能力上的侏儒。

错过与我们的同辈，尤其是那些比我们更优秀的人交流的机会，这将是一个极大的错误，因为我们本来可以从他们身上学到一些有价值的东西。正是社交活动磨掉了我们身上粗糙的棱角，让我们变得风度翩翩、优雅迷人。

只要你下定决心抱着付出的心态开始你的社交生活，把社交生活当作一个自我完善的过程，希望借此唤起你身上最优秀的品质，挖掘你因为缺乏锻炼而沉睡着的潜能，你就会发现，自己的生活既不沉闷也不徒劳。但要记住，你必须先付出点什么，否则你将一无所获。

当你学会了把你遇到的每一个人都看作是一座宝库，那么每一个人都能够充实你的生活、能够丰富你的人生阅历、增长你的人生经验、能够让你的性格更完美、处事更成熟、让你不断得到达成愿望的机会。

每一个有成功愿望的人，都会把每一次经历看作是一次学习的机会。无论你是朝气蓬勃的青年还是白发苍苍的老人，真诚坦率都是令人愉悦的品质。那些坦诚率直的人，那些光明磊落的人，那些从不刻意掩盖自己缺点和不足的人，没有人会不喜欢。一般来说，这些人都心胸宽广，慷慨大方，愿意付出。他们会唤起别人的爱意和自信，用他们纯朴与直率换来别人的坦率与真诚。

相反地，躲躲闪闪、遮遮掩掩、不愿付出的人会让人生厌。这种人总是企图遮盖或是掩饰什么，让人不由得心存怀疑，结果就失去了别人的信任。

没有人会相信有这种品格的人，尽管他们表现得看来与那些有着阳光般坦率明朗性格的人一样亲切随和、平易近人。与这种人相处，如同搭乘一辆公共汽车在漫漫黑夜中行路，感觉夜深，路更长，行程让人如坐针毡，我们会心神不宁，焦虑不安，甚至痛苦难当。这种人也许与我们相处得和睦融洽，可我们总是疑心重重，不敢随便抱以信任。

无论他是如何的举止优雅，如何的彬彬有礼，我们也会不由自主地认为，这种优雅举止下面一定含有某种动机，这种亲切随和后面必然藏有某种不可告人的目的。

这种人总给人神神秘秘的感觉，因为他在生活中都是戴着一张面具。他总是竭尽所能掩藏起自己品质中所有令人不快的一面。我们永远也无法看到他真实的一面，无法了解他到底是一个什么样的人。

然而，另外一种人和他们是多么的不同啊！心胸宽广、言谈诚恳、坦率纯朴，结果他们是那么快就赢得了我们的信任，也同时为自己赢得了实现愿望的机会。尽管他们会有一些小的错误或缺点，我们总能原谅他们，因为他们从不掩饰自己的错误，并能积极改正。他们正直诚实、光明磊落、乐于助人。

戴夫·朗贾柏格20岁才从高中毕业，他一年级留级一次，又读了三次五年级。他的阅读能力只有中学二年级水平，有口吃，又有癫痫症。1996年，他的公司——朗贾柏格公司——却卖出5亿多美元的手制篮子、陶瓷器、编织品及其他家饰品。这究竟是怎么回事呢？

其实，戴夫曾经遇到过许多逆境，但是他很有企业家的精神。童年时，他做过许多工作，家人叫他"二角五分的大富翁"。他从打工生涯中学到许多宝贵经验，他7岁时在杂货店打工，发现要让老板高兴的方法就是揣摩老板的意思，抢先一步做好。做其他工作时，他也仔细观察形形色色的人，从他们身上学习。例如，用轻松愉快的心情去做事，不但自己高兴，工作也会做得更好。和他做生意的人对他都有好感，就会继续和他有生意往来。当兵时，他学到了纪律、控制、和谐以及中央指挥，也学会如何做个冒险家，而不是赌徒。例如，他以极少的资金开了一家小餐厅。开业的第一天，他以135美元买了早餐的材料，再用早餐的收入买午餐的材料，用午餐的收入买晚餐的材料，这才叫白手起家！

后来，戴夫开了一家杂货店，经营得非常成功。不过他并不满足，始终在筹备更大、更好的事业。他的乐观、耐心及努力不懈，帮助他克服了许多困难。我们也可以从戴夫的故事学到一些做人处世的道理。

在这个自由贸易及开放的社会中，马克·莱特的表现十分突出。他是吉弟卡片公司的老板，也是加拿大最年轻的企业家之一。6岁那年他想能不能画几幅画来卖钱。母亲建议他把画印在卡片上出售。由于他有一些与众不同的构想，所以很快就步上了成功之路。

他在母亲的陪伴下，挨家挨户去敲门，言简意赅地说出要点："嗨！我叫马克，我只打扰一下。我画了一些卡片，请买几张好吗？这里有很多张，请挑选你喜欢的，随便给多少钱都可以。"他的卡片是用手绘在粉红色、绿色或白色的纸上，上面有一年四季的风景。马克每周工作六七个小时，平均每张卖七角五分，一小时可以卖二十五张。

不久，马克就发现自己需要帮手，他立刻请了十位员工，大都是些画家。他付给他们的费用是每张原作二角五分。由于把业务扩展到邮购，所以越来越忙碌。第一年做生意，马克就赚了3000美元，足够带母亲畅游迪士居乐园。

10岁时，马克已经成了媒体上的名人，他上过许多著名的平面及视听媒体，包括大卫·赖特曼的《午夜漫谈》，柯南·欧布瑞安也曾访问过他。马克有别出心裁的点子，不在乎自己的年龄，再加上母亲的鼓励，小小年纪就有了自己的事业。你是否也有具创意的好点子？果真如此，你还等什么呢？

小人物成为大人物的途径

失业者中，有多少人具有工作能力呢？也许大多数人都有工作能力——至少有相当比率的人如此。但是很多人找不到更好的工作，因为他们没有受过训练、缺乏背景或没有意愿从事较好的工作。只要有人给他们一份工作就好，是否胜任他们倒不在乎。但是在工商业社会中，员工对公司的贡献必须超出薪资的相对利润，否则公司有一天倒闭，员工也就失去了工作。

俄亥俄州尤克里市的林肯电子公司需要两百名员工，但在两万多名应征者当中，却找不够合适的人员，因为他们连中学的数学都不会做，这究竟是谁的错呢？也许有人会认为父母没有好好管教他们读书，责无旁贷；也许有人认为教育制度太落后，已经不符合时代需要；另外有一些人则指责政府没有给予这些人足够的教育津贴。

事实证明，每个人都必须对自己负责，自行取得必要的资讯，才能获得自己想要的工作。例如，这两万名无法得到林肯电子公司优厚待遇的应征者，只要回学校进修数学，就有机会得到工作。迈出第一步的确需要有足够的勇气，也可能面对某些尴尬的情形。但是如果一味地置之不理，问题绝对不会变得更简单或者更易于解决。

总之，想要找到工作，就要设法进修。每周进修三小时，十个星期就能增进你的技巧、信心及自尊。现在就立刻进行，你的生活必将为之改观！

有人说工作是成功之父，正直则是成功之母。如果能和这两个"家人"和平相处，其他家人也就不成问题了。可惜有太多人不肯花心思和"父亲"好好相处，对"母亲"更是完全置之不顾。

很多人都以为工作应该既有趣又有意义，否则根本没有必要去做。金克拉认为，有了对工作的爱，又有酬劳，理该心满意足了。查理·高说，工作让人有饭吃、睡得安稳、快快乐乐地度假。事实上，每个人都需要工作。

伏尔泰说，工作可以使我们远离三大罪恶：枯燥、邪恶及贫困。基于这个观点，我们可以体会到工作的好处，并且明白我们不是在"付出代价"，而是在"享受好处"。爱迪生说："世上没有任何事可以取代辛勤工作。天才是百分之一的灵感，加上百分之九十九的血汗。"富兰克林说："用过的钥匙永远是亮的。"理查·康伯兰也说："东西用坏总比生锈好。"

如果不努力工作，势必会失去生命中的许多欢乐和好处。希望每个人都喜欢自己的工作，随时拿出放长假前赶工的那股冲劲，不但会让你更喜欢工作，也能得到更高的薪金及赞美。

1983年5月，95岁高龄的海伦·希尔欣喜若狂地拿到了高中毕业证书。七十六年前，她高中毕业时，由于学校债台高筑，连毕业证书都无法付印，因此她和五位同学都没有拿到正式毕业证书。1907年毕业的那一班同学中，只有她一个人在世，所以老同学都无法分享她的快乐及兴奋。这件事告诉我们，昨日的失望可能成为今日的欢乐，永远都不嫌迟！

64岁的卡尔·卡森，忽然决定改变职业生涯。到了老年，大多数人都会想要退休，这真是不幸，因为许多64岁的人都还身体健康，并且累积了许多宝贵的经验。卡尔原本经营卡车出产公司，至于新的生涯，他规划开一家顾问公司。先从十位顾客做起，达到目标之后，他决定再扩大范围，发行月刊，并且为一千二百名订户担任顾问。到了75岁，卡森每年必须搭飞机往返全美各地百余次，在各种聚会中演讲，生活得非常充实愉快。

卡森的故事告诉我们，只要有心改变、有心学习，永远都不迟！太多的人没有达到目标，都千方百计地找借口掩饰：住的地方不适当、年纪太大、年纪太轻……要达到目标，并非易事，但是只要肯努力，绝对是值得的。时光不能倒流，不论年龄大小，每个人都同样可以拥有梦想。

如果能好好照顾身体，在个人及家庭生活、事业方面，都可以有更多成就。根据研究，担任最高主管的人当中，93%都具有很强的活动力。其中抽烟者不到10%，经常运动者占

90%以上，而且每一位都了解自己的胆固醇含量，身体健壮的好处真是不胜枚举。

在这个瞬息万变的世界中，保持头脑清醒显然极为重要。由阅读、参加研讨会、聆赏教育视听媒体，以及课本中汲取广泛的资讯，为头脑做准备，当然是年轻人生活的一部分。

最重要的，可能是"品德正直"。全球排名五百的大公司的最高主管，他们最重视本身的正直。1949年哈佛企管学院毕业的学生——该校有史以来最优秀的毕业生——几乎千篇一律地表示，他们成功的主要原因，就是有正直的操守。

谈到工作，就一定会谈到态度。爱迪生就是一个典型的例子。一次，一名年轻记者问他："爱迪生先生，您目前的实验已经失败了一万次，请问您有什么感想？"爱迪生回答："年轻人，你的人生才刚刚起步，让我告诉你一个妙用无穷的观念：我并没有失败一万次，而是成功地发现了一万种行不通的方法。"

爱迪生估计，他一共做了一万四千次以上的实验，才发明了电灯。他锲而不舍的努力证明了一件事：大人物和小人物之间只有一点不同——小人物努力不懈就会变成大人物。

只有放弃的人才是真正的失败者。杰瑞·魏斯特是美国最伟大的篮球选手之一。他小时候非常坏，邻居小孩都不和他一起打篮球，后来他不断苦练，终于扬名篮坛。"毅力、专心、努力、血汗、泪水"这些字眼，当年常被丘吉尔用来鼓舞英国人。虽然听起来稀松平常，但却是成功最主要的因素。要克服障碍，也绝对少不了这些特质。

著名演说家狄摩西尼斯因为有语言障碍，所以非常害羞。父亲留给他一笔庞大的遗产，但是希腊法律规定他必须当众辩论获胜，才能继承遗产。语障和羞怯使他失去了这份遗产。后来，他发愤图强努力苦练，终于成为留名青史的伟大演说家。这个故事告诉我们，只要最后能够爬起来，无论跌倒多少次都不算失败。

你已经尽力而为仍然没有成功，不要心灰意冷，不妨另外展开一项计划。有一个年轻人和朋友一起勘探石油，但因资本用尽，只好把股份卖给朋友。后来他又进入成衣界，不料生意更差，甚至宣布破产。幸好他并未一蹶不振，又步入政界，他就是众所周知的杜鲁门总统。所谓失败，就是一遇到阻碍就认输；成功则是锲而不舍，信心十足地做下去。如果某件工作比你预期的困难多，要记住，天鹅绒没办法磨利刮胡刀，老是用汤匙喂一个人吃东西也无法使他坚韧不拔。

万事俱备，一旦时机到来，就是成功的时候。机会往往就在不远的地方，只要多加一分努力就可以得到。

柯立芝总统说："世上没有任何东西可以取代毅力。天赋不能取代它，世上到处都是失意的才子；天才不能取代它，世界上也有许多被埋没的天才；教育不能取代它，世界也有学而不用的人。只有毅力、决心及努力才是成功的决定因素。"

攀登人生阶梯的时候，必须记住，每一阶梯都只是为了让你踏到更上一层，不是要让你休息。每个人都有疲倦、沮丧的时候，但是正如重量级拳王詹姆斯·柯贝特常说的："只要能比别人多打一回合，你就成为拳王了。"威廉·詹姆斯说，人不仅能打第二回合，还能打第三回合、第四回合……甚至第七回合。我们都有无穷的潜力，只有努力发挥，才能展现它的力量。世界著名的大提琴家巴布洛·卡萨斯扬名国际之后，仍然每天练琴六小时，有人问他为什么要这么努力，他只回答："我觉得自己还可以进步。"

成功的机会存在于每个人的内心，只有努力才能把机会引导出来。"打铁趁热"固然不错，如果能自己把铁打热岂不更好？的确，毅力和努力实在太重要了。只要不断努力，继续磨炼自己、发挥天赋，总有成功的一天。即使成功遥遥无期，你仍然是大赢家，因为你已经尽力而为。只要有这种锲而不舍的精神，成功的机会非常大。

世界上没有懒人，只有病人和没有开窍的人。病人应该就医。没有开窍的人应该做几件事：多读几本书、多听有益的演讲、多交益友。鲍伯·理查曾经是奥运冠军，也是美国数一数二的演说家，他认为启发对人非常重要。奥运会不断有人打破纪录，是因为比赛的人看到别人卓越的表现，激发了选手更上一层楼的决心。

总之，许多"懒人"都有形象方面的问题。他们不愿意全力以赴，害怕万一做不好就失败了。如果他们只花一半的努力，失败的时候就有借口了。他们觉得自己不算失败，因为他们没有真正努力。这种人常常喜欢耸耸肩说："我无所谓。"

给予与收获的关系

金克拉到各地演讲时，常常以抽水机为例。他偏好抽水机的故事，觉得它代表了美国、自由企业及人生的故事。希望你也有机会用抽水机，就更能体会这一系列思想的意义了。

多年前一个炎热的八月，伯纳和吉姆在亚拉巴马州南部的山丘上驾车。他们觉得口渴，身边又没有水，伯纳就把车停在一个废弃的农庄边，农庄院子中央有台抽水机。他跑过去握住把手开始抽水。过了一会儿，伯纳请吉姆到附近河里装一桶水来"引"水。用过抽水机的人都知道，一定要先在抽水机里倒些水，才能把水引出来。

人生也是如此，一定要先付出代价才会有收获。遗憾的是，许多人常常站在生命的火炉前说："火炉啊！你先给我热，我就给你添柴火。"

秘书常常对老板说："给我加薪，我一定会更认真工作，表现得更好。"推销员对老板说："提我做推销经理，我就会拿出真本事。我现在的确表现得不好，可是我要有权力才能把事情办好。提我当经理，等着看我的表现吧。"学生常常对老师说："要是我这学期成绩太差，家人一定会骂死我。拜托你这学期给我好一点的分数，我保证下学期一定认真用功。"这些话有点令人怀疑。如果这一套行得通，农夫就可以祈祷："上帝啊！如果你今年赐我好收成，我明年一定好好播种，努力耕种。"这些人都希望先收获再生产，可惜人生并非如此。一定要先有所付出，才能得到收获。如果一生都能铭记这个观念，许多问题就迎刃而解了。

农民春耕秋收，其间要付出许多辛劳，作物才会成熟。学生要经过多年苦读，才能求得知识，得到毕业证书。秘书要升为经理，不但要做好分内的工作，还要付出许多额外的心血。运动员要得到冠军宝座，必须不断苦练，付出许多血汗。今日的推销员要成为明日的推销经理，必须明白抽水机引水的原理，换句话说，一定要先付出才会有收获。

现在再看看那两个在亚拉巴马州的朋友。炎热的八月天，伯纳压了几分钟抽水机就汗如雨下。他担心自己会徒劳无功，很想就此住手。一会儿，他对吉姆说："这个井恐怕根本没有水。"吉姆回答："一定有水，亚拉巴马州南部的井都很深，所以水质才会甜美、纯净。"吉姆说的也正是人生的道理，不是吗？辛苦工作得到的成果，我们总会特别珍惜。

虽然吉姆这么说，但是伯纳又热又累，根本不愿意再试。他双手一摊说："吉姆，这个井根本就没有水。"吉姆赶紧接住抽水机把手，继续抽水，一边说："不要在这时候停手，否则水会全部倒流回去，到时候又要重新来过。"人生也是如此，我们偶尔都会觉得"根本没有水"，想要住手。

我们没办法从抽水机的外表判断还要压多少下才能抽出

水来，同样地，也无法得知在人生中什么时候可以收成。

但可以肯定，无论你从事什么职业，只要付出够久、够努力、够用心，迟早会有成果。如果你到了某一个程度就放弃，结果必然前功尽弃，毫无收获。水开始流出来之后，只要保持一定的压力，就能得到绰绰有余的水。人生的成功与快乐都在这里面了。

无论你做什么工作，除了要有正确的心态和习惯之外，还要有锲而不舍的精神。就像抽水机可能只要多压一下就可以抽出水来一样，成功及胜利常常近在咫尺。无论你是医生、律师、学生、主妇、工人或推销员，一旦抽出水来，只要稳定地付出一些努力，就可以使水流源源不断了。

这个抽水机的故事就是人生的故事，也是自由企业制度的故事。它和一个人的年龄、教育程度、肤色、性别、胖瘦、宗教信仰都没有关系，但是却与一个人工作的意愿、努力的程度、对生命的期望息息相关。

你爬到高位之后，仍然要记住抽水机的故事。如果开始抽水的时候抽抽停停，永远也抽不出水来。只有认真地抽，持续不断，才能抽出水来。

现在，你已经站在成功阶梯"工作"的那一阶，只要再踏上最后一阶"热望"，就可以抵达明日之门了。朋友，再加一把油吧！你离成功只差最后一步。

找到成功的"靠山"

精力是一个人唯一的靠山，所以一定要好好地爱护它。

想实现成功愿望的人，一定要从自爱做起。也就是说，他应该懂得，将来的一切成就都要靠健康的身体去争取，身体这架唯一的机器，一定要小心翼翼地加以爱护。

有些人常常不以为然，他们从不按时吃饭，他们好像也从来没有注意要有好的睡眠或休息。等到他们身体、精神开始衰退，出现了大的损伤，他们才感到惊讶：自己的头发怎么白得这么快？自己的胃口怎么不好了？年纪轻轻怎么就衰老得这么快？他们不懂得使自己吃这些苦、受这些麻烦的，正是自己的欲望以及急功近利所致。

一个人的身体是他的无价之宝，千万要好好珍惜。有强健的体魄，才能成就大事业。

无论在何地，我们都可以看到许多萎靡不振的人，他们的年龄不过30岁左右。可是看上去已经腰弯背驼、头发斑白了，一副死气沉沉的样子。他们走路也摇摇晃晃的，他们的脸上过早地长满了皱纹。从前，他们都是志向远大的人，多么希望一鸣惊人！但现在呢？他们已经将自己所有的资本——精力和体力都消耗干净，他们那架唯一能够促使他们成功的机器——身体，已经锈迹斑斑，不能再用了。从年龄上说，他们应该是大有作为的时候，但是从生活状态来看，他们好像已经暮日来临了。

有些人为了节省几个钱，不肯多给自己增加一些必要的营养。他们吃得十分简单。其实，他们应该在饭店里好好地坐下来，叫几种有营养而又可口的饭菜，慢慢地吃上一顿，再好好休息一会儿，让胃里的东西好好地消化之后，再去接着工作。

这样吝惜而不考虑自己的身体，实在是一种得不偿失的做法，根本谈不上"节俭"两个字。一个真正懂得节俭的成功者，他随时随地都用心去增加自己的体力、保养自己的精神和头脑，使自己浑身充满无限的力量。他明白一个道理，只有凭借充沛的脑力和体力，才能实现自己最终的愿望。

有些人太不重视自己所具有的天赋，他们不肯注意保养那部能够使自己成功的机器，不肯给它加上充足的油，所以，他们很难实现心中的愿望。在我们的社会中，这种人有很多。他们尽管为自己设立了很好的愿望规划，在潜意识中也有去实现愿望的积极信念，由于不爱护身体，以致无法积蓄起足以使自己达成愿望的能力。

就好像他手里拿着一柄钻子一样，把自己那储藏伟大生命力的宝库钻了无数个漏洞，让他那宝贵的生命力大量地泄漏出去。在我们的周围，这样的人真不知道有多少，他们拼命地在生命的宝库上钻洞，打算让促使自己成功的所有生命资本泄漏干净。他们不但无限制地挥霍掉自己天赋的生命力，还不珍惜自己后来积蓄的一点精力。但就是这样的人，还总是对自己为什么不能实现愿望表示惊讶。

很多习惯会成为你精力大量泄漏的漏洞，比如睡眠不充足、不经常做体育运动、不肯吃有营养的食品，不肯把负担过重的工作放一放，来一次休假等。

一个人的身体状况和精神状态是最能影响他的姿态和气质的。在街头巷尾，看到一个昂首挺胸、气宇轩昂、步伐矫健的人，谁都可以看出他是什么人——海军军官或是陆军校尉。人人都会羡慕他们那种健康的姿态。但实际上，只要是躯体没有残疾的正常人，都可以通过有规律的生活、适度的运动，来获得这种优雅的姿态。

要养成良好的姿势，只要你在潜意识里不断这样暗示自己就能做到。走路或站立的时候，身体必须挺直，一旦养成习惯，你的姿势就会自然而然显得美观而有生气。与此同时，威仪严正的姿势还会对你的健康与自尊心带来很大的影响，甚至成功的机会也会随之而来。

走路时两腿必须要挺直而有力，步伐坚定。千万不要像穿了拖鞋一样，两脚拖拉着。走路时两臂摆动要很自然，不要太急也不要太缓，总之，走路的姿势要像行云流水一般，美观而自然，千万不要显出东倒西歪、摇摆不定的样子，或是一路跑跑跳跳。那些不注意自我训练的人，坐的时候总是弯着腰，这是很多人的通病。他们整天把身子埋在椅子上或沙发里，等到走路时，当然就不可能有良好的姿势了。最不利的是，这种懒洋洋的姿势还会钝化人的思想，让人产生消极的负面因素，对成功丧失信心。

一个人的才能学识往往与身体的各个部分有很密切的关系，有时身体的某一部分出了毛病，就会影响到全身不舒服。同样，一个人如果有坐立不稳的习惯，那么他的性格也容易受到不良的影响，他的学识和才能就难以再进步。

有些人习惯躺在床上看书，或是在有一个可以支撑他身体的地方看书，结果，看书的时候他就东倒西歪。他们坐在椅子上，也总是把脚跷得很高。有了这些不良的习惯，他们就越来越懒。

一个人常常腰弯背驼，其消化力也不会太强。因为这种不良的姿势很容易妨碍血液的循环，会减低心脏的活力，而且养成这种姿势的人大都不能吃苦耐劳，稍一工作就浑身难受，就要伸懒腰来舒动筋骨。

如果一个工程师只因为要省一点儿润滑油，而任凭他的机器和发动机损坏了，你一定会嘲笑他是一个大笨蛋。可是，我们的社会中到处有这样的人，他们舍不得用舒适、休息、运动的油来润滑自己那架宝贵的身体机器。如果一个人长时间疲劳得不到恢复，就会使人精神紧张，效率低下，得不偿失。工作之后，应当有适度的休息和娱乐。休息、娱乐，可以使你消除疲劳，恢复体力，可以使你精神放松，工作起来具有更高的效率。

放松、休息是一个恢复精力、增强创新能力的过程。这个过程是持续不断的。人的一生也就是一个不断释放能量又不断补充、恢复能量的过程。一个人如果能按一定的规律生活，不断释放能量又不断恢复能量，那么，他就能够轻松自如地生活、工作。这就是所谓的文武之道，一张一弛。

怎样掌握这些技巧呢？以下这些原则可使你轻松地完成艰难的工作，做到举重若轻，使你得到休息，保持旺盛的精神。

我们应该遵守以下原则：

（1）不要认为你是以肩捐天的巨神阿特拉斯。生活、工作不要过于紧张，不要自己跟自己过不去。

（2）要热爱自己的工作。只有这样，你才能感到工作是一种乐趣，而不是枯燥烦人的事情。或许你根本用不着改变职业。改变自我，你的工作态度也会随着发生变化。

（3）对工作要有计划——按计划办事。工作缺少计划，就会有"陷入困境脱不开身"的感觉。

（4）不要什么事都做。这样，时间浪费了，事情却没有做完。要听从《圣经》的告诫："一次只做一件事。"

（5）保持良好的精神状态。记住：一件事是难是易，主要取决于你怎样看待它。如果你认为它很难，那么做起来你就必然费劲；相反，如果你认为它很容易，那么，你做起来就会显得轻松。

（6）工作中讲究效率。"知识就是力量"，这对你的工作是完全适用的。按正确的方式方法办事，事情当然要容易一些。

（7）学会休息、放松。轻松、自如往往更容易成功，不要过于紧张、忙碌。会休息的人才会工作。

（8）养成今日事今日毕的习惯。

当然，在工作中矛盾会很多，你想成功就得克服许多困难，不断解决问题。比如说工作与生活的矛盾，下面谈几点解决生活中难题的简单方法：

（1）相信每一个问题都会有解决的方法。

（2）保持平静。紧张会成为解决问题的阻力，会成为积极思考问题的绊脚石。在有很大压力的情况下，你的大脑难以有效开动。一定要冷静、沉着地面对问题。

（3）不要勉为其难地去解决问题，不要急于找到答案。精神放松，局势才会变得明朗，视野才会开阔。

（4）公正、公平、不带个人偏见地分析事物的各个方面。

（5）把各个要素都列在纸上，这样会使你思维清晰，使各种要素有条不紊，成为一个有机和谐的整体。

（6）不要为生活中的难题过分烦恼，相信在紧急的情况下，你的应急能力、大脑的爆发力会充分发挥出来，让你产生思维的火花。

（7）相信你的内在潜力和你的直觉。

（8）平静中让你的潜意识发挥出来。解决难题时，创造性的思维所具有的力量是让人难以想象的。

（9）如果你遵照这些原则、方法行事，问题的答案就会涌上心头。

第五章

唤醒你的潜意识

　　一切生命来到这个世界上，都有着神圣的使命。在一个具有强烈求胜心和坚强意志的人面前，世上根本没有难事。也可以这么说，机会不会光顾没有思想准备的人。因此，专注于你的目标，明日的成功之门必向你敞开。

热望的巨大威力

西方有一种左轮手枪，能让一个小个子把大壮汉击倒。现在，左轮手枪已经过时了，但是却有另外一种武器——热望，它能使平庸的人有杰出的成就。因为有了热望，你会和别人在许多地方不一样，这些不一样的地方集中起来，就使你的人生变得美好。

热望就是比平常人多出来的额外部分。就像多盖了一条毯子，能使你感到暖和；就像多加一些温度，可以使热水变成蒸汽。华氏二百十一度的水，足可刮胡子、泡咖啡，但是只要再多加一度，热水就会变成蒸汽，可以发动火车游遍全国，或者发动汽船环游世界。多了这一点额外的部分，你就可以爬上人生的巅峰。

著名的棒球选手泰柯伯就有很强烈的热望。有一次，他发烧到华氏一百零三度，医生命令他卧床休息。但是当天有一场球赛，他觉得自己应该出赛，就不顾一切上场了。结果他打出三个全垒打，盗垒三次，赢了那场比赛——然后昏倒在休息室的椅子上。

另一位棒球选手彼得·格雷也是棒球史上不朽的人物。他从小就立志进入全美棒球联盟，决心出人头地。因为他努力不懈，终于在1945年进入全美棒球联盟。虽然他只待了一年，也没有击出全垒打，但是他仍在棒球史上万古流芳，因为他虽然没有右臂，仍然爬上了人生的巅峰。他没有因为缺少右臂而自怨自艾，反而极力发挥自己拥有的左臂。人生就是如此，想要成功就必须充分发挥自己所拥有的一切。

热望可以使人把能力发挥到极限，勇往直前，毫不犹豫，不论考试、报告、工作或参加运动竞赛，都应有同样的态度。

只要尽力而为，不论结果如何，都可以心安理得，不必到了事后再感叹："如果当初……"

只要有求胜的热望，即使在理论上无法胜利，也往往会事出意外。比利·米斯克就是一个很好的例子。他是优秀的拳击选手，曾经和杰克·丹普西争夺世界重量级冠军。25岁原本应该是他事业的高峰，不幸却因重病住院。医生劝他从此退出拳赛，但打拳是他唯一的谋生本领。29岁时，他的肾脏坏了，他知道自己终究逃不过死神的魔掌。他的身体非常虚弱，无法到体育馆练习或做其他工作，只能和家人待在家里，眼睁睁地看着家里变得一贫如洗。

圣诞节快到了，他渴望给深爱的家人一个快乐的圣诞节。十一月，比利到明尼亚波里去见他的朋友，兼经纪人杰克·瑞迪，要求杰克为他安排一场比赛。起初杰克不答应，因为比利的体力根本无法上场比赛。但是比利一再说明自己的困境以及不久于人世，希望能再比赛一场，让家人欢度圣诞的心愿。杰克终于勉强答应，但是要他好好回家锻炼身体，比利答应尽力而为。

杰克安排比利和毕尔·布利南出赛。毕尔是个难缠的拳手，曾经和丹普西苦战十二回合。虽然已经过了巅峰时期，但是对垂死的比利而言仍然是十分强劲的对手。

比利没有锻炼身体，一直待在家里保持体力，直到比赛前才赶到俄马哈市。他的身体非常虚弱，但是为了深爱的家人不惜拼死一搏，把所有潜力发挥出来。他在四回合之内就打败了毕尔·布利南，赢得2400美元的奖金，为家人买了许多渴望已久的东西，全家人欢度了前所未有的快乐圣诞节。十二月二十六日，比利打电话请杰克送他到圣保罗医院。次年一月一日，他病逝于院中，和这次拳击赛仅仅相隔六周。由于比利有强烈的热望，希望赢得这场比赛，因此能把潜力尽情发挥。其实，每个人也都有无限的潜力，只要有心，就能善加利用。

我们做任何事只要尽力而为，不论结果如何都是赢家，因为努力所带来的满足已经让我们胜利了。蓝迪·马丁于1972年首次参加波士顿马拉松赛，路程长达二十六英里，有许多上下坡，难度很大，只要跑到终点就是胜利者且都有一份奖品，因为把一件事有始有终地做完就是给自己最好的报酬。这个观念非常重要，因为事实上你是在和自己竞争。自己全力以赴，充分发挥潜力，就是最值得安慰的事了。尽力而为就是一种胜利，因为你战胜了自己。正如一位体操冠军所说："尽力做好一件事，比超越其他人更重要。"

说到强烈的热望，班·贺根是非常好的典范，他可以说是最了不起的高尔夫球员。他的体力或许不如许多同伴，但是他的毅力、决心足以弥补体力的不足。

班·贺根曾经在高尔夫球场上叱咤风云，但是在巅峰时期发生了一场车祸，几乎夺去他的生命。一个浓雾弥漫的早晨，他和妻子在高速公路上驾车，一个急转弯，迎面驶来一辆大巴士。说时迟，那时快，班立刻扑向妻子保护她。这动作也救了他自己一命，因为方向盘被大巴士撞得整个嵌进驾驶座。他在鬼门关徘徊了好几天，终于脱离险境。不过医生们一致认为他的球涯到此为止，以后能走路就不错了。

但是医生们没有料到他有极为坚强的意志和强烈的热望。从他忍痛一步步重新迈开脚步时，就开始重拾伟大球员的梦想。他不断运动，加强臂力，并且随身携带高尔夫球杆，在家靠着颤抖的双腿练习发球。等到体力稍好，就开始到球场打球。刚开始成绩虽然不好，但是一天天有了起色。最后，他终于回到球场上比赛，很快又重新获得冠军。

得失总在弹指间

许多人失败，因为他们总是在寻找好运，现实生活中是没有好运的。它只不过是勤奋努力的代名词。

人们对如何成功都很感兴趣。几乎每个具有一般智力水平的人都知道成功是什么，但相对来说，几乎很少有人知道如何取得成功。

成功，是一个神奇的字眼！也是每个人都梦寐以求的。为了取得成功，不知道有多少人在辛勤的劳作、做出牺牲甚至不惜违法犯罪！成功是众多难以言说的词语中的一个。成功可以感觉，但不好解释；可以经历，但不好定义。常恨言语浅，不如人意深。词语有时只是思想和感觉的不完全表达。当灵魂如火、心如潮水时，词语就像婴儿的咿呀学语。从"辞典"上解释，成功就是指梦寐以求的丰硕的结果或者事业上的繁荣昌盛。但是，要想全面地理解"成功"的意义，你一定要走进生活或体验生活本身。只有这样，你才能领会成功的确切意思。从旁观者的角度看，理解成功的最好方法也许是阅读成功者的传记。爱默生说过："本来就没有历史，历史都是伟人们的传记。"当我们泛泛谈论人生的时候，我们头脑里是没有哲学观念的。也就是说，它是与外部世界相对应的内部观念。尽管这样，这对一般人来说，是没有什么意义的。人们所做、所想、所说的是生活的一般观念。对于大多数人来说，他们只是根据生活经验储存生活观念。人们做出计划进而产生导致成功的伟大策略——那是生活。

生命是由"得失"组成了。坐在办公室里的商人定购货物、命令推销员销售货物，他在考虑"得失"。轮船老板推算货仓的数量，思考着运行成本，希望在年底财务报表能朝对自己有利的方向倾斜，他在思考着得失问题。工厂主、杂货店老板、纺织品制造者和农夫，他们都在考虑"得失"。出卖劳动的工人和机械师也在市场上寻找有利机会，计算着"得失"。即使家庭里的母亲和妻子也在设法将1美元当作2美元用。看起来"得失"在人生中已经变得非常重要，可以说生命就是由它们构成，或者说，它们就是人们的生存方式。

顶峰之上还有空间，因为许多人都没有能够抵达那里。有些人失败，是因为他们只依赖于运气。应该是没有运气这种东西的。它是一个"神秘物"。人们失败，因为他们在持续不断地寻找"好运"。而现实生活中没有"好运"，好运只不过是努力工作的代名词，它代表着人类的良好品质。有一些人失败，是因为他们等待好事"发生"。除非有人使其发生，要不然好事是决不会自行发生的。现实生活中没有好事会自动"发生"。人们必须采取行动使好事发生。另外，有些人失败，是因为他们总在寻找"平坦之路"。然而，现实生活中道路不会是平坦的。有人说，成功的人就是将其时间系统化了，使时间得到了充分的利用。会休息才会工作，会工作才会休息。工作和休息应该好好地搭配，两者都不能以牺牲对方为代价。许多本应该有作为的青年人的失败，主要是受坏伙伴的影响。朋友要么妨害我们要么帮助我们进步。一个懒惰、粗心、挥霍的朋友会潜移默化地影响我们，就像手指碰了灰尘后一定会脏。另外，无数人的失败应该归结为其缺乏自制力、缺乏自信心。信赖自我，相信自我是成功的最基本要素。对于心灵脆弱的人来说，星星的下面和上面什么东西都没有。能独当一面的人，才能在"人生的游戏"中取胜。

能使自己保持正确方向的年轻人，即使在他的人生道路上有许多地狱小鬼，他也能最终取得胜利。没有脊梁的人——自然学家告诉我们蚯蚓没有脊骨——在人生中不会成功。成功需要力量，依赖自己并按自己的意志行事的人，是不会在途中落下马来的。当内在的我说"不"时，自我依赖的人会用坚定而有力的证据重复"不"，从而填补失去的空洞。当有心人小心地说"是"时，他就把他唱出来，喊出来，这叫声、这喊声惊天动地。

坏习惯对一个人的成功是极其有害的。许多人已经有了恶习，所以在这里要郑重提出。有人说："哎！我们早就听说过了。"但是，这还需要反复强调和引起足够的重视。坏习惯是害人的。

有些聪明的、有活力的、乐观的青年人喜欢在想象和梦幻中看人生，他们看到田野里的鲜花、天上的月亮和星星在向他们点头，他们对它们说："请告诉我如何才能赢得成功。如何才能做得更好。"

第一，要有一个远大的理想！就像爱默生所说的那样："把马车拉到星星上去。"这确实是一个雄伟的目标！没有理想的人是不会取得成功的。前进的道路上有困难，但这并不是说成功不可能。记住那句古老的拉丁格言："具有远大目标的人才能获得成功。"

第二，自我克制！这是指品格的力量。要有克服困难的意志。"我要"与直布罗陀海峡一样无懈可击。能够驾驭自己的人比征服了一座城池的人还要伟大。是"意志"造就男人，它超越爱情、欢乐、沉迷或者粗心。

第三，有了坚韧不拔的毅力就成功了一半。事实上，大人物与小人物之间，弱者与强者之间，最大的差别就在于意志的力量。在生活中，奖章是颁发给那些能坚持到达终点的人的，成功决不会偏爱弱者。意志力强的人遇到困难，会潇洒地向困难招招手，进而克服困难。不达目的，决不停止。

生活有欢乐，也有悲伤；有健康，也有病痛；有幸运，也有灾难；有成功，也有失败。莫说江头风浪险，更有人间行路难。在生活的海洋中，有狂风暴雨，有湍急的水流，有危险的暗礁，一帆风顺几乎是不可能的。我们是伴着啼哭来到人世的，也是带着叹息离开尘世的。

为潜意识而催眠

如果你是老板，你希望拥有什么样的部下？希望他具有什么特性？诚实可靠、忠心耿耿、聪明能干、平易近人、愿意终身为你效力吗？听起来真是十全十美，不是吗？如果有这样的员工，你会如何对待他？这个答案极为重要，因为这个

"理想"员工的表现完全决定于上司的态度。如果你体贴和气，他会长期努力为你工作。如果你粗鲁暴躁，他也会变得顽固反叛。夸奖他聪明能干，他就会有精明能干的表现。骂他愚笨、懒惰、不负责任，他会满怀怨恨，把所有的事都搞砸。告诉他你尊敬他，他会为了替你解决问题彻夜不眠。整天对他唠叨，说你不欣赏他，他会心灰意冷，什么事也做不好。

如果这么理想的人才来向你求职，你会雇用他吗？雇用之后，你会如何对待他呢？

差点忘了告诉你，这个理想的员工很容易受周围的人影响。如果四周都是消极、悲观的人，他也会变得消极、悲观，不会有任何好的表现。如果四周都是积极、乐观的人，他必然会有极好的表现。

你一定满怀雄心，打算以最亲切、和蔼的态度对待这位员工，仔细观察他的作为，以便真诚地褒奖他，让他为你尽心尽力。然而事实上，你却很可能滥用、误用了这个员工。世界上还有亿万的人生活在贫困悲苦的生活中，只因他们也滥用、误用了这位理想的员工——潜意识。

潜意识这个员工，和前面所说的"理想"员工完全一样。只要你一声令下，不论是积极的或消极的，它都会坚决执行。检讨一下，你是如何对待这个千载难逢的员工的呢？

接下来，让我们来了解潜意识这个神奇的仆人能为我们做哪些事，如何有规律、有效地加以运用，才能使它表现得更优异。

丹尼·琼斯是个健壮的黑人，身高六尺，但是对亲眼目睹下面这场意外的人而言，他简直就像巨人一样。一辆大卡车驶出路面，猛然撞上一棵大树，引擎也被撞回驾驶座。卡车司机被夹在驾驶座内动弹不得，脚也被卡在离合器和刹车踏板之间。车门被压得完全变形。救护车赶到之后，极力营救司机，却因为车子变形太厉害，无论如何都打不开车门。更糟糕的是，车子开始燃烧，大家立即手忙脚乱起来，眼看着司机就要被烧死了。

丹尼看到救护人员打不开车门，仍然决定尽力尝试。他抱紧车门，使出所有力气往外拉，他的肌肉紧绷，袖子都撑破了。最后，门终于开了，丹尼赤手空拳把刹车和离合器踏板压弯，把司机的脚拉出来，把火扑灭，爬进车里把重伤的司机抱出来，然后很快就悄悄消失了。

后来有人寻访到他，问他怎么会有如此神勇的力量，他只简单地说："我痛恨火。"原来几个月前，他眼看着自己的小女儿被烧死，因此才激发了他的潜力。

另外，还有一位37岁的女士，把三千六百多磅的车子扛起来，让她的儿子安全地爬出来。她也是在情急之下做到的。

你在街上开车或搭车时，原本并未特别思考什么事，很可能突然灵机一动，大叫："对了！就这么做！我怎么没有早一点想到呢！"原来你苦思多日的问题，突然想到解决之道，难怪兴奋得无法自已。

丹尼、那位37岁的母亲和你所做的都是同样一件事——

发挥潜意识的知识及力量。多年来，人类一直想解开潜意识之谜，让庞大的潜力能随心所欲地为人所用，但是几百年来，也仅仅偶尔加以运用，始终无法了解潜意识的神秘力量。

现在，先让我们以门外汉的角度来研究潜意识运作的方式，以及它与意识之间的关系。接下来告诉你一些方法，让你体内的这股神秘力量尽情发挥。

意识是大脑中计算、思考、推理的部分，它可以接受或拒绝外来的信息。一般而言，我们的学习都是经由意识。但是，要把事情做好，就一定要由意识转化成潜意识。

潜意识具有完美的记忆力。我们所看过、听过、闻过、尝过、摸过、甚至想过的任何东西，都会变成潜意识中永久的一部分。一天二十四小时，一星期七天，一年三百六十五天，潜意识时时都保持清醒，它毫无疑问地接收所有输入的信息，不加分析，也不会拒绝。潜意识有无限的潜能，能够储存我们输入的所有信息。

催眠对大多数人而言，仍然是未知之谜。它主要与潜意识有关。催眠师的作用是帮助你放松、专心，并且运用潜意识。

催眠不能拿来当朋友之间的游戏，人在催眠的状态下也可能做出不诚实或不道德的事，因此一定要请专业人员进行催眠。要把一个人催眠并不难，但是要唤醒就不简单了。万一技术不精的业余催眠师把你催眠之后出了状况，可能造成非常严重的后果。

总之，催眠在专家手中妙用无穷，在业余玩家手中，却可能带来危险，使用时不可不慎。

有一位心理学家进行实验，请一个大学生背下报上的三段文章。他用心背诵，结果只漏了一两个字。心理学家问他，报上的其他部分记得多少，他笑道："一点都不记得，我只专心背这三段文章。"

于是心理学家就为他催眠，奇妙的事发生了。他非但会背那三段文字，也能背出同一版上其他大部分的文章，因为报上的信息已经直接输入潜意识完美的记忆中了。其实这对视力正常的人来说并不稀奇，因为眼睛的余光可以看到物体左右两旁的东西。否则，开车、走路、骑脚踏车的时候，就会对社会和自己造成危险。

既然催眠的效力如此大，你也可以用本书及市面上出售的各种好书、录音带来"自我催眠"，吸收各种干净、积极的思想，以便善加利用，得到自己想要的东西。虽然这样做要花不少心血，但收获也非常可观。

你一定看过某些人的办公桌上文件堆积如山，仿佛忙得不可开交。相反地，有些人的桌面非常整洁，这些人是否比较空闲呢？其实，由桌面的情况大致可以判断桌子主人的收入。一般而言，桌面凌乱的人，收入一定不超过年薪2万美元。作家、推销人员、销售经理及一些专业人员思考及计划时经常不在桌前，算是例外。整洁的办公桌不一定代表高收入，但是大多数年薪超过5万美元的人，办公桌都很整洁。

为什么呢？如果桌上堆了好多东西等着处理，你本来在进行其中一件事，很可能忽然心血来潮，开始做另一项。过了一会儿，你的"眼光"瞄到另一份文件，不知不觉又拿起来看看。就这样三心二意，无法真正专心做其中任何一件事。

催眠就是把注意力集中在某一件事的力量。先把桌上的东西全部移到视线以外的地方，只留下你准备最先处理的事，因为一次不可能同时处理好几件事。有了干净的桌面，就有了变化。第一，桌面干干净净，你会觉得很愉快。第二，不但能专心把事情做好，也会做得更快。第三，东西放在固定的地方很容易找到，节省了许多时间。

傍晚下班时，看到整洁的桌面，就知道完成了一天的工作，心里会很有成就感。不再像过去那样，惦记着满桌没做完的工作。第二天上班时，你会觉得面对崭新的开始，而不是继续昨天没做完的工作。把一件事做完再做另一件，比这件做做停停、那件停停做做效率高，所完成的工作更多也更好。

潜意识会把我们"输入"的信息清单全收，我们如果不加选择，就可能伤害自己。

既然潜意识从不休息，我们就可以利用意识休息的时候，把更多知识输入潜意识中。下面举一个金克拉运用潜意识的小故事。

金克拉有个女儿小时候有尿床的习惯，他和夫人非常困扰，所以当他们听说"睡眠教法"及潜意识的功能时非常兴奋，决定做个实验。每当她入睡之后，他或夫人会在床边说："你是个小美人，爸爸、妈妈好爱你，其他人也都爱你，因为你甜美可爱，而且喜欢睡在暖和干净的床上。你一直都睡在暖和干净的床上，如果想上厕所，就会自己起来。"他们从来不说"不许尿床"之类的话，也就是绝对不给孩子负面的指令。除此之外，白天女儿没睡觉的时候，他们会夸奖她长大了，很骄傲有这样的好女儿等等。意识与潜意识双重作用的效果非常惊人，十天之后她就不再尿床了，以后也只发生过一两次意外。

善于运用潜意识，可能会带来无穷的妙用。

第一，你要知道你所看过、听过、闻过、尝过、摸过或想过的每一样事物，都会永久成为你的电脑——潜意识——的一部分，随时等待你使用。这部电脑可以把多年积下来的零星事实奇妙地结合在一起。日后遇到问题时，可能会灵机一动，想到解决的办法。

第二，潜意识反应的对象是"刺激"，而不是压力，你不能"命令"潜意识一定要在某一个特定时刻给你答案，这样没用。但是只要多接收有教育性的资讯，潜意识就会在不知不觉中吸收，未来就有更多可用的资源。

第三，小心潜意识会受到愚弄或误导。如果我们接收错误的思想或信息，潜意识也同样会吸收，因此我们看书、看电视、交友都必须谨慎选择。大约有三分之二医学院的学生都会感染他们所研究的症状，这就是心理学上的"认同作用"。

第四，"不要把问题带到床上。"这句话其实是错误的，因为上床之后往往可以解决许多问题。为什么呢？晚上躺在床上，心平气和，抛开一切不愉快，回忆一下当天快乐的经验。这种平静，是产生力量的来源。在平静之中，找寻能使你在人生游戏中成功、快乐的信心，由于内心极度平静，就会安然入梦。一切消极思想都不存在，创造力或潜意识得以尽情发挥，自然会展现最好的成绩。

第五，遇到任何问题，都要找寻积极的答案。记住，期待美好事物，就会遇到美好事物。把美好、积极的思想输入潜意识中，告诉你的潜意识："我知道你能解答任何问题，并且在我需要的时候协助我，我会信心十足、耐着性子等待。"

第六，身边随时准备纸和笔，如果有录音机更好。有时候，你也许会忽然想到一个绝妙的点子或解决问题的方法，半夜醒来。如果不立即记录下来，第二天十有八九会忘得一干二净。但是如果能当时记下，既可以安然入睡，也能保留下可贵的想法。

万一你醒来之后无法入睡，不妨轻轻合上眼，平静地说："谢谢你！谢谢！谢谢！你给了我健康、财富、快乐与平安。"一次次地重复。

通过上述内容，遇到问题很快就会找出答案。解决问题越多，你的自信就越增长。越有自信，就能解决许多问题。

在聪明之中的无知

强烈的热望会造成"聪明的无知",就是不知道自己不会做某件事而去做了。这种无知常常使人完成不可能做到的事。例如新的推销员对销售几乎一无所知,却因为别人的鼓励,力求表现,业绩反而超过那些老手。

大家都知道大黄蜂不会飞,科学家证明它的身体太重,翅膀太轻,根据气体力学,大黄蜂绝对飞不起来。但是大黄蜂不识字——它竟然飞起来了。

人们熟知的亨利·福特是个与众不同的人。他40岁之后才发迹,小时候没受过什么正式教育。他建立起自己的汽车王国之后,产生要制造V型八汽缸引擎的想法。有一天,他把厂里的工程师召集在一起,告诉他们:"各位,我希望你们能制造V型八汽缸引擎。"这些头脑灵光、受过高等教育且深知数学、物理学及工程学理论的工程师,知道什么可行、什么不可行。他们耐着性子向福特解释,这种引擎根本不可行,但是福特不听他们的解释,只说:"各位,我一定要这种引擎。"

他们无精打采地工作了一段时期,回来向他报告:"我们比以前更坚定信心,这种引擎根本造不出来。"但是福特却不为所动,坚持要他们做出来。这一次,他们多花了一些精力、时间，也多花了不少钱，结果仍然一样。

福特的字典里没有"不可能"这三个字，他眼里闪着坚毅的光芒说："我一定要V型八汽缸引擎，现在就请你们回去继续努力。"结果，他们真的成功了。因为有一个人不了解原理，不知道有些东西不可能做出来，结果竟然做到了不可能的事。日常生活中不是也常见这种情形吗？甲认为不可能做到，就真的做不到。乙认为做得到，结果就成功了。

二战期间，克雷顿·亚伯拉将军及部下一度四面楚歌，面对这种艰难的处境，他的反应是："各位，在这场战争中，我们第一次可以随心所欲地从任何方向攻击敌人。"亚伯拉将军不仅有生存的欲望，更有胜利的欲望。重要的不是处境，而是当时的态度。

什么叫聪明的无知呢？就是面对生活中不被看好或消极的处境时的积极态度，也是让你把苦涩的柠檬变成柠檬汁的物质。有两个人得了小儿麻痹症，其中一个沦落在华盛顿街头当乞丐，另外一位日后成为了美国总统。

聪明的无知是希望的种子，是对我们所遇到的每一件事都抱着乐观的希望。不论处境如何，都可以从中找到乐趣。简单说，就是不论生命给了我们什么样的柠檬，我们都能把它变成可口的柠檬汁。

查理·凯德林的"柠檬"相当独特，是一条断了的手臂。多年前，他在自己家前院发动汽车引擎，没想到发动不成，引擎忽然用力往后弹，打断了他的手臂。他的反应如何呢？先是痛苦地抓住手臂，但是随即想到："发动车子的时候遇到这种事，实在太可怕了。"他的柠檬——断了的手臂——成就了柠檬汁。

贾伯·希克的"柠檬"是他探勘金矿时零下40℃的气温。在那种低温下，无法使用刮胡刀刮胡子，于是他发明了电动刮胡刀，变成他取之不尽的大金矿。

尤金·欧尼尔原来是个流浪汉，后来他的"柠檬"——一场大病——使他不得不住院静养。躺在病床上时，他写下许多不朽的剧本，他也把柠檬变成甜美的柠檬汁了。

这样的例子不胜枚举，事实告诉我们，只要把任何"柠檬"加上足够的热望，转变成聪明的无知，就能制造出美味可口的柠檬汁。

麦可·魏登1岁时患了小儿麻痹症，2岁时，他就能靠着拐杖行动自如。但是16岁时因为病情恶化，使他半身麻痹，只能以轮椅代步。

1971年8月，21岁的麦可连一小时2.9美元的工作也丢掉了。劳力市场虽然不需要残疾人，但是任何公司都欢迎热心、勤奋的员工。不到一个月，麦可就被伊利诺伊州洛克福市的一家职业介绍所聘为就业顾问。这家介绍所隶属于一家拥有一千三百多名员工的国际职业介绍所，十分有前途。

1975年3月，麦可荣获该公司当年的"模范顾问"。他深信只要尽力帮助许多人得到他们想要的东西，就能得到自己想要的一切。他全心全意帮助别人，在1974年得到6万多美元收人——别忘了，当时经济非常不景气。

他不认为自己有任何残障，也从来不会为自己的失败找借口。既然造物者给了他一"袋"柠檬，他干脆榨出一"桶"柠檬汁。

大家都知道，第二次世界大战的起因是日本偷袭珍珠港。当时有许多忠心的日裔美人也和土生土长的美国人一样忧心忡忡，但是他们却受到羞辱的待遇，被关了起来。美国政府假设这些日裔美人可能对美国不忠，几经磋商，政府终于给他们参战的机会，让他们用事实证明对美国的忠心。

查理·固特异的柠檬是因为蔑视法院传票而被判刑。他在狱中没有呻吟抱怨，除了担任厨师助手之外，不停地动脑筋思考，发现了使橡皮硬化的方法。他的柠檬榨出了柠檬汁，因为他，我们有了更好的轮胎、更好的交通工具以及更好的生活方式。

马丁·格路德的柠檬是被关在华特堡。他的柠檬汁——德文版《圣经》——造福了无数的后人。

讲到这里，你应该明白本章的要点了。如果造物主给你一个柠檬，你就有了为自己制造柠檬汁的主要成分。遭遇并不是最重要的，只要有方法、有决心、有毅力、有欲望、用积极的态度，成功的机会就增加许多。聪明的无知、天赐的柠檬，加上诚挚的热望，可以帮助你达到生命的顶峰。

失败的路上是挤满了人的，他们小心翼翼地向人们诉说为什么"做不到"某些事的原因。但是在同时，却有无数能力不及他们的人，因为聪明的无知，把生命的柠檬榨成柠檬汁。失败道路上的人往往有很强的能力，问题是种种失败的借口使他们变得难以行进，他们仍是失败者。

立志化腐朽为神奇

1965年，金克拉到堪萨斯市去演讲。座谈会在周六傍晚结束，他准备一个人吃晚餐。刚跨出电梯，就听到柏尼·洛夫老远喊："金克拉先生，你要到哪儿去？"他说："去吃饭。"他深情地说："一起吃吧？我请客。"

有人请吃饭，金克拉很愉快地答应了。他们一见如故，起初谈了些家常话，后来他问柏尼为什么要长途跋涉来参加这个座谈会，他说："路程的确很远，但是我得到很多对生意有帮助的观念。"金克拉仍然觉得从加拿大到堪萨斯市的旅费太昂贵。柏尼笑道："幸好有我儿子大卫，我不必担心钱的问题。"金克拉问："你儿子想必有一段有趣的经历，愿意说给我听吗？"柏尼欣然讲了一段鲜为人知的故事。

"大卫出生的时候，我们夫妇很高兴，因为我们已经有两个女儿，加上大卫就十全十美了。但是没过多久，我们就发现情况不妙。他的头老是无力地垂向右边，口水也比一般孩子流得多。家庭医生告诉我们没有任何问题，长大一点就没事了，但是我们心里总觉得不对劲。后来我们带他去请教一位专家，诊断结果是畸形足，连续接受了几周的治疗。

"我们知道问题一定严重，于是又带大卫到加拿大去看最有名的专科医生。做过检查之后，医生告诉我们：'这孩子患有痉挛性瘫痪，一辈子都不能走路、说话，也没办法数到十。'他极力建议我们，为了孩子自己和家里正常人着想，还是把他送到疗养院比较好。我愤怒地说：'你知道我是推销员，我没办法把自己的孩子想成植物人。在我眼里，他是强壮、快乐、健康的孩子，将来会长大成人，过美好的生活。'我问医生是否还有其他地方可以求助，他说，他已经给了我们最好的忠告，然后起身表示谈话结束。"

柏尼接着说："这位专家只做了一件事，就是刺激我们痛下决心，一定要解决问题，而不是只知道提出问题的医生。"

柏尼和妻子先后找了二十多位名医，每位所说的话都大致相同。最后，他们听说芝加哥的皮尔斯坦医生是治疗脑性麻痹的世界权威，他的病人早已预约到一年之后，柏尼夫妇千方百计，经由各种渠道，终于得到皮尔斯坦医生的同意，安排时间为大卫诊治。

经过检查，结果仍然相同：大卫得了脑性麻痹，但是，只要柏尼愿意打一场永无止境的苦战，大卫仍然有希望。柏尼夫妇认为世上没有任何事比治疗儿子的病更重要，所以毅然遵照皮尔斯坦医生的详细指示，给予大卫超乎常人的压力，使他能忍常人所不能忍。皮尔斯坦医生告诉他们，这是一场漫长艰苦的战争，甚至有时候会让人感到心灰意冷，毫无指望。他指出，只要开始行动，就永远不能停止。中途放弃，会前功尽弃，大卫甚至会有倒退的现象。但无论如何这总是一个希望，在回家的路上，柏尼夫妇的脚步和心情都变轻快了。

柏尼夫妇请了一位物理治疗师和一位保健师，并且把地下室改成健身房，让大卫每天接受体能训练和精神的磨炼。

经过几个月的努力，大卫的病渐渐有了变化，他能动了。虽然必须花很长的时间才能移动相当于自己身体的距离，但已经迈上了新的里程。

有一天，柏尼接到物理治疗师的电话，兴奋地请他回家一趟。他回到家里，大卫已经准备要表演伏地挺身了。有些大人连一个伏地挺身都做不了，何况大卫只是6岁的孩子。他把身体从垫子上撑起来时，由于精神紧张、体力透支，全身上下都被汗打湿了，垫子也像被水淋过一样。做完一个伏地挺身，大卫、物理治疗师、柏尼夫妇都激动得热泪盈眶。

更令人感到神奇的是，美国某所大学诊断大卫的身体右侧没有运动神经，他的平衡感极差，难以学步，也永远无法游泳、溜冰或骑脚踏车，因此他能做出伏地挺身，真是惊人之举！更重要的是，大卫一边和病魔奋战，一边从生活体验中学到了人生的重要课程。他一直稳定地进步，有些医学专家甚至认为他的进步神奇得令人难以相信。大卫真是个了不起的孩子！这并不奇怪，因为父母一直把他当成正常孩子，始终在向健康之路前进。

如今，只有天气太热不能溜冰，或者不开车时才骑脚踏车的"小男孩"，已经扔掉第四部老旧的脚踏车了。大卫学习溜冰的过程极为痛苦，尽管学会拄着曲棍穿冰刀鞋站立，甚至在当地的冰上曲棍球队担任左翼。医生认为他需要两年才能学会漂浮，他却在两周之内学会，第一年夏天还没过完，他已经学会了游泳。他曾经在一天之内做了一千多个伏地挺身，曾一口气跑完六英里路。他从11岁开始打高尔夫球，练习认真，现在已经打破九十杆的成绩了。

看了大卫成长的经历，知道他所苦练出的各项才能及成功的原则可以引导他达到理想的目标，是一件非常令人兴奋的事。更令人兴奋的是，只要你肯努力，也可以像他一样成功。

大卫的智力和体力一样好。1969年9月，他得到圣保罗男校的入学通知，这是加拿大入学条件最严格的私立学校。他读七年级时，就已经会做九年级的数学。对于一个被医生诊断无法从一数到十的男孩而言，这种表现实在令人惊讶。

病魔缠上了大卫，可能永远也不会消失，他终身都必须有规律地运动，只要休息几天，就可能造成严重的后果。大卫像任何19岁的活泼男孩一样，也深爱伙伴。但是运动时间一到，他就必须去做运动。当然不是只有他一个人苦练，除了父母和两个姊姊之外，还有一大群亲友都乐于陪伴他、鼓励他。

大卫一生中的高潮之一，发生在1974年2月。一家寿险公司同意他投保10万美元的全险，条件与一般人无异。有史以来他是第一个得到这种保险的脑性麻痹患者。

认识洛夫家的人都知道，他们家的每个人在大卫生命中都扮演了相当重要的角色，并且和他一起成长，每一位都很优秀，对家庭、社区都有相当的贡献。以柏尼为例，他的成长就十分惊人，他只受过七年正规教育，但是他无时无刻不在学习。他一心追求完美，是非常成功的生意人。

柏尼无论对事业或生活都尽心尽力。整整七年里，他每星期都工作七天七夜，总共只休息过一晚上。柏尼在追寻成功的过程中发现，只要尽力帮助许多人得到他们想要的东西，你的人生目标就能如愿以偿。他本着这个原则，创立了加拿大最大的餐具公司。

无论从任何方面来看，大卫和那些帮助他的人都相当成功。这是一场群体战，每个人对大卫的现况都扮演着举足轻重的角色，胜利也是属于每一个人的。

接下来，我们要以大卫的故事为例，来探讨"成功阶梯"图。

婴儿时代，大卫不可能拥有图上的第一阶——健康的自我形象。但在父母眼中，他是他们的宝贝，应该拥有人生的各种机会。他们"预见"了今日的大卫，也"预见"自己有能力给予大卫这些机会。如今，大卫拥有健康的自我形象，其效果非常明显。

"成功阶梯"的第二阶是人际关系。在大卫成长及发展的过程中，许多人扮演了重要的角色。由于这些包括他父母、亲友、专业人员在内的人所付出的耐心与爱心，大卫所付出的血汗与泪水也就不那么难以忍受了。如果没有这么多人的协助，大卫目前的情况必定截然不同。这些人帮助大卫成为胜利者，他们自己也同样是胜利者，因为"爬得最高的人，才有能力拉别人一把"。

我们所讨论的第三阶是目标的重要性、如何设定目标，以及如何达成目标。大卫的故事中，可以明显地看出设定目标的各个方面。柏尼除了和家人一起设定大卫的目标，更有他个人、工作及财务方面的目标，起初柏尼必须很沉重地背负大卫的医疗费用，但是他像所有生命的胜利者一样，能够掌握机会。如今，他因为帮助大卫及其他人得到他们所需要的东西，因此也能得到自己所需要的一切。

第四阶"正确的心态"包括的范围很广，大卫的故事正好做了最完美的诠释。家人带领大卫循序渐进，把障碍化为垫脚石，以乐观态度面对所有不利的处境，是他们感染了大卫。他们一再告诉大卫："你一定可以做到。"大卫每天更衣、运动，和父母一起骑车到学校时，都在听积极、乐观的录音带。他的治疗师、父母及亲友不断加强他的积极态度。最后，正确的心态已经成了大卫生活的一部分，他所养成的好习惯有力地帮助他成长、进步。

第五阶"工作"也与大卫的故事非常吻合。下次你抱怨一天只有二十四小时的时候，不妨想想大卫。多年来，他每天都只有二十一小时，因为他必须花三小时和脑性麻痹作战。直到现在，他仍然需要花大量时间对抗脑性麻痹。如果他不每天做运动，病魔就会来找他。不错，他必须努力，但是大卫和家人知道，他们不是为健康"付出"代价——而是享受代价。

大卫的故事十分符合第六阶"强烈的热望"。说实话，在许许多多人当中，没有任何家庭比洛夫一家人具有更热切的期望。他们把为大卫争取生机的极端渴望化为行动。其中有些行动令他们深感为难，因为他们必须狠下心来严厉地要求大卫。有时候，大卫会哭泣着要求柏尼夫妇"让他休息一晚"，他们恨不得立刻答应他，为他分担苦痛。但是他们太爱大卫，为了他一生的健康及快乐，宁可在这时候对大卫的眼泪说"不"。

看完大卫的故事，我们可以发现自始至终都充满了美德、坦诚、忠心、正直的精神。在本书第一章就提到，任何天生所没有的物质，都可以靠努力得到。大卫的故事充分证实了这一点。看到今日的大卫，你一定难以相信他有任何异于常人之处。如果大卫一生下来就是正常的孩子，现在不知有多么优秀，也许会更高大、更健壮、更敏捷、更聪明……但如果大卫生下来时拥有更多，现在的他可能反倒没有这么出色了。他之所以拥有这么多，完全是拜脑性麻痹之赐。柏尼夫妇能够预见儿子在人生的接力跑道上占有一席之地，的确具有独到的眼光。他们帮助他起步，把接力棒交给他，然后大卫就一路向前跑。

大卫的精华还在后头，他未来的成就一定会超越过去。

这个故事相当令人振奋，更令人兴奋的是，这个故事可以给成千上万健康的孩子带来很大的启示。如果他们都能像大卫一样努力不懈，结果必然会有惊人的表现。

现在，大卫了不起的故事又有了续集。一天晚上，金克拉在德州阿马利市讲述这个故事时，发现坐在前排的一对年轻夫妇深受感动。后来他们私下见面时，他们问起皮尔斯坦医生过世之后接班医生的名字，因为他们十五个月大的女儿也患了脑性麻痹，他们希望到芝加哥向这位医生求助。医生为他们的女儿检查后，发现她虽然有脑性麻痹的所有"症状"，但却绝对没有脑性麻痹。她只是因为早产，比一般儿童迟缓一些，却被医生误诊断为脑性麻痹。由于大家都把她当脑性麻痹儿看待，她就真的有了脑性麻痹的"所有"症状。听了芝加哥这位医生的诊断，他们立即开始把她当成正常儿童看待，短短几个星期后，所有脑性麻痹的症状都消失了。的确，我们用什么态度去看待一个人，他就会依照你的态度来反应，不分好坏，也不论积极或消极。因此，我们一定要多多发掘别人的好处。

现在你已经爬到成功阶梯的最上阶，一路走来，终于面对通往人生盛宴殿堂的大门了。

活出自我

别在该动脑子的时候动感情

冯化志◎编著

民主与建设出版社
·北京·

图书在版编目（ＣＩＰ）数据

活出自我 / 冯化志编著 . -- 北京 : 民主与建设出

版社，2020.4

（活出自我）

ISBN 978-7-5139-2943-1

Ⅰ . ①活… Ⅱ . ①冯… Ⅲ . ①成功心理—通俗读物

Ⅳ . ① B848.4-49

中国版本图书馆 CIP 数据核字 (2020) 第 033534 号

别在该动脑子的时候动感情

BIE ZAI GAI DONG NAO ZI DE SHI HOU DONG GAN QING

出 版 人	李声笑	
编　　著	冯化志	
责任编辑	刘树民	
封面设计	三石工作室	
出版发行	民主与建设出版社有限责任公司	
电　　话	（010）59417747 59419778	
社　　址	北京市海淀区西三环中路 10 号望海楼 E 座 7 层	
邮　　编	100142	
印　　刷	三河市天润建兴印务有限公司	
版　　次	2020 年 4 月第 1 版	
印　　次	2020 年 4 月第 1 次印刷	
开　　本	850 毫米 ×1168 毫米　　1/32	
印　　张	25	
字　　数	605 千字	
书　　号	ISBN 978-7-5139-2943-1	
定　　价	168.00 元（全五册）	

注：如有印、装质量问题，请与出版社联系。

前　言

现代社会，随着物质资料的极大丰富，生活节奏的日益加快，人们的精神需求也变得越来越多样化，越来越任性。每个人都想过自己想过的生活，做自己想做的事。但是，并不是任何人都拥有随意任性的权利。因为，任何的任性，都需要你有与之相匹配的能力。没有能力的任性，只会让自己陷入困境甚至绝境。

我们必须明白一个道理：一个人的能力越大，你所能够享受的权利也会越大，但是也请记住一点，就是你同时要承担的责任也会越大。正如梁启超所说"人生须知负责任的苦处，才能知道尽责任的乐趣"。

是的，任性可以让你过上随心所欲的生活，但是那种生活却只会浪费你的生命，滋生你的懒惰与乖戾的性格，它只会让你沉沦在自我毁灭的道路上，而让你身边的一切慢慢远离你，直至有一天，你会变得一无所有。

当然，并不是所有的任性都是负面的，都是不允许的，毕竟人是有思想的，是会有情绪波动的，总会有需要发泄的时候，而这时稍微任性一下也是未尝不可。比如疯狂的购物，比如来一次说走就

走的旅行等等，但是有一点我们必须明白，这种任性的实现，却是要匹配你现实中的实力的，若是连温饱都解决不了，那么又何谈去任性呢？

所以，如果没有相应的能力去匹配你的任性，最好收起你的脾气，做一个循规蹈矩的人。而如果你想要拥有这份能够适当任性的权利，那么从现在起就开始努力吧！去争取那份能够让你任性的能力。相信你只要肯付出汗水，愿意去为自己的任性买单，就一定会走向成功，赢取一个美好的未来。

为了使年轻朋友的任性能够匹配自己的能力，我们特地编撰了"活出自我"丛书，分别是《别让生活耗尽你的美好》《戒了吧，拖延症》《别在该动脑子的时候动感情》《世界那么大我要去看看》《你的努力终将成就更好的自己》5本。该套书以简明的语言，朴实的道理，详细具体地讲述了该如何去奋斗，如何培养自己多方面能力的方法。相信通过对本书的阅读，一定会让我们的综合能力得到大幅度提升。只有通过淬炼的人生，才会是潇洒的人生；只有付出努力的人生，才能使我们想怎么任性就怎么任性！

目录

第一章
你的脑子"好用"吗

随着年龄的增长，你是否觉得脑子越来越不够用，学习效率越来越低呢？为了保持思维的敏锐，锻炼大脑是很重要的。那么，从现在开始，让你的脑细胞"运动"起来吧！

揭开智商的秘密

青少年朋友在摆脱稚气童年的同时，头脑也在不断摆脱"紧箍咒"的束缚，他们的思维能力开始由具体向抽象过渡，开始深化和扩散。他们思维敏捷，反应灵活，接受新鲜事物的能力很强，正处在学习知识技能、接受新事物、从事脑力活动的"黄金时期"。

他们学会了掌握概念，并能运用判断进行推理。但这种"初级阶段"的抽象思维在很大程度上仍然具有一定的具体形象性，还达不到成熟的智力模式。他们都希望自己是天才，可是，要想成为真正的天才，他们还需要朝这个方向不断努力。对大多数人来说是否能成为天才，后天的努力是必不可少的。

人的智商确实是存在一定差别的。所谓智商，简单说，就是衡量一个人聪明还是不聪明的一个指标。

智商可以说是青少年最有价值的资本。智商的高与低，一定程度上可以影响他们的前途与命运。高智商，代表着他们具有超过常人的思维能力，即他们有优于众人的智力水平。一个人的智商水平高，那么可以说他是一个聪明的人。

人们都希望提高智力，希望自己能够到达智慧的彼岸，成为聪明的人，这是因为他们往往把有智慧的人与成功的人联系在一起。"人要有智慧，犹如土地要有水。土地没有水，就变成一片焦土；人没有智慧，就变成一个行尸走肉。"

成功并没有一个固定的、准确的和唯一的模式，也没有一个对所有人都适用的标准。尽管如此，每个人都渴望成功，每个人都期盼获胜，每个人都想以智取胜。那么，到底什么是智慧呢？你知道智慧的密码吗？

智商的由来

1905年，法国心理学家比奈和他的同事西蒙合作研究并设计了一套智力测试量表，叫作比奈—西蒙量表，用来评价儿童的智力发育水平。

1908年，他们将该量表做了较大幅度的修改，制成了第二套量表，项目增加了24项，达到54项。他们选择的项目以年龄分组为标准。一个年龄组被测试的儿童有60%至75%通过的项目为标准项目。

年龄由小到大，项目由易到难。他们根据测试项目按年龄分布的原理，把实际测得的年龄称为智龄，如果儿童能通过3岁组的项目，那么这个儿童的智龄就是3岁。如果智龄是3岁，而实际年龄也是3岁，那么，这个儿童的智商就是$3 \div 3 \times 100 = 100$分，属正常智力；智龄6岁，年龄3岁，智商就是$6 \div 3 \times 100 = 200$分，属智力超常；智龄6岁，而实际年龄8岁，智商就是$6 \div 8 \times 100 = 75$分，属智力低下。这种表示智力水平的方法属于定性测试法。

1916年，美国斯坦福大学教授特曼结合美国的实际情况对比奈—西蒙量表做了修订，称之为斯坦福—比奈量表。新量表增加了一些项目，并首次提出了智商的概念，人们常说的智商就由此而来。特曼通过对大量测试结果的分析研究，制定了一个智力等级分类标准：

特曼智力等级分类标

智商范围	智力等级
>140	天才
120~140	超高智
110~120	高智
90~110	中等
80~90	愚钝
70~80	临界线
<70	低能

智商的决定性因素

人的智商高低受到很多因素的影响，其中最重要的一项就是智力发展水平。智商是智力的数字表现，一般说来，智力越高，智商就越高。

那么，智力是什么呢？智力是一种心理能力，是使人能顺利地从事多种活动所必备的、各种认识能力的有机结合。智力不是一种单一的能力，而是一种综合性的整体结构。

智力包括注意力、观察力、记忆力、想象力、创新力、思维力等方面，其中以思维力为核心。智力集中表现在反映客观事物的深刻、正确、完全的程度和应用知识解决实际问题的速度及质量上。

智力以先天素质为基础，在人们掌握社会历史经验、从事实践活动中得以发展和进步。

一个人能否获得成功，取决于他的能力和品格，而能力和品格的提升，则取决于他的智力，智力决定着他能力的高低，而能力又决定着他成功的高度。因此，一个人要想拥抱成功，站得更高，就要设法提高自己的智力。

注意力

注意力是智力的航向标。善于控制自己的注意力，使它能根据你的需要而有一定的指向性、集中性和稳定性，对提高你的智能水平有很大的帮助。注意力的集中与稳定是深入认识客观事物、提高学习效率的必要条件。

观察力

观察力是智力的眼睛。观察是人们认识世界、增长知识的主要手段，它在人们的一切实践活动中都具有非常重要的作用。人们通过观察，获得大量的感性材料，获得有关事物的具体印象，经思维活动的加工、提炼，上升到理性认识，从而促进智力的发展。

记忆力

记忆力是智力的存储器。记忆是人的智力活动的基础，古今中外智力超群的人都具有非凡的记忆力。记忆力同样也是人生成功的前提和基石，具有良好记忆的人更有可能获得事业上的非凡成就，更有可能创造属于自己的人生辉煌。

想象力

想象力是智力的翅膀。想象是人脑对已有的形象进行加工改造形成新形象的过程，是智力发展的重要因素。一个人想象力丰富，思路必然开阔，智力发展水平便会有所提高。想象力概括了世界上的一切，推动着智力的进步，并且是知识进化的源泉。

创新力

创新力是智力的物质转化，是根据一定目的，运用一切已知信息，产生出某种新颖、独特、有社会或个人价值的产品的能力。创新力强的人智力高，只有具备了非凡的创新力，你才能驶向成功的彼岸。

思维力

思维力是智力的中枢。一个人能否成为对社会有用之才，与其思维能力的培养有着密不可分的关系。注重对其思维能力培养的人往往比忽视思维能力培养的人能取得更大的成功。因此，对自己的思维力进行深加工，发展自己的思维能力是人生获得成功的必要途径。

以上的这六大要素是智力的集中展示，各要素彼此相依，环环相扣，但也并不是说六大要素必须完全具备才能提高智力。每个人的思维能力是千差万别的，其他能力也各不相同。

一个人，只要有一种能力出类拔萃，一般都能创造出非凡的业绩。例如，一个人有卓越的创新能力，那么他在探索创新的过程中，其他能力也会相应发展，珠联璧合，从而促使其智力水平指数逐步攀升。

测测你的智商

每个人都希望自己是高智商的人，同时也想知道自己的智商到底有多高。其实这并不难，下面就是一例国际通用的智商测试题，它是对人的智力的综合测试，请你在30分钟内完成30道题，之后你就知道你自己的智商有多高了。

1. 选出不同类的一项：（　　）

    A. 蛇　　B. 大树　　　　C. 老虎

2. 在下列分数中，选出不同类的一项：（　　）

    A. 3/5　　B. 3/7　　　　C. 3/9

3. 男孩对男子，正如女孩对：（　　）

    A. 青年　B. 孩子　　　　C. 夫人

    D. 姑娘　E. 妇女

4. 如果笔相对于写字，那么书相对于：（　　）

    A. 娱乐　B. 阅读

    C. 学文化　　　　　D. 解除疲劳

5. 马之于马厩，正如人之于：（　　）

    A. 牛棚　B. 马车　　　　C. 房屋

    D. 农场　E. 楼房

6. 请写出（　）处的数字。

　　　2　8　14　20　　（　）

7. 下列4个词是否可以组成一个正确的句子？

　　　生活　水里　鱼　在

　　　A. 是　　B. 否

8. 下列6个词是否可以组成一个正确的句子？

　　　球棒　的　用来　是　棒球　打

　　　A. 是　　B. 否

9. 动物学家与社会学家相对应，正如动物与（　）相对。

　　　A. 人类　　　　　　　B. 问题

　　　C. 社会　　　　　　　D. 社会学

10. 如果所有的妇女都有大衣，那么漂亮的妇女会有：

　　　A. 更多的大衣　　　　B. 时髦的大衣

　　　C. 大衣　　　　　　　D. 昂贵的大衣

11. 请写出（　）处的数字。

　　　1　3　2　4　6　5　7　　（　）

12. 南之于北，正如西之于：（　）

　　　A. 西北　　B. 东北　　C. 西南　　D. 东南

13. 找出不同类的一项：（　）

　　　A. 铁锅　　B. 小勺　　C. 米饭　　D. 碟子

14. 请写出（　）处的数字。

　　　9　7　8　6　7　5　　（　）

15. 找出不同类的一项（　　）

    A. 写字台   B. 沙发

    C. 电视   D. 桌布

16. 请写出（　　）内的数字。

    961　（25）　432　932（　　）731

17. 下列哪一项应该填在"XOOOOXXOOOXXX"后面：

（　　）

    A. XOO   B. OO

    C. OOX   D. OXX

18. 望子成龙的家长往往（　　）苗助长。（　　）

    A. 揠   B. 堰   C. 偃

19. 填上空缺的词：

    金黄的头发（黄山）刀山火海

    赞美人生（　　）卫国战争

20. 选出不同类的一项。（　　）

    A. 地板   B. 壁橱

    C. 窗户   D. 窗帘

21. 请写出（　　）内的数字。

    1　8　27（　　）

22. 填上空缺的词：

    罄竹难书（书法）无法无天

    作奸犯科（　　）教学相长

23. 在括号内填上一个字，使其与括号前的字组成一个词，同时又与括号后面的字也能组成一个词：

款（　　）样

24．填入空缺的数字：

16（96）12　10（　　）7．5

25．找出不同类的一项：（　　）

A．斑马　　B．军马　　　C．赛马

D．骏马　　E．驸马

26．在括号里填上一个字，使其与括号前的字组成一个词，同时又与括号后面的字组成一个词：

祭（　　）定

27．在括号里填上一个字，使之既有前一个词的意思，又可以与后一个词组成词组：

头部（　　）震荡

28．填入空缺的数字。

65　37　17（　　）

29．填入空缺的数字。

41（28）27　83（　　）65

30．填入空缺的字母。

C F I D H L E J（　　）

正确答案如下

1．B　　2．C　　3．E　　4．B　　5．C

6．26　7．A　　8．A　　9．A　　10．C

11．9 12．B 13．C 14．6

15．D 16．38 17．B 18．A

19．美国 20．D 21．64 22．科学

23．式 24．60 25．E 26．奠

27．脑 28．5 29．36 30．O

计算方法：

每道题答对得5分，答错不得分，共30道题，
总分150分。

结果分析：

按照国际标准，人们对智力水平高低通常进行
下列分类：智商等于或大于140分称之为天才。

120分～140分之间为最优秀。

100分～120分之间为优秀。

90分～100分之间为正常。

80分～90分之间为次正常。

如果你的测试结果智商没达到130分，也不要
沮丧，据说一百万个人里面才能找到一个130分以
上的人。其实，我们都是普通人嘛，对不对？接着
看下面的内容，你会发现"柳暗花明又一村"。

智商可以后天培养

你的智商分数高吗？如果有人不幸成为智商分数偏低的人，也不要焦虑和沮丧，因为智商是可以通过后天的修炼提高的。

智商高低尽管有先天因素的影响，但更重要的是后天的开发和训练。如果把人的大脑比作一台配置优良的电脑的话，智商就相当于这台电脑所安装的系统和应用软件。如果一台配置很高的电脑，安装了比较差的系统和应用软件，那么这台电脑也只能是用起来比较差的电脑。相反，如果一台配置不那么好的电脑，安装了比较好的系统和应用软件，那么这台电脑用起来也会得心应手。

人们对于后天智商的培养和提高，就是给自己的大脑"装系统，装软件"的过程。

美国通用电气公司总裁杰夫·伊梅尔达认为，衡量智商的标准，主要是看一个人是不是善于学习。世界著名企业家和成功人士的一个共同特点是，把学习当成一种生活方式，当成一种做人的习惯，当成人生事业的重要组成部分，一个人在学习上投入的质和量，必将决定其人生命运的质和量。

江苏卫视的著名主持人孟非曾经在节目中爆料称自己的

智商只有70多分，属于低智商的临界值，可是从他风趣幽默、妙语连珠的主持风格来看，谁会认为他的智商测试只得了70多分呢？

原来他在自家的床头挂着"笨鸟先飞"四个大字用来自勉，他的每一步成功，都是和自身的学习及努力分不开的。

最有代表性的"笨人成功者"要算美国前总统小布什了。美国宾夕法尼亚州的拉文斯坦研究所对美国总统的智商统计得出的数据表明，小布什的智商仅为91分，距离科学标准下的低智商只有一步之遥，绝对的中等偏下。他的智商是历届总统中的倒数第一，远低于历届美国总统的平均水平115.5分。可是小布什当政期间的政绩是比较出色的，绝对不是"成绩最差"的美国总统。

世界著名艺术大师，被称为"波普之父"的安迪沃霍尔，他的智商只有86分，但是他却在电影、音乐、出版、写作等诸多领域内获得了成功。

所以，我们要理性地对待父母给我们的智商遗传，要理性地面对智商测试的结果。

爱迪生的孩子也没有两千多项发明，比尔·盖茨的孩子也不一定能成为绝顶聪明的又一个比尔·盖茨。所以，青少年们不要怨天尤人，也不要责怪父母：怎么给我这么一个笨脑子？怎么遗传给我这样的智商？当父母的也不要责怪孩子：你怎么会这样笨？

大家也不要太在乎智商测试，智力程度不是几张智商试卷就能考查出来的，科学的测试也只能一定程度地反映智力状况。而且，智商测试有一定的局限性。例如，它只能预测学业能力，它过分看重分析问题的能力，它是静态的而非动态的，它会受文化、经济等多种因素干扰，因此它的测量不一定准确，一些分数可能是片面的，它可能遗漏了一些应该被包括的内容。

智商不是一个人能力的全部。有的人通过智商测试，分数并不高，但在有的方面却表现出奇特的天赋，甚至是天才。所以说，智商重在后天"炼成"，要努力开发自己擅长的那些方面，以此弥补其他的短板，取长补短，犹未晚也。

智商是可以退步的哦

愚者和智者可以说是相对的两类人。有的人或许认为愚者可以通过学习和后天努力转变为智者，智者却不会变成愚者。如果这样想，你就错了。

哲学课堂上讲过，矛盾双方可以在一定条件下相互转化，愚者和智者就是这样的一对矛盾，它们也会在一定条件下相互转化。

中学课文中有《伤仲永》这样一篇文章，文中的方仲永就是一个小时候智力超群、长大后变得很平庸的例子。

从方仲永的例子中，我们不难看出，人的智商是会衰退和贬值的。在小时候聪明伶俐的孩子，长大后，因为放弃学习，不认真努力，依然会变得平庸，"泯然众人矣"。

在现实生活中，还有一些才智出众的人在处理很多日常事情上显得很傻，但是在"根本大事"上却做得很出色。那么，这些人是真的傻呢，还是假的傻呢？让下面这个关于"傻孩子"的故事来揭开谜底吧！

一个小男孩，大家都认为他是一个傻子。为什么这么说呢？大家做过这样的试验，拿5美分和10美分的硬币放在他面前，要求他只拿一个，而且这硬币就属于他了，结果这个小男孩总是只拿5美分的硬币。

有一次，一个智者从此经过，听说这件事，亲自试验了一回，果然与大家说的一样。

智者哈哈大笑，拍着小男孩的肩膀说："小朋友，你真聪明。"说完飘然而去。

到底这个小男孩傻不傻，大家难以确定，但这个小男孩长大后成为这个国家的总统。他就是威廉·亨利·哈里森，美国历史上的第九任总统。

实际上这个小男孩一点也不傻，他是大智若愚。因为他知道，如果他拿10美分的硬币，那么下次就不会有人再给他这样的机会了。所以他每次都只拿5美分的硬币，以致他得到了无数个5美分的硬币。

还有一个类似的例子：

有一个乞丐，他乞讨的方式很有意思，就是每次只要5毛钱，就算你一下子给他100块钱，他也会小心翼翼地找给你99块5毛。很多人对这样的乞讨方式觉得好奇，他们甚至从很远的地方赶过来测试这个乞丐，果然，乞丐每次只收5毛钱。

因为采用这样与众不同的乞讨方式，这个乞丐每天的收益非常丰厚，后来他甚至雇用了一个人替他在那里乞讨。

通过这样的例子，我们不难看出，真正的智者不会把聪明显露在外，越是聪明的人，越是大智若愚。

真正的聪明人所要做的，就是发挥自己的优势，努力学习，不断完善，让自己的脑袋更聪明。

如何"玩转"你的大脑

我们已经了解到智商是可以通过后天的努力加以提高的，

相信很多人已经迫不及待地想知道怎么做才能提高智商了吧?

20世纪60年代,一名生物学家对扁形虫做了若干次实验。他发现一个极不寻常的结果。教一条扁形虫走迷宫,等扁形虫学会了之后,把这条"聪明虫"碾碎,喂给尚未受训练的其他扁形虫,"笨虫"就会突然知道"聪明虫"先前学到了什么:这些"笨虫"并不知道迷宫的出口会有食物,也从来没有走过迷宫,却可以在迷宫的出口找到食物。这个实验证明了"吃什么,像什么"这种说法,并且给消化方面的概念下了新的定义。

"笨虫"可以靠吃"聪明虫"而变得聪明,如果我们一生下来,就可以吃到累积前人知识的婴儿食品,该是多么美妙的事情!这虽然是一种天真和不切实际的遐想,但是,至少可以说明一点:人类的智商是可以通过学习来提高的。那么,如何来提高智商呢?

多用脑

人们常说,镜子越擦越明,脑子越用越灵。多用脑是提高智商的最好方法,特别是多用右脑。很多人都知道这一点,但并不注重科学用脑、合理用脑。经常有人会说脑筋都用痛了,这就是用脑过度了。国家行政学院的刘峰教授讲的几句话很有意思:大脑加小脑,左脑加右脑,内脑加外脑,人脑加电脑,这就是全面用脑了。

合理用脑

用脑与不用脑交替进行、大脑与小脑交替运用、左脑与右脑交替使用是合理用脑的关键。不仅是交替使用，还要相互转换，这种交替使用和相互转换，特别能锻炼大脑和小脑、左脑和右脑，是一种有效的脑运动，对智商的提升有明显的效果。

多用右脑

人的大脑分为左脑和右脑两个部分，通常来说，人的右脑容量大、作用大，一些资料显示，右脑存储量是左脑的100万倍。因此，人们常说"右脑动一动，孩子更聪明"。

美国权威研究显示，爱因斯坦、达·芬奇、居里夫人等这些伟大的人物有一个共同之处，他们都有着超级发达的右脑，因而有着超群的想象力和观察力。科学家指出，在其一生中，大多数人只运用了大脑的3%至4%，其余的96%至97%都沉寂在右脑的潜意识中。现实生活中，95%的人仅仅使用了自己的左脑。

所以，长期以来，人们把右脑叫作"哑脑"。一方面，是说左脑才是管语言的，用语言处理信息，右脑是管想象的，用想象处理信息；另一方面，是说右脑几乎没有被用到。正如一位著名教育学家说的："在开发大脑的潜力上，我们是在单脚骑自行车。"其实，右脑才是"天才脑"，它隐藏着神秘的力量等待我们的开发。

右脑是可以开发的，右脑越开发人就越聪明。右脑越练习就越发达，接受右脑开发的孩子会变得更优秀。但右脑的开发是需要一定时机的。

科学证明，幼儿期是开发右脑的黄金时期，特别是3岁至4岁。恰当地开发右脑，可以促使大脑神经发达，扩大脑容量，还有助于协调左脑的发育。

催眠术

催眠术是用诱导的办法使被催眠的人表面上看起来处于类似睡眠的精神状态。在这种状态中，通过外界诱导，如催眠曲、舒缓的乐曲等，可以使人的大脑改变时间概念，加快或放慢机体频率，从而增强记忆和学习的效果，提高工作效率，解放个性，发展天赋。

压力激励法

调动大脑的积极性，提高智商有许多方法，"压力激励法"是在特殊情况下行之有效的办法之一。人的大脑受到外界的强大压力后神经细胞会高度兴奋，工作效率变得极高。古今中外无数成就卓著的人，都善于调节自己，在巨大压力面前不被压倒，而是把压力变成动力，创造出正常情况下很难做出的成就。

共振激励法

共振是一种物理现象，这种现象在日常生活中也随处可见，欧洲流行的各类"沙龙"有些就是这类情况。一些志趣相投，思考方法、看问题角度相同的人在一起讨论一些文艺、音乐、社会、人生等问题时，思路非常活跃，探讨问题的广度、深度非常一致。

这种思考的方式、思路相同，话题集中的探讨，使人谈起来非常融洽和投机，容易引起大脑皮层的兴奋，造成神经细胞的活跃，而且这些细胞的活跃程度、反射条件、神经环路的运转相似，因而"频率"相同，极易产生"共振"。

这种"共振"能调动人的大脑的积极性，使思想互相感应，知识上互为补充，从而启迪智慧，激发灵感，取得更为广阔和深远的建树。

制造快乐

我们之所以能感受到喜悦和愉快，是因为大脑内分泌了一种名叫多巴胺的物质，这种物质还能增进脑细胞的发育、扩展神经网络。因此，为了活跃我们的脑细胞，我们可以主动去制造多巴胺，比如不时给自己设定一些容易实现的目标、晚上和朋友去看场电影等。当我们一想起这些令人愉快的目标时，大脑就会分泌多巴胺，而我们也能更高效地完成工作。

提高智商的方法很多，这里介绍的只是比较典型的几种。通过对这几种方法的了解，我们起码可以明确这样一个认识，就是智商虽然与遗传有关，但遗传绝不可能决定和限制智商，智商是可以通过后天的学习和努力加以改变的。

我们不能沉湎于对天生智商的恐惧，而应该通过自己的行动来提高我们的智商，改变自己的命运。需要指出的是，开发智力是一个人一生都可以做的事，右脑的开发也是如此，只要起步，永远不晚。

记忆力决定你的智商高低

记忆力是衡量智商高低的重要标准，一个记忆力好的人，他的智商在很大程度上分数是偏高的。记忆力是一切智慧的根源，记忆力在学习中的体现，以青少年学生最为明显。

因为在青少年成长阶段，需要记忆的知识所占的比例比较大，记忆力的好坏将直接影响他们掌握知识的速度、质量和智力的发展水平。青少年要抓住这个记忆力发展的黄金时期，要特别注重对记忆力的培养。

记忆类型

记忆是人脑对经历过的事物的反映。它分为三个环节，就是识记、保持、回忆或再认。从信息加工的角度看，记忆是对输入信息的加工、编码、储存和提取的过程。这里加工、编码相当于识记，储存相当于保持，提取相当于回忆或再认。

记忆力是人的一大天赋，人在出生之后就具有记忆力了。然而，由于后天的原因，每个人记忆力的好坏却又是千差万别的。

每个人都有自己特有的记忆类型，这些类型包括：

视觉型：这是借助视觉来记忆事物的类型。一般而言，人的记忆以视觉型居多。人类的记忆信息中有70%至80%是视觉型的。尤其是画家、设计师和技术设计人员，他们的视觉记忆能力特别强。对于这一类型的人来说，使记忆信息视觉化，对他们来说是最为合适的。

听觉型：这种类型的人能很好地记住耳朵听到的内容。有些人的音乐感非常强，有很强的节奏感和旋律感，对于听到的内容很容易记住。他们就属于听觉记忆的类型。

运动型：这是通过动作来记忆事物的类型。这类人的手很灵巧，做过的各种体育动作或艺术技巧都能马上记住。像体操运动员、跳水运动员、蹦床运动员等就是这个类型的代表。

混合型：混合型是指视觉型、听觉型、运动型这三种类型的混合类型。这种类型的人的综合性最强，他们在记忆的时候，多数是眼、耳、手、口等器官共同作用的。

人的各种记忆类型是不平衡的，大多偏向于某一种类型。但即使是视觉型强的人，也不仅要用眼看，还要用嘴读，用耳听，用手写，以构成立体的印象。

记忆程序

记忆其实是有一套完整的程序的。一个人如果要记住一件事情时，则必须遵循完整的记忆程序：印象、联想和重复。

印象：印象就是客观事物在人的头脑中留下的迹象。印象越强烈，则记忆越深刻越清晰。反之，印象越淡薄，则记忆越模糊。

联想：所谓联想，就是由某人或某事物而想起其他相关的人或事物，或是由于某概念而引起其他相关概念的一种思维活动。有意识地进行联想，这是锻炼记忆力的一个秘诀。很多人善于记忆数字，他们甚至可以背诵圆周率小数点之后几百位的数字，就是靠着这种方法来记忆的。

重复：就是强调，即机械记忆。这是记忆的重要因素。重复通过大脑的机械反应使人能够回想起自己一点也不感兴趣的、对之没有产生过任何联想的东西来。通过重复，一个人能够记住自己完全不解其意的东西。我们小时候背诵的唐诗、宋词之类的，就是采用这种记忆的方式，不断地重复，慢慢地，这些诗词就会深深地刻在脑海里，甚至到我们长大的时候也不会遗忘。

记忆特性

人的记忆有敏捷性、持久性、准确性和准备性四个特点。

记忆的敏捷性：是指记住一定量材料所花时间的多少。要记忆得快，就要注意力高度集中，有明确的记忆目的，善于把机械记忆的材料变为有意义的和形象的东西。

记忆的时候，精神越集中，记忆的速度就会越快，记忆的效果也会越好。专注力是人进行记忆的一扇大门，如果不专注，就像记忆的大门被锁住了一样，需要记忆的东西很难存进大脑里。

记忆的持久性：就是记忆内容保持时间的长短。保持在记忆中的内容，一定时间后，有的完全遗忘，有的部分遗忘，有的永远不会忘记，这就是记忆持久性的不同。患遗忘症的人记忆的持久性最差。

记忆的持久性和年龄大小有关，如果说，记忆就像我们大脑的"硬盘"一样，那么青少年时期的记忆，就像是一张崭新的硬盘，是我们存储知识的最佳时期。所以我们一定要好好把握这个时期，尽可能把学习的知识都牢牢地记忆在大脑里。

优秀的学生为了提高记忆力，通常会给自己制定一个时期一些学科知识的记忆目标，并把这些目标和自己近期的活动联系在一起。把记忆的材料和内容变成自己活动的对象，在活动中加深记忆。记忆目标一定要具体，并有长期保存的价值。

记忆的准确性：就是对所记住的事物再现时的正确程度。人的记忆不可能像照相机一样准确无误，但比较起来，其正确程度是各不相同的：速写画家能把舞蹈演员的舞姿准确地记住，作画时达到惟妙惟肖的程度；侦察兵能把所侦察到的地形、火力点等准确地记住。这是与记忆者的思维模式和工作状况相关的，因为长期从事一种活动，他们的大脑就会对记忆某一特定方面的内容特别擅长。

记忆的准备性：就是记忆的东西在运用时是否能很快回忆起来。记忆的目的，在于备而有用、备而能用、得心应手。将学到的知识经过大脑的加工，形成有序的知识结构，运用时就容易提取。

遗忘是信息不能提取，或提取发生错误的现象。它可能是在提取过程中发生的障碍，而信息并未从头脑中消失，在适当的时候还可能恢复，这是暂时性遗忘；也可能信息已在头脑中消失，必须重新学习，这是永久性遗忘。

我们在记忆的时候，要避免永久性遗忘，减少暂时性遗忘，这样，我们的记忆就会发挥更重要的作用，无论我们想提取哪一段记忆，都能顺利完成。

不要总是抱怨你的记性差

不要总是抱怨自己的记性差，你的记性其实并不差，目前看起来记性不好，一方面，是因为你的自信心不够，总是觉得自己不够好；另一方面，很可能是你记忆的方法不对。

通常，我们从书本上所学到的知识或听到及见到的事物和现象，到后来往往不能完整无缺地回忆出来。例如，前一天和许多人会面的情形或学习的各种知识，到第二天往往也只能想起其中的一部分。

所以，就有人认为人的大脑的存储容量是有限的，当存入更多的信息后，超过容量限度的部分，就像水从玻璃杯中溢出来那样，不能再被存入大脑中。于是，有人会产生"我脑子笨，简直没有办法呀"等认为自己记忆的量少是理所当然的想法。

可是，根据美国阿诺欣教授和劳森贝克教授等对记忆量的研究结果，可知，人的大脑几乎能把进入的全部信息存储下来，它具有极其充分的容量。

据劳森贝克教授的计算，让人脑每秒钟都接收10个新信息，即使这样继续一生，它也还有存储其他事物的空间。人脑不会出现类似"由于饮食过度，再也吃不进任何东西"那种情形，所以我们可以放心地去记忆任何想要记住的事物。

世界上常常出现一些记忆力特别强的人，这在一定意义上，也证实了"人脑可以存储的信息量是无限的"这一说法。不要总是认为自己大脑的存储空间被装满了，因为据有关专家研究，人类大脑的存储量是美国最大的图书馆的所有图书的500倍。那么这个数字具体是多少呢？推算下来，应该有50亿本书的内容。

看看下面这个真实的故事，你或许会有所启发：

1997年，因出生时缺氧导致大脑神经严重受损，苏美德成了一名脑瘫儿。这个消息，让她的父母从初为人父人母的喜悦中一下子跌入痛苦的深渊。这种从天堂到地狱的急转对一家人的打击可想而知。

然而她的家人并没有放弃她，同样视她为掌上明珠。从此一家人带着美德走上了一条漫长而艰辛的康复治疗之路。

从2岁开始，小美德就开始进行系统性康复训练。家，就像一个康复中心，视力表、跑步机、自制的训练器械堆满了客厅。

训练的道路非常辛苦，一个小孩子，一遍遍地提腿、一次次地仰卧起坐，美德也曾经无数次哭喊着问："我为什么要这样辛苦呀？"

但是，渴望像正常人一样生活的她，却从没有间断过训练。慢慢地，美德从不能坐、不能立，到可以站立、可以蹒跚而行。每一个小小的进步都是对她自己极大的鼓励，更带给亲人莫大的安慰。

在家人、老师的培养教育下，美德从小就学会了吃苦。当其他小孩还在撒娇不肯打预防针的时候，美德却非常懂事地吃药、扎针灸、推拿按摩和进行康复训练。

在输液的时候，美德从来都不哭，只是对护士说："阿姨，请您轻点、再轻点！"

在训练的时候，虽然美德会痛得忍不住哭，但是她哭过后还会反过来安慰大人不要着急。

有一次，在江津向阳儿童发展中心做手法治疗时，因为很痛，小美德哭得很厉害，但是一停止治疗，她就把她自己吃的零食递到为她治疗的胡老师手上，边抽泣着边说："胡老师您辛苦了！"

美德的懂事和坚强让在场的人都很感动。大把的苦药、很痛的针灸、枯燥的训练，大人都受不了，她却很配合。

再苦的药她都自己吃，康复训练也从没有耽

误。美德知道自己和正常的孩子不一样，但是她仍然很坚持地向"正常"的标准努力着。

随着一天天长大，美德虽然患了病，但非常渴望能像正常小朋友一样生活。4岁时，父母将她送进少年宫学习语言艺术。由于脑瘫引发视神经萎缩，她的朗诵全凭超人的记忆力。

出生就落下脑瘫残疾，从不能坐、不会说话，逐渐学会走路，到现在能坐在教室里字正腔圆地讲故事，11岁的苏美德用她顽强的毅力与命运抗争。如今，她变成了大家心中的"故事大王"，将快乐传递给每个人。

苏美德通过努力，成为了周围人的"故事大王"。每次学校、社区表演，苏美德都是表演嘉宾，她讲的故事总会把观众逗得哈哈大笑。苏美德还获得渝中区未成年人保护委员会颁发的"社区青少年之星"奖状。

苏美德，这个脑瘫女孩，也许永远也不能像其他女孩子一样挺拔漂亮，不能像其他小伙伴一样奔跑欢笑，但她就像一株疾风中的小草，坚韧勇敢，淡定乐观。

读了这个故事之后，你还会为自己的记性不好而抱怨吗？苏美德身为一名脑瘫患者都能坚强地通过训练成为"故事大王"，我们所要做的，就是像她那样努力和坚持不放弃，因为好的记性，从刻苦和不懈的努力中得来。

大脑到底需要"吃什么"

青少年记忆力的好坏和他们大脑发育的情况是密不可分的。大家有各自的不同的饮食喜好，可是你们知道大脑需要"吃什么"吗？

大脑营养决定功能

经常会听到有的家长抱怨："同样是小孩，为什么人家的小孩一生下来就那么懂事、那么聪明？还不怎么费心。我家的小孩，天天跟他讲道理，天天教育还是不懂事。"

要不就是，别人家的孩子成天看着疯玩，但是一到成绩单下来，门门功课都很优秀。

可是，自己的孩子一天到晚，起早贪黑地学习，也没见成绩有多么的理想。有的家长就怀疑：难道这都是天生的？遗传会对大脑有一定影响，但是，智力发展的关键还是靠后天的培养，其中，最主要的还是大脑的营养。

家长们可以想一想，在日常生活中，是不是有两类孩子。一类孩子吃、睡、玩都有一定规律，他们模仿和学习能力强，即使看不见他们怎么刻苦读书，也能成绩优秀。这就是这些孩子大脑功能良好的表现，也是家长们希望培养出的聪明孩子。另一类孩子经常哭闹，吃、睡都不好，模仿反应能力较差，学习成绩不理想，这是大脑神经功能较差的表现。那么，为什么会有这样的差距呢？

据营养学专家的研究结果，孩子的大脑发育程度决定于食物。也就是说，决定大脑功能优劣的因素虽然与遗传、环境和智力训练有关，但是，80%以上还是取决于大脑营养。

大脑需要"吃什么"

致力于研究食物、睡眠与运动对大脑影响的美国加州大学洛杉矶分校神经外科与生理教授皮尼拉认为，食物、睡眠与运动这三者对人的大脑与心理健康存在潜在的影响。经过长期的研究，他得出了改变饮食可能增加脑部认知能力、免于大脑老化或产生脑部伤害的结论。

孩子出生后，是脑发育的关键时期。两年内，脑重量从出生时的350克左右增长至1200克左右。另外，人在用脑的时候会消耗大量的能量。

据资料显示，一个成年人每日需要的热能是2500卡，其中有近1/5用于大脑。这足以说明补充大脑营养的重要性。大脑营养消耗这么大，肯定要相应地补充一定的营养才能维持大脑的正常运转。

那么，大脑最需要的营养又有哪些呢？主要是蛋白质、脂肪和碳水化合物，这些都是我们耳熟能详的。

各种脑物质的功能状态能决定人脑的聪明程度，因此，我们还需从脑物质说起。脑物质中的5-羟色胺和儿茶酚胺等都是由必需氨基酸合成的。人体无法自然合成必需氨基酸，而是从外界蛋白质中摄取。

因此，随着进食食物的质量不同，脑物质的质和量也不同，大脑的机能状态也不同。例如，大量摄取蛋白质时，人体内的去甲肾上腺素浓度就会增加。去甲肾上腺素与人的学习、记忆力关系十分密切。由此可见，脑物质的分泌、传递越活跃，人的学习和记忆能力就会越强。

维生素与脑物质及人的智力之间的关系也不可忽视。如果食物中缺乏维生素B_1，就会影响大脑的中枢神经系统，严重缺乏时会导致精神病变。如果在人的发育早期缺乏维生素B_5，就会影响人的智力发育，表现为反应迟钝、恐惧和言语行为异常。长期缺乏维生素B_5则可能导致"进行性痴呆"。

而孕妇缺乏维生素B_6，就很有可能生出癫痫患儿。如果孩子的饮食中缺乏维生素B_6，就会引起惊厥、神经炎。缺乏维生素B_{11}会导致孩子记忆力下降、急躁不安等。

缺乏维生素B_{12}，孩子就容易患"智力衰退性精神病"，表现出判断能力、记忆力、自制能力的下降。而饮食中缺乏维生素C，会妨碍大脑及时地得到营养成分的补充。

人的生命和健康都是以营养物质为基础的，其中，当然包括人的智力。一旦营养物质失衡的话，就会引起人体的疾病。如果在人的智力发育的关键时期缺乏大脑所必需的营养成分的话，人的智力就得不到充分激发，从而影响人的智商。

但是，一味地摄取某些营养成分也会不利于人体的健康，还是应该根据大脑能量的消耗和吸收能力来合理地补充大脑的营养。

这些东西最健脑

根据有关研究，对大脑生长发育有重要作用的物质主要有以下8种：脂肪、钙、维生素C、糖、蛋白质、B族维生素、维生素A、维生素E。所以，富含这8种物质的食物都可算作是健脑食物。其中最突出的是这样一些食品：

核桃：它富含不饱和脂肪酸，这种物质能使脑的结构物质完善，从而使人具有良好的脑力，所以人们都把它作为健脑食品的首选。

动物内脏：动物内脏不但营养丰富，其健脑作用也大大优于动物肉质本身，因为动物内脏比肉质含有更多的不饱和脂肪酸。

红糖：大脑最喜欢吃糖，因为只有糖能顺利通过障碍，进入脑组织从而被脑细胞利用。红糖所含的钙是糖类中最高的，同时它还含有少量的B族维生素，这些对大脑的发育很有利。

富含维生素和蛋白质食品：大脑还爱吃一些卵磷脂。卵磷脂在蛋黄、黄豆内含量很多，人应多吃些蛋黄和黄豆等食品。比如豆类、豆芽、鱼虾类、海藻类、蜂蜜等，这些都是非常好的健脑食品。

怎样踏上记忆的快车呢

华东师范大学心理与认知科学学院胡谊博士与美国佛罗里达州立大学的埃里克森等人研究发现，记忆力好并不是天生的，更多的是后天努力的结果。

一个青年在一年多时间内记下圆周率小数点后67890位，从而打破吉尼斯世界纪录。可是，这位打破吉尼斯世界纪录的青年，在小时候并没有超常的记忆力表现，高中以前，他的学习成绩在班级里还是倒数几名。高三那年，他突然意识到学习的重要性，随后开始强化自己的记忆能力，成绩才突飞猛进。

在上大学后，他下决心背诵圆周率，每天坚持用5个小时来面对那些枯燥的数字，这样坚持了整整一年，最终以惊人的成绩打破了吉尼斯世界纪录。

由此可见，记忆力的好坏与长期训练有关，记忆时也许可以模仿、学习，但是坚韧的毅力才是成为记忆高手的不二法门。

理解记忆法

这是一种在积极思考、达到深刻理解的基础上记忆材料的方法。

理解记忆的基本条件是对材料的理解和进行思维加工。有些材料，如科学要领、范畴、定理、法则和规律、历史事件、文艺作品等，都可进行有意义的加工和重新排列组合。

人们记忆这类材料时，一般都不采取逐字逐句死记硬背的方式，而是首先理解其基本含义，也就是借助已有的知识经验，通过思维进行分析综合，掌握材料各部分的特点和内在的逻辑联系，使之纳入已有的知识结构，以便保存在记忆中。理解记忆的全面性、牢固性、精确性及迅速有效性，依赖于学习者对材料的理解程度。

理解记忆的效果优于机械记忆。德国著名心理学家艾宾浩斯在做记忆的实验中发现：为了记住12个无意义音节，平均需要重复16.5次；为了记住36个无意义音节，需重复54次；而记住6首诗中的480个音节，平均只需要重复8次！

这个实验告诉我们，凡是理解了的知识，就能记得迅速、全面而牢固。

如何理解记忆

既然记忆有这种规律特点，那么在学习的时候就要经常有意识地运用理解记忆，在记忆的时候展开积极的思维，这样才能取得良好的效果。如果在可以运用理解记忆的时候不加以运用，而偏偏要使用机械记忆进行无意义的重复，那效果可就不止事倍功半，而是相差10倍、20倍了。

我们在记忆材料的时候，只要它是有意义的，就应该向自己提出"先理解、后记忆"的要求，把材料分成大小段落和层次，找出它们之间的逻辑关系，而不要逐字逐句地死记硬背。

比如，我们背诵古文，如果不把古文的意思弄懂，那么就会像背天书一样，非常吃力。如果把古文里的实词、虚词都弄懂了，把全篇的中心意思掌握了，这时再背，就是在理解的基础上记忆，背起来就有兴趣得多，也会提速很多，印象也深得多。

我们说理解记忆效率高、效果好，是不是说只要理解了就一定能记住呢？这可不一定。对于理解的东西，往往也还需要多次重复才能记住。有的人理解了某个学习内容，就以为学习过程已经结束，没有有意识地要求自己记住它们，不再通过重复加深印象，这样，是不可能把学习内容完全、准确地记住的。

测试你的记忆方法

在学习了这么多的记忆方法之后，你是否想知道自己的记忆方法是否得法呢？那么来做做下面的测试吧，如果发现方法不对，就要马上改正。

1. 选择一个适合你的答案（　　）

  A. 不需要任何帮助即可重现大脑里曾经记忆过的东西。

  B. 不经过暗示就想不起来，但能从许多东西里辨别出曾经记忆过的东西。

  C. 脑子里即使有某一信息的痕迹，但也忘得一干二净。

  D. 提起曾经记忆过的事情时，很容易与其他记忆相混淆，出现错记。

2. 你喜欢用哪种记忆方法记忆（　　）

  A. 把记忆对象归纳起来记忆的"整体记忆法"。

  B. 把记忆对象分成几个部分记忆的"部分记忆法"。

3. 你是否常常怀着一种好奇心，或非常感兴趣地去记忆所要记的东西？

4. 对某些东西，你是否理解了才去记忆？

5. 你是否常常将几件相关联的事情联系起来，或者用联想的方法去记忆？

6. 你是否常常将一些相似的东西放在一起去记忆？

7. 当你学习感到疲劳时，你是否改变学习的内容？

8. 你是否能从众多的信息中，把真正对自己有用的东西尽快地、准确地挑选出来？

9．你对记住的东西，是否尽早地使它在大脑中有重现的机会，比如学习后尽早复习？

10．你对所要记忆的东西是否加以整理，制成图表或写成简短的文字提纲来加强记忆？

11．平时你是否仔细地观察记忆对象，或认真考察与记忆对象有关的事项？

12．你是否能从很多的记忆对象中找出它们的规律性、共同性、特殊性？

13．你是否常常想借助听、写、朗读或亲身实践来增强对大脑的刺激，以加深记忆印象？

14．你是否常常看报纸杂志，或者阅读一本书，或者用其他方法将许多有用的信息存进大脑里去？

15．你是否有写日记、感想，记笔记、备忘录的习惯？

16．对一些无意义的东西，比如英文字母、阿拉伯数字等，你是否专心地吟诵、书写，或把它变换成有意义的、好理解的东西去加以领会记忆？

17．需要记忆的东西很多，你是否将重要的东西放到开头或末尾去记忆？

18．对于一些疑难问题，你是否力求自己找出问题的答案？

19．你对日常纷繁而无必要记忆的琐事是否在短时间内就会忘掉？

20．当你要记某件事情时，你是否抱着一定要记住它的愿望，集中精力，或告诫自己说还差得很远，自己的理解还不充分？

诊断结果

1. 四种不同的记忆状况：

A. 是记忆对象在大脑中的重现，说明你的记忆力很好，因为在回忆时没有任何帮手，而你的回忆却准确无误。

B. 是对记忆对象的再认识，说明你的记忆力一般，在回忆时需要借助一定的线索。生活的经验告诉你，这种记忆现象平时是占有相当重的分量的，对于你来说，记笔记、写日记等手段会对你记忆事物大有帮助。

C. 是对记忆对象的遗忘，说明你的记忆力不好。不过继续学习下面的方法，你会逐渐克服这个缺点。

D. 错记，说明你的记忆力很差，记忆对象在大脑里只留下一个模糊的印象，不清晰。造成错记的原因很多，可能是记忆时受到的干扰太多或是对记忆的东西没理解透或是不懂得科学的记忆方法。

2. 很多实验结果表明，前一种方法较后一种方法更佳。因为整体比部分具有更明确的意义，理解起来相对容易些。不过当你记住了事物的整体，而对某些细节比较模糊时，重点突破部分的"部分记忆法"自然就显出强大的优势。

3．兴趣把你大部分的心理能量都集中到记忆对象上。不论是谁，对自己感兴趣的事情，都能显示出优异的记忆力。如果你想减少自己的苦恼，培养那些对你具有重要意义的事物的兴趣则势在必行。

4．理解了的东西会在大脑中形成潜意识，有助于记忆。理解意味着在大脑中形成了事物的结构，只要你回忆时抓住一个小线索，必然能顺藤摸瓜，瓜熟蒂落。

5．这是用一个思维唤起另一个思维的方法，如果把这个方法加以系统化，就能够使记忆力增进10倍甚至更多。

6．一次记忆很多相似的东西对记忆是不利的，这样会使相似的东西混淆而出现错记的现象，但如果你能真正把握住相似事物间的区别，这对你的记忆力无疑是有利的。

7．长时间学习或记忆同一种东西，大脑会产生疲劳，而改变一下内容，大脑就会轻松一些，这也是一种变相的休息。

8．这是对大脑相当有意义的训练。记忆的事情过多，要把它印在脑子里就要花费非常多的时间和精力，而人的精力和时间都是有限的。记忆时，"利己主义"相当有益。

9. 这是对记忆的巩固。记忆后的最初阶段遗忘得很快，而往后遗忘的速度却很慢。遗忘是在记忆后急速进行的，要防止遗忘，应及时进行复习。更重要的是复习应采用分散复习的方法，即复习时间短，但频率高。

10. 我们都有这样的体会，看上去很复杂的东西，如果有图表或简单的提纲式的介绍，便会变得简单明了，容易记在脑子里。图表和提纲更重要的意义在于使你抓住事物的内在联系。

11. 考察与记忆对象有关的事项，可以系统地了解记忆对象。而仔细地观察和接触实物引起的这种现实感，能加强和提高记忆能力。

12. 在寻找事物的规律性、共同性、特殊性的过程中，你已经对事物进行了分析、比较、综合，深入其本质。发现这些并不容易，然而一旦弄明白了，你就能较快地记住所要记忆的对象。

13. 同时开动人体几种器官，接受记忆对象的多个侧面的刺激，对记忆对象的认识从平面升华到立体空间，记忆效果自然会更好。

14. 将得到的多种信息清楚地理解和记住，在自己的大脑中建立一个知识框架，对记忆大有帮助，日后遇到相似的记忆对象，自然而然就会纳入到知识框架中。但别忘了"活到老、学到老"的古训，你的知识框架应该常常扩大，才能在信息爆炸的当今社会中游刃有余。

15. 记日记、做笔记、写感想、写备忘录是对学习和生活的回忆，也可以说是再现。之所以有助于巩固记忆，还因为它们都需要用手写，通过肌体感觉去帮助记忆。而备忘录又可减少需要记忆的事项，避免浪费时间去记不必留在脑中的信息。

16. 记忆无意义的东西很费劲而且记不牢，一旦忘记又失去了回忆的线索，很难回忆起来，所以用有意义的词语进行联想和专心致志地牢记很重要。

17. 在开始学习或记忆的开头和结尾，人的大脑处于相对松弛的状态，记起来就轻松容易，心理学家称之为"首因效应"和"近因效应"。所以在记忆过程中，不妨经常改变记忆顺序，使得所记的每部分都有机会受到"首因效应"和"近因效应"的照顾。

18. 理解的过程是一个逻辑分析的过程，问题被解决了，对事物的理解就会深刻。另外，不费劲就揭开的问题，在大脑中印象也不深，所以很快就会忘记。而自己付出巨大努力的东西，则会长时间留在大脑中，产生很深的印象。

19. 人的大脑好比一个楼阁，无用的东西装得越多，有用的东西被掩埋得就越多。会遗忘才会记忆，它可以使你的大脑保持清醒状态，有利于对有用事物的记忆。

20. 这样做会提高自己的注意力，使你积极地去记忆。另外，如果记忆时迷迷糊糊或被其他事物分散了注意力，结果只能在大脑中留下模糊不清的痕迹，甚至会出现错记的现象。

第二章

你的想法神奇吗

"想象力比知识更重要，因为知识是有限的，而想象力概括了世界上的一切，推动着思想的进步，而且是知识进化的源泉。"你有神奇的想法吗？仔细想一想，再回答这个问题吧。

想象力比知识更重要

你是想象力丰富的人吗？你知道想象力对于一个人的智商有怎样的影响吗？想象力，是你大脑思维能力和创新能力的反映，它和你的智力水平息息相关。

想象力丰富的人，对于同一个问题能够从不同的角度发挥自己的想象力，多方面去思考。他从中得到的知识和经验就会比一般人多。

一个缺乏丰富想象力的人，他的思想内容是贫乏的、平淡无奇的，往往只能从单一的方面去展开想象，也只能唤起极少的记忆表象，这样的人的思维模式就比较僵化，也不容易得出什么异于常人的结论。

想象总是来源于客观现实，但同时又总是超越现实，跑到现实的前面。从想象与现实的关联程度来看，有的人的想象与现实若即若离，可望又可即，这种想象是富有现实性的；有的人的想象与现实则根本脱节，可望而不可即，缺乏现实基础。那种远离现实漫无边际的想象，只能是一种空想。所以，我们要让想象的翅膀有坚实的基础，而不是变成空中楼阁。

那么，你知道想象是什么吗？

想象，是人脑在改造记忆表象基础上创建新形象的心理过程，也是以往经验中已经形成的暂时联系重新组合的过程。

爱因斯坦说过："想象力比知识更重要，因为知识是有限的，而想象力概括了世界上的一切，推动着思想的进步，并且是知识进化的源泉。"黑格尔也断言："如果谈到本领，最杰出的艺术本领就是想象。"有的时候，想象力真的可以起到"救命"的作用。

一位政客，一位地质学家，一位诗人，在外出旅游度假时，被土匪追杀，他们必须穿越一片只有少量低矮杂草的荒漠才能逃生。两天了，由于没有水，他们明显地感受到了死神在步步逼近。

政客说："谁要是给我们送上一箱矿泉水，我回去后一定对他提拔重用。"

地质学家说："我们还是实际一点吧，寻找水源！"但直到精疲力竭，他仍然找不到水源。

第三天早上，诗人早早地醒了。面对广阔的荒漠，他放开了想象的缰绳：要是我们正置身于一片大绿地该多好呀！山泉叮咚，溪流静淌，阳光柔和地照着大地，把树叶和草叶上的露珠折射成一颗颗晶莹剔透的珍珠……草叶上的露珠？

诗人突然想起了什么，急忙向一丛杂草奔去。果然，草叶上还残留着一些未完全蒸发掉的露珠的痕迹。

"我们有救了！"他欢呼起来。

于是每天的后半夜，他们就想办法啜饮草叶上刚凝结还未蒸发掉的露珠。一个星期后，他们奇迹般地出现在荒漠的另一头……

是想象力救了他们的命！

人没有想象力是不行的。人失去了想象力就像鸟儿失去了翅膀，无法飞翔；人没有想象力，就像一个没有望远镜的天文台，无法看到美丽的星空。

把想象变成行动，正是成功者的不二法门。有人说，如果把知识比作空气，智慧是雄鹰，想象力就是雄鹰的翅膀。没有翅膀，雄鹰难以遨游天际。同样，没有想象，伟大的智慧之神也无法放飞理想。从现在开始，放飞你的想象力吧，让它把你带进一个神奇的世界。

探索大脑里的造梦工厂

大家都知道美国好莱坞被称为"梦工厂"，这是因为这里每年都会拍摄大量的极富想象力的"大片"来吸引世界各地观众的眼球。

在现实生活中，我们的大脑也有这种造梦的功能，或许，你还没有真正发现它的神奇之处。我们的想象到底有几种呢?

想象一般分为再造想象、创造想象、憧憬、有意想象和无意想象。

再造想象

再造想象是根据别人的描述经过大脑加工而产生的想象。再造想象要求知识的积累,大脑储存大量的故事情节、悬念、场景,为想象的再造提供依据,同时,还要求想象力十分丰富。

借助再造想象,我们能重现别人所感受到的或所创造出来的事物,这样就有助于理解别人的经验,设想别人的状态和处境,因而能促进相互了解、交流经验、丰富体验、提高认识。再造想象的能力,与丰富的记忆表象和对文字和图案的理解能力有密切关系。

创造想象

创造想象是个体按照自己的思路利用有关的表象形成某种独创性的形象的过程。它的特征在于不局限于任何现成的描述,而是按照自己的思路创造自己从未感知过或世上从未存在过的形象。因此,它比再造想象有更大的难度。

作家对于小说人物、情节的构思想象,发明家对于自己将要发明出的新事物样式的想象等,都是创造想象。富尔顿在发明蒸汽船之前,首先通过想象的眼睛看见了在大洋里航行的蒸汽船;莱特兄弟在发明飞机之前,也是借想象的眼睛看见了在空中飞行的飞机;马可尼在发明无线电之前,也是靠想象的眼睛看见了远隔千山万水通信的情景。创造想象是创造性思维的重要组成部分，它是创造型人才的最重要的素质之一。

创造想象的基本方式有三种：

黏合：就是把不同事物的特征组合在一起的方法，例如把鸟的翅膀与人的形体组合，成为"会飞的天使"。

夸张与强调：对事物的某些特征进行夸大或缩小，如"雪花大如席""白发三千丈"等诗句中所表现的想象。

典型化：从多种形象素材中提炼出一般的、典型的形象，例如中华民族崇拜的"龙"，就是根据多种动物提炼想象出来的。

憧憬

憧憬是个体对于自我所企求的事物做出的想象。憧憬是创造想象的一种特殊形式，但它体现了个体的某些愿望，它并不是创造性思维的组成部分。憧憬总是指向个体未来所从事的创造性活动，对个体的创造活动有巨大的诱导和推动作用。憧憬是想象化的动力，是形象化的动机。

有意想象

有意想象指按照一定目的，有意识地开展的想象。画家在作画之前，头脑中已有了草图；作家在动笔之前，头脑中已有了许多人物的原型。他们在这些情况下进行的绘画想象和人物性格刻画的想象，就是有意想象。

无意想象

无意想象是一种无目的、自动产生的想象。例如在梦中或在某种病症状态下所产生的想象。比如得了"妄想症"的患者，会在无意识的状态下，想象别人想要谋害他的情形，这就属于无意识想象。

这些不同类型的想象，是我们发展智力的一项动力，有了它们的支持，我们的脑袋才会越来越聪明。

让你的想象插上翅膀

知道了想象力对于我们智商的作用是何等的重要，那么我们就需要积极地探索，让自己的想象力发展得更迅速，让自己的想象起飞。

阅读想象法

阅读想象法是指阅读时努力调动自己的生活积累，在头脑中构成生动可感的形象。比如在阅读鲁迅先生的《从百草园到三味书屋》时，便可依据精彩的文字描写，唤起自己记忆中的相关形象，浮现出由碧绿的菜畦、高大的皂角树、蟋蟀弹奏的琴声结合成的一幅有声有色的百草园图景。要使想象中的形象清晰、完整、历历在目，就要设身处地，把自己置身于描述的情景之中。

当我们读《桃花源记》时，开始即进入意境，仿佛是自己在"缘溪行"，那潺潺的流水会触发我们向往的情感，那溪边弯曲的小路会把我们带入无限的遐想之中，这时，忽逢桃花林，想象的火种就像落入一堆干柴之中，即刻燃起想象的火焰，仿佛那桃花林就在我们周围，我们也自然而然地就进入了情景。

描述想象法

描述想象法是指在学习过程中要善于将抽象的知识用具体的内容进行描述。如当学到"飞流直下三千尺，疑是银河落九天"的诗句时，头脑中就要想象出一幅别致的景物画来；又如当学到"点动成线、线动成面、面动成体"时，就要想象出具体的形象来。

要通过实物、图片、参观等来获取足够的表象，使一些抽象的概念具体化。采用这种方法，不仅能发展想象力，还能克服作文写得不够具体形象等语言表达方面的缺陷。

如"走夜路很害怕"这个语句虽然表意明确，但不够具体形象。那么就问一问自己：夜路是怎么个样子？有些什么可怕的形象和声响？害怕有哪些表现？这样便可写得具体形象了。

推测想象法

推测想象法是指根据已知或假设去推测、描绘未知，是培养创造想象力的重要方法之一。通过推测想象，人间的一幕幕悲喜剧也可搬到缥缈的天宇或深邃的海底去上演。

大闹天宫的齐天大圣，其实是农民起义领袖的化身；威风凛凛却又昏庸无能的玉皇大帝，与封建王朝的帝王并无二致。这些文学形象的塑造，正是《西游记》的作者吴承恩想象的结果。

有位同学写过一篇《月球旅行记》的作文，将月球上的人物景观描绘得淋漓尽致，也是采用的这种方法。我们在学习中若能充分运用推测想象法，学习便会轻松得多，理解也会深刻得多，还能提高自己的创造才能。

比拟想象法

比拟想象法也是想象方法的一种。在生活、学习中我们常遇到一些凭想象难以把握的形象，这时就可用比拟想象将其形象化，以便理解把握。如"太阳和地球之间的距离是1.496亿千米"，凭这个数字单纯想象空间距离是很困难的。这时候就要适当运用比拟，使其具体化，增强可感性。

若发挥比拟想象，就容易多了，地球和太阳之间的距离可想象成一辆时速50千米的汽车从地球驶向太阳需走340年。

善于采用比拟，可使自己的想象生动活泼起来。比如《济南的冬天》中老舍描写"薄雪好像忽然害了羞""长枝的垂柳还要在水里照个影呢"，使文章形象生动，给人留下难忘的印象。

启发想象法

启发想象法是指人的想象受到某种类似的事物即原型的启发。比如建造在山顶上的圆锥形电视塔可以承受每秒80米的风力，它的设计是受了高山上的云杉在狂风吹打下树干呈圆锥形的启发。原型来自对生活形象的敏锐捕捉。

瓦特看到水壶中的水沸腾后蒸汽顶开壶盖，从中受到启发，想象将壶扩而大之，那种蒸汽的力量该有多么大！他由此发明了蒸汽机。鲁班受带齿边的草叶能划破衣服、皮肉的启发发明出了锯。

仿生学的发展更能说明启发想象法的重要，雷达、潜艇、电脑等都是由类似方法想象出来的，中小学生小发明、小创造中的许多成果也都是受了原型启发而想象后制造的。

蒙眬想象法

蒙眬想象法也是一种重要的想象法，研究发现，人在睡意蒙眬的状态下容易展开形象思维；酒意微酣的时候，容易产生奇妙的想象。英国剑桥大学一份关于各类创造性学者工作习惯的调查报告表明，70%的科学家曾经从梦中得到过一些帮助。

世界著名画家达·芬奇曾专门论述过用朦胧法发展想象力："这法子好像微不足道甚至可笑，但却具有刺激灵感做出种种发明的大用处。请观察那堵污渍斑斑的墙面或五光十色的石子。倘若你正想构思一幅风景画，你会发现其中似乎真有不少风景：纵横分布着的山岳、河流、岩石、树木、大平原、山谷、丘陵。你还能见到各种战争，见到人物急速的动作。"

我国古代大书法家王羲之在作《兰亭序》时醉意大发，蒙眬中写出了空前绝后的书法艺术珍品，待酒醒后再写，无论如何也达不到蒙眬中的效果。唐朝诗人李白的"斗酒诗百篇"也说明了蒙眬的妙用。

联想想象法

联想想象法是指由一事物想到另一事物的过程，是发展想象力的有效途径，联想的过程自始至终伴随着想象。联想拓展想象的主要方式有四种：

第一，接近联想。即由一事物联想到在时间或空间上与之接近的另一事物。例如，由"冬天到了"想到"春天还会远吗"；提起诸葛亮，马上就会想到"三顾茅庐"和"借东风"；一提到哈尔滨，马上想到气候寒冷、冰灯、冬泳等。学习英语单词就可联想到表示身体部位名称的许多单词，从头到脚一个个地联想，便可记住一大串。

第二，类似联想。就是利用事物之间的类似之处，由此事物联想到彼事物。如从我国的长城联想到埃及的金字塔，从立体几何的垂面联想到平面几何的垂线，由费尔马大定理想到哥德巴赫猜想，从水滴石穿想到持之以恒的重要性。把"请、精、情、晴、蜻"及"扬、饧、肠、畅、汤"等分别放在一起记忆等，都是利用类似联想的道理。类似联想可以采用找近义词语的方法来训练。

比如"竞赛"一词，可想到表达类似意义的许多词语：争夺、比试、争雄、角逐、较量、比武、决一雌雄、一分高下、逐鹿中原、拉开战幕……

第三，对比联想。即由一种事物、现象想到与其有相反或相对特点的另一事物、现象。如由热想到冷，由落后想到进步，由宇宙的浩瀚想到个人的渺小等。在学习时，可以有意识地将相反或相对的公式、规律、定理、词汇等收集在一起，通过对比联想，加强理解和记忆。

第四，因果联想。就是由事物的起因想到结果或由结果推出原因。"不知细叶谁裁出，二月春风似剪刀"两句诗，就是从眼前柳树的片片细叶，推想出它们萌发新芽的原因是春风的吹拂。再如，南部沿海地区纬度低，海岸线长，致使气候长夏无冬、高温多雨，因而河流流量大，汛期长，农作物一年2至3熟，盛产水稻和甘蔗。通过对这些现象之间存在的因果关系进行联想，理解其内在规律，掌握起来就比较容易了。

站在巨人的肩上想象

著名的物理学家牛顿说过："如果说我比别人看得更远些，那是因为我站在了巨人的肩上。"这句话听起来多么气势恢宏啊！其中道理也是非常深刻的。

确实是这样，如果说我们平时的想象力是源于生活，那么我们要想发挥自己最大的想象空间，就需要"站在巨人的肩上"。因为只有这样，我们才会在起点上有一定的高度，才会让想象力的发展更迅速。那么，我们怎么做才能"站在巨人的肩上"呢？

拓宽视野博览群书

阅读是培养想象力的有效途径。阅读时，要根据阅读材料的性质提出不同的要求。阅读文学艺术作品要按作品的描绘，在头脑中形成生动具体的形象，同时努力提高阅读水平和文字表达能力；阅读科技读物，应在读懂作品文字说明的基础上，进一步全面了解各种现象的相互关系，努力领会所讲述的科学原理，不能浅尝辄止、一知半解。

阅读历史、地理、经济、政治类读物，不能死记硬背，要理清头绪，展开想象，做到上下五千年，纵横八万里，兼收并蓄，游刃有余。

吸收知识丰富头脑

汲取渊博的知识，对于培养想象力是十分重要的。如果你想提高智商，建议你在阅读文艺作品和丰富语言表达上下功夫，这样，你不但让自己的文学修养得到了提高，同时还会发现自己的想象力变得更加丰富了。

好好扩大你的知识领域，把丰富的表象储备起来。想象是在已有的表象上展开的，任何想象都不能离开已有的知识基础。一个人的感性知识越丰富，就越能产生丰富生动的想象。

对已储备的知识，我们要善于在实践中运用，在实践运用中加深印象，并在运用中提高想象的积极性。

培养各种想象习惯

一切科学发明、技术革新、文艺创作，都离不开创造想象，而创造想象的产生，需要下列条件：

首先，是原型启发。原型启发的事例在各种创造发明中是屡见不鲜的；通过联想可把旧有的表象结合起来，或把旧有的表象典型化而产生新形象，这往往需要从其他事物中得到解决问题的启发，从而找到解决问题的新途径。

其次，是灵感出现。灵感是人的全部精神力量和高度积极性的集中表现，它同人的创新动机和对解决任务的方法不断寻觅、探求直接关联。在灵感状态下，人的注意力完全集中在创造活动对象上，意识十分清晰而敏锐，工作效率达到意想不到的高水平。

大胆进行特殊训练

我们除了用上述几种方法来培养想象力之外，还需要一些特殊的训练方式。

比如，我们躺在床上，可以看看天花板的污渍或云朵的形状，然后在脑海中描绘出它们的形象。或者是，当我们看过电视转播的运动比赛以后，想象第二天报纸的标题及报道内容。在我们和人见面以前，事先预想会面对的状况，并且设想与对方探讨的话题。对于我们还没去过的地方，想象它周围的风景、建筑的样式，以及室内的陈设。

训练想象力的方法有很多，只要我们细心钻研就会发现，我们在生活的各种环境中都有训练想象力的机会，就看你能否把握住了。

世界因想象而改变，奇迹因想象而出现。我们生活的世界离不开想象。我们现在正是掌握知识、创造财富的年龄，学习过程中一定要多想，并利用所学的知识多实践。不要抱着书本读死书，这样没有一点好处。读书的目的不是为了读而读，而是为了用而读。大胆想象，努力实践，你将会大有收获。

想象力能够创造大事业

想象力对于人们取得成就的作用非常大。很多人都看过一部叫作《哆啦A梦》的日本动画片，这部动画片的作者是两个人，他们共用"藤子不二雄"这个笔名。这部动画片面市后，取得了数百亿日元的收益，深受世界各国人民的喜爱。

可是，很多人不知道，如此好看的动画片其实来源很简单。《哆啦A梦》的创造要追溯到1970年的某个截稿日，作者家里突然闯进了一只小猫，虽然很快就要截稿了，但作者还是和小猫玩了起来，还替小猫抓虱子，而这一抓就是几个小时，等作者发现时间不够用的时候，已经来不及完成稿子了。

这时作者像热锅上的蚂蚁一样走来走去，突然踢倒了女儿的不倒翁玩具，于是他灵光一现，把猫的形象和不倒翁结合起来，就创造出了带给我们无数欢乐的《哆啦A梦》。

一个偶然闯入生活的小猫，刺激了伟大的作者，让他在无限的想象之下，创作出了一部不朽的动画片。

我们现在用电脑打字，很多人不方便使用拼音输入法，因为我国幅员辽阔，各地方言存在差异性。王永民发现了这一现象，他认为，在电脑和手机上用拼音输入汉字，实际上是在"用拼音代替汉字"，长此以往，必然使越来越多的人提笔忘字，甚至不会写字，使报纸、书籍、电视屏幕上的错别字越来越多。他认为，造成这一严重情况的根源，就是人们把拼音字母当成了思维和书写的载体，而汉字的灵魂即笔画和结构，却蜕变成了汉字的"第二层衣服"，即变成了拼音字母的衣服。这种主客易位、本末倒置的做法，是对汉字的自我疏远，是对汉字文化的自动阉割。

在认真研究和努力之下，他创造了王码五笔字型输入法。他在多学科最新成果的基础上进行集成和创造，提出"形码设计三原理"，首创"汉字字根周期表"，发明了25键4码高效汉字输入法和字词兼容技术，在世界上首破汉字输入电脑每分钟100字大关，并获美、英、中三国专利。

如果没有一定的想象力，他是无法完成这个伟大创举的，因为我国的汉字数以万计，而英文字母只有26个，把汉字的字根和英文字母一一对应起来，是一项非常艰巨的工程，不过他做到了。他的想象力在这个过程中发挥了巨大的作用。

还有一个更有想象力的企业，就是美国的苹果公司。我们可以看到满大街的人都在用Iphone、Ipad，它们的客户遍布世界，苹果公司成为了全球最有发展前途的企业之一。

苹果公司之所以取得如此巨大的成绩，就是源于它的成员更具想象力，他们开创了平板电脑的时代，触摸屏的应用让电脑使用起来更方便，Ipad一直被各个生产厂商模仿，但是它从来没有被真正超越过。

这些例子充分告诉我们一个道理，想象力有多大，你的发展空间就有多大，你的成绩就会有多大。想象力是我们大脑智慧的体现，从现在开始，好好培养你的想象力吧！

测测你的想象力丰富吗

想了解你的想象力水平如何吗？那么做一下大脑测试吧！下面是一些测试想象力的题目，请你如实回答，并根据所得分数查阅答案。

1. 你不得已要说一次谎话时：（　　）

　　A. 总是慌乱，不抱有希望，结果让对方听出你是在说谎。

　　B. 编造得过于详细，结果引起对方的怀疑。

　　C. 话讲得恰到好处，令人信服。

2. 你相信自己的谎言吗？（　　）

　　A. 相信　　　B. 不相信　　　C. 差不多相信

3. 你来的时候，人们突然不说话了，你认为（　　）

　　A. 他们准是在谈论你。

　　B. 这是谈话中的正常间断。

　　C. 他们是想与你打招呼。

4. 你对别人倒霉、失意的经历的反应是:（　　）

    A. 流眼泪。　　B. 同情。　　　C. 厌烦。

5. 你受到批评时:（　　）

    A. 完全拒绝批评。

    B. 认为这些批评是合理的、正当的。

    C. 觉得自己做的事情总是不对的。

6. 你晚上外出消遣时：（　　）

    A. 总是去你熟悉、喜欢的地方。

    B. 每次都试一试不同的地方。

    C. 有时换新的地方。

7. 在你盼望什么人来，而他却迟迟不到时，你会:（　　）

    A. 担心他出了什么交通事故。

    B. 会假定他被什么事情耽搁了。

    C. 至少在一小时之内不会担心。

8. 你在剧院或影院看演出时哭过吗？（　　）

    A. 哭过。　　　B. 没有哭过。　C. 已经有
几年不哭了。

9. 如果晚上孤身一人你会:（　　）

    A. 觉得害怕。

    B. 觉得不烦恼。

    C. 有点怕，但是又能够安慰自己。

10. 听鬼神故事:（　　）

    A. 会使你发笑。

B. 会令你感到毛骨悚然。

C. 会使你对超自然的事情感兴趣。

11. 你盯着有图案的墙纸时：（　　）

A. 要是看了很长时间你还能看得出其中的格局。

B. 你不怎么注意它。

C. 只不过单纯注意它的设计样式。

12. 你在一处陌生地方睡觉被奇怪的声音弄醒时：（　　）

A. 会想起鬼。

B. 会想到是盗窃。

C. 会想到是热水管。

13. 交友时：（　　）

A. 尽管你们相识不久，你认为对方是有理想的。

B. 你想使你交往的人进一步理想化。

C. 看得出你的朋友很漂亮。

14. 当你看到有一篇熟悉的小说改编成影片时：（　　）

A. 你通常想到看电影更能够享受其中的乐趣。

B. 你通常觉得自己很失望。

C. 你发现这个故事由于电影的特点而改变了。

15. 你空闲时：（　　）

A. 能够以思考自娱。

B. 要是能够找到事情做会觉得很快活。

C. 要是有特别感兴趣的事情考虑，会觉得很高兴。

16. 你对一本书或一部电影还有什么更好的主意吗？（ ）

A. 经常有。 B. 有时有。 C. 实际上从来没有。

17. 要是你知道你打算去的那幢房子里曾经发生过凶杀案:（ ）

A. 你还会去吗？

B. 你会立即放弃去这幢房子吗？

C. 你会想到这种事情会不会在你身上发生吗？

18. 你在心里改写过小说或电影的结局吗？（ ）

A. 只有这个故事给你很深印象时才会想。

B. 经常如此。

C. 从来没有。

19. 在讲述你自己的经历时：（ ）

A. 你总是夸大其词以便把自己的经历说得更好。

B. 坦率地叙述自己的经历。

C. 只修饰某些细节。

20. 你幻想吗？（ ）

A. 经常。 B. 有时。 C. 很少。

21. 你幻想的时候：（　）

A. 能够虚构出大量的详细而错综复杂的事情。

B. 只能模糊地想出一些中意、合乎需要的情节。

C. 偶尔能把某些细节安插进去。

22. 看报纸时发现这样一条信息：饥饿的第三世界：（　）

A. 你会迅速翻过不看。

B. 你会发现自己没有食欲。

C. 你告诫自己应该为其做一些什么。

23. 你能在想象中与别人交谈吗？（　）

A. 只是在辩论之后才能。

B. 不能。

C. 经常这样。

24. 强烈的视觉意象总是伴随着你思考吗？（　）

A. 通常如此。 B. 很少。 C. 有时。

25. 你认为自己：（　）

A. 对冒险很有经验。

B. 对冒险不感兴趣。

C. 对冒险感兴趣，但不总是很有信心。

26. 色情书刊、电影：（　）

A. 使你厌恶。 B. 使你无动于衷。 C

. 刺激你。

27. 如果一个孩子给你讲述了一个他想象中的同伴的故事：（　　）

    A. 你完全进入他的幻想。

    B. 你会告诉他说谎不对。

    C. 你只是宽容地微笑一下。

28. 当你心里想着一首你喜欢的歌曲时：（　　）

    A. 能完全清楚地听到这首歌。

    B. 只能断断续续地听到一些。

    C. 你得小声唱才能想起来。

29. 当你发现邻居被盗窃时：（　　）

    A. 你会查看自己家门上的锁是否牢固。

    B. 你想买一只看家狗。

    C. 你想买一支枪。

30. 你能假设你可能会遇到像坐牢这类麻烦事情吗？（　　）

    A. 不能。

    B. 在情况稍有不妙时可以想象到。

    C. 这似乎是不可能的事情。

计分方法

题号	A	B	C	题号	A	B	C
1	1	3	5	16	5	3	1

2	5	1	3	17	1	5	3
3	5	1	3	18	3	5	1
4	5	3	1	19	5	1	3
5	1	3	5	20	5	3	1
6	1	5	3	21	5	1	3
7	5	1	3	22	1	5	3
8	5	1	3	23	3	1	5
9	5	1	3	24	5	1	3
10	1	5	3	25	5	1	3
11	5	1	3	26	3	1	5
12	5	3	1	27	5	1	3
13	5	3	1	28	5	3	1
14	1	5	3	29	1	3	5
15	5	1	3	30	1	3	3

得分解析

总分在30分～150分之间，总的来说是分数越高，想象力就越强。

30分～50分，这类人的想象力较弱，令人十分遗憾，他们似乎一点都不能进入想象的世界。这类人可能都很注重于实际情况，很现实，不喜欢幻想。尽管如此，他们也会对自己的想象力弱而感到失望。

51分~74分，这类人不太喜欢想象，具有一定的想象能力，但只要可能，总是尽力消除幻想。人们可能对这类人的冷静和讲究实际的做法表示赞赏。尽管如此，这类人也失去了想象可以给他们带来的乐趣。

75分~109分，这类人具有想象力，甚至可以站在别人的立场上去思考问题，从而把事情做得很有效果。想象会给这类人带来一定的好处。但这类人的想象力还为他们的见识所限制，所以他们应该努力扩大自己的视野，向高层次的想象迈进。

110分~129分，这类人具有很强的想象力，有时他们的想象过于丰富，对周围的事物过分敏感。另外，这类人可能具有较高的艺术天才，每当他们设法利用自己的想象力时，便会产生一系列丰富的想象。

130分~150分，这类人具有相当强的或者说过于丰富的想象力，拥有一个非常复杂的内心世界，因此他们必须勇敢地面对日常生活中的许多现实问题。

化腐朽为神奇的创造力

青少年就像早上八九点中的太阳，正是富有激情、活力四射的年龄。他们应该比一般成年人创造能力更强。创造力就像是社会进步的原动力一样在促进社会不断向前迈进。

创造力的含义

所谓创造力，是指根据一定目的，运用已知信息，产生出某种新颖、独特、有社会和个人价值产品的能力。这里的产品是指以某种形式存在的思维成果，它既可以是一种新概念，也可以是一项新技术、新工艺、新产品。

创造力由一般创造力、知识经验、特殊创造力和非智力因素四个要素构成。这四个要素相互作用、相互影响，决定了创造力的总水平。这四个要素各自对创造力的作用分属于不同的层次。

一般创造力在一切创造活动领域都有作用，是代表创造者心理能力水平的最普遍的创造力。一般创造力水平较高的创造人才可以在不止一个领域表现出创造力。

知识经验的作用在其普遍性上低于一般创造力，但它是一般创造力的基础。具体地说，知识是智力的基础，而创造力是智力的最高表现。当然，知识、经验对特殊创造力和非智力因素的影响也不可低估。

特殊创造力的普遍性低于前二者，例如一个画家的形象记忆力、色彩鉴别力、视觉想象力等特殊才能，只有在绘画创造方面有意义。

非智力因素比较特殊，它只与创造的个别活动有关。拿动机来说，它在推动人主动地启动创造活动方面的作用是巨大的；而兴趣只在维持创造力的热情和投入上有明显作用。

基础因素

基础因素包括吸收知识的能力、记忆知识的能力和理解知识的能力。吸收知识、巩固知识、掌握专业技术和实际操作技术、积累实践经验、扩大知识面、运用知识分析问题，是创造力的基础。任何创造都离不开知识，知识丰富有利于更多更好地提出创造性设想，对设想进行科学的分析、鉴别与简化、调整、修正；并有利于创造方案的实施与检验；而且有利于克服自卑心理，增强自信心，这是创造力的重要内容。

创造性思维

智能是智力和多种能力的综合，既包括敏锐、独特的观察力，高度集中的注意力，高效持久的记忆力和灵活自如的操作力，也包括创造性思维能力，还包括掌握和运用创造原理、技巧和方法的能力等。这是构成创造力的重要部分。

创造性人格

创造性人格包括意志、情操等方面的内容。它是在一个人生理素质的基础上，在一定的社会历史条件下，通过社会实践活动形成和发展起来的，是创造活动中所表现出来的创造素质。优良素质对创造极为重要，是构成创造力的又一重要部分。

优良的个性品质如永不满足的进取心、强烈的求知欲、坚忍顽强的意志、积极主动的独立思考精神等是发挥创造力的重要条件和保证。

总之，知识、智能和优良的个性品质是创造力构成的基本要素，它们相互作用、相互影响，决定创造力的水平。

在智商的构成因素中，创造力是最高形式的体现，它也是个人智慧的集中表现形式。一个人的成功与创造力有很大的关系，试想想，一个不能创新和发挥才能的人，怎么能够有所作为呢？

看看下面的故事，你或许能对创造力有更加深刻的认识。

密尔顿·雷诺兹出生于美国的明尼苏达州，他当过汽车修理工，做过建材生意，制造过股票报价板，但是都以失败而告终。后来，雷诺兹生产"海报印刷机"，积累了一些钱。

1945年，雷诺兹到阿根廷旅行，无意中发现了一种新奇的产品，就是"圆珠笔"。这种笔早在1888年就被发明出来，并获得了专利，后来有许多人不断地进行改进，取得了各不相同的特殊外形设计专利，但是销路并不好。

雷诺兹凭直觉认定，这是一种能够横扫全美国的东西。它低成本，高利润，人人都有可能购买一次，很容易普及。

雷诺兹回到美国，立即找到一位懂技术的工程师，共同合作改良圆珠笔。在一个下雨的晚上，雷诺兹发现圆珠笔在水里也能写字，便想出一句响亮的广告语"它能在水中写字"。

据后来的专家估计，仅这句新颖的广告语所产生的效益，就达上百万美元。紧接着，雷诺兹开始了近乎疯狂的推销活动。他带着仅有的一支样笔，到纽约的"金贝尔"百货公司推销，并当场表演，引起了对方的极大兴趣，当即订购了2500支。这种成本只有0.8美元的笔，零售价竟定为12.5美元。雷诺兹的理论是，"就新奇产品来说，价格越高，销售越好"。

1945年10月，"金贝尔"开始销售这种"原子时代的奇妙笔"。由于事前的宣传工作十分有效，顾客的反应令人吃惊，震动了整个零售界。

雷诺兹总是接到订单之后才组织生产，尽管他立即扩大了生产规模、采购了大量原料、招聘数百名员工，其中甚至包括专门的点钞员，可还是不能满足全国各地的需求，订单像雪片似的纷纷而来。几乎每一家商店都想销售这种新产品，甚至出现了专门为了销售圆珠笔而新成立的商场。

为了进一步扩大自己产品的影响，雷诺兹"无事生非"地向联邦法院递交诉状，指控两家最大的制笔公司违反了"反托拉斯法"，要求它们赔偿100万美元。但实际上，这场"官司"不过是雷诺兹精心策划的一项宣传创意而已。通过法庭的辩论和报纸的大肆渲染，雷诺兹的圆珠笔达到了家喻户晓的地步。

不过，因为生产过多，雷诺兹圆珠笔出现了很多质量问题。这时，雷诺兹则站出来说：任何质量问题都可以退换货。

这场持续数月的销售旋风所带来的利润是极为丰厚的。在短短半年的时间里，雷诺兹先期投入的2.6万美元，已经产生了超过155万美元的税后利润。

在高利润的引诱下，一年后，生产圆珠笔的厂家已达100多家，圆珠笔的价格日见下跌。于是，雷诺兹又策划了一项新创意。他购买了一架已经退役的"道格拉斯"轰炸机，并将它命名为自己新型圆珠笔的名字——"雷诺兹弹壳号"。

接着，雷诺兹又聘请了两位有丰富飞行经验的驾驶员和工程师，驾驶着这台轰炸机从纽约的一个机场起飞，朝东飞行，穿过欧洲、亚洲和太平洋，打破了环球飞行的世界纪录。

这次飞行一共花费了17万美元，但是雷诺兹赚取得更多。当他接受人们欢呼的时候，纽约的所有报纸上都登出了大幅广告"刚抵达，雷诺兹弹壳号"。借助环球飞行的东风，这种新型的圆珠笔又是一炮打响，销量像火箭般直线上升。

3年后，雷诺兹见好就收，果断地卖掉了公司，离开了利润已经微薄的圆珠笔制造业。今天，市场上再也见不到"雷诺兹圆珠笔"，但是，一提起圆珠笔发展和普及的历史，人们总是会想起雷诺兹的名字。

可以看出，雷诺兹的辩证创新思维很有特点。在阿根廷见到40多年前发明的而当时销路不好的圆珠笔后，他用发展的眼光，看出这种笔会带来的巨大商机和丰厚利润。他不断地创新，让自己成为公众注目的焦点。

这就是雷诺兹用自己的创造力引发的圆珠笔销售神话，如果不是他用自己的头脑风暴掀起了圆珠笔的市场热潮，那么或许到现在，那些圆珠笔还无人问津呢！

抓住转瞬即逝的灵感

你有没有灵感的火花突然迸发的时候呢？很多发明创造都是和灵感分不开的。如果能及时地发现灵感，并且根据灵感的火花加以行动，那么，你很快可以取得一定的成就。

什么是灵感？灵感就是形成中的创造性认识刹那间在人脑中的反映，它具有突破性、新颖性。灵感是一种综合性突发的心理现象，是思维与其他心理因素协同活动的结果。

青霉素的发现者是英国细菌学家弗莱明。1928年的一天，弗莱明在他的一间简陋的实验室里研究导致人体发热的葡萄球菌。由于盖子没有盖好，他发觉培养细菌用的琼脂上附了一层青霉菌。这是从楼上的一位研究青霉菌的学者的窗口飘落进来的。使弗莱明惊讶的是，在青霉菌的近旁，葡萄球菌忽然不见了。

这个偶然的发现深深吸引了他，他设法培养青霉菌并进行多次试验，证明青霉素可以在几小时内将葡萄球菌全部杀死。弗莱明据此发现了葡萄球菌的克星——青霉素。

青霉素是抗生素的一种，是从青霉菌培养液中提制的药物，是第一种能够治疗人类疾病的抗生素。

在弗莱明之前，至少有28位科学家报告过霉菌杀死细菌这个事实。但是，由于他们没有产生灵感，没有形成创造性的认识，因此错过了发现青霉素的机会。

灵感的形成，虽然在电光火石的一刹那间，但它与一个人的知识、经验，以及分析、综合、判断能力等有直接的关系。因此，它离不开个人长期的积累。而且，每一次灵感在形成之后，还要经过验证、充实和完善。

引发灵感最常用的一般方法，就是愿用脑、会用脑、多用脑，也就是遵循引发灵感的客观规律科学地用脑。关于愿用脑的问题，这里就不多说了，主要是"充分发挥主观能动性"。下边分别谈会用脑和多用脑。

会用脑

凡是善于引发灵感、能够形成创造性认识的人，都很会用脑。一般人以为显而易见的现象，他们产生了疑问；一般人用习惯的方法解决问题，他们却有独创。他们的特点是喜欢独立思考，遇事多问几个"为什么"，多提出几个"怎么办"，因为任何创新项目的完成，都是独立思考和钻研探索的结果。

因此，不能迷信、不能盲从、不能只用习惯的方法去认识问题，或只用有了结论的说法去解决问题，而是要从事实出发，从需要出发，去思考问题，去探索问题，去寻找新的方法、新的答案、新的结论。

多用脑

要促进灵感的产生，必须多用脑，因为人的认识能力是在用脑的过程中得到锻炼从而不断提高的。所谓多用脑，不是指不休息地连续用脑，而是要把人脑的创新潜能充分地发挥出来。爱因斯坦对为他写传记的作家塞利希说："我没有什么特别才能，不过是喜欢寻根刨底地追求问题罢了。"在这个寻根刨底的过程中，他最常用的方法就是用脑思考。他自己深有体会地说："学习知识要善于思考、思考、再思考，我就是靠这个学习方法成为科学家的。"

"数字化教父"尼葛洛庞帝说："我不做具体研究工作，只是在思考。"创立微软公司的比尔·盖茨，从小就表现出勤于思考、善于思考的特点。

由此可见，科学用脑是开发大脑创造潜能、引发灵感、形成创造性认识的最一般、最普遍适用的方法。

引发灵感时常用的基本方法有以下几种：

观察分析

在进行科技创新活动的过程中，自始至终都离不开观察分析。观察，不是一般地观看，而是有目的、有计划、有步骤、有选择地去观看和考察所要了解的事物。通过深入观察，可以从平常的现象中发现不平常的东西，可以从表面上貌似无关的东西中发现相似点。在观察的同时必须进行分析，只有在观察的基础上进行分析，才能引发灵感，形成创造性的认识。

启发联想

新认识是在已有认识的基础上发展起来的。旧与新或已知与未知的连接是产生新认识的关键。因此，要创新，就需要联想，以便从联想中受到启发，引发灵感，形成创造性的认识。

实践激发

实践是创造的阵地，是灵感产生的源泉。在实践激发中，既包括现实实践的激发又包括过去实践体会的升华。各项科技成果的获得，都离不开实践需要的推动。在实践活动的过程中，迫切解决问题的需要促使人们去积极地思考问题，废寝忘食地去钻研探索。因此，在实践中思考问题、提出问题、解决问题是引发灵感的一种好方法。

激情冲动

积极的激情，能够调动全身心的巨大潜力去创造性地解决问题。在激情冲动的情况下，可以增强注意力、丰富想象力、提高记忆力、加深理解力，从而使人产生一种强烈的、不可遏止的创造冲动，并且表现为自动地按照客观事物的规律行事。这种自动性，是建立在准备阶段里反复探索的基础之上的。这就是说，好的激情冲动也可以引发灵感。

判断推理

判断与推理有着密切的联系，这种联系表现为推理由判断组成，而判断的形成又依赖于推理。推理是从现有判断中获得新判断的过程。因此，在科技创新的活动中，对于新发现或新产生的物质的判断，也是引发灵感、形成创造性认识的过程。所以，判断推理也是引发灵感的一种方法。

上述几种方法，是相互联系、相互影响的。在引发灵感的过程中，不会只用一种方法，有时是以一种方法为主，其他方法交叉运用的。

学会了抓住灵感，当我们在灵感的火花闪现的时候，一定要注意力集中起来，不要错过自己的发现和创造，只有这样，我们才能像那些伟大的发明家一样，创造出神奇的财富！

开启创造力的大门

了解了创造力之后，你是不是也摩拳擦掌，想要试一试自己的创造力有几成功力呢？在发挥创造力之前，我们还需要了解一些发挥创造力的基本法则。

添加法

在原有的事物上加一些东西或将几种事物适当组合就可能创造出崭新的东西来。例如圆珠笔加上橡皮头就成了可擦式圆珠笔；圆珠笔杆上加上一个裁纸的刀或者一个小梳子，就成了多用笔；收音机加上录音机，便成了收录机。

现在，加了各种成分的新型牙膏不断问世，这些都是创造者采用"添加法"取得的成果。

缩减法

与添加法相反，缩减法是在原有物体基础上减少某些因素的方法。如把录音或录像上的歌声抹掉只剩伴奏声，就成了大家喜爱的卡拉OK音乐；收录机携带不是很方便，于是有人想到缩一缩，做成"MP3"，风行全球；台式电脑又笨又重，于是就出现了笔记本电脑、iPad。

上、中、下三册的《辞海》给读者的携带、存放、阅读带来种种不便，于是就有了"文曲星""诺亚舟"等电子词典的问世。

改变法

改变法是对原有事物从顺序、形态、颜色、音响、味道、气味上进行改变，从而产生新的事物和效果。棉花是白色的，有人就想到培育有色棉花；把钟表的外形改一改，就变成精致的装饰钟表；以前饼干总是甜的，现在有了咸的、麻辣的，还有怪味的。

一般来说，书的每一页内容是平面的，改变一下空间形态，就会得到一本立体书；写作时，如果改变叙述方式，采用倒叙、插叙、补叙，文章内容往往更引人入胜。

替代法

替代法运用的历史非常久远。大家都很熟悉的曹冲称象的故事就体现了这种思想。当时没有能称几千斤重的大秤，要知道大象的重量，只有用同样重量的石头来代替大象，分多次称石头就可知大象的重量。

仿效法

仿效模拟在人类创造史上占据着重要的地位。模仿是创造的基础。如模仿萤火虫发光原理制成荧光灯，模仿海豚造出快速潜艇，模仿乌龟壳的结构发明耐压的"薄壳结构"的大屋顶，模仿乒乓球运动员打出的各种性能、角度的球型制造出乒乓球发球机等。

鲁班发明锯子，也是仿效法。凡此种种，不胜枚举。总结人类的仿效创造，可归纳为原理、结构、色彩三种仿效。青少年朋友只要多留意身边的事物，多加以思考，也能从模仿中进行发明创造。

颠倒法

颠倒法又叫"反面求索法"。正面思索得不出好结果，就从反面思索。这种方法常使人产生"出乎意料，于情理之中"的感慨。

如圆珠笔漏油的原因主要是圆珠磨损后产生了较大的缝隙。很多厂家改用耐磨的圆珠，结果装圆珠的套也要磨损，问题仍然得不到解决。有人就从反面想：既然磨损不可避免，一般写上2.5万字就会漏油，那就干脆把笔芯改小，改成最多写2万字的笔芯不就行了吗？

再如吸尘器的发明，实际上是"吹尘器"反过来的事例。最初打扫清洁的工具是"吹尘器"，结果尘土飞扬，反而不卫生。反过来变成"吸尘器"效果就非常好。

看似简单明了的道理存在于我们最熟悉的事物中。突破习惯、改变思维方式后，不同凡响的构想、发现便应运而生。毒蛇、蝎子奇毒无比，能将人置于死地，但反过来，蛇毒、蝎毒可以用来治疗一些疑难杂症，挽救人的生命，如中医的"以毒攻毒"的疗法。

缺点改进法

世界上没有十全十美的事物，任何事物都有缺点。发现了缺点，就找到了创造发明的课题。

比如雨伞，每改进一种，就是一类新产品：

最初雨伞大多是黑色，颜色单调，放在一起不易区分，容易拿错。于是，人们发挥创造力，创造出多种颜色和图案的雨伞。雨伞太长，不易收藏和携带，人们就把雨伞改为折叠式；为了挡住迎面吹来的雨，伞布遮住了视线，人们就改伞布为透明塑料；拿东西撑伞不方便，于是，人们发明了自动伞；打伞时再拿东西不方便，于是就有了戴在头上的雨伞；雨夜打伞行路太黑，看不清路，于是人们在伞柄上装电筒照明。这样，在不断地改进雨伞缺陷的时候，就出现了各种各样的功能性雨伞。

通信事业也是如此，刚开始发明的电话必须要用固定的线路才能接通，后来人们觉得外出使用很不方便，于是人们发明了移动数字寻呼机，可以随时随地找到佩戴寻呼机的人。

后来人们觉得这样回电话也很麻烦，所以就出现了汉字寻呼机，人们可以直接用汉字和对方进行联络，可是这样还是受到很多限制。于是人们又发明了手机。

刚开始的手机只能打电话，后来随着人们不断对手机的功能进行研发创造，手机发展到现在，不仅能打电话、发送短信，还能当镜子、照相机、摄像机、录放机，甚至还能当电脑用，手机的功能几乎让我们越来越难以想象。说不定，在不久的将来会出现能剃须的男用手机和能测生理周期的女用手机。

测测你的创造力强吗

本测验用以测试创造力，请在每一句话后面，用一个字母表示同意或不同意，同意用A，不同意用B，不清楚或吃不准的用C。回答必须准确、真实。

1. 我不做盲目的事，干什么都有的放矢，用正确的步骤来解决每一个问题。

2. 只是提出问题而不想到答案，无疑是浪费时间。

3. 无论什么事情，要我解决，总是比别人困难。

4. 我认为合乎逻辑的、循序渐进的方法，是解决问题的最好方法。

5. 有时，我在小组里发表意见，似乎使一些人感到厌烦。

6. 我花费大量时间来考虑别人是怎样看待我的。

7. 做自认为正确的事情，比力求取得别人赞同重要得多。

8. 我不尊重那些做事似乎没有把握的人。

9. 我需要的刺激和兴趣比别人多。

10. 我知道如何在考试前保持自己的心情平静。

11. 我能坚持很长一段时间解决难题。

12. 我有时对事情过于热心。

13. 在特别无事可做时，我倒常常想出好主意。

14. 在解决问题时，我常常仅凭直觉判断"正确"或"错误"。

15. 在解决问题时，我分析问题较快，而综合所收集的材料较慢。

16. 有时，我打破常规去做我原来并未想到要做的事。

17. 我有收集东西的癖好。

18. 幻想促进了我许多重要计划的提出。

19. 我喜欢客观而有理性的人。

20. 如果让我在两种职业中选择一种，我宁愿当一个实际工作者，而不愿当探索者。

21. 我能与我的同学很好地相处。

22. 我有较高的审美感。

23. 我一直追求名利和地位。

24. 我喜欢坚信自己的结论的人。

25. 灵感与获得成功无关。

26. 使我感到最高兴的是，原来与我观点不一样的人变成了我的朋友，即使牺牲我原先的观点也在所不惜。

27. 我更大的兴趣在于提出新的建议，而不在于设法说服别人接受这些建议。

28. 我乐意独自一人整天"深思熟虑"。

29. 我往往避免做那种使我感到低下的工作。

30. 评价资料时，我觉得资料的来源比其内容更为重要。

31. 我不喜欢那些不确定和不可预知的事。

32. 我喜欢埋头苦干的人。

33. 一个人的自尊比得到他人的敬慕更重要。

34. 我觉得那些力求完美的人是不明智的。

35. 我宁愿与大家一起努力工作，而不愿单独工作。

36. 我喜欢那种对别人产生影响的工作。

37. 在生活中，我经常碰到不能用"正确"或"错误"加以判断的问题。

38. 对我来说，"各得其所""各在其位"是很重要的。

39. 那些使用古怪和不常用的词语的作家，纯粹是为了炫耀自己。

40. 许多人之所以感到苦恼，是因为对待事情太认真了。

41. 即使遭到不幸、挫折和反对，我仍然能够对我的工作保持原来的精神状态和热情。

42. 想入非非的人是不切实际的。

43. 我对"我不知道的事"比"我知道的事"印象更深刻。

44. 我对"这可能是什么"比"这是什么"更感兴趣。

45. 我经常为自己在无意中说错话伤人而闷闷不乐。

46. 纵使没有报答，我也乐意为新颖的想法而花费大量时间。

47. 我认为，"出主意无甚了不起"这种说法是中肯的。

48. 我不喜欢提那种显得无知的问题。

49. 一旦任务在肩，即使受到挫折，我也要坚决完成。

计分方法

题号	A	B	C	题号	A	B	C
1	0	1	2	8	0	1	2
2	0	1	2	9	3	0	1
3	4	1	2	10	1	0	3
4	-2	1	3	11	4	1	0
5	2	1	0	12	3	0	-1
6	-1	0	3	13	2	1	0
7	3	0	-1	14	4	0	-2
15	-1	0	2	33	3	0	-1
16	2	1	0	34	-1	0	2
17	0	1	2	35	0	1	2
18	3	0	-1	36	1	2	3
19	0	1	2	37	2	1	0
20	0	1	2	38	0	1	2
21	0	1	2	39	-1	0	2
22	3	0	-1	40	2	1	0
23	0	1	2	41	3	1	0
24	-1	0	2	42	-1	0	2
25	0	1	3	43	2	1	0
26	-1	0	2	44	2	1	0
27	2	1	0	45	-1	0	2

28	2	0	−1	46	3	2	0
29	0	1	2	47	0	1	2
30	−2	0	3	48	0	1	3
31	0	1	2	49	3	1	0
32	0	1	2				

得分解析

110分～140分，创造力非凡。

85分～109分，创造力很强。

56分～84分，创造力强。

30分～55分，创造力一般。

15分～29分，创造力弱。

0分～14分，无创造力。

第三章

你的思维升级了吗

　　思维并不神秘，尽管看不见，摸不着、来无影、去无踪，但它却是实实在在的、有特点的大脑反应。左右我们成功的最关键因素是思维模式的差异，而不是智商的差异。

思维是种玄妙的东西

你知道思维是什么吗？思维是一种看不见、摸不着的大脑高级神经活动。

它不像其他事物那样可以明显地表露出来，大多数思维过程是别人无法觉察的。在我们的生活中，利用这种无法目测的思维，可以让我们更好地实现目标，帮助我们从不同的角度去思考和解决问题。

某种程度上，思维力几乎等同于智力，这是由它在智力上所处的核心地位而决定的。思维力，体现了每个个体思维的水平和智力的差异。

在大脑所有活动中，思维处于最高级的核心地位。思维是借助言语、表象、动作等形式，形成对客观世界的概括和间接的认识，并在问题的解决中加以运用的过程。好的思维方式，就是我们制胜的法宝。

吸水纸诞生的过程，就是一个有关思维的故事：

一名德国工人在生产一批纸时因为不小心弄错了配方，结果，生产出了大量不能书写的废纸。为此，他惨遭解雇。

正当他灰心丧气时，他的一位朋友想出了一个绝妙的主意，叫他将问题倒着看，看能否从错误中找出有用的东西来。于是他很快就发现这批废纸的吸水性相当好，可以用来吸干家庭器具上的水。

于是，他就把纸切成小块，取名"吸水纸"，拿到市场上出售，结果相当抢手。这个错误的配方只有他一个人知道，他后来申请了专利。就靠这个错误，他发了大财，成了大富翁。

我们从这个故事中会得到怎样的启示呢？具有良好的思维，可以化腐朽为神奇，可以在错误中找到机会实现成功。

思维具有以下几个特点：

规律性

人们在研究、探讨、解决不同的问题时，往往根据思考对象采取不同的思维角度、思维方法。既然思维是复杂、高级的中枢神经系统和大脑皮层的活动，要取得优秀成果所付出的精力是十分巨大而又艰苦的，因此，根据不同事物的不同规律去研究有关思维的规律，是成功的重要条件。

层次性

人的思维是由个别的、零碎的、彼此孤立的感性认识上升到一般的、整体的、互相联系的理性认识过程。这一过程是思维的内在层次性的体现。思维的外在层次性则展现在简单思维、复杂思维和高级思维等不同层次中。把握思维的层次性是取得成果的基本条件。

潜在性

思维是人的一种潜在的大脑高级神经活动，它不像其他事物那样可以明显地表露出来，但有时可借助肢体动作、视觉凝神等方式表现出来。大多数思维过程是外人所无法觉察的。

能动性

思维的能动性主要表现在三个方面：

第一，主动推理联想。这是从已知的知识和体验中推理、演绎出新的知识和形象。

第二，构思假设。思维一旦形成假设，就能正确指导人们的活动，减少盲目性，取得新的发明创造成果。

第三，控制大脑。思维虽然是大脑的产物，但思维在大脑中不是处于消极的、被动的地位，而是起着积极的、主动的控制作用。

思维是个神奇的魔方

思维是有千种风情、万般颜色的魔方，因为它是抽象的、存在于我们头脑里的东西，所以它的表现形式多种多样。

思维的划分（一）

根据思维的凭借物和解决问题的方式，可以把思维分为直观动作思维、具体形象思维和抽象逻辑思维。

直观动作思维

直观动作思维又称实践思维，是凭借直接感知，伴随实际动作进行的思维活动。实际动作便是这种思维的支柱。幼儿的思维活动往往是在实际操作中，借助触摸、摆弄物体而产生和进行的。

比如，幼儿在学习简单计数和加减法时，常常借助数手指，实际活动一停止，他们的思维便也停了下来。

成人也有动作思维，如技术工人在对一台机器进行维修时，一边检查一边思考故障的原因，直至发现问题排除故障为止，在这一过程中动作思维占据主要地位。不过，成人的动作思维是在经验的基础上，在第二信号系统的调节下实现的，这与尚未完全掌握语言的儿童的动作思维相比有着本质的区别。

具体形象思维

具体形象思维是运用已有表象进行的思维活动。表象是这类思维的支柱。表象是事物不在眼前时，在个体头脑中出现的关于该事物的形象。

人们可以运用头脑中的这种形象来进行思维活动，这在幼儿期和小学低年级儿童身上表现得非常突出。如儿童计算3+4＝7，不是对抽象数字的分析、综合，而是在头脑中用3个手指加上4个手指，或3个苹果加上4个苹果等实物表象相加而计算出来的。

形象思维在青少年和成人中，仍是一种主要的思维类型。例如，要考虑走哪条路能更快到达目的地，便须在头脑中出现若干条通往目的地的路的具体形象，并运用这些形象进行分析、比较来做出选择。

在解决复杂问题时，鲜明生动的形象有助于思维的顺利进行。艺术家、作家、导演、工程师、设计师等都离不开高水平的形象思维。学生更需要形象思维来理解知识，并成为他们发展抽象思维的基础。

形象思维具有三种水平：第一种水平的形象思维是幼儿的思维，它只能反映同类事物中的一些直观的、非本质的特征；第二种水平的形象思维是成人对表象进行加工的思维；第三种水平的形象思维是艺术思维，这是一种高级的、复杂的思维形式。通常所说的形象思维是指第一种水平。

抽象逻辑思维

抽象逻辑思维是以概念、判断、推理的形式达到对事物的本质特性和内在联系认识的思维。概念是这类思维的支柱。概念是人反映事物本质属性的一种思维形式，因而抽象逻辑思维是人类思维的核心形态。

科学家研究、探索和发现客观规律，学生理解、论证科学概念和原理，以及日常生活中人们分析问题、解决问题等，都离不开抽象逻辑思维。

小学高年级学生的抽象逻辑思维得到了迅速发展，初中生这种思维开始占主导地位。初中一些学科中的公式、定理、法则的推导、证明与判断等，都需要抽象逻辑思维。儿童思维的发展，一般都经历直观动作思维、具体形象思维和抽象逻辑思维三个阶段。成人在解决问题时，这三种思维往往相互联系，相互补充，共同参与思维活动。如进行科学实验时，既需要高度的科学概括，又需要展开丰富的联想和想象，同时还需要在动手操作中探索问题症结所在。

思维的划分（二）

根据思维过程中是以日常经验还是以理论为指导来划分，可以把思维分为经验思维和理论思维。

经验思维

经验思维是以日常生活经验为依据，判断生产、生活中的问题的思维。例如，人们对"月晕而风，础润而雨"的判断，儿童凭自己的经验认为"鸟是会飞的动物"，人们通常认为"太阳从东边升起，往西边落下"等都属于经验思维。

理论思维

理论思维是以科学的原理、定理、定律等理论为依据，对问题进行分析、判断的思维。例如，根据"凡绿色植物都是可以进行光合作用的"一般原理，去判断某一种绿色植物可以进行光合作用。

科学家、理论家运用理论思维发现事物的客观规律，教师利用理论思维传授科学理论，学生运用理论思维学习理性知识。

思维的划分（三）

根据思维结论是否有明确的思考步骤和思维过程中意识

的清晰程度，可以把思维分为直觉思维和发散思维。

直觉思维

直觉思维是未经逐步分析就迅速对问题答案做出合理的猜测、设想或突然领悟的思维。例如，医生听到病人的简单自述，迅速做出疾病的诊断；公安人员根据作案现场的情况，迅速对案情做出判断；学生在解题中未经逐步分析，就对问题的答案做出合理的猜测、猜想等。

发散思维

发散思维又称求异思维、辐射思维，是从一个目标出发，沿着各种不同途径寻求各种答案的思维。例如，数学中的"一题多解"、科学研究中对某一问题的解决提出多种设想、教育改革中多种方案的提出等。

了解了思维的多种形式，是不是让你大开眼界了呢？我们要有适合自己的思维模式，如果这种模式不完善，我们可以对自己进行训练，这样，我们的头脑就变成了多核心的"电脑"了！

别让思维陷入混乱

思维有自己的轨迹，有自己的生存之道，如果思维没有规律，那么人的大脑就会陷入一片混乱的状态之中。

那你知道我们大脑的思维具有怎样的规律性吗?

同一律

同一律是形式逻辑的基本规律之一,在同一思维过程中,必须在同一意义上使用概念和判断,不能混淆不相同的概念和判断。公式是:"甲是甲"或"甲等于甲"。

同一律包括三方面的内容:

第一,思维对象的同一。在同一个思维过程中,思维的对象必须保持同一;在讨论问题、回答问题或反驳别人的时候,各方的思维对象也要保持同一。

第二,概念的同一。在同一个思维过程中,使用的概念必须保持同一;在讨论问题、回答问题或反驳别人的时候,各方使用的概念也要保持同一。

第三,判断的同一。同一个主体在同一时间,从同一方面对同一事物做出的判断必须保持同一。

同一律要求思维的确定性,但是并不否认思维的发展变化。它完全是针对思维过程来说的,并不要求客观事物保持同一、绝对不变。

逻辑的同一律的内容,应该包括"同一立场"和"同一时空"。

看看数学家陈景润的故事,或许能让你更深地了解什么是同一律。

著名数学家陈景润在福州英华中学念高中时,

时任清华大学航空系主任的沈元临时给他们代课，负责给他们班级上数学课。

有一次，沈老师讲到数论之中一道著名的难题，就是哥德巴赫猜想。老师形象地指出："自然科学的皇后是数学。数学的皇冠是数论。哥德巴赫猜想则是皇冠上的明珠。"

同学们听后都惊奇地睁大了眼睛。

老师接着说："这道题很难很难。要是谁能够把它做出来，不得了，那可不得了啊！"

有的同学认为：这有什么不得了，我们来做。

第二天，几个相当用功的学生兴冲冲地给老师送上了答题的卷子。他们说：我们已经做出来了，能够证明那个德国人的猜想了，还可以多方面地证明它呢，没什么了不起的。

"你们算了！"老师笑着说。

"我们算了，算了。我们算出来了！"

"你们算啦！好啦好啦，我是说你们算了吧，白费这个力气做什么？你们这些卷子我是看也不会看的，用不着看的。那么容易吗？你们是想骑着自行车到月球上去。"

教室里爆发出一阵阵笑声。

在这里，老师和学生都用"算了"二字，但表达的意思却截然不同。老师说的"算了"，意思是叫学生"不必白费这个力气"，而学生们回答的"算了"，意思是说"已经计算出来了"。

这几个学生把老师说的"算了"的意思领会错了，把两个不同的概念给混淆了。这在逻辑上就叫违反了同一律，所以会产生很好的"笑点"，使全班同学都为之开怀大笑。

下面我们来看一个交通上的小摩擦。

一个汽车司机把一位上了年纪的路人险些撞伤，两人因此争吵起来，司机说责任在走路的人，因他走路不小心；走路的人说责任在司机，因司机开车不小心。

司机说："责任不在我，因为我已经开了5年车。"

走路的人很不高兴，回敬道："你开了5年车有什么了不起，我已经走了55年路了！"

这两个人开头争论的是"这次事故是谁的责任"，两人都把责任推给对方，后来却争论起开车与走路资历长短的问题，两人都摆出值得夸耀的资历。这两个人在逻辑上都犯了转移论题的错误，实际上，他们都已经违背了同一律。

不矛盾律

大家是不是都听过自相矛盾的故事呢？故事讲的是一个人既卖长矛又卖盾牌。他夸下海口，说自己卖的长矛无坚不摧，什么盾都不能抵挡；又说自己卖的盾坚如磐石，什么矛都刺不穿。有人让他用自己的长矛刺自己的盾牌，看看到底是哪个比较厉害，这个卖长矛和盾牌的人立刻就无言以对了。这个人犯的错误就是违反了不矛盾律。

那么，什么是不矛盾律呢？

不矛盾律也被当作一种关于认识活动的规范性规律，意为任何人不应同时断定一个命题A及其否定并非A。这就是说，对一个命题及其否定不应持两可之说，以免自相矛盾。

不矛盾律还被看成是关于逻辑语义的规律，就是在同一上下文中，同一语词或语句不应既表述某一思想又不表述某一思想。违背了不矛盾律的要求，思维就会陷入逻辑矛盾，也就是"A并且非A"。而任何包含逻辑矛盾的思想又总是错误的，所以思想的无矛盾性是正确思维不可缺少的条件，也是构造一个理论体系的重要原则之一。

排中律

排中律也是关于认识活动的规范性规律，意思是任何人不应同时否认一个命题A及其否定并非A，就是对一个命题及其否定不能持两不可之说。

排中律还被当作逻辑语义的规律，就是任一语词或语句在同一上下文中应表达某一思想或不表达这一思想。排中律并不排除具体事物在其发展过程中有中间环节及有多种状态和各种可能性。

下面这个故事可以帮助问我们理解什么是排中律。

从前，有一个人在市场上卖河豚。有人想买，就问他："嘿！你的河豚多少钱一斤？"

卖河豚的人很奇怪地说："我家离这里很遥远，现在天也黑了，我哪有时间跟你搭话。"

这个卖河豚的人就犯了排中律的错误，人家要买河豚，问他价钱，他的回答也应该是与价钱相关的问题，而他所说的话跟卖河豚没什么关系，这会让人"丈二和尚，摸不着头脑"。

充足理由律

"充足理由律"包含两方面意思：

第一，一切事物都有一个成因，这个成因决定了这个事物为什么会存在，为什么它是真实的，为什么它是这个样子而不是另外的样子。人们认识了这个成因，也就认识了这个事物，也就可以改变这个事物。

正如德国哲学家莱布尼兹所说的："如果不具有充足的理由，或者没有确定的理由，就什么也不能达到。"

第二，事物的感性存在、直观存在并不重要，只有事物背后的成因才是最为重要的、最真实的。应该说，"充足理由律"在科学的领域里是无可非议的，它对人们从科学的角度了解和研究自然有着独到的贡献。随着科学技术占据统治地位，"充足理由律"也成为所有领域的第一原则，并且成为形而上学意义上的真实性原则。

18世纪，德国哲学家高特雪特说过："如果充足理由原则不能被当成试金石所接受的话，人们就会发现他们无法把真理同梦幻区别开来。在梦幻中所出现的一切都没有充足的理由。在梦里，人们一会儿在这里，一会儿又到了那里，他们弄不清这到底是怎么回事，他们是怎样到这里的，又是如何离开的。清醒时或现实中，一切都有自己的起因，比如谁来了、他来这里干什么等，这些问题都是明明白白的，所以有关理由的原则是真理的可靠特征。"

下面这个充足理由的故事可以帮助我们理解这种思维的规则。

从前，有一位老妇人眼睛得了病，于是她请医生给她治疗眼疾。医生每天都来给她治病，看见她家里的东西很值钱，就偷着拿走了好多。后来，老妇人的眼睛治好了，医生朝她索要诊疗费用。

老妇人拒绝支付，医生只好把她告到法院。

老妇人对法官说："他并没有把我的眼睛治好，因为在此之前，在我家里我能看见的东西，现在我都看不见了。"

老妇人因为医生偷她的东西，而拒绝支付医疗费用，是有充足的理由的。一般说来，违反充足理由律，常见有四种情况：

第一，把偶然当必然。就像我们读过的守株待兔的故事的主人公一样，他把很偶然撞死在树上的兔子当成是必然的事情，天天在树边等候，就很滑稽了。

第二，无中生有，捏造事实。古时候，秦桧陷害岳飞，就是这样的情况，他把罗织起来的"莫须有"的罪名强加给岳飞，害死了一代忠良。

第三，抓住一点，不顾其他。就是说，人们在思考的时候，只关注了事情的一个方面，没有顾及其他方面，这样就导致了片面性的问题。

比如，一个人告诉另一个人，家中有枯树，是不吉祥的，于是这个人砍掉了自家院子中的枯树，而告诉他这个事情的人，看他院子里堆了些枯树枝就向这个人要一些当柴火烧，这个砍树的人就认为这个告诉他砍树并且向他索要树枝的人用心险恶。

这就是以偏概全地看问题，因为我们知道，枯树对于我们来说确实是不好的，刮风时容易被刮倒，会砸伤人，打雷还容易被霹倒，容易导致灾祸。所以说，那个人并不是为了索要柴火而要他砍树的。这个人却无法理解，就是犯了以偏概全的错误。

第四，只看现象，忽略本质。比如，有人指出，半殖民地、半封建社会的时候，中国的问题就是"愚昧、贫穷、疾病、贪污和秩序混乱"五大问题。

可是这些只是表面现象，其本质是，中国当时是被"封建主义""帝国主义"和"官僚资本主义"这三座大山压着的，这才是问题的实质。所以只看现象，看不到现象后面的本质，对于我们来说是不应该的。一个有着深刻的思维逻辑的人，是要拨开现象看到本质的。

上述逻辑思维的基本规律：同一律、不矛盾律、排中律和充足理由律，是互相联系着的。它们从各个方面表现了同一思维过程的特性，保证思维的正确，是任何一种正确的、合乎逻辑的思维必不可少的必要条件。

我们只有遵守了这四条规律的要求，思维才是确定的、无逻辑矛盾的、前后一贯的和有根据的。比方说，我们在运用概念，构成判断，进行推理和论证时，首先概念的内涵和外延得确定，概念必须明确，所使用的概念是什么含义必须确定，这就是遵守了同一律，满足了同一律的要求。

如果我们已经承认对象是什么，就不能再承认它不是什么，这就是遵守了不矛盾律，满足了不矛盾律的要求。

如果我们已经肯定了两个矛盾论断中的某一个，而否定了另一个，那么，我们就应当找出根据，申述肯定或是否定这一个论断的充足理由，这就是遵守了充足理由律，满足了充足理由律的要求。

如此这样，我们的思维才是正确的、合乎逻辑的，因而也就有了说服力，有了"逻辑力量"，能为别人所接受、所相信。

掌握了这些思维的逻辑规律，对于培养我们缜密的思维习惯是大有益处的，尽管这些内容有点抽象，不过，这对于帮助我们理解思维的过程是很有帮助的。

打破框框，让梦想起飞

　　青少年朋友，我们探讨完思维的逻辑性，接下来要探讨一下思维的灵活性。思维要遵守逻辑性，是要我们的思维更清晰；思维要有灵活性，是要我们的思维更有创新精神。

思维需要创新

　　创新性不但是我们人类生产、生活的基本要求，也是现代思维方法适应时代发展规律的本质需求。创新思维主要体现在思维过程中要谋求与众不同、要有多个方向、要具有综合能力。

　　一个产品创新，就是生产一种新的产品，要采取一种新的生产方法，工艺创新。要开拓市场，市场就要开拓创新。要采用新的生产要素，要素就要创新。制度创新，就是管理体制、管理机制的创新。

　　美国有个管理大师叫德鲁克，他第一次在20世纪50年代把创新引进管理领域，就有了管理创新。

　　他认为创新就是赋予资源以新的创造财富能力的行为。现在"创新"两个字扩展到了社会的方方面面。比如我们讲的理论创新、制度创新、经营创新、技术创新、教育创新、分配创新。同样，我们青少年朋友的学习也要创新。

有这样一个故事：

> 两个推销人员到一个岛屿上去推销鞋。第一个推销员到了岛屿上之后，气得不得了，他发现这个岛屿上每个人都是赤脚。他气馁了，没有穿鞋的，推销鞋怎么行，这个岛屿上的人是没有穿鞋习惯的。他马上发电报回去，"鞋不要运来了，这个岛上是没有销路的，每个人都不穿鞋"。
>
> 第二个推销员来了，高兴得几乎昏过去了，不得了，这个岛屿上的鞋的销售市场太大了，每一个人都不穿鞋啊，要是一个人穿一双鞋，那要推销出去多少双鞋啊。他马上发电报，"空运鞋来，赶快空运鞋来"。

同样一个问题，不同的思维方式得出的结论是截然不同的。

思维有多种形式，有抽象思维、概念思维、逻辑思维、形象思维、意象思维、直感思维、社会思维、灵感思维、反向思维、相关思维等。创新思维是其中的一个形式。那什么叫作创新思维呢？我们说的创新思维就是不受现成的常规的思维路数的约束，而寻求对问题的全新的独特性的解答和方法的思维过程。

概括起来就是，不要受什么约束，要全新的思路，寻求对问题的全新的独特的解答，这样的思维过程，我们称为创新思维。

创新思维是相对于传统性思维而言的，创新思维是所有人都有的。我们每一位青少年朋友，都有创新思维，但是，不是所有的人都能够善于使用它，大多数人的创新思维能力被埋没了。

比如小时候，我们问老师："老师，天上有一个太阳，会不会有两个太阳？"

老师说："瞎说。'国无二君，天无二日'，怎么会有两个太阳。"就这样，我们的创新思维被扼杀在摇篮里了。

天上可能就有两个太阳、五个太阳，甚至更多太阳。宇宙无限，银河系中类似太阳的星体可能有很多，孩子们的创新思维的思路是对的，可是要是老师不理解、不鼓励，孩子们的创新思维就被埋没了。

这样的情况几乎可能发生在我们任何一个人身上。平常人都是传统性的思维、常规性的思维占主导，所以其创造力发挥不出来，我们想要发挥得更出色，就要打破这种墨守成规的僵化的传统性思维框架。

创新思维这么重要，它又是前提，又是法宝，又具有特别重要的作用。它有这么多好处，那我们怎样才能具有创新思维呢？我们要用什么方法呢？

破除障碍

我们的创新思维是有障碍的，主要有三大障碍：

第一，思维定式。你的思维定在那儿了，你的思维进了死胡同了，出不来了，那你的创新思维就不可能展现出来。那么，一个人的思维为什么会定在那儿，动不得了？为什么进了牛角尖，进了死胡同，就出不来了？这个思维定式是怎么产生的呢？

一个原因是我们迷信权威，另一个原因是大家的从众心理在作祟。专家说过了，我们就没法说了，我们就被专家框在那儿了。

那么什么是从众心理呢？从众心理，就是个体顺应了群体，盲目地有理无理地顺应了群体，顺应了过去的经验。

举个例子，有一个小学老师，考试的时候给小学生出了一道题："在一条船上有25头牛，有15只羊，问船长的年龄有多大。"

抽样调查的结果，一个班有80％的学生，都是25加15，船长40岁。

这是一道没有答案的题，那个船长的年龄，他和25头牛、15只羊有什么关系？没有一点关系的。

可是很多小学生一看，这个题既然出来了，肯定有标准答案，他们还是动了动脑筋，他们把25和15两个数字加、减、乘、除算了个遍，但是只有25+15=40这个结果最靠谱。因为其他结果得出的年龄都不适合当船长，所以多数人"果断地"把结果写成了40岁。这样，思维就僵化在那里了。

有这样一句经典的话：一个人的思维一旦进入死角，

其智力就在常人之下。人的思维一旦进入死角，进入固定模式，再聪明的人的智力就在常人之下。所以，我们想要有创新思维，首先要把思维定式打破。

第二，思维惯性。也就是我们通常所说的习惯性思维、传统性思维。

我们看下面的故事：

有一天，老师问班里的同学："同学们，现在有一个聋哑人，既说不出话又听不见。他到五金商店去买一个钉子，他说不出话怎么办？用手比画。"

"人家就给他一个锤子，给他一个榔头。他摇手，不，他是要买钉子，他就使劲比划。就这点东西，不是锤子，不是榔头，肯定是钉子，给他了，他非常高兴。"

老师又说："同学们，有一个盲人，他要买剪刀，我们怎样用最简洁的方式表达。"

同学们说："老师我们知道，现在不能这样比画了，要这样比画。"全班同学都赞成这样比画。

老师说："他不需要比画，他直接说买剪刀，因为他是盲人不是哑巴，嘴巴会说话的！"

你看，前面就是比画，老是比画、比画、比画，把大家的思维引入到固定模式上了，这就叫思维惯性。

第三，思维封闭。你站得层次太低了，没有站得很高，思维封闭了，当然就不能创新了。思维封闭了，就要打开思维的空间。

这里有个案例，叫作避免霍布森选择。避免霍布森选择是什么意思呢？

300多年前，英国伦敦的郊区有一个人叫霍布森。他养了很多马，高马、矮马、花马、斑马、肥马、瘦马都有。他对来的人说，你们挑我的马吧，可以选大的、小的、肥的，可以租马、可以买马，你们都可以选。人们非常高兴去选马了，但是整个马圈旁边只有个很小的门，选大的马出不来，因为门很小。

后来人们，就把这种现象叫作霍布森选择。就是说，你的思维、你的境界只有这么大，没有打开，没有上层次，思维封闭了。

多向思维

我们要采取多向思维法，第一叫顺向思维。顺向思维是什么？就是按照逻辑、规律、常规去推导。

除了顺向思维以外，还有逆向思维，也叫反向思维，倒过来思维。比如美国著名的物理学家费曼，在1959年他做了个报告，叫什么？《在底部还有很大的空间》，他还有个著名的费曼设想。

《在底部还有很大的空间》是什么意思？我们从小接受的教育，叫作铁棒磨成针。有人看到老太太磨铁棒，就问她：磨它干啥？她说磨针。我们的思维都是把这个大的物件加工、拆分成小的。

费曼就提出，把很小的东西加工成大件，思维完全倒过来了。20世纪80年代出现的纳米技术，就是根据费曼设想来的，这就是逆向思维。

除了逆向思维以外，还有转向思维。转向思维包括前向思维，后向思维，由上而下的思维，由下而上的思维。还有借脑思维，这些都属于创新思维。

青少年时期正是我们应该"海阔凭鱼跃，天高任鸟飞"的思维的黄金时期，打造我们的创新思维，从现在开始，打破框框，让梦想起飞。

培养优良的思维品质

学会培养优良的思维品质也是青少年学习的一个重要方面。正如人的道德品质有优劣一样，思维的品质也有差异性。在问题面前，有人反应迅速、敏捷、灵活，有人反应迟钝、呆板，思路太宽或者太窄。在我们成长和学习的过程中，应该有意识、有目的地培养自己优秀的思维品质。

重视知识迁移的联想思考

例如，学好语文有助于我们对理、化、数应用题的理解，而学好数学可以帮助理、化的学习。又比如，我们在学习语文时，只有把每一个字、词都理解透了，文章发表的时代背景弄清楚了，对一篇课文的理解才能加深。学习英语背诵单词，量大且枯燥，但又必须记住，这就要运用我们所掌握的国际音标来帮助认识单词。

青少年在思考中往往把思考的内容孤立起来，看成是一个单独的知识，忽视了这一知识与其他知识的有机结合。我们只有把知识融会贯通地运用，才能使自己的思维方式更合理。

重视思维深度性的训练

如果只凭想象做简单的思考，只看表面不看内容，只看数量不看质量，只看一面不看全面，这只能是肤浅、表面的思考。

古今中外，一切有建树的科学家、发明家、理论家，都善于透过事物表面现象抓住本质，在前人思维成果的基础上勇于探索，认真思考。

伽利略有一次在教堂里看到屋顶上的吊灯在摆动，但长短不同的吊灯摆动的速度也不同，这一现象引起了他的思考，回去后他就在很多长短不一的竹竿上绑上沙袋，吊在屋梁上，继续观察试验，寻根究底，深思细想，最终找出了规律，发明了钟摆。这个例子很好地证明了思维深度的重要性。

重视思维主动性的培养

许多人都有这样的体会，学习中如果只是被动地听和记，没有自己的思考，就会陷入迷惑难解的困境，理解也不会有深度。即使花了很多时间，结果还是事倍功半。

因此，要想真正取得学习上的主动权，就要养成主动思考的习惯。比如学习定理，就要分析定理的内容、适用范围和成立的条件等问题；学习古文，要思考古文所作时的历史背景、作者的经历和思维观点等，多问几个"为什么"。

有些同学上课的时候，无所事事，无论老师讲解还是提问都不能引起他的注意。同学们发问对他来说更是毫不相干，对老师传授的知识只知道是什么，不知道为什么。

这样看似上课弄懂的知识，他们一旦离开老师，就会茫然不知所措，怎么也无法弄懂弄通。这种课上知道、课后不知道、回家忘掉的消极学习态度，怎么能把老师传授的知识变成自己的知识呢？有的同学怨自己笨、基础差，其实这不是根本的原因。寻根问源，关键是自己在学习中缺乏积极主动的思考。

培养独立思考的习惯

青少年应努力做到多问多思，不盲从、人云亦云；应该敢于怀疑，敢于否定，敢于发表自己的意见；独立完成作业，独立完成试卷，独立选择选修课，独立寻找解决问题的办法，做到"不迷信书、不迷信老师、不迷信专家"，要敢于挑战权威，训练自己独立思考的习惯。

养成独立思考的习惯，对于将来从事科学研究或任何工作，都是十分必要的。历史上，任何科学上的重大发明创造，都是由于发明人充分发挥了这种独创精神。

亚里士多德是古希腊著名的科学家，他的"两个重量不同的落体，从相同高度落下，速度会不同"的论断，千百年来没有人表示过质疑。

伽利略却对这位科学大师的论断不迷信，不盲从。他当众在比萨斜塔上做了一次公开试验，用两个重量不同的铁球，同时从塔上落下，两个铁球同时落地，结果证明了亚里士多德的论断是错误的。伽利略根据这一次试验，发现了"自由落体定律"。

提高思维灵活性的训练法

如果你的思维比较死板，那么就需要特殊的训练来提高思维的灵活性和敏捷性。青少年朋友，可以从兴趣出发，来玩一些训练思维灵活性的小游戏。

接成语：由一个成语开头，如"眉飞色舞"，想出一个以这个成语最后一个字开头的成语，如"舞文弄墨"，再想出"墨守成规""规行矩步""步履维艰""艰苦奋斗"等。如此一个一个接下去，也可以几个人抢接。为了简单，可允许音同字不同的两个成语头尾相接。

算24点：任意抽出4张扑克牌，如3、5、5、7，运用加减乘除的方法，将四张牌上的数字通过运算得出24的结果，如 $(5-3) \times (5+7)$，谁先得出结果谁赢。为了简单起见，也可以不用J、Q、K，只用1至10的牌来算。

报余数：用一副扑克牌，快速地一张张翻开来。每翻一张，就报出它除以3以后的余数。如抽出8即报2，抽出3即报0，要求既快又准。

为提高思维的批判性，可以做以下游戏：

延迟阅读：选一篇较熟悉的课文，让三四个同学齐声朗读，你以延迟四五个字的差距轻声读，要求不跟上去，并与同学保持一致的速度。

节拍干扰：当别人放音乐时，你轻轻地打节拍，然而你打的节拍要与音乐节拍不一致。比如奏三步舞曲时，你打四步舞的节拍，看能维持多久。或者当别人演奏一个你很熟悉的音乐时，你却轻哼另一支曲子。

符号干扰：画三角形、圆、正方形三种图形各30个，打乱排列成10个一行共9行，然后看着图读字。凡见到三角形则读正方形，见到正方形则读圆形，见到圆形则读三角形。

经过这一系列思维灵活性的训练，可以使你的思维得到锻炼，更快地解决所面临的问题，让你的大脑像多核的电脑一样高速运转。

测试你的思维能力

想知道你的思维能力到底如何吗？认真做一做这些测试，你会看到自己思维模式的症结所在。

1. 大象是动物，动物有腿。因此大象有腿。这个说法正确吗？

2. 我的秘书还未到参加选民的年龄，我的秘书有着漂亮的头发。所以我的秘书是个未满18周岁的姑娘。这个说法对不对？

3. 这条街上的商店几乎没有霓虹灯，但这些商店都有遮篷。所以：

    A. 有些商店有遮篷但没有霓虹灯。

    B. 有些商店既有遮篷又有霓虹灯。

4. 所有的A都有一只眼睛，B有一只眼睛，所以A和B是一样的。这个说法正确吗？

5. 土豆比西红柿便宜，我的钱不够买两斤土豆。所以：

    A. 我的钱不够买一斤西红柿。

    B. 我的钱可能够，也可能不够买一斤西红柿。

6. 韦利是个和斯坦一样强的棒球击球手，斯坦是个比大多数人都要强的棒球击球手。所以：

    A. 韦利应是这些选手中最出色的。

    B. 斯坦应是这些选手中最出色的。

    C. 韦利是个比大多数人都要强的棒球击球手。

7. 水平高的音乐家演奏古典音乐，要成为水平高的音乐家就得练习演奏。所以演奏古典音乐比演奏爵士乐需要更多的练习时间。这个说法对不对？

8. 如果有的孩子被宠坏了，打他屁股会使他发怒，如果他没有被宠坏，打他屁股会使你懊悔。所以：

    A. 打他屁股要么使你懊悔，要么使他发怒。

    B. 打他屁股也许对他没有什么好处。

9. 正方形是有角的图形，这个图形没有角。所以：

    A. 这个图形是个圆。

    B. 无确切结论。

    C. 这个图形不是正方形。

10. 格林威尔在史密斯城的东北，纽约在史密斯城的东北。所以：

    A. 纽约比史密斯城更靠近格林威尔。

    B. 史密斯城在纽约的西南。

    C. 纽约离史密斯城不远。

11. 绿色深时，红色就浅；黄色浅时，蓝色就适中；但是要么绿色深，要么黄色浅。所以：

    A. 蓝色适中。

    B. 黄色和红色都浅。

    C. 红色浅，或者蓝色适中。

12. 如果你突然停车，那么跟在后面的一辆卡车将撞上你；如果你不这样做，你将撞到一个妇女。所以：

    A. 行人不应在马路上行走。

    B. 那辆卡车车速太快。

C. 你要么让后面那辆卡车撞上，要么撞到那个妇女。

13. 我住在农场和城市之间，农场位于城市和机场之间。所以：

A. 农场到我住处比到机场要近。

B. 我住在农场和机场之间。

C. 我的住处到农场比到机场要近。

14. 聪明的赌徒只有在形势对他有利时才下赌注，老练的赌徒只有在他有大利可图时才下赌注，这个赌徒有时去下赌注。所以：

A. 他如果不是老练的赌徒，就是聪明的赌徒。

B. 他可能是个老练的赌徒，也可能不是。

C. 他既不是老练的赌徒，也不是聪明的赌徒。

15. 当B等于Y时，A等于Z；当A不等于Z时，E要么等于Y，要么等于Z。所以：

A. 当B等于Y时，E不等于Y也不等于Z。

B. 当A等于Z时，Y或者Z等于E。

C. 当B不等于Y时，E不等于Y也不等于Z。

16. 当B大于C时，X小于C；但C绝不会大于B。所以：

A. X绝不会大于B。

B. X绝不会小于B。

C. X绝不会小于C。

17. 只要X是红色，Y就一定是绿色；只要Y不是绿色，就一定是蓝色。但是，当X是红色时，Z绝不会是蓝色。所以：

A. 只要Z是蓝色，Y就可能是绿色。

B. 只要X不是红色，Z就不可能是蓝色。

C. 只要Y不是绿色，X就不可能是红色。

18. 有时印第安人是阿拉斯加人，阿拉斯加人有时是律师。所以：

A. 有时印第安人不见得一定是阿拉斯加人或律师。

B. 印第安人不可能是阿拉斯加人或律师。

19. 前进不见得死得光荣，后退没死也不见得是耻辱。所以：

A. 后退意味着死得光荣。

B. 前进意味着不死就是耻辱。

C. 前进意味着死得光荣。

计分方法

1．是；2．否；3．A．否，B．是；

4．否；5．A．否，B．是；6．A．否，

B．否，C．是；7．否；8．A．是，

B．否；9．A．否，B．否，C．是；

10．A.否，B.是，C.否；11．A.否，B.否，C.是；
12．A.否，B.否，C.是；13．A.否，B.否，C.是；
14．A.是，B.否，C.是；15．A.是，B.否，C.否；
16．A.是，B.否，C.否；17．A.否，B.否，C.是；
18．A.是，B.否；19．A.否，B.否，C.否。

答错1题得1分，漏答1题也得1分，将得分相加就是你的成绩。

得分解析

总分0分～13分，逻辑思维能力优秀。

总分14分～19分，逻辑思维能力良好。

总分20分～25分，逻辑思维能力中等。

总分26分～45分，逻辑思维能力不佳。

第四章

揭开情商的面纱

　　我们每个人都有情绪，高情商者善于控制自己的情绪，低情商者则不能驾驭自己的情绪，多表现为消极与悲观。如果我们想要自己的情商变高，就要先驾驭好自己的情绪。

人人都有七情六欲

大家应该都听过"EQ","EQ"指的就是"情商"。一个人成功与否,不仅取决于智商,在很大程度上,情商也发挥了重要作用。

什么是情商

所谓情商,就是指一个人把握、控制自己的情绪和处理人际关系的能力。"情商"这一概念是美国耶鲁大学心理学家彼得·塞拉维和新罕布什尔大学的约翰·梅耶于1990年首次提出的。

1960年,著名的心理学家瓦特·米歇尔在斯坦福大学的幼儿园做了一个软糖实验:他在一群四五岁的小孩面前各放了一颗糖,并告诉他们,老师出去一会儿,你们不要吃面前的软糖,如果谁能控制自己不去吃,老师就再奖励他一颗;如果谁控制不住吃了它,就没有这个奖励了。实验结果发现,有的孩子吃了,有的孩子没吃。

后来经跟踪调查发现,这些孩子长大以后,那些能控制自己不去吃糖的孩子的成就比那些没控制住吃糖的孩子要大。

这项实验告诉我们,决定一个人命运的关键因素不只是智商,也包括非智力的情绪商数。这就是情商的由来。

正如智商被用来反映传统意义上的智力一样，情商也被用来衡量一个人调控情绪的能力的高低。

情商是一种生存智能，是一种人为修养，是一种性格力量，它使一个人可以驾驭自己的情绪，协调人际关系，推动自己走上成功之路。

情绪人人都有，但能够调整和控制自己的情绪却并非人人能够办到。一个人能够驾驭和控制自己的情绪，就可以在人际关系中左右逢源，借势成功。

很多人之所以失败，就是因为不能管理好自己的情绪，不能谦让容忍，方圆处世，结果处处碰壁，一事无成。可见，情商涵盖了人的自制力、热情、毅力、自我驱动力等，它可以帮助人们开发潜能，是成功人生必备的素质。

情商的核心

情商最核心的东西是情绪和情感。情绪占据了人类精神世界的核心地位，情绪的产生，是脑皮层和皮层下组织协同活动的结果，是心灵、感觉、感情或骚动，泛指任何激越或兴奋的心理状态。

人的情绪有几百种之多，传统的七情六欲说法中的"七情"是指喜、怒、哀、惧、爱、恶、欲。

我国的著名心理学家林传鼎先生把情绪分为18类：安静、喜悦、愤怒、哀怜、悲痛、忧愁、愤激、烦闷、恐惧、惊骇、恭敬、抚爱、憎恶、贪欲、嫉妒、傲慢、惭愧、耻辱。西方有的学者认为人有7种基本情绪：愤怒、恐惧、快乐、喜爱、惊奇、厌恶、羞耻。现代心理学一般把情绪分为快乐、愤怒、悲哀和恐惧四种基本形式，并分为心境、激情和应激三种状态。这些就是情商控制的范围。

情商能力

情商水平的高低，主要体现在五个方面的能力，这些能力综合起来，就可以作为情商高低判定的标准。

第一，认识自身情绪的能力，也叫情绪觉知。它是一种直觉自知力，就是在情绪方面有自知之明，主要是一个人对自己情绪的认知能力，或者叫作自我意识。它是确定情商水平的首要基础。

所谓自我意识，就是指注意力不因外界或自身情绪的干扰而迷失、夸大或产生过度反应，反而在情绪纷扰中保持良好的心态和自省的能力。自我意识表示个体对自己身心状态的认知、体察和监控。而身心状态中，最重要的就是情绪。

我们看下面这个例子，你就会发现，情绪自知力是怎样的了。

某人在早晨上班的路上，有人从楼上泼了一盆水到他头上，他抬头没有发现人，但他心里很生气。到了公司，办公室主任对他说："今天9点钟有个会，你去开。"

没有等办公室主任说完，他就打断办公室主任的话："开会，开会，你们就知道通知我开会，文件早就说了，你们就是不听。"

主任见他生气的样子，感到很奇怪：今天这人是怎么啦？

后来，总经理助理对他说："今天上午10点有一个人要见你……"

没等总经理助理说完，他又打断人家的话："见什么人，见什么人，你们老是打断我的正常工作，你们真是的。"

总经理助理也感到奇怪：今天这人怎么啦？

过了几天，办公室主任、总经理助理和这人说起这件事："你那天怎么回事儿？"这人自己并没有察觉自己的情绪有异样，实际上是因为他在路上不知道被谁泼了水，因此生了气，把气愤的情绪带到工作中来了。

古人说的"吾日三省吾身""反躬自省"，就是讲的自我认知，包括自我认知心情、情绪、情感。高情商的人，会认知自己的异常情绪，重新评估这件事，决定是否抛弃这件不愉快的事，并变为轻松的心情。

第二，妥善管理情绪的能力。管理情绪的能力也叫情绪控制力，它是控制情绪冲动、情绪波动、情绪化的能力，控制消极激情的能力。管理情绪的能力，是情商的核心。

急躁似乎同快节奏的现代生活相联系，其实这完全是两码事。急躁使人心绪不宁，头脑容易发热，情绪控制不住，其结果是经常把本来十分简单易办的事情，人为地变得复杂和难以处理。

说到急躁，使人不由得想起一则民间故事：

一位性子急躁的胖大嫂，深更半夜听说母亲病得严重，连忙抱小孩回娘家看望。慌忙之中，竟错把枕头当作娃娃。

一路急急忙忙赶路，路过瓜棚底下，被瓜藤绊倒了，摔了一大跤，把抱来的枕头摔得老远。

在黑暗中乱摸一阵，摸到了一个冬瓜，不由分辨，立马抱起冬瓜就走。等天亮赶到娘家时，方知怀里抱的不是小孩而是冬瓜！

故事中，性急的胖大嫂的所作所为，有些夸大，其真实与否，我们不必细究，但它的确向人们述说了一个道理：急躁对于人们有害无益。

第三，自我激励的能力是情商的推动力。人要激励自己积极向上，而不是消沉。情商高的人是不会消沉的，他们会不断地进行自我激励。

善于运用自我激励方法激发自己的兴趣、热情、干劲和信心，摆脱消极影响，对于一个人获得成功至关重要。

第四，认识他人情绪的能力。尽管人难知，还是要知。认识他人的情绪，在知人中体现自己的情商，用自己的情商更好地知人，要揣摩、察觉他人的情绪。

当一个生人直面向自己走过来，并向你靠得很近时，人们一般会本能地退一下，因为不了解他。当一个很熟悉的人直面向自己走过来，并很近地靠过来，这时人会本能地靠拢过去，伸出手去紧握，还可能紧紧地与他拥抱。所以，认识他人的情绪至关重要。

第五，人际关系的处理能力。人际关系的处理能力主要是沟通协调能力。要不时地传递和捕捉他人的情绪和感情信号，洞察别人的内心感情，将心比心。有研究表明，沟通人与人之间的情感就是要处好人际关系，情商高的人会把人际关系处理得很好。

除了这五大能力以外，情商能力还体现在：应变能力、合作能力、协调能力、沟通能力、适应能力、乐观自信力等方面。这诸多的能力就形成了一个情商能力体系。

以上这些就是我们应该了解的情商，通过对这些内容的了解，我们可以更加了解自己的情绪，并管好自己的情绪。

智商诚贵，情商更高

智商是取胜的法宝，这很容易让人认为，只要智商高，事业就一定能成功，就一定能取胜。其实，这是一个误区。智商虽然是成功的极为重要的因素，但影响一个人一生的，更多的是性格、世界观、价值观，以及耐心、信心、毅力、情绪、情感等品质。

有"智"者，事竟成，但仅有智商还不能完全取胜，要想持续地获得成功，还必须有情商的强大支持。只有有"情"者，才能取得更大的成功。

这里所说的"情"指的是人的情商，这是人的非智力因素，情商高给智商不太高的人展现了成功的希望，开启了成功的又一扇希望之门。因为在智商外多了个情商，所以成功可以另辟蹊径。

20世纪20年代，美国有心理学家对1528名智商在151分以上的智力超常的儿童进行了跟踪研究，其中只有一小部分成就很大，大部分智商高者都普普通通，没有什么大的作为。

我国也有一些学校办了一些"神童"班，20多年过去了，有不少"神童"并没有像人们想象的那样长大后很有出息。"神童"们的发展，也出现了两极分化，他们中也有卓越者也有平庸者。

美国科学家分析了"神童"中的卓越者与平庸者的区别，发现他们的智商都非常高，没有太大的差别，但在完成任务的坚毅精神、自信而有进取心、谨慎及好胜心等四个方面，成就很大的"神童"明显超出成就平平的"神童"。

不少"神童"虽然智力超群，但他们在自理能力、人际关系、承受压力、个人性格等方面可能存在一些弱点，这些弱点就成为他们成功路上的绊脚石。

美国有研究者曾经对95名哈佛毕业生进行追踪，结果发现，那些大学生里考试成绩最高者，在以后的收入、成就、行业地位等方面并不一定都比成绩低的人更好；同时，在生活满意度、友情、家庭，以及爱情上也不见得都更理想。

一部分高智商的学生有他们的另一面：有的学生虽然也很聪明，但性格孤僻、怪异、不易合作；自卑、脆弱，不能面对挫折；急躁、固执、自负，情绪不稳定；冷漠、易怒、神经质，难与周围人沟通；以自我为中心，什么都只是"我""我""我"，不考虑他人，不顾及他人，不关心他人，只要人家围着自己转。

一个大学本科生所学的知识，真正能应用到实际工作中的只有5%~10%。在一家企业、一个单位，领导、同事和个人自己，已经很少提及当年读书的学校、专业和成绩，更多的是看重你的现实表现，而当年读书的学校、专业和成绩是基础，也是为现实表现服务的。

例如，美国有位记者，后来改行专门研究企业管理。一次同学会时，他发现当时在班上成绩平平的同学后来反而很多获得了成功，而当时成绩好、智商高的同学，后来不少人成就平平。他又让人了解其他班级的情况，也是如此。

他认为，智力水平高低不是成才的决定性因素。他得出了这样的结论：一个人成功的要素中，智商只占到20%，而80%是心态和心情，是情绪和情感。情商是一个特别重要的原因。也就是说，智商再高，情商不高，不一定能成功，不一定能持续地成功；智商不太高，但情商较高，很有可能成功。

1995年，美国哈佛大学教授丹尼尔·戈尔曼在他的《情绪智力》一书中，提出了一个让人不得不承认而又令人十分担忧的全球化的普遍趋势：现代儿童比较孤单、忧郁、易怒、任性，容易紧张、焦虑、冲动及好斗。

这种现象和趋势当然使人们震惊，受到人们的高度关注，人们越来越认为情商对成功和取胜的作用超过了智商。《情绪智力》还指出，真正决定一个人成功与否的关键，是情商能力而不是智商能力。

英国的比尔·里卡多认为："在许多情况下，非智力因素的作用比智力因素的作用更重要，人的成功80%是情商的作用，智商只有20%的作用。"

高情商的秘密武器

　　情商高的人，会很受大家喜爱，人们愿意与之成为朋友。因此，情商高的人在挖掘人脉方面，有着自己的独到之处。

　　美国前国务卿丹尼尔·韦布斯特就是一位将人际关系处理得比较好的人。他长得一表人才、相貌堂堂，并常以温和的声音表达自己的意见，以致每次双方协调后，总能维持他原来的主张。不论这场争辩如何激烈，他从不怒气冲天地辩论，他总是面带笑容，以极其友善的口吻说出自己的见解。由此，他获得了罕见的成功。

　　一个人的成功主要靠两条：一是个人努力做出成绩，二是得到周围人和社会的认可。但是，要想得到周围人和社会的认可并非易事，这要求你有良好的人际关系，只有如此，你才会得到众人的支持和拥戴。而良好的人际关系只有高情商者才能得到。情商是处理人际关系的智慧，有利于个人获得他人支持。

　　高情商可以使人在人际关系中，识别他人情绪，与人为善，热情幽默，方圆处世，培育亲密关系，能有效处理自己与他人的关系，从而赢得社会竞争的优势。反之，情商低，情绪失控，任性妄为，意气行事，冲动鲁莽，对人冷漠，计较恩恩怨怨等，必将会导致你在社会生活中处处碰壁，举步维艰。那么，如何建立良好的人际关系呢？

人际关系和谐有两个方面：对己和谐与对人和谐。人际关系摩擦，往往是一个人内心中混乱、挫折、怀疑的结果。因此，只有对己和谐，才能对人和谐。宽容他人、善待他人，不是责任，而是增进自己的健康与快乐的有效法则。

信任

信任是人生的无形资源，信任有三个层面：第一是认识信任，第二是感情信任，第三是行动信任。人与人之间的基础在信任，家庭成员之间，主要靠信任，没有信任就没有幸福和快乐可言；在职场上，上下级之间靠信任，丧失信任就丧失了职场发展舞台；在商场上，合作主要靠信任，没有信任就没有合作。

尊重

人与人之间，最重要的是尊重。尊重是相互的，你只有首先尊重别人，才可能得到别人的尊重。为此，我们在遇到朋友、同事时，要主动和别人打招呼。主动向别人打招呼是对别人的尊重，向对方发出的信号是"我心里有你"。

一位成功学家说："如果你把每个人都看成天使，那你自己也是天使；如果你把每个人都看成魔鬼，那你自己也是魔鬼。"

沟通

人际关系中，最重要的是沟通，只有沟通才能理解他人，理解是建立良好人际关系的基础。沟通是心与心的交流，可以说，沟通的品质决定人际关系的品质。

观点沟通：观点不一致，就难以建立和谐的关系，观点沟通，就是对某个人、某件事的看法相互进行交流。在诸多沟通内容中，观点沟通至关重要，观点的分歧，是最大的分歧；只有观点一致，才能行动一致。

工作沟涌：工作沟通是双方观点沟通的载体。工作沟通，主要是指工作情况交流、重大问题的讨论等方面。紧急情况要及时沟通，意见不一致时要反复沟通。

信息沟通：信息沟通可开阔视野。信息沟通是多方面的，政治的、经济的、文化的甚至家庭的等，沟通达到信息对称，只有信息对称，才能统一认识。

感情沟通：感情沟通很重要，人与人之间不能貌合神离，一定要推心置腹。朋友之间只有情感深，才不会生疑。只有建立感情，才算真心赢得朋友，才会得到朋友的支持和帮助。感情上的融洽，必然促进工作上的合作，从而建立起和谐的人际关系。

人与人之间要有效沟通，必须做到认识同步、情绪同步、生理状况同步、语调同步、语言文字同步等。同时，要注意倾听，沟通不仅是说，更重要的是学会倾听，听出语言背后的含意，这样才能取得比较好的效果。

赞美

美国著名成功学家、人际关系专家戴尔·卡耐基说过："渴求他人的注意，并希望他人感到自己重要，这也许是人性的一大特征。"

因此，要满足他人的愿望，你只要学会一点：真诚地赞美他人。我们目睹一个善于赞美子女的母亲是怎样创造出一个完美快乐的家庭，一个善于赞美下属的领导是怎样创造出团结和谐的团队，我们就会由衷地感受到赞美的威力了。学会真诚地赞美他人，这是处理人际关系很重要的技巧。

张先生和李先生在同一间办公室工作，但李先生好妒忌，表现高傲，有时还在背后讲张先生一些坏话。

张先生找到领导说："我真受不了啦，请你向李先生说，他要改改自己的坏脾气，他再那么傲气，没有人会愿意理他。"领导答应做做李先生的工作。

过了一段时间，李先生遇到张先生时，李先生既热情又有礼貌，与以前相比，简直判若两人。张先生找到领导表示感谢，并问领导是如何对李先生做的工作。

领导说："我告诉李先生，有很多人称赞你，尤其是张先生，他说你工作出色，人缘好，很想与你做个朋友……"

这个故事告诉我们，赞美能产生一种无形的力量，能有效地缩短人与人之间的距离，消除人际关系的鸿沟，有助于推动人际关系向健康的方向发展。

赞美不是阿谀奉承。如果你的赞美毫无根据、空泛，或者含糊其词，说一些"你很能干""你是个好领导"等空话，可能让对方认为你是一个溜须拍马的人，甚至产生不信任感。

相反，赞美时，你应从某个具体事件入手，用语越具体，说明你对他越了解，对他的长处越重视。如某人学习出色，你在赞美表扬时，指出他出色在什么地方，让对方感到真挚、亲切和可信。

人人喜欢被赞美，但并不是所有赞美话都会让对方高兴。如一个长相一般的男士，你说他"太帅了"，对方可能会认为你讲的是违心话。如果你从他的穿着、谈吐方面加以赞美，他则会真诚地接受。因此，赞美别人时，一定要基于事实，用发自内心的真情赞美，这样才能得到好的效果。

一个人总有自己得意的事，希望得到别人的肯定和认同。有的人身上带着自己小孩的照片，有时拿出来向朋友介绍；有的人最近做成一大笔生意，签下了一个大订单，向同事进行讲述，等等。这时，你如果适当赞美，对方一定十分高兴。

对朋友孩子的赞美，说"这孩子看起来真机灵！"或者说"这孩子真漂亮！"都会让朋友心花怒放的。对同事的订单，你表现出一副惊讶又敬佩的神情说："乖乖，不得了，这么大的订单太难得了。"对方听到这样的话，也会打心眼里感到高兴的。

每个人每天都在发生变化，赞美时要及时指出这种变化，不仅能增加亲切感，而且对调动别人的积极性效果颇佳。如最近小王的学习进步很快，你应及时具体指出他进步的地方，鼓励他再接再厉。

幽默

幽默是人类智慧的一种境界，是一种人际沟通行为，能促进人际互动，增进友谊和亲密感，创造一种和谐的气氛，给他人带来欢乐。

一个说话幽默风趣的人，当然比一个木讷呆板的人受大家欢迎。这种能力除了个别人有天赋之外，更多的是通过平时积累、广泛读书、培养兴趣爱好而形成的。一个人具备了这种能力，在各种交往中很容易找到共同感兴趣的话题，有利于拉近人与人之间的关系。

在生活中，我们每个人都可能有大大小小的烦恼，这些烦恼往往使我们的心理失去平衡，满腹牢骚、闷闷不乐或大发雷霆，此时，我们最需要一种振奋人心的力量，那就是幽默。幽默是人际关系的一种"润滑剂"，可以创造人际交融的美好境界。

古希腊哲学家苏格拉底的妻子脾气暴躁。一天因小事不快，向苏格拉底大发脾气，大骂了一顿，紧接着，又提了一桶水，把他从上到下浇了个透。

这时，朋友们认为苏格拉底一定会大发雷霆，但他却笑着说："我就知道，打过雷之后，一定会下一场倾盆大雨。"

大家听了哈哈大笑，一场难堪被巧妙化解。苏格拉底的妻子也被逗笑了。

豁达、乐观的态度，是人生的最高境界。在家庭生活和人与人的关系中，如果我们多一点幽默，将会带来很多欢乐。

服务

什么是第一等的学问？北宋哲学家程颐认为，"遇到事情肯替别人着想，这是第一等的学问"。这句朴实的话，道出了一个深刻的哲理，而且也明确了做人的第一要素。

道德的核心在于利他。遇到事情肯替别人着想，不单是一种仁爱，而且是一种境界。

人作为社会的一分子，无论你做什么都离不开别人的帮助。你无私地帮助他人，肯替别人着想，并不希望得到等价的回报，然而人的善行就像播种，总能看到收获的。服务于他人，你才有价值；如果不服务于他人，那你对他人就无价值，那样你的价值就等于零。

一个真正有成就的人，一定是一个懂得服务他人之道的人。要处理好人际关系，就要主动关心别人，了解别人的需求。只有了解了别人的需求，才能满足别人的需求。

牢牢掌握情商开关

你善于控制情绪吗？你会不会因为受到一点点批评就怒火中烧呢？对我们每一个人而言，理性地管控自己的情绪异常重要，不难想象，一个连自己的情绪都无法控制的人怎么能取得成功？

控制情绪是开发情商的基础，不善于控制情绪，遇到困难就叫、遇到好事就笑、遇到小事就跳，是情商低的表现，也是缺乏修养的表现，这类人是难成大事的。情绪是一种精神力量，它可以是正面的，也可以是负面的，我们一定要用正面情绪来控制自己。学会控制自己，就找到了通向成功之门的钥匙。

缺乏自我控制能力的人必须明白，你生活在社会中，为了更好地适应社会，取得成功，就有必要控制自己的情绪和情感，与人为善，绝不能肆意妄为，一定要理智地、客观地处理所有问题。只有这样，你才能够使自己的情绪有力地促进自己未来成功目标的实现。

要想管控情绪，首先要了解情绪的表现形式，大体而言，人的情绪有本能流露、智慧抒发两种表现方式。

本能流露

所谓情绪的本能流露，就是指不加控制地随性而为。随便地发脾气，既害人又害己。如果一个人本能地流露出负面情绪，就说明他有了人格病症。如果你意识到自己处于情绪激动的状态时，那么你最好紧闭嘴巴，以免变得更加愤怒。许多人因为过分愤怒、悲伤往往会引发一些突发的疾病或为疾病种下祸根，正所谓"气大伤身"。

只有理智、快乐、美满的情绪，才会提高人生的价值。一个人一旦有了理智、健康的情绪，那么他的言行举止就会充满阳光和活力。

智慧抒发

世界上没有一个人是天生的好脾气，没有任何人有那种不需要注意和控制的好脾气。要想处世圆通，建立良好的人际关系，就一定要驾驭情绪，智慧地抒发不良情绪。

研究表明，一个人的情绪无论多么复杂，通过科学的方法，都是可以控制的。

第一，反省自身。当你被负面情绪折磨时，你可以反问自己：现在是什么情绪？是什么感受？这种感受是有益或是有害？我能改变吗？经过一系列的反问，本能情绪下降，理智情绪上升，明白负面情绪有害无益，思想情绪就会随之改变。

第二，用正面情绪控制自己。你一定要用正面情绪来控制自己。慢慢学习控制自己，就会树立起正面情绪。

第三，相信自己能够控制情绪。我们要树立信心，要相信情绪是可以控制的。控制冲动情绪的有效方法，就是回忆过去的经验教训，并针对现状制定相应的策略。

第四，延迟情绪爆发的时间。因为时间真的会改变一切。当你在情绪即将爆发的时候，深呼吸，数20个数字之后再爆发，或许你就没刚开始那么激动了。

第五，情绪的好坏取决于自己。一件事究竟是快乐还是痛苦，关键是自己保持什么样的心态，用什么样的眼光去看待。你认为是积极的，它就会给你带来积极的影响；你认为是消极的，它就会把光明赶走，使你陷入黑暗的深渊。

第六，用积极思维指导自己的行动。人的行为取决于其思维。思维可分为积极思维和消极思维，积极思维带来积极的结果，消极思维带来消极的结果。我们要控制情绪、冲动，就要用积极思维来指导自己的行动，最后才会实现自己的目标。

强者是让思想控制情绪，而弱者是让情绪控制思想。控制情绪就控制了命运。从今天起，我们要学会控制情绪，让每天每时每刻都充满着幸福和快乐。

情商高者天高地阔

21世纪什么最重要？人才！一个人要成为人才，那么他就必须具备一些成为人才的品质。其中，情商和智商的发展水平是衡量人才的重要指标。

　　未来的社会是高速发展的社会，人们将面临更快节奏的生活，高频率、高负荷的工作和复杂的人际关系，越来越激烈的竞争，人们的心理压力会越来越大，加上天灾人祸，还有纷繁复杂的社会，只有高智商显然已力不从心。人们还必须有高情商，才能适应社会，应对自如；才能自我管理，自我调节，避免盲目冲动，摆脱忧郁焦虑；才能百折不挠，走出困境，获得成功。

　　家长们都"盼子成龙、望女成凤"，非常关切孩子们的智力发育，注重提高他们的智商，努力使孩子学业有成，这是无可厚非的。与此同时，家长们还要特别注意孩子的情绪和情感，注重情商的提高。或许看了下面的分析，我们就会明白情商高的人才会适应社会发展的需要。

　　2003年圣诞节休假，当时的微软全球副总裁李开复从美国西雅图飞到北京，应邀为北航、北邮和清华三所高校的大学生发表了题为"树立什么样的人才观"的演讲。

　　李开复说，大家认为，在高新技术企业，领导的智商很重要，但实际上，情商的重要性超过了智商。

　　美国一家很有名的研究机构调查了188个公司，测试了每个公司的高级主管的智商和情商与工作表现之间的联系。结果发现，情商的影响力是智商的9倍。智商低一点儿的人如果拥有更高的情商指数，也一样能成功。

　　情商在现代化管理中是非常重要的手段和方法，也是一种艺术，特别是对人力资源的管理而言。有一句流行语说"智商使人得以录用，情商则决定人能否晋升"。

对人的管理与对物的管理是根本不同的。人有生物属性，更有社会属性，人是有感情的高级动物。有不少管理者，往往用对物的管理的思维、方法和手段来管人，结果容易出事，甚至出大事。对人的管理，更多地要刚柔相济，以柔为主；要把对人的管理、制度管理和"无为而治"结合起来，无限趋近于"无为而治"的管理境界。

在人力资源的配置上，智商高、情商略低的人，一般培养他从事技术工作；情商高、智商略低一点的人，可安排从事公关、营销、办公室工作；双高的人，即智商和情商都高的人，从事管理工作、中高级领导工作；双低的人，即智商和情商都低的人，要加强培训，全面提高他们的智商和情商；实在不行，只有不用。

总而言之，情商是主宰人生的心灵之泉，是人生制胜的利剑，是成功人士的赞歌，是生命绚丽的翅膀，是走向辉煌的通行证。

测测你的情商高低

艾森克是英国伦敦大学的心理学教授，是当代最著名的心理学家之一，他编制过多种心理测验。你想知道你的情商指数是多少吗？下面的测验可以判断出你的综合性情商指标。

对下列题目做出"√"或"×"的选择。

1．与你的同学或者朋友发生争吵后，你能在他人面前掩饰住你的沮丧。

2．当学习碰到困难时，你认为这是对未来的警告。

3．在你最好的朋友开始说话以前，你就能分辨出他处于何种情绪状态。

4．当你担忧某件事时，你在夜里几个小时难以入睡。

5．你认为大多数人必须更加努力而不要轻易放弃。

6．与你最好的朋友告诉你一些好消息相比，你更易被一部浪漫片所感染。

7．当你的情况不妙时，你认为到了你该改变的时候了。

8．你经常想知道别人是怎样看待你的。

9．你为自己能使每个人高兴起来而感到自豪。

10．你厌烦还价，尽管你知道还价能使你少花20元钱。

11．你十分相信直率地说话，而且认为这样能使一切事情变得更容易。

12．尽管你知道自己是正确的，你也会转换某一话题，而不愿引来一场争论。

13．你在学习中做一个决定时，会担心是否正确。

14．你不担心环境的改变。

15. 你似乎是这样一个人，对于周末去做什么，你总是能够提出有趣的设想。

16. 假如你有一根魔棒的话，你将挥动它来改变你的外貌和个性。

17. 不管你学习多尽心尽力，你的老师似乎总是在催促你。

18. 你认为你的家人或朋友对你寄予厚望。

19. 你认为一点小小的压力不会伤害任何人。

20. 你会把任何事情都告诉你最好的朋友，即使是隐私。

计分方法

每题选"√"记1分，选"×"记0分。各题分相加，统计总分。

得分解析

16分以上：你对你的能力很是自信，因此，当处于强烈情感边缘时，你不会被击垮。即使你在愤怒时，也能进行有效的自我控制，保持彬彬有礼的君子风度。在控制情感方面，你是出类拔萃的，与他人相处也很融洽。

7分~15分：你能意识到自己和他人的情感，但有时却忽视了它们，不明白这对你的幸福是多么重要。你对下一步升学和就业等事情的关心支配着你的生活。然而，无论实现多少物质目标，你仍然感到不满足。

6分以下：你过分注重自己，对别人关心不够。你喜欢打破常规，并且不会担心通过疏远别人来得到自己想得到的东西。你可能在短期内会取得一定成果，但人们不久就将开始抱怨你。

可互动的两种能力

茫茫人海，芸芸众生，每个人都是由智商和情商两者组成的综合体。但是，不同的人，智商和情商的高低各不相同，有的人智商高，但情商不高，有的人情商高，但智商不高。相当多的人也都有自身智商和情商的"长板"和"短板"。

一个木桶，装水的多少不是由最长的那一块或几块木板决定的，而主要是由最短的那块木板决定的。对智商与情商而言，可以通过多种测试和实践进行检验，找到自己智商和情商的"短板"所在，并努力分析造成这些"短板"的原因。然后，要想办法把自己的"短板"变长，并把智商和情商很好地结合起来，相互补充，做到"互补为长"，全面发展。

大多数人的智商与情商都处于一般水平。在一个人身上，智商或情商某一方面不是太高，通过一定的训练要大幅度地提高也是有一定的难度的，或者是需要一个过程的，因为不同的人存在个体差异。这时，就要用互补的方法来将

"短"变"长"。

人员配置要合理

在一个团队里，不能都配备高智商的人，也不能都配备高情商的人；同一类型的人在一个团队里，往往不是最佳的人力资源组合，反而常常出事。在一个团队中，有一些人是高智商、情商略低，就要配备一些高情商、智商略低的人，当然还要配备一些双高的人。二者互补，大好局面才会出现。

位置摆放要合理

"互补为长"的另一个重要方法，就是按需要把智商或情商与不同的岗位相结合。每个人只有在真正适合自己的岗位上，才能充分发挥自己的才能，才能把高智商和高情商的潜能最大限度地发挥出来。

达尔文在小的时候，他的父母坚持要他学医，但他却对昆虫感兴趣，父母都很不理解。如果达尔文最终走上的是医学道路，他也许可以成为一名好医生，但在进化论方面的高智商不会发挥得这么淋漓尽致。

泰戈尔年轻时曾有过发明创造的梦想，但结果使他很失望，后来他致力于文学创作，一展宏图，非常成功。

别林斯基大学时写过诗，一度又想当演员，可他没有演戏天分。后来，他发现自己有一种识别天才的非凡才能，便写文章评论果戈里、普希金等人的作品，终于成了伟大的文艺理论家。

珍妮·古多尔认识到自己没有过人的才智，但却有超人的毅力，所以，她没有去攻读数学、物理学，而是走进非洲森林考察黑猩猩，终于成了一位有成就的科学家。

陈省身教授20岁了跑步还跑不过女孩，搞音乐又怕太吵，与人相处又怕处不好人际关系，于是，他选择了相对可以独立工作又不需要太多体力的数学研究，终于获得了全世界的数学最高奖。

维克多·格林尼亚年轻时整日游手好闲，不思进取。有一次，在一个盛大的宴会上，他像往常一样傲气十足地邀请一位年轻美丽的小姐跳舞，那位小姐觉得受到了极大的侮辱，怒不可遏地说："算了，请你站远一点儿。我最讨厌你这样的花花公子挡住我的视线。"

这句话刺痛了格林尼亚的心。他在震惊、痛苦之余，猛然醒悟，深感自己不学无术，让人看不起，他对自己的过去无比悔恨，决心离开这里，去闯一条新路。

结果，经过8年的刻苦奋斗和努力学习，他终于发明了以他的名字命名的"格氏试剂"，后来获得诺贝尔奖，成为著名的化学家。

上面的多个例子告诉我们，只有干真正适合自己的事，才能发挥自己的最大潜力，这就像行政学院的刘峰教授说过的："骏马行千里，犁田不如牛；坚车能载重，过河不如舟。"

一个人认识自己的能力和智慧也需要能力，也需要智慧。古人说得好："知人者智，自知者明。"一个人只有去干适合自己的那一行，才可能使自己成为这一行的"状元"。

一个人一旦发现在某一行确实不适合自己时，就要及时调整，更重要的是要及时发现自己的长处在哪里。如果确实认为全面的智商训练不能成就自己的长处，不妨在智商的某一方面有所发展；或者不妨转过来在情商方面试试，着力开发情商潜力，或许会有意想不到的收获。

条条道路通罗马，条条道路通成功。例如，当高考没有成功，当成为科学家、高级管理人员、音乐家、画家等梦想破灭后，也许就应该朝着营销人员、公关人员、服务人员，或者是社会活动工作者的角色转变；在高度上不能得到发展，就在广度上着力发展；在广度上发展有困难，就在某一点上弄深、弄透。

而一个人一旦发现自己的情商不太高，在处理人际关系方面有不足之处时，又觉得自己的社交能力不强而又难以提高时，一方面，可以在情商的诸多方面中的某一方面突出发展；另一方面，可以像陈省身那样，沉浸在与人打交道较少的探索中去找乐趣，找幸福，出成果，做贡献，体现自己人生的价值。

激励情智全面发展

智商和情商不仅关系密切、相互补充，还能够相互作用、相互促进。大多数人都必须使智商情商相互作用、相互促进，才能获得真正的成功。

一个人目标远大，信念坚定，人际关系好，长于合作，心情舒畅，这是情商高的表现，它也对提高智商有促进作用；一个人智商高，知识面广，受到人们的尊敬，对于找到很好的办法进行合作，对于用智慧来控制自己的情绪，对于进一步处理好人际关系，保持恰当的情感分寸，对于发掘情商潜能，也有很大益处。

单一的高智商或单一的高情商都是不容易成功的。

只有情商，很可能就会过分、过度地讲情面，过度地强调情感情绪，认为除了"情"别无他途，过分地注重人际关系而忽略了提高智商的一面，有不学无术之嫌。

只有智商，很可能不会处理人际关系，不容易与人合作，就只会怨天尤人，老是认为自己怀才不遇，老是认为全世界的人都对不起自己，"大道如青天，我独不得出"。

实际上，智商和情商在很多方面都是可以结合的，在学习中、在生活中、在工作中都可以结合。智商与情商结合的方法和技巧也是多方面的。

不要轻易地对自己的智商和情商能力失望，每个人都有智商和情商潜能，它犹如一座等待开发的金矿，只要充分挖掘和发挥，任何人都可以成就一番惊天动地的事业，任何人都可以通过智商和情商能力的提高，把自己的学习、工作干得更出色。

要么发掘智商潜能，要么发掘情商潜能，或者对这两种潜能分别进行单独地开发，也都会取得较好的效果。其实，发掘智商潜能和情商潜能在有所侧重的前提下，可以结合起来。一方面，结合起来开发可以相互促进，作用更为显著；另一方面，二者开发的方法和技巧有一些是交叉重叠的，甚至是相近或相通的。

训练情绪情感、处理好人际关系、乐观豁达、积极进取、把握人生机会，这些都是开发情商潜能的方法，同时也可以在开发智商潜能上起一定的作用。

智商和情商的开发不是目的，根本目的在于开发后对智商与情商潜能的运用。在工作、生活和学习中，可以将智商和情商能力结合起来运用。

任何人都需要激励，任何人的智商和情商都可能通过激励提高并发挥得更好。刺激需求可以激发动机，产生动力，积极行动，发挥"情智"，达成目标。

激励的类型、方法和技巧有很多，如物质激励、精神激励、信息激励、目标激励、过程激励、正激励、负激励、外在激励、自我激励等，它们都是智商和情商结合的重要技巧。

一个小孩，还不太会走路，他口渴了，看见桌子上有一个玻璃杯，里面装满了水，便歪歪斜斜地走过去端过来喝。一不小心，玻璃杯掉在地上，摔碎了，小孩子吓哭了。

妈妈闻声过来，见到这番情境，非常生气，在小孩子的臀部打了几下，嘴里骂骂咧咧："臭小子，逞什么能？这么小的人儿，端什么水？要喝水不知道叫妈妈吗？

你看看，进口地毯弄脏了，水杯也打破了，好在水还不烫人，要是水很烫，不把你身上都烫起泡才怪，要是烫起泡，长大了媳妇也娶不上，看你怎么办。"

这时，小孩哭得更厉害了。他从中得到了什么启示？今后再渴也不敢自己端水喝了。妈妈打起来是很疼的，骂起来也是很难听的，地毯弄脏了很难洗的，身上烫起泡是连媳妇也娶不上的。

于是，今后再有需求他也不会自己动手，他会大叫："妈妈，我要喝水，快点快点，我都快渴死了；爸爸，快给我拿袜子；爷爷，快给我拿书包；奶奶，快给我拿筷子。"

孩子就这样养成了"等、靠、要"的习惯，而且总认为你给他拿是天经地义的，他也不会说谢谢，不会感恩。孩子的这种低情商甚至是低智商就是这样被负激励出来的。

要是换另一个妈妈，或者妈妈换了一副面孔，情况就不同了：

见儿子把水杯摔坏了，一个劲儿地哭，妈妈也在儿子臀部上轻轻地、爱抚地拍几下，夸奖地说："哇，我的儿子真乖，这么小，路还不会走就知道自己去端水喝，儿子，长大了就这样，能够自己做的事就自己做。水弄洒了没关系，妈妈把地毯洗一下就是了。你看，你多能干，水杯摔坏了，居然里面还剩了几滴水，不错。不过，今后再端水杯的时候要注意，先试一下水烫不烫，如果很烫，就不要去端，不然的话，手会被烫起泡的，烫了泡很疼的，而且，烫了泡可连媳妇也娶不到的，再有，端上水后，眼睛不要光看水杯，要看路。"

这样激励的结果是什么？孩子会破涕为笑。今后，再口渴的时候，他还会自己去端水喝，也许还会弄洒几次，久而久之，他就不会再弄洒了；而且袜子、书包、筷子，都会自己去拿了。

后一种激励方法，既教会了孩子自强自立，开发了情商；又教会了孩子怎样端水，还教会了孩子做其他的事。因此，通过激励技巧，可以把开发智商和开发情商的方法结合起来。

智商和情商有很多结合点，结合得最紧密甚至有重叠部分的有两个点："心"和"趣"。"心"就是心智和心情，"趣"就是智趣和情趣。

每个人都有一颗心，每个人的心灵深处都蕴藏着无穷的智慧和情感，智商与情商在"心灵"上形成结合点，交叉在一起。人对外界的反应，就是人们常说的心态。

心态，起始于西方关于智能的研究。我国古代认为，心也参加智能活动，例如，良心、善心、爱心、仁慈心、宽容心等。

一个人的价值取向、伦理道德水准、智力程度，也是由人的心决定的。心的功能在禅宗中提升到更高的位置，佛教和道教都认为得道的修炼过程就是一个修身养性的过程。

智商和情商，既在"心"上结合，又在"趣"上紧密结合，即所谓的智趣、情趣。兴趣是最好的老师。幽默风趣最能体现智与情。

个人提高智商，要在他有智趣的方面；没有智趣的东西，不会有慧根，智商也不会向那方面发展。一个人提高情商，也要在他有情趣的方面；没有情趣的东西，不会有激情，情绪也激发调动不起来。幽默风趣是一种典型的智商与情商的结合。

恩格斯曾说过："幽默是具有智慧、教养和道德上优越感的表现。"幽默风趣是充满智慧的，又是一门艺术，是一门用智趣控制情绪情感的艺术，是一门闪动情绪情感、调动情绪情感的艺术；它体现了一个人的智趣和情趣高层次的品位，是智商和情商结合的佳品、上品、精品、优品、极品。

测测你的性格弱点

人有长处也有短处，你了解自己的性格或者为人，以及在哪些方面存在不足吗？现在不妨来做个小测试，了解你的不足，从而及时加以改进。

阳光明媚的假期开始了，今天你和朋友一起去海边玩。当朋友都走开、剩你一个人的时候，你发现海边有只可爱的海龟，但让人惊讶的是，它竟然会说人话，你认为它会和你说什么呢？

A. 海浪很大，你要小心呀！

B. 海底藏有很多的宝藏。

C. 我跟你的谈话，都是我以前听说的。

D. 这边有个很美的珊瑚礁。

E. 不要害怕，我是只被施了魔法的海龟。

F. 不好意思，麻烦能告诉我现在几点吗？

测试解析

　　A. 你选择了让你知道危险的词句，可见你是一个非常细心的人，因粗心大意所犯的错误很少发生在你身上。至于麻烦别人的事当然会有，但通常都是别人先向你求救。正因为你过着精神紧张的生活，所以绝对不会饶恕吊儿郎当的人，你已变得有些神经质了，这样是会被人讨厌的。所以建议你：对于他人的错误，宽容些吧！

　　B. 你有时挺糊涂的，大小不同的失误常一个接一个来，而且令人吃惊的是，这些失误会一直存在，你简直是个糊涂到家的人。虽然你给周围的人添了很多麻烦，但他们接触你之后，不久就会了解你的粗枝大叶的行事风格，所以也能渐渐接受你。别忘了，对任何事要小心谨慎，好好努力去把握它们吧！

　　C. 你属于一不留神就容易"祸从口出"的犯错类型，常将别人的秘密说出来，或是用没有经过大脑的言语去伤害对方。虽然你没有恶意，但在得意忘形时，常会把话说得过分，这种错误所带来的困扰，是心理方面的损害，所以非常严重。因此，你要养成深思熟虑之后再说话的习惯，不要不经大脑就把话说出来。

D. 你常会因粗心而犯错。因为你的个性很开朗，所以不管什么样的失误都能应对自如。当然这也会给周围的人添麻烦，可是你都会以笑容来获得别人的谅解，你应该可以获得最佳演技奖。但是，若只用撒娇来处理过失的话，总有一天你会闯出大祸的。

E. 你是一个很可靠的人，几乎没有粗心大意的毛病，但只要稍一健忘，就会发生很大的过失。周围的人万万没想到你会发生问题，所以麻烦特别大。因此在完成大的事情之前，请特别注意放松的那一刻。

F. 选择询问时间的你，属于对自己的缺点了如指掌的人。你的失误是因为你很健忘，一会儿忘了会面的地点，一会儿又将书包遗忘在公交车上，这种失误总会有一两次吧！至于给周围的人所带来的麻烦则要视情况而定，但都比不上自己的损失大。如果你真的常常忘记一些事的话，就养成做笔记的习惯吧！

世界那么大我要去看看

冯化志◎编著

民主与建设出版社

·北京·

图书在版编目（CIP）数据

活出自我 / 冯化志编著 . -- 北京 : 民主与建设出

版社 , 2020.4

（活出自我）

ISBN 978-7-5139-2943-1

Ⅰ . ①活… Ⅱ . ①冯… Ⅲ . ①成功心理－通俗读物

Ⅳ . ① B848.4-49

中国版本图书馆 CIP 数据核字 (2020) 第 033534 号

世界那么大我要去看看

SHI JIE NA ME DA WO YAO QU KAN KAN

出 版 人	李声笑
编　　著	冯化志
责任编辑	刘树民
封面设计	三石工作室
出版发行	民主与建设出版社有限责任公司
电　　话	（010）59417747 59419778
社　　址	北京市海淀区西三环中路 10 号望海楼 E 座 7 层
邮　　编	100142
印　　刷	三河市天润建兴印务有限公司
版　　次	2020 年 4 月第 1 版
印　　次	2020 年 4 月第 1 次印刷
开　　本	850 毫米 ×1168 毫米　1/32
印　　张	25
字　　数	605 千字
书　　号	ISBN 978-7-5139-2943-1
定　　价	168.00 元（全五册）

注：如有印、装质量问题，请与出版社联系。

前　言

　　现代社会，随着物质资料的极大丰富，生活节奏的日益加快，人们的精神需求也变得越来越多样化，越来越任性。每个人都想过自己想过的生活，做自己想做的事。但是，并不是任何人都拥有随意任性的权利。因为，任何的任性，都需要你有与之相匹配的能力。没有能力的任性，只会让自己陷入困境甚至绝境。

　　我们必须明白一个道理：一个人的能力越大，你所能够享受的权利也会越大，但是也请记住一点，就是你同时要承担的责任也会越大。正如梁启超所说"人生须知负责任的苦处，才能知道尽责任的乐趣"。

　　是的，任性可以让你过上随心所欲的生活，但是那种生活却只会浪费你的生命，滋生你的懒惰与乖戾的性格，它只会让你沉沦在自我毁灭的道路上，而让你身边的一切慢慢远离你，直至有一天，你会变得一无所有。

　　当然，并不是所有的任性都是负面的，都是不允许的，毕竟人是有思想的，是会有情绪波动的，总会有需要发泄的时候，而这时稍微任性一下也是未尝不可。比如疯狂的购物，比如来一次说走就

走的旅行等等，但是有一点我们必须明白，这种任性的实现，却是要匹配你现实中的实力的，若是连温饱都解决不了，那么又何谈去任性呢？

所以，如果没有相应的能力去匹配你的任性，最好收起你的脾气，做一个循规蹈矩的人。而如果你想要拥有这份能够适当任性的权利，那么从现在起就开始努力吧！去争取那份能够让你任性的能力。相信你只要肯付出汗水，愿意去为自己的任性买单，就一定会走向成功，赢取一个美好的未来。

为了使年轻朋友的任性能够匹配自己的能力，我们特地编撰了"活出自我"丛书，分别是《别让生活耗尽你的美好》《戒了吧，拖延症》《别在该动脑子的时候动感情》《世界那么大我要去看看》《你的努力终将成就更好的自己》5本。该套书以简明的语言，朴实的道理，详细具体地讲述了该如何去奋斗，如何培养自己多方面能力的方法。相信通过对本书的阅读，一定会让我们的综合能力得到大幅度提升。只有通过淬炼的人生，才会是潇洒的人生；只有付出努力的人生，才能使我们想怎么任性就怎么任性！

目录

第一章

我的梦想在远方

　　"世界那么大，我想去看看"，这么一句寥寥几个字的话语，却撩拨了万千年轻人不安分的心，霎时间风靡大江南北。是的，世界很大，很奇妙，想要去出去看看，估计是每个人的梦想，但是，你要考虑两个问题：一个是你有钱吗？二是你有时间吗？

　　如果两个问题的答案都是肯定的，那么，你可以随时背起行囊，没有任何人能够拦住你的脚步。但如果你只有一个答案是否定的，你就不能盲目趋从，而应该脚踏实地，努力奋斗，等待他日财务自由之后，再去实现自己的梦想。

世界这么大，我想去看看

潺潺流水、碧波连天、峰谷缠绵、苍木耸天，这些悠然的大自然景色，必然让人心旷神怡和身心舒适。繁华的都市、宜人的海滨、异域的民俗，必然让人有所领悟和有所动容。

"久在樊笼里，复得返自然"的乐趣能够让人们兴奋不已，那些旅游前的所有烦恼大多会在此时被抛诸脑后了。摆脱世俗的羁绊，获得心灵的自由，仿佛一切烦恼忧愁都会远离身心，这或许就是很多人想出去看看的原因。

作为长年封闭在钢筋水泥的楼房里工作的上班一族，背起行囊远走天涯，来一场说走就走的旅游，是他们深藏在心底的梦想。

在旅游过程中，可以倾听历史回音，在人文古迹中领悟古人的生存意象，可以在传统文化的艺术氛围中，感受人类丰富的精神财富和情感遗留，并陶冶自己的情操。

在旅游过程中，还可以体会外出观光的艺术美，可以体会不同地方的社会风尚美和物质生活美。在旅游过程中，也可以体会到异地风情之美和享受到各种美食。

旅游是个追求美和享受美的过程，在这些美的体验中，必然有所收获和有所领悟。面对长江、黄河、泰山等自然风景时，想必许多人都会心生感叹，通过旅游活动，书本上描述的景象便真实展现在眼前了，此时他们的心中就会产生许多自豪感，就会为我们伟大的祖国而骄傲。

同时，那些壮观的景象也能激起人们对祖国壮丽山河的热爱，对生活和对自然的热爱和尊崇，进而增强对生态美的保护意识，这便是伦理道德美的升华。

对于书画等艺术作品的展示、观赏和体验，可以使旅游者慢慢掌握美的精髓，提高审美鉴赏力。对历史名人痕迹的观赏及了解，有助于激发民族自豪感，有助于振奋民族精神，使情操得到陶冶。旅游审美是人们精神生活的一部分，是高雅文明的精神需要。

在旅游过程中，人们可以在自然山水之间体验美和感悟美，在自然中寻找与山水共同频率的呼吸，感受大自然无穷无尽的魅力。

在旅游过程中，还可以开阔眼界和增长见识。旅游能够让人亲身体验我国的壮丽山河以及博大精深的文化，能够对国内外具有更深入的了解。

诚然，人们平时所学到的知识并不少，但是当亲身去体会时，就别有一番滋味在心头了，也就能使人们对所处的国家和所处的地域认识得更加透彻，或者能够体会到都市的繁华，或者能够体会到异国风情，这一切都是平时所无法知道的。

或许"百闻不如一见"说的便是如此吧！这些人生经历便将大大丰富他们的生活内涵。同时，旅游也能在很大程度上提高自己的文化交流，使自己在旅游过程中了解当地的人文风情、民族习俗，在和当地居民的沟通了解中，能够感受到各个区域的文化差异，并会与自己所处之地的文化进行比较。

如此一来，便可以明确知道哪些文化是有价值的，哪些是适用的，哪些是可以妥协的，哪些是要坚决抵制的，就可以取其精华和去其糟粕。这就能使旅游者对家乡和对祖国的建设具有正确的认识。一些良好的社会风气，比如那些助人为乐、尊老爱幼、拾金不昧、真诚相待的社会风尚和道德情操必然能够得到传播，这些往往会触发人们的良知，改善自己的人际关系，创造和睦气氛。它是一笔丰厚的精神财富。

这也许就是旅游的魅力之一——在旅游过程中寻求乐趣和愉悦身心，并给人生留下美好的回忆。

你所受的苦有资格谈梦想吗

在现实社会，你和同学们一同毕业，一起找工作，感觉都在同一起跑线上，可是在短短的几年时间后，有的同学开着跑车来了，有的当了官，有的买了房，还有的做生意挣了大钱。

你自己尽管也很努力，可为什么当你想出去看看世界的时候，手里还是一无所为？你所受的苦有资格谈梦想吗？

这个时候，你就要好好想一想了，相信你并不比别人笨，只要勇敢地去找寻失败的原因，提升自己，战胜自己，就一定能赶上你的同学，把人生这局棋同样走得精彩。

人生就像是一盘棋，怎样去下，每一步要怎样去走，全由自己来掌握。也许会走错棋，也许会走进死胡同，没关系，只要这盘棋还没有结束，一切转机都有可能出现。

只有勇于战胜自我，才能少一些不必要的烦恼与忧愁。战胜自己，何需等待！拿出你的勇气来，勇往直前，永远进取吧！

朋友，让我们来看一个战胜自我的小故事吧：

巴雷尼小时候因病成了残疾人，母亲的心就像刀绞一样，但她还是强忍住自己的悲痛。她想，孩子现在最需要的是鼓励和帮助，而不是母亲的眼泪。

母亲来到巴雷尼的病床前，拉着他的手说："孩子，妈妈相信你是个有志气的人，希望你能用自己的双腿，在人生的道路上勇敢地走下去！好巴雷尼，你能够答应妈妈吗？"

母亲的话，像铁锤一样撞击着巴雷尼的心扉，他"哇"的一声，扑到母亲怀里大哭起来。从那以后，母亲只要一有空，就帮巴雷尼练习走路，做体操，常常累得满头大汗。

有一次母亲得了重感冒，她想，做母亲的不仅要言传，还要身教。尽管发着高烧，她还是下床按计划帮助巴雷尼练习走路。黄豆般的汗水从母亲脸上淌下来，她用干毛巾擦擦，咬紧牙，硬是帮巴雷尼完成了当天的锻炼计划。

体育锻炼弥补了由于残疾给巴雷尼带来的不便。母亲的榜样作用，更是深深教育了巴雷尼，他终于经受住了命运给他的严酷打击。他刻苦学习，学习成绩一直在班上名列前茅，最后，以优异的成绩考进了维也纳大学医学院。

大学毕业后，巴雷尼以全部精力，致力于耳科神经学的研究，最后，终于登上了诺贝尔医学奖的领奖台。

你自己不愿成功，谁拿你也没办法；你自己不行动，上帝也帮不了你。只有自己想成功，才有成功的可能。巴雷尼正是战胜了自我，最终取得了成功。

人生如戏，每个人都是主角，不必模仿谁，我是我，你是你。好好地活着，为自己活着，有梦想就大胆追求，失败也不要放弃。对于我们来说，真正的成功，不在于战胜别人，而在于战胜自己。

有句话说得好："不会战胜自己的人，是胆小的懦夫。"突破自我，需要勇气，需要顽强的生命活力。

书前的朋友，无论你拥有的是健全的身躯还是残缺的臂膀，是优越的条件还是困窘的环境，大胆地拿出你的勇气、你的胆识，去克服困难，克服恐惧，克服失败带给你的消极情绪。

不管你是正在前行中，还是失意时，不要再彷徨，不要再犹豫，对现在的你来说，从失败中找出通向成功的途径，这才是最重要的。

朋友们，只要勇于战胜自己就等于打开了智慧的大门，开辟了成功的道路，铺垫了自己人生的旅途，铸成了一种面对任何烦恼和忧愁都不退却的良好心态。

战胜自己说起来容易，但是真正地做起来要比战胜别人难得多，因而战胜自己，就要有坚忍不拔的意志，要有根深蒂固的信念，要有在逆境中成长的信心，要有在风雨中磨炼的决心。

人的一生，总是在与自然环境、社会环境、家庭环境做着适应及战胜的努力，因此有人形容人生如战场，勇者胜而懦者败；人们从生到死的生命过程中，所遭遇的许多人、事、物，都是战斗的对象。人生的战场上，千军万马，在作战时能够万夫莫敌、屡战屡胜的将军也不见得能够战胜自己。

例如，拿破仑在全盛时期几乎统治半个地球，战败后被囚禁在一座小岛上，相当烦闷痛苦，他说："我可以战胜无数的敌人，却无法战胜自己的心。"可见能战胜自己，才是最懂得战争的上等战将。

要战胜自己很不简单，一般人得意时忘形，失意时自暴自弃；被人家看得起时觉得自己很成功，落魄时觉得没有人比他更倒霉。唯有不被成败得失所左右、不受生死存亡等有形无形的情况所影响，纵然身不自在，却能心得自在，才算战胜自己。

亲爱的朋友，请你一定要记住，在生命中勇于突破自我，战胜自己，不要放弃自己的追求，这样，你想出去看看的梦想就终有一日能够实现，加油吧！

没有不需要努力的年纪

总有人会觉得，反正现在自己还年轻，过几年再努力吧。当事实上，人这一生中，没有哪个年龄段不需要努力，即使是一秒钟，也足以成为你与他人之间不可跨越的鸿沟。

对于任何人，速度都是至关重要的。奥运会110米栏的跑道上，刘翔成为我们中国人的骄傲，他靠的是什么？是速度。在电影《南征北战》中，人民解放军凭小米加步枪战胜了敌人，靠的是什么？也是速度。兵贵神速，胜利来自速度。

拿破仑所向披靡，威名远扬，他有一句名言：我的军队之所以打胜仗，就是因为比敌人早到 5 分钟。打仗时，比对方早到5分钟就会抢占到有利地形，从而获取胜利的筹码。其实，不仅是战争年代需要速度，在任何时候做任何事都需要速度。在生活中，别说是比别人早5分钟，就算是早几秒钟抓住机会，都有可能会成为最后的胜利者。

　　松下幸之助，是一位杰出的成功人士。每当人们问及他成功的秘诀时，他总是淡淡一笑，说"靠的是比别人稍微走得快了一点。"

　　1917年，松下幸之助在确立自己事业方向上，靠的就是在自己智慧基础上形成强烈的超前意识。严格地讲，松下幸之助能同电器结下不解之缘，并没有内存的必然联系。他的祖上经营土地，父亲做大米生意，所有这些都与电器制造相隔甚远，况且有关电的行业在当时只是凤毛麟角。

　　然而，他深信电作为一种新式能源，给人类带来方便的同时，也会带来更多的需求。因此，投身电器制造，一定会前途灿烂。尽管在创业伊始，他就受到挫折和打击，但是这种超前意识使他具有了坚强信念和必胜的信心。正是由于"稍微走得快了一点"才使得松下电器从无到有，从小到大。

　　第二次世界大战结束后，世界又恢复了新的和平。遭受战争创伤的人民，在新的和平环境里又重新燃起生活和工作的热情。睿智的松下幸之助又超前地看到"新文明"将带来世界性的"家电热"。对于松下电器来说，这既是一次发展壮大难得的机会，也是一次艰巨而又严峻的挑战。

而松下幸之助正是凭借着"稍微走得快了一点"，大刀阔斧地进行机构调整和技术改革，从而使松下电器在新的挑战和机构中得到了前所未有的发展。

商海中有人挣钱，有人赔钱，创业难、赚钱难是多数人的体会。松下幸之助的例子告诉我们，步别人的后尘是很难挣到大钱的，只有提高赚钱的嗅觉，快人一步抓住商机，才会在激烈的商战中稳操胜券。世界首富比尔·盖茨也说过：让思想永远走在年龄的前面。正因为有这种追求高速的意识，他才有了今天的成功。

速度能够创造奇迹。皮埃尔·居里说："当我像嗡嗡作响的陀螺一样高速旋转时，就自然排除了外界各种因素的干扰，抵抗着外界的压力。"

陀螺高速旋转时，就可以站立起来。按常理，陀螺上大下小，是不可能站立的，但只要有了速度，就可以站起来。石头本来是一定会沉下去的，因为有了速度，就可以漂起来。也就是说，速度可以克服弱点，速度可以创造奇迹。

日常生活中，如果我们提高自己的做事速度，在别人做一件事的时间里做两件事，那么便等于我们的生命比别人多了一倍。上天给我们的时间是公平的，一天都只有24小时，但是速度可以改变这一点。我们可以让自己在24小时内做别人48小时也做不完的事，这样我们就可以争取时间，把握机会，增加成功的概率。

老鹰如果不是有惊人的速度，它就不可能捕捉到同是在飞翔的鸟类。兔子如果不是跑得快，就难以生存；羚羊如果落后了，就一定会成为食肉动物的美食。速度决定成败，只有加快步伐，一直走在别人的前面，才可能先人一步抓住机会。谁最先利用现有的机会，谁就能更快，更容易获得更好的时机，取得更大的成功。

在这个发展迅速的时代，我们必须紧跟时代的步伐，跨步向前进，否则就会被时代淘汰，而要想胜人一筹，则必须永远快人一步，走在时代的前面，以速度取胜。

你不如人，是你不努力

你不如人，是你不够努力！

狄更斯曾经说过："顽强的毅力可以登上任何一座高峰！"古往今来，有许多名人都是经过逆境走向成功的。像司马迁，他由于李陵一案身受宫刑，蒙受大辱，但他终于挨过磨难，发愤写完了辉煌巨著——《史记》。

再如现代华人张士柏，他经历了从游泳健将到高位截瘫的巨大变故，却并未因此既不振，反而将它化为动力，勤奋学习，完成了许多健康人都做不到的事情。还有张海迪、李政道……逆境中成材的名人不胜枚举。

不管顺境还是逆境主要靠内因来起作用。这样就可以解释为什么"自古英豪出贫贱，纨绔子弟少伟男"了，因为顺境中的人容易受迷惑，他们往往贪图享受，不知奋进，不知道苦难为何物。而没有志向，没有进取心的人，又怎么能成材呢？

逆境中的人则不同，他们饱受磨难，一次次与命运和困难做斗争，为走出逆境，大多都树立了远大志向和坚定目标。

人没有压力不抬头，没有动力不奋进，一旦两者兼备，就会发挥出令人吃惊的潜力，这正是顺境中的人不容易具备的。

当然，并不是所有身处顺境的人都不能成材，更不是所有逆境中的人都会成材，这之间没有必然的联系。顺境中的人如果能不图安逸，立下壮志，奋力拼搏，又何愁不能成材呢？相反，逆境中的人如果经不起磨难，就会消沉下去乃至被吞噬。

逆境中的生命是顽强的，就像悬崖上的树苗，在山谷中穿梭的鹰，勇敢与海浪搏斗的海燕，它们都面对着险恶的环境。恶劣的考验使它们爆发出生命的力量，超越脆弱，绽放坚强。

吃得苦中苦，方为人上人。艰苦的生活对人是一种磨炼，是对意志品质的考验，也是人们培养自己远大理想和浩然正气的途径。

历史上著名的英雄人物，能成大事者，无不是经历了苦尽甘来的过程：齐桓公流浪十几年才成霸业，刘邦创业初期也在山林中蛰居了一段时间，韩信则衣食无着，四处游荡。这其中，最具代表性的当属朱元璋。

朱元璋17岁那年，天降灾祸，除了哥哥，家人都在瘟疫中死了。成为孤儿的朱元璋只好到附近寺院里去做行童。朱元璋十分能干，他每天要打扫佛堂、打钟、击鼓、上香、点烛，伺候长老一家，从早到晚忙个不停。

瘟疫之后又出现了灾荒。住持和方丈无法维持寺中几十号僧人的吃喝，只好动员大家自谋生路。要求和尚们有家的先回家，无家的云游四方化缘，等灾年过后再回寺庙里来。刚入寺仅50天的朱元璋，主动要求带上木鱼和瓦钵，云游四方去化缘。

离开寺院后，朱元璋一直往西南方向走去。走遍了安徽、河南的名川大邑，一路上风餐露宿，历尽艰辛。白天走乡串村，晚上找个破庙栖身。山栖野宿，受尽风霜之苦。

后来，朱元璋御制《皇陵碑》时，回忆起这段经历，对群臣讲道："早起看谁家烟囱冒烟，就赶紧去讨口饭吃，天黑了踉踉跄跄地找个古寺栖身。"又说："身如蓬逐风而不止，心滚滚乎沸汤。"

几年的流浪生涯，使朱元璋饱尝了人间的辛酸苦辣。最后，他终于推翻了元朝，成为明朝的开国皇帝。

一个人要想取得事业的成功，吃苦耐劳是难免的。古语有云："天将降大任于斯人也，必先苦其心志，劳其筋骨，饿其体肤，空乏其身，行拂乱其所为也。"大业没那么容易成就，梦想也没那么容易实现。只有吃得了苦，才能创造出灿烂的人生。

在生活中，所有的人都希望自己一帆风顺、处于顺境之中。然而，很多事情的发展是不以人的意志为转移的。如果平时不考虑遇到困难如何应对的话，那真的处于逆境中时必然会乱了阵脚。

其实，处于困难中的人只要记住一点就好，那就是相信困难只是一时的，只要努力克服了，就会进入光明地带。因为我们是逆境的"主人"，而不是逆境的"俘虏"。

在一生中，谁都会有遇到困难和挫折的时候，但面对它们的时候，只要客观对待，必然是一笔财富，因为它们可以使人变得更加成熟和睿智。所以，只要坚信这一点，我们就会离成功更近。

在困难面前，每个人获得成功的机会都是一样的。但并不是每个人都能取得成功，因为它属于坚忍者。在逆境之中，只有依靠不懈的努力、坚强的意志才能走向成功。

"昨夜西风凋碧树，独上西楼，望断天涯路。"成功的道路是孤独的，脚下的路必须自己走，无数日与夜的煎熬，多少怀疑和不解，都必须忍受。著名的企业家杰克·本顿曾这样说："苦难是一笔巨大的财富。我从苦难中获得的东西，都是我赢得成功必要的投资。"

苦难塑造了强者健康有力的品格，丰富了他们的斗争经验，锻炼了他们非凡的才干，而这些都是获取成功必不可少的因素。所以人们常说：苦难是成功之母。

你读过《时间简史》吗？如果你读过，那你对斯蒂芬·霍金这个名字一定不会陌生。这位被誉为继爱因斯坦之后最杰出的科学家，你可能想象不到，他是一个双手只有3个手指能够活动，既不能直立行走，又不能说话的高度残疾人。

在牛津大学上学时，霍金经常无故地摔倒，从牛津毕业，考入剑桥大学读博士后，霍金的病情开始加剧。在医院里，医生除了告诉他得的是一种极其特殊的运动神经细胞病之外，什么也没说。霍金从医生的眼神中得知，自己患了一种不治之症，也就不再寻根问底了。

疾病使霍金更加成熟，他在学业上更加勤奋钻研。1965年，年仅23岁的他进入剑桥大学任研究员，1969年成为该学院杰出的科学家。1985年，霍金不幸染上肺炎，手术后，他完全丧失了说话能力，他依靠电脑专家为他特制的电脑语音合成器，写出了两部书和一批科学论文，其中包括1988年出版的畅销书《时间简史》。

见过霍金的人是这样描写他的："干瘪抽搐的霍

金无力地蜷曲在轮椅上，头向右歪着靠在椅背上，一张无法合拢的嘴似乎永远在天真地微笑，口水从右边的嘴角流到光洁的下巴上"，但"透过厚厚的近视镜片，霍金的眼睛是那么深邃，令人不由得想起他研究的黑洞、宇宙的起源等深奥的问题"。

霍金从来不忌讳谈自己的疾病，当别人问他怎么看待运动神经细胞病时，他总是回答："我根本不去想它，我尽可能地去过一种正常人的生活，不去想我自己的疾病，也不抱怨这种疾病让我无法去做一些事。"

霍金甚至拿自己的疾病开玩笑："我每天上床睡觉的时候开始想黑洞的问题，由于残疾，我的一个简单上床动作要花费很多时间，这给了我充分的时间来想问题。"

霍金是英国剑桥大学应用数学和物理系的终身教授，这是伟大的科学家牛顿曾经担任过的职位。2017年11月，霍金作出惊人预言，他说，2600年能源消耗增加，地球或将变成"火球"。2018年3月14日，霍金逝世，引发了全球各界的悼念。

美国实业巨子霍华特·约翰逊在回忆录中说："我们感谢上帝！他赐予我们幸运的同时，也用厄运考验我们的意志，因为意志懦弱的人是不配获得真正的幸福的。"

有的人在厄运和不幸面前，不屈服，不后退，不动摇，顽强地同命运抗争，因而在重重困难中冲开一条通向胜利的路，成了征服困难的英雄和掌握自己命运的主人。在生活的不幸面前，有没有坚强刚毅的性格，在某种意义上说，也是区别伟人与庸人的标志之一。

种种事例表明，那些取得成功的人并不是什么"神人"，只是比失败者更懂得努力罢了。他们相信"机会垂青于有准备的头脑"，所以在机会还没有到来之前就已经开始做好充分的准备，当机会来临时，他们就能做到"唾手可及"。

从另一个层面来说，成功的机会也是人创造的。成功的机会既有客观性，也有主观性，是两者的结合体。如果人发挥的主观性过强，必然也会影响客观环境，最终会给人一种"以人的意志为转移"的错觉。可见，人自身努力的力量是如此强大，起着非常重要的作用。

其实，古往今来，有很多人都是通过自身的努力创造了机会，并最终取得了成功。无论身处何种环境，他们都在努力、在奋斗、在拼搏，最终造成机会的不期而遇。

另外，当他们的能力达到非常好的程度之后，机会也会接踵而至，同样，这些机会的质量也是非常高的。可以说，正是因为他们的主观努力，才有了这么多好的机会。也就是说，机会是对人的努力和准备的回报。

如果机会可被每个人轻而易举地得到，那么这种机会便显得没有多少价值了。事实上。机会往往是一种稀缺的、条件苛刻的社会资源，要想得到它，必须要付出相当的代价和成本，必须具备相应的足以胜任的资格，而这一切都离不开长期艰苦的准备。

这就是机会为什么更偏爱有准备的人的原因。

我们发现"把不幸也当作是一种机会"这种积极的人生态度是成功者的一大秘诀。许多成功的人不仅是开拓机会、捕捉机会的能手，而且还有发掘高潜能，高效运用机会的能力，他们的成功启示我们，一定要提高机会的利用率，把机会发挥到最大值。

不要怀疑自己，你并不比别人差

朋友，你是不是曾经有过自我怀疑呢？在看到别人成功的时候，你怀疑自己比别人差？看到别人满世界跑的时候，怀疑自己的能力不如人？

有这么一个说法，在一个可怕的世界里，当某个人自我怀疑的时候，他就会分化成两个个体，一个是原来的自己，另一个是自己怀疑自己所成的个体，然后，如果自我怀疑继续下去，那么这种裂变就不会停止。

怀疑是一堵封闭自己的墙，过分的自我怀疑更是会把人牢牢地困在消极的思想之中。我们不难发现，那些总是自我怀疑的人，做起事来会畏首畏尾。最常见的表现是向前走一步觉得没有太大把握，就又退回原位，面对别人的意见时更是会丧失主见，无法坚定地去完成一件事情。

朋友，当你身处逆境，当你觉得自己一无是处的时候，不妨停下脚步，欣赏一下周围的风景还有那些忙碌的人们，慢慢地让自己的心静下来。

人生就如同一场马拉松比赛，就算你最初的起步慢了一拍，就算你现在的位置不如别人，在以后还有很多机会去赶超对手。在生命漫长的岁月中，耐力和毅力有时候会比机遇和聪明才智更加重要。

现在，我们不妨来看一个小故事，看一个自我怀疑者的心理咨询经历：

咨询师："这份资料是你妈妈写的吗？"

学生："嗯。"

咨询师："可以说一下你为什么要弃学吗？"

学生："没什么，资料上不是都写得很清楚吗？"

咨询师："我想知道你的想法，而不是你妈妈的。"

学生："我觉得我太没用了。妈妈经常说谁家的孩子考上了哪个重点中学，而我的成绩一直都是在不上不下的水平。与其这样还不如回家做一些生意。"

咨询师："可以告诉我你想做一些什么样的生意吗？"

学生："不知道。我只想逃离这个学校，在这个学校里面我一无是处。什么也不是，几乎所有人都比我好。"

咨询师："那么你的体育是不是比班上学习最好的要好？"

学生："嗯！"

咨询师："你的篮球是不是比足球最好的那个打得要好？"

学生："嗯，我班上踢足球最好的那个不会打篮球。"

咨询师："你比体育成绩最好的那个学习是不是好呢？"

学生："对，那个体育好的学习一直是倒数几名。"

咨询师："你看，你也挺厉害的嘛！"

学生："是啊，不过我老觉得自己不够好。"

咨询师："是不是你的家人给你的压力有些大呢？"

学生："是啊，他们老是拿我和别人比较。我就是想做出一番事业给他们看。"

咨询师："每个人都有每个人的优点和缺点，你拿你最坏的和别人最好的比，效果当然不理想啦！任何有成就的人都受到过很多挫折和磨难。但是他们都有一个共同点，就是从未放弃他们的理想。可以说说你的理想是什么吗？"

学生："我想考一所好的大学……"

咨询师："既然这样，那么你为什么又要出去做生意呢？只是想证明给你的爸爸妈妈看吗？你刚刚给我的感觉是，你想要逃离这个给你压力太大的环境。"

学生："我其实很喜欢学习。不过他们越是让我学，我就越不想学。而且我始终追赶不上比我学习好的那些人。"

咨询师："嗯，因为你带的包袱太多也太重了。"

学生："包袱？"

咨询师："嗯，包袱。你爸爸妈妈对你的期望，老师对你的期望，你周围的朋友互相攀比成绩，这些对你来说都是包袱，也都是负担。"

学生："但是如果我的学习成绩上不去怎么办？"

咨询师："学习成绩只不过是考核你学习效果的一种手段而已，并不是你真正价值的体现。"

学生："那么你的意思是？"

咨询师："如果你用你喜欢的学习方式去学习的话，你的学习就不是为了取悦别人，而是为了充实自己。"

随后，咨询师给学生做了一个放松诱导：

"你现在用最舒服的姿势坐在椅子上，慢慢地放松。你的脑海里慢慢地出现了一幅场景，周围的人看着你，都在对你微笑，你也用微笑回应着周围的人。当你微笑的时候，你就会变得更加的自信……"

治疗结束后，咨询师又给学生布置了一些家庭作业，让他多做一些有氧运动，多游泳，这样会让他更好地放松，也会让他更加的自信。

治疗结束之后，当从咨询室里面走出来的时候，学生高兴地牵起了母亲的手。

怀疑是一堵封闭自己的墙。过分的自我怀疑更是会把自己牢牢地困在消极的思想之中，即使是你最优秀的。

案例中的男生正是这样，他的篮球打得很棒，学习也不错，但是却经常怀疑自己不够好，特别是当父母拿成绩更好的同学与他做对比时，他的自我怀疑就更加严重了。

在我们成长的道路上，不是绝对不可以怀疑自己。适当的怀疑会加强自身的反省意识，发现自身的不足。不过在怀疑的同时，一定要知道自己坚信什么，我们是坚信事实呢，还是一意孤行地坚信自己的猜疑？朋友，要知道，过度怀疑自己，就会严重摧毁自己的自信心，导致自己的毁灭。

自我怀疑往往是自卑心理的起源，过于自卑无异于自我毁灭。若是长期处于自我怀疑之中，有甚者最终竟然放弃了自己宝贵的生命。由此可见，自我怀疑对于我们的危害是多么大啊！

一个人在怀疑自己的同时，要思考一下自己坚信的是什么，如果坚信的是自己的怀疑，那其实是毫无意义的。有的人开始时怀疑自己不能成功，时间长了，就会坚信自己不能成功，一旦有了这样的心理，成功也就永远不会光顾。

要想成功，就不要怀疑，行动是最好的检验方法。在行动之前，谁也没有资格说自己行还是不行，只有试了才能知道，即使没有成功，也不要后悔，至少自己没有蹉跎岁月，同时也为最后的成功打下了坚实的基础。

我们每个人都是独一无二地存在于这个世界上，都可以用自己的方式为社会做出应有的贡献。所以我们要学会冲破自卑的束缚，尊重自己，善待自己，相信自己，切不可过度怀疑自己。

想必大家都有这样的感触，在梦中我们总是不可思议地具有极其强大的能力，几乎什么事情都能够做成。

比如，同时出现在两个地方，随意转换场景和环境，穿墙而过，变成富翁和名人，克服大障碍，创造巨大的财富等。而且在整个过程中，我们似乎从来没有怀疑过自己的能力。在梦中，我们从不怀疑自己，所以所有的事情都是可能的。

可是在现实中，我们中的很多人处于清醒的状态时，却总是浪费许多的时间和精力去怀疑自己的能力。这其实是我们的一大损失。

当你心里不以为然或怀疑时，你就会想出各种理由来支持你的"不信"，告诉自己"我为什么不能""我为什么会失败"。

怀疑、不信、潜意识认为要失败的倾向，都是失败的主要原因。所以要想成功，就必须将怀疑从生命中放逐出去，学会相信自己，创造内在的正确认知。把怀疑从你的心中统统放逐，你就会发现自身所具备的许多潜质，一切也都会变得顺利。

我们来看看下面这个年轻人是怎样做的：

我一度沉浸在别人的意见之中，甚至在晚上睡觉的时候我都会把每个人的意见从头到尾分析一遍。经过不断思考后我发现，在所有意见当中，唯独没有我自己的意见。

我这才恍然大悟，自己竟成了别人思维的复制者，完全丧失了自己的主见。意识到自己正在犯一个非常愚蠢的错误后，我开始重新整理思维。

我将每个人的意见一一列在纸上，然后根据

自己的实际情况逐个分析，吸收好的，排除坏的，最后整理出了几点自己的确存在的问题，再加以改进，结果我不但完善了自己的不足之处，自我怀疑的心理也消除了。

是的，要想消除自我怀疑，就必须要有自己的主见，要相信自己是绝对有能力完成某件事情的。不能听风就是雨，听了别人的意见后不进行仔细思考就拿来采用。要结合自己的实际情况，认真分析后再吸取其他人意见的精髓进行自我完善。

大多数人陷入自我否定的陷阱都与上面那个年轻人的经历相同，也就是说，如果我们能在征求他人意见的同时保持自己的主见，认真分析所遇到的问题后再采取行动，就能有效地避免这类事情的发生。

亲爱的朋友，我们要想突破自己，就要解除自我怀疑，打消消极的念头。成功者的思想里只有成功，没有失败。他们也会接受别人的意见，但从来不会怀疑自己是否有取得成功的能力。

我们除了在吸取他人意见时要保持谨慎，还有一点就是一定要相信自己，要有必胜的决心。只有这样，我们才能始终坚定自己的立场，保持自己的主见，不被别人所左右，找到适合自己的道路。

一味地自我怀疑不是什么明智的选择，因为它对我们没有任何好处。所有的怀疑都是浪费精力，而且干扰了我们与生俱来创造奇迹的能力。

朋友，选择自信，就选择了成功；选择自卑，就选择了失败，因为什么样的生活态度就会决定什么样的人生。让我们告别怀疑，扬帆远航吧！

当我不再凝视深渊时，抬头看见了大海

人生匆匆，如白驹过隙。我们来这世上一遭，是为了来寻找美丽风景的，绝不是为了在由琐事所布成的荆棘丛里蹒跚。繁杂琐事犹如深渊，凝视过久，终将无法自拔。殊不知，只要你抬起头来，就能看见大海辽阔，星空灿烂。

人活在世上只有短短几十年，却常常为了一些小事犯愁。比如，你想去旅游却没有钱，你想请假，领导不批准。而实际上，要想克服一些事情引起的烦恼，只要把看法和重点转移一下就可以了。这样便能让你有一个新的、开心点的看法。

下面这个最富戏剧性的故事，来自罗勃·摩尔的亲身经历。

1945年3月，我在中南半岛附近276英尺深的海下，学到了一生中最重要的一课。当时，我正在一艘潜水艇上。我们从雷达上发现一支日军舰队，由

一艘驱逐护航舰、一艘油轮和一艘布雷舰组成，正朝我们这边开来，我们发射了3枚鱼雷，但都没有击中。突然，那艘布雷舰加速，直朝我们冲了过来。我们潜到150英尺深的地方，以防被它侦察到，同时做好应付深水炸弹的准备，还关闭了整个冷却系统和所有的发电机器。

3分钟后，天崩地裂。6枚深水炸弹在四周炸开，把我们直压海底，距离海平面276英尺的地方。深水炸弹不停地投下，整整15个小时，有十几二十个就在离我们50英尺的地方爆炸。若深水炸弹距离潜水艇不到17英尺的话，潜艇就会炸出一个洞来。当时，我们奉命静躺在自己的床上，保持镇定。我吓得无法呼吸，不停地对自己说：这下死定了。潜水艇的温度几乎有40多摄氏度，可我却怕得全身发冷，一阵阵冒冷汗。

15个小时后，攻击停止了。显然那艘布雷舰用光了所有的炸弹后开走了。这15个小时，在我感觉好像有1500万年。我过去的生活一一浮现在眼前，我记起了做过的所有的坏事和曾经担心过的一些很无聊的小事。

我曾担忧过："没有钱买自己的房子，没有钱买车，没有钱给妻子买好衣服。下班回家，常常和妻子为一点芝麻小事吵架。我还为我额头上一个小疤发过愁。"多年之前，那些令人发愁的事，在深水炸弹威胁生命时，显得那么荒谬、渺小。我对自己发誓，如果我还有机会再看到太阳和星星的话，我永远不会再忧愁了。在这15个小时里，我从生活中学到的，比我在大学念4年书学到的还要多得多。

我们一般都能很勇敢地面对生活中那些大的危机，却常常被一些小事搞得垂头丧气。拜德先生也发觉了这一点。他手下的人能够毫无怨言地从事危险而又艰苦的工作，可是，他却知道：

> 有好几个同屋的人彼此不说话，因为怀疑别人把东西放乱，占了自己的地方。有一个讲究'空腹进食细嚼健康法'的家伙，每口食物都要嚼28次，而另一个一定要找一个看不见这家伙的位子，才吃得下去饭。

权威人士认为，"小事"如果发生在夫妻生活里，还会造成"世界上半数的伤心事"。芝加哥的约瑟夫·沙巴士法官，在仲裁过4万多件不愉快的婚姻案件之后说道："婚姻生活之所以不美满，最基本的原因往往都是一些小事。"

吉布林和他舅舅打了维尔蒙有史以来最有名的一场官司。吉布林娶了一个维尔蒙的女子，在布拉陀布造了一所漂亮房子，准备在那儿安度余生。他的舅舅比提·巴里斯特成了他最好的朋友。他们俩一起工作，一起游戏。

后来，吉布林从巴里斯特那里买了一点地，事先商量好，巴里斯特可以每季度在那块地上割草。一天，巴里斯特发现吉布林反唇相讥，弄得维尔蒙绿山上乌云笼罩。

几天后，吉布林骑自行车出去玩时，被巴里斯特的马车撞在地上。这位曾经写过"众人皆醉，你应独醒"的名人昏了头，告了官，巴里斯梅被抓了起来。接下去是一场很热闹的官司，结果使吉布林携妻永远离开了美国的家。而这一切，只不过为了件很小的事。

哈瑞·爱默生·富斯狄克讲过这样一个故事：

在科罗拉多州一个山坡上，躺着一棵磊树的残躯。自然学家告诉我们，它曾经有过400多年的历史。在它漫长的生命里，曾被闪电击中过14次，无数次狂风暴雨侵袭过它，它都能战胜。但在最后，一小队甲虫的攻击使它永远倒在了地上。

那些甲虫从根部向里咬，渐渐伤了树的元气，虽然它们很小，却是持续不断地攻击。这样一个森林中的巨木，岁月不曾使它枯萎，闪电不曾将它击倒，狂风暴雨不曾将它动摇，却因一小队用大拇指和食指就能捏死的小甲虫，终于倒了下来。

我们不就像森林中那棵身经百战的大树吗？我们也经历过生命中无数狂风暴雨和闪电的袭击，也都撑过来了，可是却总是让忧虑的小甲咬噬，那些用大拇指和食指就可以捏死的小甲虫。

我们何不学学那个潇洒的女教师，当想放飞自己的时候，洒脱地递给领导一个小纸条，上面写道："世界这么大，我想去看看"，然后，提起行囊，拔腿就走。

当然，前提是，你一定要有说走就走的实力和说走就走的底气，不要等人家让你走时，你却因种种原因，自己走不了，那就尴尬了。

不要使自己成为生活的奴隶

人，不可选择自己的出生，但可以选择自己可以过怎样的生活。有的人可以永远做自己生活的主人，而有的人却永远成了自己生活的奴隶。

命运是可以选择的，每个人都有选择的自由。希望、绝望，可爱、可恨，积极、消极，自信、自卑……这所有的一切都统统归结于你自己的选择。你选择了什么样的人生道路，决定了你享有什么样的人生。

在美国，有一个年轻人，他在一个环境很差的贫民窟里长大。他的童年缺乏教育和指导，跟别的坏孩子学会了逃学、破坏财物和吸毒。他刚满12岁就因抢劫一家商店被逮捕；15岁时因为企图撬开办公室里的保险箱，再次被逮捕；后来，又因为参与对邻近一家酒吧的武装抢劫，作为抢劫犯第三次被送入监狱。

一天，监狱里一个年老的无期徒刑犯看到他在打垒球，便对他说："你是有能力的，你有机会做些有意义的事，不要自暴自弃。"

年轻人反复思索老囚犯的这番话，作出了决定：虽然他还在监狱里，但他突然意识到他有一个囚犯能拥有的最大自由：他能够选择出狱之后干什么；他能够选择不再成为恶棍；他能够选择重新做人，当一个垒球手。

后来，这个年轻人成了明星赛中底特律老虎队的队员。底特律垒球队当时的领队马丁在友谊比赛时访问过监狱，由于他的努力使这个年轻人假释出狱。不到一年，这个年轻人就成了老虎队的主力队员。

这个年轻人尽管曾陷入生活的最低潮，尽管曾是被关进监狱的囚犯，然而，他认识到了真正的自由。这种自由我们人人都有，它存在于自由选择的绝对权利之中，我们所有的人都有这种权利。

所以，不要害怕失败。面对失败，你仍然拥有一种自由，那就是拥有选择的自由。成功也是可以选择的，关键在于你是否有一个明确而切实的目标。

一个年轻人在底特律生活了一段时间以后搬到了新奥尔良。他在底特律时只是一个铅管匠，努力了好多年，也没有发展起自己的事业，原因是缺乏资金。

刚搬到新奥尔良的时候，他带着老婆、三个孩子和120元钱，那是他全部的"家当"和资产。搬来后的第一天，他找了八家铅管公司，可是没有人愿意雇用他，那些人只是告诉他人手已经够了。

无奈，第二天他跳上了一辆公共汽车，走过了一条长长的、繁忙的大街。那条街上有几家快餐店，他记下了在窗口上张贴征聘店员广告的快餐店的店名。走到路尽头时，他跳上了另一辆返回家的车，一路上去了四家快餐店，可是都没有找到工作。

最后，总算第五家的经理对他有点兴趣。他向那个经理保证，他工作勤奋，而且做人诚实。那个经理告诉他，薪水相当低。但他告诉经理待遇不成问题，他会为顾客提供一流的服务。

他一直工作得很努力，结果在六个星期之内他成了那家快餐店的营业部经理。在那期间，他结识了不少顾客，根据他们的要求，他改善了服务质量，提高了工作效率。

九个月后，这家快餐店的老板把他叫到了办公室。原来这个老板除了经营餐饮业之外，还有别的投资项目，尤其是在房地产方面也搞得不错。这个老板看他能力很强，也很敬业，就想派他去一座有90户的大厦当助理经理。

他当时就愣住了，然后告诉这个老板，他只当过铅管匠，对管理大厦一无所知。但老板笑着对他说："我查过你在快餐店的营业记录，利润增加了83%。管理大厦与管理快餐店的道理是一样的，即乐于助人、推行计划和委派。我想你一定能让大厦保持客满，准时收到房租，而且保养良好。"

结果他接受了这份工作，工资是他在快餐店时的三倍，还配有一间漂亮的公寓。两年后，他已经升为高级经理。不久以后，他就有了足够的钱，创办一家属于自己的、大规模的铅管企业。

这个年轻人选择了一份很少有人愿意去做的工作，但他最终却成就了自己的事业。这个故事告诉我们：命运是可以选择的，但这选择是以我们自己的心态为前提的。

每个人之间存在的差距都不大，无非是积极与消极而已。然而，它们却能造成巨大的差异。在挫折面前，我们往往束手无策，甚至怨天尤人。不妨扪心自问：我真的陷入绝境了吗？我为自己的人生仔细思考、打算过吗？我朝自己的梦想继续努力了吗？我就这样被轻易打败了吗？

太多的时候，面对困境和灾难，我们选择的是听天由命。认为命运是不可选择和主宰的。然而一位名叫维克多·弗兰克的幸存者，用他在纳粹德国集中营的经历告诉我们："在任何特定的环境中，人们都有一种最后的自由，那就是选择自己的态度。"这位幸存者正是靠着这种最后的权利，用信念支撑着自己度过了那段身心备受摧残的岁月。

人的一生从哪里开始并不重要，重要的是你知道自己要到哪里去。即使你选择了一份最不起眼的工作，如果你能让自己的目标明确起来，那你就能在平凡的岗位上为不平凡的事业做好充分的准备，就能为自己的事业打下坚实的基础，从而实现自己的梦想，成为一个成功的人。

漫长的人生，就像是一场博弈。所以每个人都要尽量往远处想，给自己多一些长远的计划和打算。如果你这样做了，那么在这场博弈中，你的胜算就大一些。相反，只顾眼前利益，就会让自己未来的路变得狭窄起来。反过来也可以这么说，你现在的选择决定了你未来的成败。

如果你有一天的时间，你选择的不同也会使你生命的质量完全不同。在某一个星期天，你可以选择睡懒觉，也可以选择去爬山；你可以选择去购物，也可以选择去看书。这种小小的选择也反映了你内心的价值取向。

但有可能到了最后，选择睡懒觉的变成了懒惰者，选择爬山的变成了登山队员，选择购物的变成了商人，选择看书的变成了教授。这些选择也能够反映出你的性格，到底是懒散还是坚定，是物质型的还是精神型的。

即使给你一个小时的时间，你也可以选择使生命过得平淡，还是使生命过得惊喜。

我们的生命中充满了选择，你的选择不仅和你的心情相关，也和你的命运相关。但凡你选择积极的、努力的、向上的生活和工作方式，你的命运就会越来越好；但凡你选择消极的、被动的、懒散的生活和工作方式，你的命运就会越来越糟。选择什么样的生活和工作方式，决定权在你，并且你现在的选择会决定你的未来。

有两个和尚分别住在相邻的两座山上的庙里。两山之间有一条溪，两个和尚每天都会在同一时间下山去溪边挑水。久而久之，他们便成了好朋友。就这样，不知不觉已经过了五年。

突然有一天，左边那座山上的和尚没有下山挑水，右边那座山上的和尚心想："他大概睡过头了。"便不以为意。第二天，左边那座山上的和尚还是没有下山挑水。第三天也一样，过了一个星期，还是一样。直到过了一个月，右边那座山上的和尚终于受不了了。他心想："我的朋友可能生病了，我要过去拜访他，看看能帮上什么忙。"于是，他便爬上了左边那座山去探望他的老友。

等他爬上左边那座山看到他的老友之后，大吃一惊。因为他的老友正在庙前打太极拳，一点也不像一个月没喝水的人。他好奇地问："你已经一个月没有下山挑水了，难道你可以不用喝水吗？"

左边那座山上的和尚说："来来来，我带你去看看。"于是，他带着右边那座山上的和尚走到庙的后院，指着一口井说："这五年来，我每天做完功课后，都会抽空挖这口井。即使有时很忙，能挖多少就算多少。如今，终于让我挖出了水，我就不必再下山挑水了，可以有更多时间练我喜欢的太极拳了。"

你今天在做什么，决定了你明天不用做什么和可以做什么。在这个世界上，通向成功的道路何止千万条，但你要记住：所有的道路，都不是别人给的，而是你自己选择的结果。你有什么样的选择，也就会有什么样的人生。

大约一百年前，美国密苏里州伦道夫县有一个叫克拉克的村子，村子里有一户贫困人家，家里有一个非常聪明的小男孩。一天，男孩的妈妈让他去把30个鸡蛋卖给村子里的一个邻居。临出门前，妈妈对小男孩说："孩子，这30个鸡蛋能卖40美分，如果邻居嫌贵，就卖35美分。"孩子听了妈妈的话就拿着鸡蛋到了邻居家。

邻居就问他这鸡蛋要卖多少钱？小男孩把妈妈告诉他的话一字不差地告诉了邻居。邻居一听笑了，说："你这么聪明的孩子，把你妈妈的话一字不差地告诉了我，如果让别人知道了会说你太笨。但是，孩子，我不这样认为，我认为你很诚实，是个好孩子。为了对你的诚实进行奖赏，我决定用40美分买你的鸡蛋。"小男孩非常高兴，蹦蹦跳跳地回了家。而这件事，对他的一生都产生了重大影响。

这个孩子长大后上了著名的西点军校。再后来，他成了一名军事专家。一直以来，他都没有改变自己诚实的好品质。为此，他赢得了"诚实的将军"的美誉，他就是奥·布雷特利。

选择决定未来。这就是奥·布雷特利的故事给我们的最好的启示。你选择了宽容别人，就会赢得别人的宽容；你选择了理解别人，就会获得别人的理解；你选择了从善如流，就会听到别人的金玉良言；你选择了与人为善，别人同样会投桃报李。

人生道路的方向，奋斗目标的实现，人际关系的好坏，关键就看你怎样选择。而你为人生目标所付出的不懈努力、吃过的苦、流过的汗等，都直接决定着你将来是出色还是平庸。

爱生活首先要学会爱自己

美国著名医生史迈利·布兰敦说："适当程度的自爱对每一个正常人来说，都是健康的表现。为了从事工作或达到某种目标，适度关心自己是无可非议的。"

布兰敦医师的理论是正确的。要想活得健康、成熟，"喜欢你自己"是必要条件之一。喜欢自己，并不是"充满私欲"的自我满足。它仅仅是意味着"自我接受"，也就是接受自己的本来面目、自重和人性的尊严。

心理学家马斯洛在其著作《动机与个性》中也曾提到"自我接受"。他把它列入了心理学的最新概念："新近心理学上的主要概念是：自发性、解除束缚、自然、自我接受、敏感和满足。"

成熟的人不会浪费时间比较自己和别人不同的地方，不会担忧自己不像比尔·史密斯那样有信心，或是像吉姆·琼斯那么积极进取。他可能有时会批评自己的表现，或觉察到自己的过错和效率低下，但他知道自己的目标和动机是对的，他仍愿意继续克服自己的弱点，向前奋进，而不是裹足不前。

成熟的人会适度地忍耐自己，正如他适度地忍耐别人一样。他不会因自己有缺点就痛不欲生。

喜欢自己，是否会像喜欢别人一样重要呢？回答是肯定的。憎恨每件事或每个人的人，只是显示出他们的阴暗和自我厌恶。

哥伦比亚大学教育学院的亚瑟·贾西教授，认为教育应该帮助孩童及成人了解自己，并且培养出健康的自我接受态度。他在其著作《面对自我的教师》中指出：教师的生活和工作充满了辛劳、满足、希望和心痛，因此，"自我接受"对每名教师来说，都是非常重要的。

据调查，目前全美国医院里的病床，有半数以上是被情绪或精神出了问题的人所占据。有资料表明，这些病人大都不喜欢自己，都不能与自己和谐地相处下去。

分析导致这种情况的各种因素并不是我要讲的内容，我只是认为，在这个充满竞争的社会，我们往往以物质上的成就来衡量人的价值。再加上名望的追求、枯燥乏味的工作，凡此种种，都容易使我们的精神产生疾病。我还坚信，由于普遍缺乏一种有力、持续的宗教信念，更使人们的精神无所依靠。

哈佛大学的心理学家罗伯·怀特，在其发人深省的著作《进步中的生命：有关个性自然成长的研究》中提到，现今有一种观念极为流行，那就是："人必须调整自己，以适应周遭环境的各种压力。"

怀特博士还说，这个观念是基于一种理想，也就是认为，"人能毫无问题地去适应各种狭窄的管道、单调的例行公事、强制性的规定及达成角色任务的种种压力，等等。但其采取的行动是否成功，则须看其是否具有拒绝、帮助成长或是改进角色的能力；并且要能创造、表现出积极的力量，说到底，就是在其成长过程当中，要具有创意性的方针和态度。"

怀特博士的论点十分令人赞赏。我们很少有勇气独树一帜，或很清楚明了自己究竟拥护什么主张。我们的行为通常受社交或经济族群的影响，如衣、食、住或思考的方式，大概都与邻居差不多。假如周遭环境与我们的个性有差异，有抵触，我们就会变得神经质或不快乐，就会感到失落和迷惑——就会虐待我们自己。

卡耐基成人训练班上的一位女学员便曾碰到这种情形。她的先生是位成功的律师，有野心，做事积极，也相当独裁。这对夫妇的社交圈子当然是以先生的朋友为主，也都是相同典型的人——都以声望和取得的成就来衡量人的价值。

这位太太个性十分安静、谦逊，这样的生活环境常常使她觉得自己十分渺小，不能发挥自己的长处；而她所具有的品质美德，也常常被忽略、被藐视，因此她愈来愈对自己没有信心，也为自己不能达到别人的期望而痛苦不堪。渐渐地，她变得不珍爱自己。

这位女学员能够适应环境，但却不能适应她自己。她不能坦然地接受自己的本来面目，而期望能变成另一个与自己完全不同的人。她不明白的是：每个人都具有一定的作用，都可以在生活中表现出来。这种作用必须按照自己的个性表现出来，而不是模仿他人。什么时候明白了这点，她才会把失去的自我找回来。

她自我认同的第一步，是不再用别人的标准来评判自己，同时必须建立起自己的一套价值观点，然后以此为依据开始生活。她也必须学习如何与自己相处，不要常常批判自己、贬低自己。

不喜欢自己的人，外在表现的症状之一便是过度自我挑剔。适度的自我批评是健康的、有益的，对自我要求进步极有必要。但若超过一定的限度，则会影响我们的健康生活。

在卡耐基成人训练班上，有位女学员在下课之后跑来找老师，抱怨自己的演讲没有达到预期的效果。

她向老师诉苦说："当我站起来演讲的时候，突然显得很胆怯、很笨拙，而班上的其他学员似乎都显得泰然自若，很有信心。我想到自己的种种缺点，便失去了勇气，无法再讲下去了。"

她还继续分析自己的弱点，并说明得十分详细。

等她讲完之后，老师便告诉她原因的所在："并不是你演讲不好，而是你老想着自己的缺点，没有把长处发挥出来。"

其实，并不是缺点使我们的演讲、艺术作品或个人性格显得失败。莎士比亚的戏剧里有许多历史和地理上的错误；狄更斯的小说也有不少过度矫情的地方。但谁会去注意这些缺点呢？这些作品闪耀着不朽的光辉，是因为它们成就远远大于缺点，以至缺点都变得不重要了。我们爱我们的朋友，是因为他们的种种优点而不是缺点。

把注意力放在我们自身的好品质上。培养优点，克服弱点，如此才能不断进步并自我实践。当然，我们也要随时改正错误，但不必一直念念不忘。

耶稣遇到身体或精神受折磨的人后，他不会先去查问为什么这些人会如此，也不会只给予简单的同情说："可怜的人哪，你的运气真不好，环境处处与你做对。告诉我，你是如何落难的？"

耶稣没有这样做，而是直接切入问题的重点。他说："你的罪被赦免了，回家去吧，不要再犯罪了。"

人们常因以前和现在所犯的种种过错，加之自己心灵的罪恶感，而显得自惭形秽。我们不应该尊敬或喜爱这样的自己。为了让自己跳出这样的情境，我们必须忘记过去，轻装上阵。

为了学习喜欢自己，我们必须培养出面对自己缺点的耐心。这并不意味我们必须降低水准，变得懒惰、糊涂或不再努力。这是表示我们必须了解一个事实：没有人，包括我们自己能永远达到100％的成功率。期待别人完美是不公平的，期待自己完美更是愚蠢荒唐的。

有一位女士是地地道道的完美主义者。她对每件事都力求精确，因此凡事不肯相信别人，而必须自己亲自去做。她连做个小小的报告都要费去许多时间研究；至于演讲，就更要准备得精疲力竭为止。她讨厌不速之客去打扰她，每次请客都要事前计划得尽善尽美，这一位女士费了这么大的苦心，终于把每件事都料理得井井有条，十分完美，一种冷酷的机械性的完美，没有欢乐、自在或温情。这样的完美，只能令人敬而远之。

要求自己时时保持完美其实是一种残酷的自我主义。其深一层的意思是，我们不能仅表现得和别人一样好，而是要超越其他人，要像明星一样闪闪发亮。我们的重点不是自我发挥，不是为了把事情弄好；我们注重的是要胜过别人，使自己达到凌驾于他人之上的独特地位。

作为一个凡人，完美主义者也如同一般人一样会犯错，会失败。但他们不能忍受这样的状况，因此会变得痛恨自己，不喜欢自己。

这样苛待自己是错误的。有时候，我们要练习自我放松，认识到自己的某些错误，要学习喜欢自己。

独处也是学习喜欢自己的好方法。马里兰州巴尔的摩"赛顿心理学院"的医疗主任李奥·巴德莫医师曾写过："有人喜欢在晚上休息时反思当日的种种活动。这种独思冥想的习惯，显然是学习如何与自己相处的好方法。"

在生活中，我们只有能与自己好好相处，才能期望与别人也能好好相处。哈里·佛斯迪克曾经观察那些不能独处的人，形容他们好像"被风吹袭的池水一样，无法反映出美丽的风景来"。

独处是使自己的心灵憩息的港湾，是反省自己的最佳方法，是我们与外界接触的基础。安妮·马萝·林柏在其著作

《来自海洋的礼物》中曾说过："我们只有在与自己内心相沟通的时候，才能与他人沟通。对我来说，我的内心就像幽静的泉水，只有内省时才能呈现其独特的魅力。"

独处能使我们更客观地透视自己的生命。《圣经》里有一句忠言："要安静，便可知道我就是神。"这话乃至理名言。

独处对我们的心灵运动十分有益处，就好像新鲜空气对我们的身体极有益处一样。

有人希望依赖别人得到快乐与满足，这无疑会为他人增添负担，并影响到彼此之间的关系。我们应该喜欢、尊重、欣赏我们自己，只有做到这一点才能培养出健康成熟的个性，也能增进与他人相处的能力。

享受岁月静好，最忌心浮气躁

一个伟大的艺术家要成就一件传世之作，不知道要吃多少苦头，不知道要经历过多少年的磨炼；一个作家要成就一部优秀的作品，不经过几番痛苦的思考是难以实现的；一支部队要赢得一场战役的胜利，就必须作出巨大的牺牲。这些画家、作家和战士，都是用艰苦的努力和辛勤的汗水铸就荣誉桂冠的。

在羡慕别人成功的同时，不妨扪心自问："他哪里比我优秀？"然后力求改进。如果对方实在没有超越你的地方，那又为什么他做得到而你做不到呢？《圣经》里有这样一个故事：

　　耶稣带着他的门徒彼得出外远行，途中耶稣看到地上遗落着一块破旧的马蹄铁，于是要求彼得把它拾起来。但是，彼得却因为旅途劳累，不愿为一块马蹄铁折腰，因此充耳不闻，故意假装没有听到。

　　耶稣并没有多说些什么，他自己弯腰捡起了马蹄铁。到了城里，他用这块马蹄铁向铁匠交换了微薄的金钱，又用这些钱买了十七八颗樱桃。

　　师徒两人继续往前行，来到了一片荒野。彼得背着沉重的行李，走得又累又渴，但是身上的水却早已喝光了。正当他苦无对策之际，耶稣悄悄地从衣袋里丢出一颗樱桃，彼得看到了，像是发现什么大宝藏似的，连忙捡起来吃。

　　于是，耶稣每走一段路就丢下一颗樱桃，彼得也只好每走一段路便弯一次腰。一路上彼得为了甘甜的樱桃，不知道狼狈地弯了多少次腰。

　　耶稣见到彼得腰酸背痛的模样，知道他受够了教训，于是笑着说："如果你不肯为小事付出，那么你将会为更小的事而付出更多。"

清代名臣曾国藩曾说过一句名言："坚其志，苦其心，劳其力，则事无大小，必有所成。"许多看似微不足道的小事，都是成功金字塔上的一块块小砖头，不加以积累，又如何造就出成功？

法国作家夏尔说："为了换取灿烂的光华，你必须去吹动那些微弱的火花。"耕耘贵在脚踏实地，而非幻想着一步登天。大多数人的成功，都建立在务实的基础上，一步一个脚印。路，就是这么走出来的。

每一个成功者都是非常努力的。成功者有成功的方法，可是成功者一定是努力的。努力是成功的捷径，而且是成功必须付出的代价。要想比别人优秀，就要比别人更努力。

奈迪·考麦奈西是第一个在奥林匹克体操比赛中获得满分的运动员。他说："我常对自己说：你一定能做得更好。要成为奥林匹克的冠军，你就得有不凡的地方，要比别人更吃得了苦。我不想过普通而平庸的生活，所以给自己确立的生活准则是：'不要想过简单容易的生活，而要追求做一个坚强有实力的人。'"

真正的冠军都明白，不论有多么充分的借口，任何失败都是自己懒惰的后果。"当一个人觉得不满意、不舒服和受折磨的时候，他才会得到最好的磨炼，"另一位金牌选手彼特·维德玛这样说，"每天，我都会把准备在体育馆里完成的项目列出清单，不管要花多少时间，没有把这些项目完成，我绝对不会离开。我每天的生活目标就是这样，只要走出体育馆，我都可以说今天已经尽力了。"

人才是磨炼出来的，人的生命具有无限的韧性和耐力，只要你始终如一、脚踏实地做下去，无论在怎样的处境中，都不放松自我，不自暴自弃，你便可以取得令自己和他人都震惊的成就。

"跬步不休，跛鳖千里"，跛脚的鳖也能走到千里之外，因它总是不懈地向前走；"佛许众生愿，心坚石也穿"，态度坚决可以穿透顽石，足见心力的神奇。

成功的人永远比一般人付出更多，当一般人放弃的时候，他们总是在寻找自我改进的方法，他们总是希望更有活力，产生更大的行动力。

成功者的生活是充满自我牺牲的。"没有劳作，就没有收获"，这应该是每一个成功者的座右铭。洛克菲勒曾对儿子说：

不要总想着去看表，忘掉时间吧。9点到17点的工作时间不是为了你而订的。商业犹如一场对弈，一场比赛。8小时对于大显身手地干一番事业的人是远远不够的。当我初次踏上推销员之路时，发现我的竞争对手们周末都有不工作的习惯。在星期六，我并没有什么特别重要的事情需要做。那时我还是个单身汉，不会被结婚带来的责任所拖累。那我干些什么呢？打网球吗？不，推销本身就是我的娱乐，就是我的比赛。我决意要成为一个胜者。

其实，许多事情都非常简单，一位推销前辈曾说过："世界上最伟大的秘密就是：你只要比一般人稍微努力一点，你就会成功。"

"台上一分钟，台下十年功。"一般人只看得到别人表面的风光，却忽略了他们背后的辛苦。殊不知，成功不会从天而降，一点一滴，都必须从零累积而来。浮躁心理是现代人的通病之一。表现为行动盲目，缺乏思考和计划，做事心神不定，缺乏恒心和毅力，见异思迁，急于求成，不能脚踏实地。

比如，有的人看到歌星挣大钱，就想当歌星；看到专家、经理神气，又想当专家、经理，但又不愿为了实现自己的理想努力学习。

还有的人兴趣、爱好转换太快，干什么事都不能从一而终，今天学绘画，明天学电脑，三天打鱼两天晒网，忽冷忽热，最终一事无成。

张某是某事业单位一般职员。他主动找到心理医生讲述自己的苦闷："我近一年来一直心神不定，老想出去闯荡一番，总觉得在我们那个单位待着憋闷得慌。看着别人房子、车子、票子都有了，我心里慌啊！以前我也曾炒过股，倒过一些货，但都是赔多赚少。我去买彩票，一心想中个大奖，可结果花几千元连个响儿都没听着！后来我又跳了几家单位，不是这个单位离家太远，就是那个单位专业不对口，再就是待遇不好，反正找个合适的工作太难了。反正，我心里就是不踏实，闷得慌。"

产生浮躁的主观原因是个人间的攀比。攀比使人对社会生存环境不适应，对自己的生存状态不满意，于是过火的欲望油然而生。个人奋斗又缺乏恒心与务实精神，缺乏对自己的智力与发展能力的准确定位，从而失去自我。

然而，当浮躁使人失去对自我的准确定位，使人随波逐流、盲目行动时，就会对家人、朋友甚至社会带来一定的危害。在这个瞬息万变的物质世界中，其实人人都可能有过浮躁的心理。对那些意志坚强的人而言，浮躁也许只是一个念头而已。一念之后，还是该做什么就做什么，不会迷失了方向。

浮躁不是病，而是一种普遍的社会心态，没有什么可怕的。只要我们让自己的头脑稍微保持一点清醒，不因浮躁而紧张，我们的心便会随之复归平静，生活也会变得像以前一样容易掌控。

改变浮躁之气，就是要脚踏实地，凡事认真做。认真就是不放松对自己的要求，就是严格按规则做人办事，就是在别人苟且随便时自己仍然坚持操守，就是高度的责任感和敬业精神，就是一丝不苟的做人态度。

如果每个人都能凭着良心做事，不怕困难，不半途而废，那么不但可以减少失败，而且可使每个人都具有高尚的人格。而一个人养成了敷衍了事的恶习后，做起事来往往就会不认真。这样，人们最终必定会轻视他的工作和他的人品。

认真的精神，其实是对自己、对他人、对家庭和社会的高度责任感。做事能否认真，与是否有耐心关系密切。许多人做事只图快，只图省力气，怕麻烦，于是偷工减料，"萝卜快了不洗泥"，这样做出的"成果"必然是经不起检验的。

商品社会让我们越来越缺乏耐性，拜金主义把我们搞得无比浮躁。而这种"浮躁"，这种"缺乏耐性"，正是为人做事不再认真、充满着"浮躁心"的突出表现。

能否认真做事，不但是个行为习惯的问题，更反映着一个人的品行。很难想象一个整天只图自己安逸和舒服，只想着走捷径取巧发财的人，会不辞劳苦地、耐心地、认认真真地去做好该做的事。认真做事的前提，是认真做人。

不要让生活把你变成庸人

也许你没有注意，在生活中你有多少次抱怨老天的不公平。有时，你也许真的遭遇到了某些不公平的待遇，既得利益被无端地剥夺，自己的荣誉拱手让给了他人，公平的分配却怎么也轮不到自己。

于是，常见许多人处于生命低谷时一味地抱怨、苦恼，大声地哭诉着生活对自己是如此不公，长期沉溺其中不能自拔，终日被泪水和无奈的情绪包围着。仔细想来，抱怨、折磨自己又有何用？只能徒增自己的痛苦，让自己坠落得更深、更惨罢了！

人生如海，潮起潮落，既有春风得意、高潮迭起的快乐，又有万念俱灰、惆怅莫名的凄苦。

面对生活，有很多事情不能如己所愿，别人得到了幸运你却与机会擦肩而过，别人获得了成功你却陷入困境，别人一帆风顺你却遭遇不幸。于是，你感叹生活是如此刻薄，命运是如此不公。其实，当你有这样的感叹的时候，你已经把自己命运的掌控权交了出去。

如果把人生的旅途描绘成图，那一定是高低起伏的曲线，它可比呆板的直线丰富多了。

史密斯先生是一位成功的商人，他从一个普普通通的事务所小职员做起，经过多年的奋斗，终于拥有了自己的公司、办公楼，并且受到了人们的尊敬。

有一天，史密斯先生从他的办公楼走出来。刚走到街上，他就听见身后传来"嗒嗒嗒"的声音，那是盲人用竹竿敲打地面的声响。史密斯先生愣了一下，缓缓地转过身。

那盲人感觉到前面有人，连忙打起精神，上前说道："尊敬的先生，您一定发现我是一个可怜的盲人，能不能占用您一点点时间呢？"

史密斯先生说："我要去会见一个重要的客户，你要什么就快说吧！"

盲人在一个包里摸索了半天，掏出一个打火机，放到威尔逊先生的手里，说："先生，这个打火机只卖1美元，这可是最好的打火机啊！"

史密斯先生听了，叹口气，把手伸进西服口袋，掏出一张钞票递给盲人："我不抽烟，但我愿意帮助你。这个打火机，也许我可以送给开电梯的小伙子。"

盲人用手摸了一下那张钞票，竟然是100美元！他用颤抖的手反复抚摸这钱，嘴里连连感激着："您是我遇见过的最慷慨的先生！仁慈的富人啊，我为您祈祷！上帝保佑您！"

史密斯先生笑了笑，正准备走，盲人拉住他，又喋喋不休地说："您不知道，我并不是一生下来就瞎的。都是23年前布尔顿的那次事故！太可怕了！"

史密斯先生一震，问道："你是在那次化工厂爆炸中失明的吗？"

盲人仿佛遇见了知音，兴奋得连连点头："是啊是啊，您也知道？这也难怪，那次光炸死的人就有93个，伤的人有好几百，可是头条新闻啊！"

盲人想用自己的遭遇打动对方，争取多得到一些钱，他可怜巴巴地继续往下说。"我真可怜啊！到处流浪，孤苦伶仃，吃了上顿没下顿，死了都没人知道！"

他越说越激动，"您不知道当时的情况，火一下子冒了出来！仿佛是从地狱中冒出来的！逃命的人群都挤在一起，我好不容易冲到门口，可一个大个子在我身后大喊：'让我先出去！我还年轻，我不想死！'他把我推倒了，踩着我的身体跑了出去！我失去了知觉，等我醒来，就成了瞎子，命运真不公平啊！"

史密斯先生冷冷地道："事实恐怕不是这样吧？你说反了。"盲人一惊，用空洞的眼睛呆呆地对着史密斯先生。

史密斯先生一字一顿地说："我当时也在布尔顿化工厂当工人，是你从我的身上踏过去的！你长得比我高大，你说的那句话，我永远都忘不了！"

盲人站了好长时间，突然一把抓住威尔逊先生，爆发出一阵大笑："这就是命运啊！不公平的命运！你在里面，现在出人头地了，我跑了出去，却成了一个没有用的瞎子！"

史密斯先生用力推开盲人的手，举起了手中一根精致的棕榈手杖，平静地说："你知道吗？我也是一个瞎子。你相信命运，可是我不信。"

同是面对不幸的遭遇，有人只能以乞讨混日子为生，有人却能通过奋斗出人头地，这绝非命运的安排，而在于个人奋斗与否。

面对自己的不幸，屈服于命运，自卑于命运，并企图以此博取别人的同情，这样的人只能躺在不幸中哀鸣。失败并不意味着失去一切，靠自己的奋斗也可以消除自卑的阴影，赢得尊重。

确实，世界总是不公平的，没有必要去抱怨。你大可不必为自己的点点得失而大喊不公，应该正视现实，承认生活确实是不公平的。

承认生活并不公平这一事实的一个好处便是它激励我们去尽己所能，而不再自我伤感。我们知道让每件事情完美并不是"生活的使命"，而是我们自己对生活的挑战。承认这一事实也会让我们不再为他人遗憾，每个人在成长、面对现实、做种种决定的过程中都有各自不同的能力和难题，每个人都有感到成了牺牲品或遭到不公正对待的时候。

承认生活并不公平这一事实表明你正在逐步成长，并且渐渐走向成熟。承认生活不公平并不意味我们不必尽己所能去改善生活，去改变周围的世界。恰恰相反，它正表明我们应该这样做。当我们没有意识到或不承认生活并不公平时，我们往往怜悯他人也怜悯自己，而怜悯自然是一种于事无补的失败情绪，它只能令人感觉现在比过去更糟。

很多时候，我们自认为"不走运"，于是伴随我们的可能是消极抑郁、悲观绝望情绪。"假如生活欺骗了你"，事情的结局太出乎我们预料，对自己打击太大，不妨反复吟诵"牢骚太盛防肠断，风物长宜放眼量"的佳句，笃信"乐极生悲""苦尽甘来"的哲理，不要忧愁，不要悲伤，不要心急，更不要凄凄惨惨戚戚。

应该知道，世界上有许多事情，是没法尽如我们心意的。同时，我们个人的力量也是有限的，不要把这些不尽如人意的事情变成我们的困扰，而应学会把它们当成人生道路上必须要跨越的沟沟坎坎。

在这个世界上，有阳光就必定有乌云，有晴天就必定有风雨。从乌云中解脱出来的阳光比从前更加灿烂，经历过风雨的天空才能绽放出美丽的彩虹。

人们都希望自己的生活中能够多一些快乐，少一些痛苦；多些顺利，少些挫折。可是命运却似乎总爱捉弄人、折磨人，总是给人以更多的失落、痛苦和挫折。此时，我们要知道，困境和挫折也不一定是坏事。它可能使我们的思想更清晰、深刻、成熟、完美。

我们常说要有一颗平常心，其实平常心就在于选准自己的道路，然后持之以恒地走下去。选择自己的道路，可以凭自己的兴趣或所学习的专业去选择，也可以在工作中、生活中去发现适合自己的道路。

别人的路不是自己的路，自己去走了，才会有自己的路。面对一些坎坷，不要退缩，不要气馁，一次两次走不过去也不要紧。要记住，大不了，我们可以从头再来。

　　于娟娟是一家美容美发形象设计中心总经理，她原来是某工具总厂游标卡尺装尺工。提起于娟娟五年的创业历程，她自己说，在开美容院之前，她是一个不成功的"商人"。

　　20世纪90年代末，原来的单位进入困难时期，于娟娟与丈夫一起下岗待业，两人的收入已不能支持家庭开支。

　　看着上学的女儿，多病的母亲，正上大学的妹妹，于娟娟与丈夫商量后决定，自己下海做生意。

　　下岗后，于娟娟像很多下岗职工一样，首先想到的就是摆地摊，批发小百货来卖。

　　每天，她蹲在路边，守着小摊，眼巴巴地盼着有人光顾。就这样看着来来往往的人群守了一个月，连盒饭都舍不得买，一算账，竟还亏了几十元。

　　小百货不好卖，就卖别的吧！于娟娟从家里挤出120元，从水果批发市场批发了樱桃来卖。可这回，樱桃一颗颗烂在家里，紧赶着处理，还是亏了50元。卖用的、吃的都贴钱，于娟又改卖穿的。东挪西借后，她去进了一批皮鞋，每天她把几大捆鞋装在蛇皮口袋里，用自行车驮着，四处叫卖。

一个秋雨蒙蒙的傍晚，她去卖鞋，艰难地在凹凸不平泥浆四溅的路上骑行。这时蛇皮袋绞入后车轮，她连人带车倒入烂泥中，几次想爬起来都没成功。

幸好一位钓鱼的老人路过，将她拉了起来，还帮她把散落满地的皮鞋捡拢来。

就这样，皮鞋生意也半途而废了。家里也没有钱让她再去"折腾"，经朋友介绍，她到雅芳公司当了化妆品推销员。

由于长期的风吹日晒，东奔西跑，于娟娟患上严重的胃病和美尼尔氏综合征，脸部皮肤粗糙，还有大块大块的黄褐斑。这样的形象去推销化妆品，就有顾客公开奚落她："看看你自己的样子，也来搞化妆品推销。"

于娟娟没有气馁，她觉得很多人下岗后不再创业是因为不肯放下国企职工的架子，这对于她来说不算什么，生活嘛，谁还不都得过几道坎，她一定能干好。于是，于娟娟每天穿梭于大街小巷，四处苦口婆心推销，终于让自己的生活有了转机。

但是，顾客的奚落一直是她胸口的病，也让她看到美容业中所包含的商机。于娟娟放弃了已能养家糊口的推销工作，到一家美容院当起一个月只有150元工资的"学徒"。

在美容院打工三个月，是她学习的三个月。她全部的工资都变成了有关书籍，加上师姐的指点，她的技艺突飞猛进。

三个月时间，这家美容院已不能满足她的求知欲。在丈夫支持下，她变卖了家中的电视机和部分家具，到一家专业美容美发培训中心学习，拿到了高级美容师职称。

学成后，于娟娟借了2万元，租了一间20平方米的门面，开了只有两张美容床的"娟娟美容院"。

有了自己的目标，有了自己的天空，于娟娟更加努力，摸索出一套自己的洗脸按摩手法，更在化妆、文眉上有了突飞猛进的提高。从此，于娟娟的生活步入坦途，生意越做越大。

后来，于娟娟的美容院更名为美容美发形象中心，有240平方米，上下两层楼：有员工10余人，美容床21张，有自己的美容美发培训学校。于娟娟成功了。

奋斗之后迎来辉煌也是大自然的规律。世上的路很多，归根结底只有两条：上坡路和下坡路。走上坡路，沿途可能会有荆棘刺破你的双脚，你付出了汗水、泪水和血水，也不一定走得很高；走下坡路就显得很容易，你无须把握自己，任他人把你带向未知的方向。

我们不能借口运气不佳就不去成长，那背离了自己生命的本质，是消极厌世。你或许无法获得辉煌的成功，但一定要以一颗平常心面对这浮躁的世界，踏踏实实地成长，一步一个脚印地走好人生路。不过，人生路从没有一帆风顺的，所以，不妨"有意发展，无意成功"，锲而不舍，功到自然成。

自由自在，何不潇洒走一回

人生苦短，一个人降生到世上，浑浑噩噩是一生，轰轰烈烈亦是一生，与其碌碌无为，何不潇洒走一回？朱自清先生曾说过："我赤裸裸地来到这个世上，转眼间又将赤裸裸地离开。"

的确，我们本来就是一无所有地来到世上，家人、朋友、感情、智慧……一切的一切，只不过是上苍给予我们的恩赐，为的是让我们用这些去建立家园、奉献社会、开创事业，能够潇洒地走完自己的人生之路。

每个人都会死，但并非每个人都真正活过；每个人都在追求高质量的生活，但并非每个人都活出了自我。从我们呱呱坠地的那天起，我们就注定要在这个世界走上一回。

也许，在我们的前面是一条开遍鲜花的金光大道，也许在我们的前面是一条荆棘满地的艰难之路，也许这条路崎岖坎坷，也许它本来就是一条死亡之路。

然而，不管路途怎样，既然我们降生到这个世界上，就应该勇敢地、毫不犹豫地在这个世界上潇洒地走一回。

但是，到底什么是"潇洒"呢？可能不同的人对它有不同的理解吧！这里有一个故事，我们来看一个少女心中的"潇洒"吧。

国庆节的前一天晚上，我们这群住宿生终于可以回家了！我们一群人高兴地来到车站，一起等208公交车。这时，站在一边、稍比我们大点的哥哥笑嘻嘻地捂着肚子说："唉哟，肚子在唱空城计了！"他的话引起了一阵笑声。

这时，一辆208驶了过来，我们一拥而上，结果人太多了，我们还是上不了，只好作罢。车的后门因车太挤了，也关不了门。这时，我突然间看见一个中年男人趁乱拉开了一个女生书包的拉链，而那位女生仍不知情地拼命往里挤……

"喂，我们上错车啦！"车内突然传来了这句话，那位女生在毫无准备之下被人硬生生地拽下了车，车开走了。女生甩开拉她下车的手，气呼呼地说："你干吗拉我下车？我认识你吗？"

"你最好先检查一下你的书包有没有少了什么东西！刚刚有人把你的书包拉链拉开了。我一着急就把你拉下车了。"

女生急忙打开书包仔细翻了一遍，终于松了一口气，对那个人说："谢谢你！多亏了你，我什么东西都没少。"

路灯亮了，灯光正好照在那个人的脸上，我才发现，那人就是那个幽默的哥哥，他背着一个黑色书包，戴着眼镜。

后来，我们终于上车了，那个哥哥也与我们同坐一辆车。这时，听见售票员对一位阿姨说："你把行李放到后面去吧！放这里让别人很不方便。"

"可是这行李这么多……"那个阿姨说。

"阿姨，我帮你吧！"一个熟悉的声音传进耳朵，又是那个哥哥！我也挤了过去，说："我也帮你，阿姨！"

我们费了很大的劲，终于把行李一件不剩地搬到了车后。不久，到了一站，车门开了，他下车了，背着黑色的书包，在我的眼帘变得越来越小……

看着他远去的背影，我突然觉得，他真潇洒！

原来，在故事中的少女心中，聪明、善良的本性，幽默、洒脱的作风，就是潇洒。那么，朋友，我们心中的潇洒是什么样的呢？是不是下面这样呢：

一身上下都是名牌，身穿"探路者"，脚踏"耐克"，手上还戴着"依波"，金光闪闪，耀人眼目！发型更是多种多样，什么"板寸""草坪""短碎""鱼弹头""侧点放射"……花花绿绿，令人眼花缭乱。

这样的潇洒，我们应该不是很赞同吧！说句不客气的话，他们肚中的知识能有几何？大好的青春年华全花费在了打扮上！更有甚者，竟然借钱去消费，网贷买快乐。这怎么会是潇洒呢？这只是愚不可及。

潇洒不是一味地享乐，它应该表现为不拘世俗、不卑不亢、积极轻松、坦然雍容，一味地享乐达不到这样的境界。

网吧、迪厅、舞厅、酒吧、赌场，无疑都可以成为我们一展"才华"的场所，但如果把潇洒仅仅理解为网络对战、跳舞、喝酒、打麻将的话，就显得太庸俗、片面、单调了。

如此的潇洒未必就能给我们带来轻松愉悦，倒极有可能是一种相反的东西。作为一个年轻人，不管我们面对的是怎样的现实，不管多么的残酷，我们都不应当如此颓废，如此堕落。

潇洒是一种心灵的释放，更是一包人生的调味剂，应该有更为积极的内涵，更为广阔的意境。

潇洒以理想为魂。理想不是海市蜃楼，而是眼前实景。说到底，理想是我们内心深处的一种欲望，是它成了我们生活的动力，是它支撑着我们的人生。

人们总是认为理想是空而不切实际的、大而无边的美妙幻景，其实它与我们的生活息息相关。理想不会破坏生活的温馨和平静，只会让我们的生活更加滋润，更加有朝气。

所以成功固然是漂亮的大书一笔，而失败不也是优美的婉转一弧吗？正所谓拿得起，放得下，能张能弛，能开能合，这才是真正的潇洒！

潇洒以创造为源。现实生活中有这样的一类人，他们热爱生活，懂得享受人生，但同时他们也明白享乐的前提是创造。他们对生活各方面都充满了兴趣，不会拒绝生活的赏赐。

他们也从不鄙视那些屋檐下忙碌一生的燕雀，因为那也是一种生活，但他们更向往成为搏击长空的雄鹰，去创造出属于他们的一片蓝天，去抒写人生辉煌的篇章。

他们努力从大局上主宰自己的人生，虽然他们的想法和选择不一定总是对的，但他们努力了，这一点就足够让他们更贴近潇洒一些。于是，他们有寂寞，但不会空虚；有挫折，但不会萎靡；有感慨，但不会沉沦……

潇洒需要有向世界捧出一颗心来的勇气和信心。任尔说我透明也好，苍白也罢，敢于活出自我，这便是一种大气与从容。能在调侃中开心活着的人，必能领悟到人生的真谛。

在这个世界上，真正的潇洒的人不多，故作潇洒的人不少。不过，潇洒是绝对故作不出来的，否则，人人都会很潇洒，世间也就没有潇洒。

可悲又可叹的是，一些故作潇洒的人，往往自我感觉良好，以为自己真的很潇洒。这时，他给人的感觉，宛如重温了西方人常说的一句话——"我的上帝啊！"

内心的潇洒是一种境界，它的极致是无我——脱尘出俗；

外表的潇洒是一道风景，它的极致是有我——舍我其谁。

遗失了一件贵重物品，只在心中懊恼片刻，便弃之脑后，这是一种潇洒。与朋友分手，在心中惋惜了几天，便平静如初，这却不是潇洒，而是从未真正爱过。

当我们刻意模仿潇洒的时候，是我们离潇洒最远的时候；当我们无意潇洒的时候，是潇洒离我们最近的时候。

有人认为，那种一掷千金的派头就很潇洒，这真是对潇洒的误会和嘲弄。做这种派头，除了证明这钱八成不是他自己辛苦挣来的以外，并不能更多地说明什么。这样的人一旦落难，不要说潇洒，恐怕连自尊都不一定能保得住。有谁见过落难的阔少或暴发户是如何表现潇洒的吗？

潇洒，是一种本色。那些特别潇洒的人，也就是把本色自然表现发挥到了淋漓尽致程度的人。失去了本色，也就没有了潇洒。不畏人言，也是一种潇洒。畏惧人言，必定常常裹足不前。一个常常裹足不前、犹豫不决的人，是没有潇洒可言的。谁不爱潇洒？谁不能潇洒？

具有博大胸怀的人，才有可能在心灵上潇洒；具有自信和实力的人，才有可能在外表上潇洒。这样的潇洒，才是真正意义上的潇洒。

生活中，那种更多的只是接近于漂亮意义的潇洒，与真正的潇洒比较起来，实在不过是"雕虫小技"。它既无助于一项伟大的事业，也无助于一种崇高的人生。

真正的潇洒不是长得俊俏，也不是穿得妖艳，而是努力学习，不断充实自己。有精力不用，过期作废。青年时代不抓住时间努力学习，将来就有可能成为"少壮不努力，老大徒伤悲"的又一实例，那又何谈潇洒呢？

遇到困难、挫折，有的人倒下了；有的人却"知其不易而为之"，与困难斗争到底，那些绕过困难走路的人，表面看来很潇洒，因为他选择一条无坎坷的路。而事实证明，他是最令人为之羞耻的，因为他没有面对困难的勇气。

一个真诚的人，一个正确对待成功与失败的人，一个勇于面对现实、不肯轻易低头的人，他的一言一行本身就是一种潇洒的表现，找回自我，面对现实，摆脱自己编织的梦幻，做一个真正潇洒的人，不是很好吗？

潇洒走一回，便多了一份坚实、一份醒悟、一份自信。跌倒后，不妨爬起来，潇洒地走一回。

潇洒走一回，失落星星和月亮之后的清晨，会让我们领略到初升太阳的壮美；潇洒走一回，朝着太阳走，地平线就不会拒绝我们的痴迷和恋情；潇洒走一回，诱人的辉煌更加接近我们放飞的渴望。

跨过山海，才知道自己的独一无二

我们是世界上独一无二的，只要我们能够主宰我们自己的命运，我们即将无所不能，我们就能够做生命中的第一。这就是说，我们每个人都是独一无二的，每个人都有其存在的理由和存在的价值。我们要坚持我们是很重要的，如果我们自己都不相信自己，如果看不起自己，我们怎么能够脱颖而出呢！

所以，这也正是力量定律向我们展示的生命的意义就在于：我的命运我主宰！在我们的人生历程中，这是何等豪迈的气势！每个人在成长奋斗的过程中都要面临外在的条件和环境以及重重困难。这些条件和环境可能不同，甚至相差万里。但是每个人成长面临的困难归根结底却是十分类似。

有一次，一位朋友向我问起张其金这个人如何时，我对那位朋友说："张其金在小时候曾经是一个木讷的孩子，他家里经济拮据，想上学连学费都交不起，但他并没有被困难吓倒，也并没有因此而怀疑自己的能力。他坚定地相信，自己拥有别人不具备的潜能和优势，只不过暂时还没有发挥出来罢了。"

张其金的自信不断鼓励着他勤奋学习、积极进取。事实证明，这种自信可以帮助他最大限度地发挥自身的潜能，在高二的时候，他就参加了全国数理化的联赛，并取得了好的成绩。更难得的是，他虽然在高中学的是理科，但在文学方面也取得了令人瞩目的成绩。

同样是在高三，他就发表了许多的文章，并获得全国诗歌大赛特等奖，后来被评为全国优秀文艺工作者。张其金在取得如此骄人的成绩后，并没有心浮气躁，反而加倍地努力，从而在出版专著方面业绩非凡。

张其金的成功鼓舞了很多人，但他却非常谦虚地对自己说："是的，我是比别人向前迈进了一步，但这只是万里长征刚开始迈出的第一步。"即便是在后来的创业过程中，他经历了失败，经历了别人的打击，他还是对自己说，"我会成功的，我的命运我主宰，我会执着地为了我的人生目标而奋斗的。"

由此可以看出，一个人只要勇于让自己的人生不再平凡，他立志让自己摆脱困境，走出平庸，那么，他就会为自己创造一个极好的机会。

贝多芬学拉小提琴的时候，技术并不高明，他宁可拉他自己作的曲子，也不肯做技巧上的改善，他的老师说他绝不是个当作曲家的材料。

发表《进化论》的达尔文当年决定放弃行医时，遭到父亲的斥责："你放着正经事不干，整天只管打猎、捉狗捉耗子。"另外，达尔文在自传上透露："小时候，所有的老师和长辈都认为我资质平庸，我与聪明沾不上边的。"

爱因斯坦4岁才会说话，7岁才会认字。老师给他的评语是："反应迟钝，不合群，满脑袋不切实际的幻想。"他曾遭到退学的命运。我在前面讲过的张其金在上初中时数学老师曾对他说："你这样腼腆，你将来的生活如何照顾。你写的东西是如此的乱七八糟，你还想出书，简直是做梦。"

《战争与和平》的作者托尔斯泰读大学时因成绩太差而被劝退学。老师认为："他既没有读书的头脑，又缺乏学习的兴趣。"如果这些人就被他们的平庸所淹没，怎么能取得如此瞩目的成绩。所以，我们在看待自己或别人时，一定不要抱怨自己的成长特别难，而别人的成长却特别容易。其实区别就在于，有些人面对困难和挫折的时候，反而会越战越勇，在他们看来，成功只是一个既简单又复杂，既平实又玄妙的字眼。

在浩瀚的历史长河里，东西方的无数先贤为了悟透成功的真谛而皓首穷经；在纷繁的现代社会中，一代又一代的年轻人为了追求或世俗、或理想，抑或是有个性的成功而奔波忙碌。但他们却很少停下来想一想那些成功者是如何做得更好，如何使自己走向成功的巅峰。

第二章

外面的世界很精彩

外面的世界确实很精彩。祖国的壮美山河令人沉醉，古老的历史文化遗迹，使人惊叹。长城、故宫、颐和园，辉煌宏大的建筑，体现了古人的智慧；泰山、黄山、庐山，鬼斧神工的造型，凝结了自然的精华。

九寨沟的"童话世界"演绎着现代童话，峨眉山的"佛光频现"隐藏着难解奥秘。走到"天涯海角"，观赏"东方明珠"，来到"平遥古城"，体验"澳门风情"……

用心去感受山水之美

　　人生至少要有两次冲动，一为奋不顾身的爱情，一为说走就走的旅行。总有一天，我会丢下我所有的疲倦和理想，带着我的相机和电脑，远离繁华，走向空旷。流转的时光，都成为命途中美丽的点缀，看天，看雪，安安静静，不言不语都是好风景。

　　在江海横流、人或为鱼鳖的洪荒年岁，山水时常是人类狰狞的对立物，自然无美可言。同样，"忧心忡忡的穷人甚至对最美丽的景色都没有什么感觉"（马克思语），只有当人类能够支配自然和自身时，山水美才进入人们审美的视野。

　　如果我们从灵动的山水审美过程着眼，那么人们对山水的美感，首先是来源于山水千姿百态的自然形态。桂林的锦山秀水、黄山的奇松怪石、庐山的飞瀑深潭等等，都以其独具魅力的外在形态给人们以直接的美感。

　　但是，仅仅停留在这种直觉美感上是不够的，真正的乐趣在于对山水所蕴藏的意境的领略。这就需要人们投注情感，达到情景交融。物我合一的审美境界。诸如"采菊东篱下，悠然见南山"，"欲把西湖比西子，淡妆浓抹总相宜"之类的审美感受，都是突破了单纯形态美的法则而寻觅到的更多乐趣。

山水审美不同于观赏一幅山水画。一幅画只有一个透视角度，并且画面上每个景物都是在特定时空中的凝固物。而山水审美则是面对一幅流动的立体图画。

就山的审美而言，不仅可以从不同的视角和视距去欣赏、寻找一种"横看成岭侧成峰，远近高低各不同"的意趣，而且还可以从不同时令和心境去欣赏求觅，这就是古人所说的：春山烟云连绵人欣欣，夏山嘉木繁阴人坦坦，秋山明净摇落人肃肃，冬山昏霾翳塞人寂寂。这种灵动变幻之美无疑给人们观赏山水带来了更多的情趣和享受。

赏水贵在玩。水由于山和水的审美意趣不同，所以审美的兴奋点和方式也有所差别。在这点上，游山玩水这个词有意无意地道出了其中的奥秘。

观山重在游。山是处于多维空间之中，具有多侧面的景观，这就需要人们游目移步，逐一领略。如黄山的许多峰峦都有"移步换形"之妙。你在半山寺眺望天都峰旁那座峰石，它犹如引颈长啼的雄鸡，故冠名"金鸡叫天门"，可当你走到九蟠坡再转身遥看，它却摇身变为"五老上天都"。

所以观山以游为上，或登高览小，寻求"江流天地外，山色有无中"的景致，或傍山仰观，感受"飞流直下三千尺"的气势。当然，最妙的是移步览景、游目骋怀，以动观的方式把沿途美景一一纳入心怀。唐代柳宗元就是以这种游览方式饱览了永州小石潭风光，写下脍炙人口的《小石潭记》。

在山水审美中，由于它流变多姿的形态而显示美。或像钱江春潮具有摄魂动魄之势，或如昆明滇池富有妩媚秀丽之姿，或有桂林山水相映相润之趣。

难怪孔夫子的门生子贡说："君子见大水必观焉。"的确，水有多方面的观赏价值。但在笔者看来，玩水绝对要比观水更有情趣。

远观西湖固然有"水光潋滟晴方好"的美感，但总不如荡舟湖上来得尽兴；欣赏九寨沟的海子，虽然那缤纷的水色神奇得叫人神迷心醉，但总不如在喷珠溅玉的珍珠滩挽裤赤足，踏流戏水来得痛快。即使在庐山乌龙潭观望飞流急瀑，人们也总乐意贴近它，溅一身细雾碎滴而后快！

如果说，山具有一种父性的庄重，那么水则给人一种母性的亲近。这种亲近既导源于人们在生命初始对水的天然依赖之情，又导致人们在玩水中更充分地纵情放怀，嬉戏玩耍，这是有别于游山的富有个性情趣的审美方式。

不到长城非好汉

"不到长城非好汉"，这是世界上众所周知的一条谚语。在世人眼里，长城是中华民族古老文化的丰碑和智慧的结晶，象征着中华民族的血脉相承和民族精神，是中华民族的骄傲。它与埃及的金字塔、罗马的斗兽场、意大利的比萨斜塔等共同被誉为世界七大奇迹。长城之所以能成为中华民族的骄傲和象征，主要有以下几点原因：

首先，长城是世界上修建时间最长、工程量最大的冷兵器战争时代的国家军事性防御工程，凝聚着我们祖先的血汗和智慧。长城的修建持续了2700多年，几乎贯穿了全部中国封建社会阶段。

根据历史记载，从公元前7世纪楚国筑"方城"开始，至明代（1368—1644年）共有20多个诸侯国和封建王朝修筑过长城，其中秦、汉、明三个朝代，长城的长度都超过了5000公里。

如果把各个时代修筑的长城加起来，总长度超过了5万公里；如果把修建长城的砖石土方筑一道1米厚、5米高的大墙，这道墙可以环绕地球一周有余。整个长城的修建共经历了三个修筑高峰：第一个修筑长城的高峰是秦朝。

春秋战国时期，诸侯纷争，烽烟四起，各诸侯国纷纷修筑长城以自卫。秦统一中国后，秦始皇动用大量人力、物力，将原来秦、赵、燕等国的长城连接起来，并在此基础上重新修建，筑起一条西起甘肃临洮、东至辽东绵延1万多里的长城，从此开始有了"万里长城"之称。现在仍保留部分遗址。

长城修建史上的第二个高峰是汉代，汉代为抗击匈奴入侵，保护陆上"丝绸之路"畅通，在秦长城以北修筑了一条平行的外长城。外长城西起新疆罗布泊、东北延至鸭绿江，长达一万多公里，是我国历史上历代所建长城中最长的一条长城，起到了保护中原地区的生产和人民生活安定的作用。

明代是我国长城修筑史上的第三次高峰。为了防御鞑靼族的侵扰，筑起了一条西起甘肃的嘉峪关，东到辽东虎山，全长6350公里的边墙。我们今天看到的长城主要是由明代修建而保留下来的。世界上很多国家也有长城这种防御性工程，但无论是从持续时间上、建筑规模上还是保存的完整程度上都无法与中国的长城相抗衡。

其次，长城奇特巧妙的结构让人叹为观止。长城作为防御工程，它翻山越岭、穿沙漠、过草原、越绝壁、跨河流，其所经之处地形之复杂，所用结构之奇特，在世界古代建筑工程史上可谓是一大奇观。

在沙漠地区，千里流沙，缺少砖石，汉长城采用当地出产的砾石和红柳，修筑时充分发挥砾石的抗压性能和柳枝的牵拉性能，这两种材料结合砌筑的长城非常坚固，经历两千多年风沙雨雪的冲击，不少地段仍屹立高达数米。

在西北黄土高原地区，长城大多用夯土夯筑或土坯垒砌，其坚固程度不亚于砖石。如甘肃的嘉峪关长城墙体，修筑时专门从关西十多公里的黑山挖运黄土，夯筑时使夯口相互咬实，这种墙体土质结合密实，墙体不易变形裂缝。

明代修筑长城以用砖、石砌筑和用砖石混合砌筑为主。墙身表面用条石或砖块砌筑，用白灰浆填缝，平整严实，草根、树根很难在缝中生长，墙顶有排水沟，排除雨水保护墙身。长城还在重要的道口、险峻山口、山海交接处设置关城，既可交通，又可防守。在跨越河流的地方，长城下设水关，使河水通过。

出于防守的需要，在城身上每隔不远处建有突出的墙台，便于左右射击靠近墙体之敌；相隔一定距离又有敌楼，用来存放武器、粮草和供守卒居住，战时又可用作掩体。在长城沿线还建有独立的烽燧、烽台，用于在有敌来犯时，举火燃烟，传递信息。

再次，长城有深厚的文化内涵。自从长城开始修建以来，在长城内外，就有许多惊心动魄的伟大战役就在这里发生，许多改朝换代的事也都与固守长城的得失有关。随着长城内外著名战例的发生，也涌现出了不少著名人物，包括许多军事家和政治家，大大丰富了长城这座古建筑的文化内涵。一些纪念性的建筑数不胜数，如战国时代的李牧在赵国主持修建长城并利用长城抗击匈奴侵犯，立下丰功伟绩，开创了古代壁垒防御战的光辉战例，受到广大人民的尊重，为纪念他的功绩，后人在雁门关修筑了斧牧洞，至今祠堂遗址还保存着。

最后，长城的蜿蜒曲折与中国"龙"的形象相符，从而成为中国最形象的象征物。龙是中国人民根据自己美好的愿望而塑造的最主要的吉祥物，是中华民族思想政治、文化艺术、宗教信仰和社会习俗的结晶，是中华民族文化的象征。

中华大地是龙的故乡，中华儿女也自称是龙的传人。而长城蜿蜒于中国北方的大地上，其主体工程是绵延万里的高大城墙，并且大都建在山岭最高处，沿着山脊把蜿蜒无尽的山势勾画出清晰的轮廓，塑造出奔腾飞跃、气势磅礴的巨龙形象，暗合了中华民族这条东方龙巨大的生命力，从而成为中华民族的象征。

皇帝住的宫殿长啥样

北京故宫，又称紫禁城，是明清两代的皇宫，是我国现存最大、最完整的古建筑群，也是世界上现存规模最大、保存最完整的古代木结构建筑群。

故宫是世界上最大的宫殿，占地72万平方米（长960米，宽750米），建筑面积15万平方米，始建于公元1406—1420年，是明朝皇帝朱棣始建，用30万民工，历时14年才完工，有房屋9999间半，主要建筑是太和殿、中和殿和保和殿，共有24位皇帝先后在此登基。故宫的伟大之处表现在现存规模大、结构严谨、装饰精美、文物众多。

无与伦比的古代建筑杰作

故宫严格地按《周礼·考工记》中"前朝后市，左祖右社"的帝都营建原则建造，都是木结构、黄琉璃瓦顶、青白石底座，饰以金碧辉煌的彩画。这些宫殿是沿着一条南北向中轴线排列，并向两旁展开，南北取直，左右对称，分为外朝、内廷两部分。

外朝以太和殿、中和殿、保和殿为中心，殿体气势恢宏，庄严肃穆。内廷包括乾清宫、交泰殿、坤宁宫、御花园。

这条中轴线不仅贯穿在紫禁城内，而且南达永定门，北到鼓楼、钟楼，贯穿了整个城市，气魄宏伟，规划严整，极为壮观。建筑学家们认为故宫的设计与建筑，实在是一个无与伦比的杰作，它的平面布局、立体效果，以及形式上的雄伟、堂皇、庄严、和谐，都可以说是世上罕见的。

它标志着我们祖国悠久的文化传统，显示着500多年前匠师们在建筑上的卓越成就。

庄严绚丽的三大殿

故宫里最吸引人的建筑是三座大殿：太和殿、中和殿和保和殿。它们都建在汉白玉砌成的8米高的台基上，远望犹如神话中的琼宫仙阙。第一座大殿太和殿是最富丽堂皇的建筑，俗称"金銮殿"，是宫中最高大的建筑。

明永乐十八年（公元1420年）建成，初名奉天殿，明嘉靖时改名后继殿，清顺治时始称太和殿，是皇帝举行大典的地方。现在的太和殿是清康熙三十年（公元1695年）重建的。

殿高35.05米，为重檐庑殿式，面积2377平方米，东西63米，南北35米，共55门，有直径达1米的大柱92根，其中6根围绕御座的是沥粉金漆的蟠龙柱。

北京故宫御座设在殿内高2米的台上，前有造型美观的仙鹤、炉、鼎，后面有精雕细刻的围屏。整个大殿装饰得金碧辉煌，庄严绚丽。中和殿是皇帝去太和殿举行大典前稍事休息和演习礼仪的地方。保和殿是每年除夕皇帝赐宴外藩王公的场所。

进入天安门，穿过一片青砖铺地的广场，便到达紫禁城的正门（午门）。这里城墙高大，城门楼巍峨壮观，给人以无比威严的感觉，使站在这里的人自己感到渺小，这是古代统治者利用建筑艺术来为增强其帝王威慑力量服务的一个最突出的例子。

穿过午门，又是一个大广场，广场上有一金水桥。过桥经太和门便是雄伟的太和殿。从高处看，金水桥和流经广场的那条御河，其形状恰像一把巨大的弓。

园林式的内廷

经太和殿、中和殿、保和殿，穿过乾清门，便进入内廷。内廷是故宫建筑的后半部，以乾清宫、交泰殿、坤宁宫为中心，东西两翼有东六宫和西六宫，是皇帝平日办事和他的后妃居住生活的地方。后半部在建筑风格上不同于前半部。

前半部建筑形象是严肃、庄严、壮丽、雄伟，以象征皇帝的至高无上。后半部内廷则富有生活气息，建筑多是自成院落，有花园、书斋、馆榭、山石等。

在坤宁宫北面的是御花园。御花园里有高耸的松柏、珍贵的花木、山石和亭阁。名为万春亭和千秋亭的两座亭子，可以说是目前保存的古亭中最华丽的了。内廷分中路、东路和西路三条路线。其中中路有皇帝的卧室（乾清宫）、放置皇帝印玺的地方（交泰殿）、皇帝结婚的新房（坤宁宫）、嫔妃所住的地方（其中有的已辟为展厅）和御花园。

丰富的文物收藏

故宫除了有丰富多彩的建筑艺术外，还有大量的陈列于室内的珍贵文物。故宫博物院藏有大量珍贵文物，据统计总共达1052653件之多，统称有文物100万件，占全国文物总数的1/6，其中有很多是绝无仅有的国宝。

在几个宫殿中设立了历代艺术馆、珍宝馆、钟表馆等，爱好艺术的人在这些无与伦比的艺术品前，往往久久不忍离去。设在故宫东路的珍宝馆，展出各种奇珍异宝。

如一套清代金银珠云龙纹甲胄通身缠绕着16条龙，形状生动，穿插于云朵之间。甲胄是用约60万个小钢片连接起来的，每个钢片厚约1毫米，长4毫米，宽1.5毫米，钻上小孔，以便穿线连接。据说为制造这套甲胄，共用了4万多个工时。

精美的饰物

在中国古建筑的岔脊上，都装饰有一些小兽，这些小兽排列有着严格的规定，按照建筑等级的高低而有数量的不同，最多的是故宫太和殿上的装饰。这在中国宫殿建筑史上是独一无二的，显示了至高无上的重要地位。

在其他古建筑上一般最多使用9个走兽。这里有严格的等级界限，只有金銮宝殿（太和殿）才能十样齐全。中和殿、保和殿都是9个。其他殿上的小兽按级递减。天安门上也是9个小兽。

重脊的顶端为骑凤仙人，后面依次排列鸱吻（音"吃吻"，龙的九子之一）、狮子、天马、海马、狻猊、狎鱼、獬豸、斗牛、行什。重脊前为什么用仙人骑凤？

传说齐国国君在一次作战中失败，来到一条大河岸边，走投无路，后边追兵就要到了，危急之中，突然，一只大鸟飞到眼前，齐王急忙骑上大鸟，渡过大河，逢凶化吉。

古人把它放在建筑脊端，也表示骑凤飞行。把这些小兽依次排列在高高的檐角处，象征着消灾灭祸、逢凶化吉，还含有剪除邪恶、主持公道之意。古人把建筑装饰上这些走兽，使古建筑更加雄伟壮观，富丽堂皇，充满艺术魅力。

帝王的御花园真的不一般

颐和园坐落于北京西郊西山脚下的海淀一带，泉泽遍野，群峰叠翠，水光山色，风景如画。从公元11世纪起，这里就开始营建皇家园林，到800年后清朝结束时，园林总面积达到了1000多公顷，如此大面积的皇家园林世所罕见。

它位居中国古典园林之首，也是世界上最广阔的皇家园林之一，1998年12月被列入《世界遗产名录》。颐和园融汇了国内众多著名园林"南秀北雄"的传统造园风格，集众家之长于一身，并且园内建筑还集中了中国古典建筑的精华，被誉为

"中国园林博物馆"。

颐和园具有北方皇家园林的典型特点

皇家园林多以山水为依托，各种人工建筑面积较大，色彩浓重，往往画栋雕梁，金碧辉煌，规模宏大，充分体现"北方之雄"的特点。

颐和园作为清朝皇家的避暑行宫，必然具有以上皇家园林的特点。颐和园主要由万寿山和昆明湖组成，环绕山、湖间是一组组精美的建筑物，全园共分三个区域：以仁寿殿为中心的政治活动区，以玉澜堂、乐寿堂为主体的帝后生活区，以万寿山和昆明湖组成的风景游览区。

全园以西山群峰为借景，加之建筑群与园内的山、湖融为一体，使景色变幻无穷。万寿山前山的建筑群是全园的精华之处，41米高的佛香阁是颐和园的象征。

佛香阁建筑在高21米的方形台基上；阁高40米，有8个面、3层楼、4重屋檐；阁内有8根巨大铁梨木擎天柱，结构相当复杂，为古典建筑精品。以排云殿为中心的一组宫殿式建筑群，是当年慈禧太后过生日接受贺拜的地方。

回廊和角亭建筑是园林的常用形式。在万寿山下昆明湖畔，就是有名的长廊，它共有273间、全长728米，将勤政区、生活区、游览区联为一体，为世界长廊之最。长廊以精美的绘画著称，计有546幅西湖胜景和8000多幅人物故事、山水花鸟，1992年以"世界上最长的长廊"列入吉尼斯世界之最。

昆明湖东岸的8角重檐廓如亭，也是中国最大的。此外，万寿山顶的无梁殿，全用砖石砌成拱顶，没有一根支撑物，技术水平极高。颐和园体现出的铸造雕刻技术也是一流水平，如昆明湖东岸的巨大镇水铁牛，形态逼真，背上还铸有铭文；湖北岸的巨大石舫，雕梁画栋，精彩无比。

颐和园大约有四大景区。最东边是东宫门区。这一带原为清朝皇帝从事政治活动和生活起居之所，包括朝会大臣的仁寿殿和南北朝房、寝宫、大戏台、庭院等。中间高耸的万寿山前山景区，建筑最多，也最华丽。

整个景区由两条垂直对称的轴线统领，东西轴线就是著名的长廊，南北轴线从长廊中部起，依次为排云门、排云殿、德辉殿、佛香阁等。佛香阁是全园的中心，周围建筑对称分布其间，形成众星捧月之势，气派相当宏伟。

最北部的后山后湖景区，尽管建筑较少，但林木葱茏，山路曲折，优雅恬静的风格和前山的华丽形成鲜明对比。

颐和园又具有南方园林的特点

南方园林与北方园林相比，建筑面积较小，色彩比较素雅，造景手法多样，善于营造那种重含蓄、贵神韵的艺术氛围。颐和园在建造过程中也融入了大量南方园林的特点。

如在选址时，就运用了南方园林常用的借景的方法，借远处西山群峰和玉泉山塔佳境，扩展了空间，使颐和园看上去无限深远。

在造景上，也采用了南方园林的特点，颐和园的水面占全园面积的四分之三，其南部的湖泊区是典型杭州西湖风格，一道"苏堤"把湖泊一分为二，十足的江南格调，北部的苏州街，店铺林立，水道纵通，又是典型的水乡风格，布局紧凑，各有妙趣。

另外，颐和园内有名的"园中之园"谐趣园，位于后山东角，就是仿照无锡的寄畅园而建的，具有典型的南方园林的特点。

天下第一山有何神奇

泰山1987年被联合国教科文组织世界遗产委员会列为世界文化、自然双重遗产，列入《世界遗产目录》。世界遗产委员会的评价结论是：庄严神圣的泰山，两千年来一直是帝王朝拜的对象，其中的人文杰作与自然景观完美和谐地融合在一起。

泰山一直是中国艺术家和学者的精神源泉，是古代中国文明和信仰的象征。泰山之所以被加入世界文化与自然双重遗产，主要有以下三个原因：

泰山历史悠久，人文古迹丰富且有代表性

泰山古称岱山，又名岱宗，春秋时改称泰山。它位于山东省中部，前临孔子故里曲阜，背依山东省会城市济南，主峰海拔1545米，其自然景观雄伟绝奇，有数千年精神文化的渗透渲染和人文景观的烘托，被誉为中华民族精神文化的缩影，自古以来就与中国的其他四座名山———南岳衡山、西岳华山、北岳恒山、中岳嵩山合称"五岳"，泰山有"五岳之首""天下第一山"之誉。

自古以来，中国人就崇拜泰山，有"泰山安，四海皆安"之说，从秦皇汉武，到清代帝王，或封禅，或祭祀，绵延不断，并且在泰山上下建庙塑神，刻石题字。文人雅士更对泰山仰慕备至，千百年来，纷纷前来游历，作诗记文。

泰山宏大的山体上留下了20多处古建筑群，2200多处碑碣石刻。当代文化名人郭沫若游泰山后把泰山比做是中国文化史的一个局部缩影。

可以说，泰山是一座天然的历史、艺术博物馆，仅在泰山的中轴线上就现存有各种石刻1800余处。其中有著名的稀世珍宝《秦刻石》、大字鼻祖《经石峪金刚经》、千古之谜《无字碑》、金碧辉煌的唐摩崖石刻《纪泰山铭》等。

泰山岱庙天贶殿与北京的太和殿、曲阜的大成殿并称为中国三大宫殿，殿内有著名的《泰山神启跸回銮图》，是一幅模拟封建帝王封禅巡狩的大型古壁画。在灵岩寺还有40尊宋代的罗汉塑像，造型突出个性，充分显示了中国古代精湛的雕塑技艺和艺术表现力。

泰山的自然景观有其独特之处

泰山是中国山岳公园之一，泰山风景以壮丽著称。累叠的山势，厚重的形体，苍松巨石的烘托，云烟风光的变化，使它在雄浑中兼有明丽，静穆中透着神奇，成为我国山水名胜的集大成者。

"泰山最险处，首推十八盘"，从松山谷底至岱顶南天门的一段盘路，叫摩天云梯，俗称十八盘，全程1公里多，石阶1594级，垂直高度400米。旭日东升、晚霞夕照、云海玉盘和泰山佛光被称为泰山的四大自然奇观，它们更为泰山增添了无穷的魅力与神奇。

再次，泰山的自然景观和人文景观融合得非常好。泰山主峰玉皇顶在泰安市北，海拔1545米。泰山风景名胜以泰山主峰为中心，呈放射状分布，由自然景观与人文景观融合而成。

泰山山体高大，形象雄伟。尤其是南坡，山势陡峻，主峰突兀，山峦叠起，气势非凡，蕴藏着奇、险、秀、幽、奥、旷等自然景观特点。人文景观，其布局重点从泰城西南祭地的社首山、蒿里山至告天的玉皇顶，形成"地府""人间""天堂"三重空间。

岱庙是山下泰城中轴线上的主体建筑，前连通天街，后接盘道，形成山城一体。由此步步登高，渐入佳境，而由"人间"进入"天庭仙界"。根据其融合情况可将其分为"幽、旷、秀、奥、妙"五大游览区。

东路为泰山"幽"区，从红门至南天门有6293级石阶，峰回路转，步移景换，为历代帝王登山封禅的御道，泰山的文物古迹多在此路左右，沿路主要有红门宫、万仙楼、斗母宫、经石峪、中天门、十八盘等胜景。西路为泰山"旷"区，从天外村乘车至中天门，盘山公路九曲回肠，此区有黑龙潭、长寿桥、扇子崖，山环水绕，景色旷秀。

桃山源为泰山"秀"区，有翠屏山、笔架山、五峰翠山、彩带溪、一线天等，群峰竞秀，溪瀑争流，于泰山雄传之外，独具江南山水风韵。后石坞为泰山"奥"区，景致清而幽。后石坞松涛为岱阴一绝，大、小天烛峰宛如两把长剑直刺青天，百丈瀑、天烛瀑飞流直下，声震十里。

泰山之"妙"区在岱顶。登上南天门，漫步在天街玉栏石阶，就好像遨游天府仙界，飘飘欲仙，尽得大自然奇妙。再经碧霞祠、大观峰，就到了泰山极顶———玉皇顶。

在极顶，旭日东升的景象最为动人。每日凌晨总有不少游人遥望东方，一睹日出云海的胜景：东方渐成金黄色，一轮红日徐徐上升，刹那间，腾空而起，山巅云海间银波澎湃，景色壮观。

巍巍泰山是古老的，在旧石器时期泰山周围就有人类活动的踪迹；在新石器时期，泰山孕育了灿烂的大汶口文化和龙山文化。泰山又是常新的，20世纪80年代以来，泰山上相继架设了三条现代化游览索道，添置了直升机，登泰山更便利了，泰山先后举办过9次国际登山节；为维护文物古迹，六千余级石阶全部整修一新；"不夜山"工程使泰山夜晚平添光彩。

新建起的融现代化旅游咨询与星级宾馆于一体的泰山旅游咨询中心、国际饭店，使泰山真正形成了吃、住、行、游、购、娱等配套齐全的风景旅游区。

黄山归来不看岳

在锦绣中华的逶迤群山中，名山数不胜数，其中五岳名山当数名山中的佼佼者。五岳，是五座名山的总称，以象征中华民族的高大形象而闻名天下。汉武帝始封五岳，以中原为中心，按东、西、南、北、中方位命名，分别为：东岳泰山（1532米），位于山东泰安市；西岳华山（1997米），位于陕西华阴市；南岳衡山（1512米），位于湖南长沙以南的衡山县；北岳恒山（2017米），位于山西浑源县；中岳嵩山（1440米），位于河南登封市。这些山峰耸立在周围的平原和山岭之上，挺拔险峻，登临眺望，景色壮观。

由于历代帝王的封禅活动，山中增添了无数崇楼峻阁、寺庙梵宇和摩崖刻石，再加上历代文人学士的赞美和颂扬，使五岳声名显赫。人们常说"五岳归来不看山"，也有"恒山如行，泰山如坐，华山如立，嵩山如卧，唯有南岳独如飞"的说法。

五岳名山如此多姿，那么为什么又有"黄山归来不看岳"的说法呢？主要是因为"天下名景集黄山"，黄山集东岳泰山之雄、西岳华山之险、北岳恒山之幽、中岳嵩山之峻、南岳衡山之秀、匡庐的飞瀑、雁荡的怪石、峨眉的清凉于一身，所以黄山上竟刻有"岱宗逊色"的字样。

黄山的无与伦比是历史、自然和文化等多种因素造就的，使之成为世界自然和文化遗产宝库中的一颗璀璨明珠！

首先，从历史的角度考察。黄山的名字至今依然蕴藏着中国历史和文化的许多秘密。5000年前，中国历史上第一个英雄黄帝，终于打败蚩尤，完成他一统江山的大业。但他却将位子传给儿子，自己终日在黄山采药炼丹，修养身心，直至成仙。

过了3000多年，有个大臣为了讨好唐玄宗李隆基，上书说黄帝就是在这座山修炼成仙的。李隆基于是敕令改称这座山为黄山，意思是黄帝修炼成仙的山。之后800多年，大旅行家徐霞客站在黄山山顶，发出了"薄海内外群山，无如徽之黄山，登黄山天下无山，观止矣"的感慨，"五岳归来不看山，黄山归来不看岳"。

其次，从自然因素考察。黄山因其独特的自然条件，以其奇幻的"奇松""怪石""云海"和"温泉"著称于世。一方面，黄山有其独特的自然条件。

黄山经历了漫长的造山运动和地壳抬升，以及第四纪冰川的洗礼黄山奇松和自然风化作用，才形成其特有的花岗岩峰林景观，其前山岩体节理稀疏，岩石多球状风化，山体浑厚壮观；后山岩体节理密集，多是垂直状风化，山体峻峭，形成了"前山雄伟，后山秀丽"的地貌特征。

黄山还拥有丰富的水资源，自中心向四周放射状分布着众多的山涧沟谷，其中大谷36条，形成36源，汇入24溪水，由于黄山高差大，形成飞瀑，构成黄山最积极、最有生命力的景观。

此外，因黄山自然环境条件复杂，森林覆盖率为56%，植被覆盖率达83%。黄山还是动物栖息和繁衍的理想场所，已知的有鱼类24种、两栖类20种、爬行类38种、鸟类170种、脊椎动物300种。

另一方面，正是这种独特而优越的自然环境造就了黄山的壮美风姿。黄山美景不能尽述，尤以号称"黄山四绝"的"奇松、怪石、云海、温泉"最能突出黄山的美妙绝伦。

奇松：1936年由植物学家夏纬英提出，黄山松成为我国少有的以地名命名的树种。黄山松原本为油松，只是由于黄山的自然条件产生了变异，成为一个独立的品种。

黄山松生长环境恶劣，扎根于花岗岩的裂隙之中，却苍劲挺拔，秀态惊人，显示出黄山松顽强的生命力。松因山而出名，山因松而更具生气，著名的有黄山十大名松：迎客松、探海松、竖琴松、接引松、连理松、麒麟松、黑虎松、蒲团松、龙爪松、送客松。

怪石：被称为黄山"四绝"之一的怪石，以奇取胜，以多著称，已被命名的怪石有133处。这些怪石集怪、巧、美、奇于一身，有很强的观赏价值。

其形态千奇百怪：似人似物，似鸟似兽，情态各异，形象逼真。其分布遍及峰壑巅坡：或兀立峰顶，或戏逗坡缘，或与松结伴，构成一幅幅天然山石画卷。著名的怪石有：松鼠跳天都、仙人指路、猴子观海、童子拜观音、鳌鱼驮金龟、仙人晒靴、飞来石、虎头岩、龙头石、碎石、镜子石、姐妹放羊、关公挡曹、天鹅孵蛋等。

云海：黄山地处亚热带湿润性季风气候区，再加上这里山高谷深，林木茂盛，因此长年湿度大，水汽多。水汽凝结成低空层积云，低空层积云又凝聚成云海，这样，一年中黄山竟有250多天云海翻腾，烟雾弥漫。

传说这云雾是黄帝炼丹时散发的烟雾，因此黄山之云与众不同。明朝和清朝的人们干脆就把黄山称为黄海。后来，人们又按照东西南北中五个方位，将黄山分为东海、西海、南海、北海和天海。看云海，以玉屏楼的文殊台观南海、狮子峰顶的清凉台观北海、东海门的白鹅岭观东海、排云亭看西海、光明顶看天海最宜。

温泉：黄山有泉15处，其中被称为黄山"四绝"之一的温泉（古称汤泉），位于黄山海拔850米紫云峰下的温泉，水质以含重碳酸盐为主，又名朱砂泉。

相传轩辕黄帝曾在此沐浴，须发尽黑，返老还童。据科学测定，泉水终年温度在42摄氏度左右，清澈甘醇，含有对人体有益的阴离子和人体所需的铝、镁、钾、钠、钙等多种微量元素，可饮、可浴、可医，对医治人体的消化、神经、心血管、风湿皮肤等病症和消除登山疲劳均有显著的疗效。

而且自古就有"五岳若与黄山并，犹欠灵砂一道泉"的说法。1979年邓小平来黄山视察，沐浴温泉之后，欣然题道：

"天下名泉"。

最后，从文化因素考察。黄山耀眼的文化光芒集中体现于黄山源远流长的宗教文化和精品荟萃的黄山艺术之中。黄山与宗教有密切的关系。

唐代道教旧籍中，关于轩辕黄帝和容成子、浮丘公来山炼丹、得道升天的故事，流传千年，影响深广，至今还留下与上述神仙故事有关的山峰名称，如浮丘峰、炼丹峰等。

黄山山名，亦与黄帝炼丹之说有关。道教在黄山建立较早的道观有浮丘观、九龙观等。据《黄山图经》记载，佛教早在南朝年间就传入黄山，历代先后修建寺庙近百座，其中祥符寺、慈光寺、翠微寺和掷钵禅院，号称黄山"四大丛林"。

黄山伟大的自然美，使无数诗人、画家和其他艺术家为之赞叹和陶醉，留下了不可胜数的艺术作品。从盛唐到晚清的1200年间，仅就赞美黄山的诗词来说，现在可以查到的就有两万多首。黄山艺术作品的体裁和内容都十分丰富。

它们从各个侧面发掘体现并充实了黄山的美，是祖国艺术宝库中的灿烂花朵。就诗文而言，李白、贾岛、范成大、石涛、龚自珍、黄炎培、董必武、郭沫若、老舍等都有不少佳作流传于世。散文中，徐霞客的《游黄山日记》、袁牧的《游黄山记》、叶圣陶的《黄山三天》、丰子恺的《上天都》等都体现了黄山的绝美秀丽的风姿。

另外，黄山的故事传说也不胜枚举，如《黄帝炼丹》《李白醉酒》《仙人指路》《仙女绣花》等广为传颂。尤其是体现黄山俊美恬静的黄山画派，中国万千名山大川，只有黄山形成了一个专题画派。

其中最为著名的是中国明清之际的绘画大师石涛，他在黄山中，写下了传世的美学名著《苦瓜和尚画语录》，还创作了描绘黄山72峰的72幅画，由于石涛的巨大成就，黄山声名大噪。从此，黄山成为历代山水画家的朝圣之地。

我们解读了"五岳归来不看山，黄山归来不看岳"，但黄山又留给我们一个更大的课题。在申报自然和文化遗产时，联合国的官员桑塞尔博士曾问陪同官员："黄山最大的威胁是什么？"大家异口同声说"是火"。但桑塞尔博士义正词严地说"不，是人"。

黄山，充满着梦幻色彩，游人纷纷踏上这块土地。但是，短短几十年的时间，黄山原本仙境般的环境已经显现疲惫。我们到底应该怎样与自然相处？这也许就是黄山留给我们的最大的课题。

不识庐山真面目

庐山位于长江中游南岸江西省九江市南，中国第一大淡水湖鄱阳湖滨，是一座地垒式的断块山。相传在周朝时有匡氏七兄弟上山修道，结庐为舍，因而得名，自古以来享有

"匡庐奇秀甲天下"之盛誉，成为闻名海内外的"世界文化景观"。庐山为什么会享有如此盛誉呢？主要有以下原因：

首先，庐山自然景观十分优美。庐山是一座独特的地垒式的断块山，同时又有独特的第四纪冰川遗迹，因此多险绝胜景，峰奇山秀。周围断层颇多，特别是东南部和西北部，呈东北—西南走向的断层规模较大，由于这种断层块构造而形成的山体，故多奇峰峻岭，悬崖峭壁，千姿百态，有的浑圆如华盖，有的绵延似长城；有的高摩天穹，有的俯瞰波涛；有的如船航巷海，有的如龟行大地，雄伟壮观、气象万千。

山地的周围则满布着断崖峭壁，峙谷幽深；但从牯岭街至汉阳峰及其他山峰的相对高度却不大，起伏较小，谷地宽广，形成"外陡里平"的奇特地形，极便于旅游。在这座完整的山岳型风景名胜区内，散布着50多处景点、230多个景物景观。

瀑泉、山石、植物、古建筑、别墅相互交融地分布在山峦与山谷之中，与长江、鄱阳湖相依相携，美不胜收。庐山处于亚热带季风区，雨量充沛、气候温和宜人，盛夏季节是高悬于长江中下游"热海中"的"凉岛"。

庐山的年降水量可达1950—2000毫米，而山下的九江则为1400毫米左右，故山中温差大，云雾多，千姿百态，变幻无穷。

有时山巅高出云层之上，从山下看山上，庐山云天缥缈，时隐时现，宛如仙境；从山上往山下看，脚下则云海茫茫，有如腾云驾雾一般。

有时山上暗无天日，山下则是细雨飘飞，情趣异常。匡庐瀑布名传天下，仙人洞石松横空，五老峰山姿奇特，大天池霞落云飞，白鹿洞四山回合，玉渊潭惊波奔流。

正是庐山这种千变万化的自然之美，使苏轼写出了"不识庐山真面目，只缘身在此山中"这一意境深邃、极富哲理的千古名句。这样的自然条件，使得庐山植物生长茂盛，植被丰富，随着海拔高度的增加，地表水热状况垂直分布，由山麓到山顶分别生长着常绿阔叶林、常绿及落叶阔叶混交林。

据不完全统计，庐山植物有210科、735属、1720种，是一座天然的植物园。这里还分布着世界上最大的鹤群，这些鹤在水天之间翩翩起舞，构成了鹤飞千点的世界奇观。

其次，庐山文化底蕴深厚并与自然美完美融合。庐山的历代绘画艺术、建筑艺术等都深化了庐山自然美的内涵。庐山历代的寺观、亭阁、桥塔、楼台等也以各具风格的造型美，装点深化了自然美景。

庐山又是中外闻名的避暑胜地，有至今保存完好的国际别墅群落，现有英、美、德、法等18个国家建筑风格的别墅600多幢，这些古代别墅建筑群体现了中外美学思想的和谐融会。庐山还是中国古代教育基地和宗教中心，白鹿洞书院创建于公元940年，居中国古代四大书院之首。

宋代理学大师朱熹在此提出的教育思想成为中国古代教育的准则，在世界教育史上也有重要影响。同时庐山有完备的宗教文化，原为佛教中心及道教在南方的中心，寺庙林立，东汉时寺院多达380座。

联合国教科文组织给予庐山高度评价："庐山的历史遗迹以其独特的方式融会在具有突出价值的自然美之中，形成了具有极高美学价值，与中华民族精神和文化生活紧密相连的文化景观"。庐山以它崇高俊美、丰润险峻、充满无限生机与魅力的雄姿，成为世界名山，为世人瞩目。

九寨沟里"童话世界"

四川的九寨沟历来被当地藏民视为"神山圣水"，东方人称九寨沟为"人间仙境"，西方人把它誉为"童话世界"。为什么九寨沟会拥有如此多的美誉呢？原因就在于九寨沟是大自然的杰作，它是集色美、形美、声美于一体的综合美、原始美的和谐统一，是人类风景美学法则的最高境界。

首先，综合美是形象。九寨沟四周雪峰高耸，在青山环抱的"Y"字形山沟内，分布着114个梯级湖泊，由许多湍流、滩流和瀑布群相连，珠联玉串，逶迤50多千米，湖水清澈艳丽，飞瀑多姿多彩，急湍汹涌澎湃，林木青葱婆娑，雪峰洁白晶莹，蓝色的天空，明媚的阳光，清新的空气和点缀其间的古老原始的村寨、栈桥、磨坊，组成了一个内涵丰富和谐统一的美的环境，体现了高度的综合美。

一方面，九寨沟山水相依，湖瀑孪生，水树交融，动静有致：山清水秀，湖、瀑一体，山、林、云、天倒映水中，更添水中景色。水色使山林更加青葱，山林使水色更加娇艳。

另一方面，景观排列有序：九寨沟口海拔2000米，至主沟顶部长湖和草湖海拔逐渐升高到3000米左右，景观也在不断地变化，由低到高，由简到繁，由序幕到高潮，步步引人入胜。九寨沟的景观序列似一部气势磅礴的交响乐，给人留下难以忘怀的美的感受。

其次，色彩美是灵魂。九寨沟的色彩，美在缤纷、奇特和变幻无穷。九寨沟的湖泊紧傍森林，水质清丽晶莹，天光、云影、雪峰倒映湖中，镜像清晰，倒影和湖水融合，使湖水更加艳丽，随朝夕变化和春夏秋冬、阴晴雨雪之变化，湖水也随之变成黛绿、深蓝、翠蓝等多种颜色。

更为奇特的是，五花湖底的钙华沉积和各种色泽艳丽的藻类，以及沉水植物的分布差异，一湖之中分成许多色块，宝蓝、翠绿、橙黄、浅红，似无数宝石镶嵌成的巨型佩饰，珠光宝气，雍容华贵。当金秋来临时，湖畔五彩缤纷的森林倒映湖中，与湖底色彩混交成一个异彩纷呈的彩色世界。其色彩之丰富，超出了画家的想象力。

莽莽林海，随季节变化，呈现出瑰丽色彩。初春山山丛林，红、黄、紫、白各色杜鹃点缀其间，其后，山桃花、野梨花相继吐艳，夹杂着嫩绿的树木新叶，整个林海繁花似锦。盛夏是绿色的海洋，新绿、翠绿、浓绿、黛绿，绿得那样青翠，显出旺盛的生命力。深秋，深橙色的黄栌，浅黄色的椴叶，绛红色的枫叶，殷红色的野果，深浅相间，错落有致，万山红遍，层林尽染，似一幅独具匠心的巨幅油画。入冬，白雪皑皑，冰瀑、冰幔晶莹洁白；莽莽林海，似玉树琼花。银装素裹的九寨沟显得洁白、高雅，像置于九寨沟白色瓷盘中的蓝宝石，更加璀璨。

再次，形态美是主体。九寨沟的景观，类多景异，湖、瀑、滩、泉，一应俱全，异彩纷呈。

九寨沟的湖，有的如银河天落，轻柔飘逸，有的如天女散花；滩，有的如盆景列表，有的如珍珠飞溅；条条激流，股股飞泉，层层烟雾，阵阵涛声，不绝于耳。

九寨沟的水景形态极美，比例恰当，构图巧妙，线条匀称，节奏明快，不论从哪个视点和角度，都能看到极为美丽的画面。加之周围的山峦、林木、藏情等造景因素的融合，使九寨沟成了画家、文学家和摄影家最理想的创作源泉，成为中国电影、电视创作的题材。

九寨沟的奇山异水，立体交叉，四维渗透，融色美、形美、声美于一体，构成了一幅多层次、多方位的天然画卷。其总体之美可谓"自然的美、美的自然"。

徜徉于九寨沟，使人在视觉、听觉、感觉协调一体的幻境中，陶醉在最高的美的享受里，所以九寨沟才享有"神山圣水""人间仙境"和"童话世界"的美名。

佛光频现的峨眉山

"蜀中多仙山，峨眉邈难匹"，是大诗人李白赞美峨眉山的诗句。峨眉山以其优美的自然风光和神话般的佛国仙山而驰名中外，美丽的自然景观与悠久的历史文化内涵完美结合，相得益彰。那么峨眉山为什么被称为"佛国仙山"，并且能加入《世界遗产名录》呢？

首先，峨眉山是我国著名的佛教名山，所以被称为"佛国"。峨眉山像一道巨大的翠屏，耸立在成都平原西南，遥望弯曲柔美的山体轮廓，犹如少女的面容和修眉，于是人们很早便称它为"峨眉"。

纵横200余公里的峨眉山，与"亚洲脊梁"昆仑山的支脉邛崃山相连。峨眉全山由大峨、二峨、三峨、四峨四座山组成，一般游人所到的地方是奇峰攒聚、名胜荟萃的大峨山，也就是人们通常所说的"峨眉山"。

峨眉山是我国著名的佛教名山，相传是释迦牟尼身旁的普贤大菩萨显灵说法的道场，它与山西五台山、浙江普陀山、安徽九华山并称为中国佛教的"四大菩萨"道场。

峨眉山原为佛道两教并存的宗教重地，东汉之初，山间便有了第一座以药农舍宅为寺庙的"初殿"。后来历经晋、唐、宋续建和明、清两代发展，连绵百里的山峦，先后兴建佛寺200多处，僧众峨眉山达数千人。

随着佛教兴盛和道教的衰微与绝迹，峨眉山遂成为以"菩萨信仰"为中心的佛教圣地。由于历史变迁，现在峨眉山景区内尚存十多处古寺，如报国寺、万年寺、仙峰寺、洗象池、金顶等，寺院内的佛教徒依然保持着正常的宗教生活。

其次，峨眉金顶有四大奇观，特别是佛光现象，使人如身临仙境，所以又被称为"仙山"。万佛顶建有铜殿一座，殿侧睹光台可观金顶四大奇观———日出、云海、佛光、神灯。

每当清晨，自金顶上望，可见云雾似海，时如波涛翻涌，时又风平浪静，可谓变幻无穷。在没有月光的晴天夜晚，有时还可见荧荧火光，一明一暗，大小不一，这就是峨眉奇观———神灯，而最为神奇的是"佛光"。

峨眉佛光，佛家说是普贤菩萨向凡夫俗子显露真容，随缘应化，故又称"光相"。实际上佛光是一种光的自然现象，是由阳光照在云雾表面所起的衍射作用而形成的，我国科学家命名其为"峨眉宝光"。峨眉佛光出现在金顶处，当阳光从观察者背后照射过来至浩荡无际的云海上面时，深层的云层就把阳光反射回来，经浅层云层的云滴或雾粒的衍射分化，形成了一个巨大的彩色光环，在金顶舍身崖上俯身下望，会看到五彩光环浮于云际，自己的身影置于光环之中，影随人移，绝不分离。无论多少人，人们所见的也终是自己的身影，且"光环随人动，人影在环中"。

这种佛光现象在很多地方都可以见到，但只有在这里出现的次数最为频繁，据载，峨眉山佛光每月均有出现，夏天初冬出现的次数最多，最多时全年可达100次左右。

为什么佛光现象在这里最为频繁呢？主要因为佛光的出现要具备三个条件：一是山顶晴朗无风，二是云海顶面平荡，三是太阳光斜射，风和日丽、云层平荡均需大气层结构稳定。而峨眉山地处四川盆地西缘，据当地气象数据证实，每年11月至来年3月大气层结构最为稳定，因而佛光出现的次数也最多，且大都在舍身崖附近。据说很多人到舍身崖看到佛光现象后以为自己已经升天为仙，纵身跳崖，以求进入永久的仙境。

再次，峨眉山之所以被称为"仙山"、加入遗产名录，还在于其优美的自然风光。峨眉山高出五岳，秀甲天下。在我国的游览名山中，峨眉山可以说是最高的一个，最高峰万佛顶海拔3099米。山体南北方向延伸，绵延23公里，面积115平方公里。

长久以来，峨眉山以其秀丽的自然风光而闻名于世。由于海拔较高，从下到上的自然景观有很大差别，有"一山有四季，十里不同天"的美称。它古雅神奇，巍峨媚丽，其山脉绵亘曲折、千岩万壑、瀑布溪流、奇秀清雅，故有"峨眉天下秀"之美称。

正是由于以上原因，峨眉山被称为"佛国仙山"，并于1996年12月6日列入《世界自然与文化遗产名录》。

请到天涯海角来

"天涯海角"位于三亚市西约20公里处，背负马岭山，面向大海，是海南著名的旅游景点。海湾、沙滩上大小百块垒石耸立，垒石上有众多石刻。其中的"天涯""海角"就是众多石刻中的两个。

"天涯"石圆中见方，方中呈圆，独占着海湾一角。石的下方还题刻有"海阔天空"四个字。"天涯"二字，是清代雍正年间（1712年）崖州知州程哲所题。而下方"海阔天空"的题字则无法考证。

紧挨着"天涯"石西北角有一组伸入大海的垒石，互倚相依，其中一座峭岩，突兀奇拔，似一柱巨笋，笋尖上刻有二字"海角"。"海角"题写时间较"天涯"二字晚，题写人不详。

"海角"二字和"天涯"二字遥相呼应，构成了天涯海角的完整概念。但天涯海角的得名，比这些题刻要久远得多。古人为什么称这里为"天涯海角"？"天涯海角"真的就是"天之涯、海之角"吗？古人把这里称为"天涯海角"，主要有以下三个方面的原因：

首先，"天涯海角"名称的提出有一定的理论依据。它是根据古代宗教学说"天圆地方"这一理论延伸出来的，这种理论认为：天是圆的，地是方的，天有尽头，海有边际。

假如这种理论成立的话，那么在这个世间上肯定有某个地方是边缘或者是尽头，即"天边"。

那么它又在哪呢？古代交通不发达，在当时可以说是离内地最远的地方，而三亚又在海南岛的最南端，从三亚还要向西走24公里才能到达这里，并且通往这里的路又非常难走，沿途岩石累累，似乎到了这里就到了天的尽头，因此人们自然将这里视为"天之涯、海之角"。

其次，"天涯海角"的提出还有其地理方面的原因。众所周知，苏联的西伯利亚，一年四季冰天雪地、荒无人烟、萧瑟凄凉，是专门用来流放犯人的。

在我国古代尤其是唐宋两朝，三亚这一带就是中原天涯海角地区的"西伯利亚"，是封建王朝惯用的流放地。为什么要选择这儿而不选别处呢？因为这里交通闭塞，"飞鸟尚需半年程"的琼岛，人烟稀少，常年干旱，天气酷热，环境极为恶劣。相对于内地的优越环境，这里就成了远离内地的"天涯海角"。

再次，"天涯海角"名字的提出还有其历史上的原因。唐宋两朝，许多被流放至此的人由于路途艰难，初到伊始，人地生疏、水土不服，加之情绪低落、悲观失望，极少有人能生还中原。

所以来到这里的人，来去无路，望海兴叹，个个无不怀着走天涯、下海角的心绪，故谓之"天涯海角"。"天涯海角"在他们看来，不仅仅是指地球的尽头，而且还意味着人生末日的到来。

难怪宋朝名臣胡诠哀叹："区区万里天涯路，野草若烟正断魂"。被流放至此的唐朝两度宰相李德裕也将此地称为"鬼门关"，他在诗中写道："一去一万里，千去千不还。崖州（唐代称'三亚'市为'崖州'）在何处，生度鬼门关。"

所以古代作为流放之地的"天涯海角"更多的是流放人那种"一去不复返"心情的真实写照。

从以上这些原因来看，"天涯海角"只是古代人们根据当时他们对地球的认识、这里的地理状况以及流放到这里的人的心绪而命名的，只是人们的一种主观意愿，而并不是真的这里就是"天之涯、海之角"，是地球的尽头。

现在我们知道地球是椭圆形的，天是无边无际的，当然不存在"天涯"，而有海的地方就会出现"海角"，所以"天涯海角"并不是真的天涯海角，而是用来虚设遥远而难于临至或者需经千辛万苦才能到达的地方，是人们根据天涯行苦役、海角路漫漫来刻意营造的。

现在的"天涯海角"，已经不再是原来作为流放之地的天涯海角了，现在人们提到这个景点，更多的则是一种对爱情的美好祝愿，"爱在天涯，恋在海角"的山盟海誓，又给这个景点平添几许浪漫风情。

一年一度盛大的天涯海角国际婚礼节，青山碧海见证了无数爱侣的忠贞爱情，天涯海角成为情侣们表达爱情的圣殿。现在的"天涯海角"风景区，碧水蓝天一色，烟波浩渺，帆影点点，椰林婆娑，奇石林立，那刻有"天涯""海角""南天一柱""海判南天"等巨石雄峙海滨，使整个景区如诗如画，美不胜收。再加上历代文人墨客的题咏描绘，使"天涯海角"成为我国富有神奇色彩的著名游览胜地。

平遥古城有哪三宝

平遥古城位于中国北部山西省的中部，始建于西周宣王时期（公元前827—前782年），明代洪武三年（1370年）扩建，距今已有2700多年的历史，是中国目前保存最为完整的四座古城之一，也是目前我国唯一以整座古城申报世界文化遗产获得成功的古县城。

迄今为止，它还较为完好地保留着明清（1368—1911年）时期县城的基本风貌，堪称中国汉民族地区现存最完整的古城。因其形制像龟状，因此又被称为"龟城"。为什么平遥古城素有"大型历史博物馆"之称呢？主要有以下几方面的原因：

平遥古城具有独特而丰富的文化遗存

平遥古城自有筑城活动以来，已有2700多年的历史，在漫长的发展过程中，保留的文化遗存数量多、密度高、跨度时间长，是被誉为"中国古建筑宝库"的山西省范围内的一个"文物大县"，其古建筑及文物古迹，在数量和品位上均属国内罕见。

平遥古城众多的文化遗存，不仅代表了中国古代城市在不同历史时期的建筑形式、施工方法和用材标准，也反映了中国古代不同民族、不同地域的艺术进步和美学成就，对研究中国古代城市变迁、城市建筑、人类居住形式和传统文化的发展具有极为重要的历史、艺术、科学价值。

迄今为止，古城的城墙、街道、民居、店铺、庙宇等建筑仍然基本完好，原来的形式和格局大体未动，它们同属平遥古城现存历史文物的有机组成部分。

最为突出的是"平遥三宝"：一宝是古城墙。在建城之初，此城墙仅为夯土筑成，规模较小。到明朝洪武三年（1370年）才扩建成现在的规模，至今虽历经600多年的沧桑风雨，但雄风犹存。

这座周长约6公里的古城墙，有3000个垛口、72座敌楼，据说这象征孔子三千弟子及七十二贤人。

二宝是镇国寺。该寺的万佛殿建于五代（公元10世纪）时期，目前是中国排名第三位的古老木结构建筑，距今已有1000多年的历史，殿内的五代彩塑是不可多得的雕塑艺术珍品。

三宝是双林寺。该寺重建于北齐武平二年（公元571年），目前10余座大殿内有元代至明代的彩色泥塑2000多尊，被人们誉为"彩塑艺术的宝库"。另外还有始建于唐显庆二年，国内古建筑中罕见的"悬梁吊柱"奇特结构的清虚观，观内20余尊木雕神像是研究中国古代木雕造像艺术和道教发展的稀有之物。还有遍布古城内外的1000通碑刻及年代不一、形式多样、色彩缤纷的各种琉璃实物。

平遥古城具有汉民族的传统文化特色

平遥古城是按照汉民族传统规划思想和建筑风格建设起来的城市，集中体现了公元14至19世纪前后汉民族的历史文化特色，对研究这一时期的社会形态、经济结构、军事防御、宗教信仰、传统思想、伦理道德的人类居住形式有重要的参考价值。

在封闭的城池里，以市楼为中心，有4条大街、8条小街及72条小巷经纬交织在一起，它们功能分明，布局井井有条。城内古居民宅全是清一色青砖灰瓦的四合院，轴线明确，左右对称，特别是砖砌窑洞式的民宅更是具有很浓的乡土气息。

此外，城池内还建有一些大小庙宇，老式铺面也是鳞次栉比，这些古色古香的建筑原汁原味地勾勒出明清时期市井繁华的风貌。

再次，平遥古城具有完整的古代民居群落。平遥古城自明洪武三年（1370年）重建以后，基本保持了原来清一色青砖灰瓦的四合院格局，有文献及实物可以查证。

全城现存四合院民居3797处，其中有400余处保存相当完好，大都建于公元1840—1911年之间，民居建筑布局严谨，轴线明确，左右对称、主次分明、轮廓起伏，外观封闭，大院深深。精巧的木雕、砖雕和石雕配以浓重乡土气息的剪纸窗花、惟妙惟肖，栩栩如生，是迄今汉民族地区保存最完整的古代居民群落。

最后，平遥古城是古代发达的金融城市。平遥古城在19世纪的中后期，是我国金融业最为发达的城市之一，是当代最有影响的票号总部所在地和金融业总部所在地以及金融业总部机构最集中的地方，一度曾经操纵和控制了中国的近代金融业。

平遥古城在票号兴盛的100多年时间中，对中国近代经济发展产生过积极的影响。如这里有中国金融上的开山鼻祖，被誉为"天下第一号""汇通天下"的"日升昌"票号等。

朝辞白帝彩云间

白帝城位于瞿塘峡口北侧的白帝山上，距奉节县城约5公里。白帝山当三峡门户，把渝东咽喉，战略地位十分重要。"朝辞白帝彩云间，千里江陵一日还。"这一句千古绝唱四海流传，白帝城也因此蜚声中外，成了海内外人士神往的风景名胜。

白帝城原名"赤甲城"，西汉末年，大将公孙述见此地易守难攻便加固城池，后以城内井中有白雾升腾，视为"白龙献瑞", 而自称"白帝", 于是便改城名为"白帝城"。

公孙述据蜀称帝, 12年后被刘秀所灭。公孙述被灭后蜀人念及他统治巴蜀期间人民生活相对安定, 便在山上修白帝庙以示纪念。公元222年, 刘备伐吴战败, 退守白帝城, 遂发生了"白帝城托孤"的故事。

刘备亦死于白帝城永安宫。明嘉靖年间, 城内原供奉公孙述的白帝庙改祀刘备和诸葛亮, 建明良殿、武侯祠、观星亭和滟滪亭, 殿祠两旁立东西碑林, 陈列隋代以来碑刻74通, 是极为珍贵的历史文物, 其中隋代碑刻距今已有一千三四百年的历史了。

在东碑林, 《凤凰碑》和《竹叶碑》最引人注目。现存的白帝庙系清代建筑, 明良殿、武侯祠、托孤堂、观星亭等, 多侧面地宣扬着与"托孤"有关的历史名人。

东西碑林里, 会集了隋至清代的70余方珍贵石刻。诗史堂里陈列着党和国家领导人以及当代书画名家的墨宝。文物室以大溪文化为源流, 按通史顺序展现了这一带出土文物的丰盛。白帝城可以说文物古迹众多, 那为什么白帝城反而被称为"诗城"呢?

首先, 是因为历代文人墨客钟情于此, 留下无数壮丽的诗篇。白帝城临江耸峙, 背倚青山, 规模宏大, 风光雄伟壮丽, 以得天独厚的地理位置和深厚的历史文化积淀, 自古以来就是文人墨客流连的胜地, 曾激发了多少诗人的创作灵感。

加上慕刘备之仁义、仰诸葛亮之德才, 不远千里、万里，跋山涉水到白帝城观光名胜、拜谒先贤的数以千万计的达官显贵、仁人志士、墨客骚人，使得白帝城成了文人墨客最为集中的地方。

历代许多著名文豪、诗人如"诗仙"李白、"诗圣"杜甫、白居易、刘禹锡、郦道元、苏轼、陆游、范成大、宋之问、刘禹锡、王安石、苏轼、黄庭坚、苏洵父子、陈子昂、孟浩然、元稹、孟郊、杨炯、张说、薛涛、戴叔等，都在白帝城留有足迹和诗篇。

尤其是杜甫，在白帝城后草堂河边建有"草堂"，居两年之久，写诗430多首，占其全集2/7，是杜甫创作的黄金时代，留下了很多像"无边落木萧萧下，不尽长江滚滚来"的千古名句。

名篇《秋兴八首》《古柏行》即写于此时。白帝山半腰的西阁，便是杜甫旧居遗址。自北魏至清末1300余年吟诵白帝城的诗文近万首（篇）。其中，李白的《早发白帝城》，杜甫的《古柏行》《登高》，刘禹锡的《竹枝词》等诗词都成为千古绝唱。

其次，大量留有优美诗篇的碑刻，也向世人展示了"诗城"的无限诗韵。立于"明良殿"两侧的碑林有70多通古碑，其中《竹叶碑》被誉为碑刻中极珍贵的艺术珍品，其碑面上有几枝凤尾修竹，姿态优美，竹叶错落有致，潇洒神韵，美不可言。

更奇的是远看簇簇竹叶，近看却是一个个文字，连起来竟是一首五言绝句，"不谢东篱意，丹青独自名。莫嫌孤叶淡，终久不凋零。"此外还有清康熙皇帝手书的唐诗碑，文曰："危石才通鸟道，青山更有人家。桃源竟在何处，涧水浮来落花。"

白帝山上，建有纪念唐代诗人刘禹锡的被誉为"三峡第一碑林"的竹枝园碑廊，镶嵌着历代名人书写的三峡民歌竹枝词碑碣百余通。

正是因为如此，自明清以来，白帝城就有"诗城"之称，这个称谓名副其实，其旅居诗人之多、留下诗文总量之大、诗文品位之高，是那些自诩"千载诗人地"的州、县所无法望其项背的。三峡工程建成后，水位将抬高。作为"诗城"的白帝城将四面环水，成为人间仙境，景色将更加美丽迷人。

东方艺术明珠为何遗落沙漠

在甘肃省敦煌市鸣沙山东麓的崖壁上，长长的栈道将大大小小的石窟曲折相连，洞窟的四壁尽是与佛教有关的壁画和彩塑，肃穆端庄的佛影，飘舞灵动的飞天……庄严神秘，令人屏声敛息。这里描写的便是世界最大的佛教艺术宝库———莫高窟。那么，莫高窟为什么被称为"东方艺术明珠"呢？

莫高窟是世界上现存规模最大的石窟

莫高窟自前秦建元二年（336年）开始开掘造像，据说当时有一名叫乐樽的僧人西游到敦煌鸣沙山下，时近黄昏，忽见对面的三危山上放射出万道金光，状如千万尊佛像在万道金光中时隐时现，于是乐樽认为这里是块圣地，故凿窟造像，自己也住下来坐禅诵经。

自此之后，莫高窟又经历北魏、西魏、北周、隋、唐、五代、宋、西夏、元等10多个朝代的开凿，千余年从未停止，其中隋、唐为全盛时期。

莫高窟现存石窟492个，壁画4.5万平方米，彩塑2400座，飞天4000余身，唐宋窟檐木构建筑5座。石窟共分上下五层，高低错落，鳞次栉比，南北绵延1600多米，是世界上现存的规模最大的石窟。

敦煌莫高窟的佛教艺术非常丰富

由于莫高窟所处岩壁疏松，不适宜雕刻，所以窟中造像多以泥塑、壁画为主，泥制彩塑各具特色，壁画绚丽多彩，以壁画为背景，把泥塑、壁画两种艺术融为一体，是莫高窟艺术的一大特色。

20世纪初又发现了藏经洞（莫高窟第17洞），洞内藏有从4—10世纪的写经、文书和文物五六万件。其中有上千件绢画、版画、刺绣和大量书法作品。如果把所有艺术作品一件件陈列起来，便是一座超过25公里长的世界大画廊。

另外，这里还有其他石窟里为数不多的飞天造像。飞天，是佛教中称为香音之神的能奏乐、善飞舞，满身异香而美丽的菩萨。

唐代飞天更为丰富多彩，气韵生动，她既不像希腊插翅的天使，也不像古代印度腾云驾雾的天女，中国艺术家用绵长的飘带使她们优美轻捷的女性身躯漫天飞舞。

飞天是民族艺术的一个绚丽形象。提起敦煌，人们就会想到神奇的飞天。

总之，莫高窟作为艺术的宝库，不同时代的艺术风尚在这里汇集成斑斓景观。敦煌唐代艺术代表了中国佛教艺术最灿烂的时代，外来的艺术与中国的民族艺术水乳交融，敦煌唐代艺术空前丰富多彩。

在敦煌莫高窟所有艺术作品当中，成就最为突出的要数壁画和泥塑。敦煌壁画题材以佛像、经变人物等为主，主要表现佛教活动，也广泛涉及劳动人民从事劳动的场面、古建筑的各种类型及各阶层人物生活习俗的各个方面，反映了不同造窟时代的社会文化特征。

弥足珍贵的是壁画直观地将各个时期绘画造型的结构布局、人物造型、线描勾勒、敷彩设色等方面的艺术风格及其传承演变展现在人们面前。

敦煌壁画可谓是"壁画艺术的长城"，一个包罗万象的"墙壁上的博物馆"。

泥塑造像是莫高窟的艺术主体，塑像分为单身像和群像，最大的高达33米，最小的仅10厘米，有佛、菩萨、弟子、天王、力士、高僧等，人物形象生动，彩绘精美富丽，亲切自然，栩栩如生。敦煌彩塑在形制上一般可分为两类：一是影塑，近似浮雕；二是圆塑，是脱离墙壁的立体塑像。

在时间上大体分为三期，不同时期有不同时期的独特风格。前期是北魏至北周时期，塑像鼻梁隆直，眉长眼鼓，具有犍陀罗的风格；中期是隋唐时期，唐代是敦煌塑像艺术最高峰时期，塑像身材比例匀称，面相丰腴，表现出唐代"秾丽丰肥"的风格；晚期是五代至清代，五代至宋初大体保持唐风，但神韵不及唐代。敦煌彩塑艺术成就卓越，堪称是一所"巨大的雕塑艺术陈列馆"。

敦煌艺术保存最完好

敦煌石窟虽然也有部分艺术珍品风化、损害或者由于人为的原因造成艺术品的流失，但是相对于其他石窟来说，敦煌石窟是保存最完好的，它保存了从前秦到清代十多个朝代的一些珍贵的艺术作品，这在世界上的石窟中是非常少见的。

正是由于敦煌莫高窟的492个小石窟和洞穴庙宇以其雕像和壁画闻名于世，展示了延续千年的佛教艺术，是世界上现存最大、内容最丰富、保存最完好的佛教艺术宝库，所以才被誉为"东方艺术明珠"，并于1987年12月入选《世界遗产名录》。

令人迷醉的澳门风情

2005年7月15日，在南非德班召开的联合国教科文组织第29届世界遗产委员会会议决定，将澳门历史城区作为世界文化遗产列入《世界遗产名录》，这一体现了中西方文化交融的历史建筑群成为中国第31处世界遗产。

它以澳门旧城区为核心，通过相邻的广场和街道连为一体，其中的古建筑有20多个。澳门历史城区为什么能够加入《世界遗产名录》？

澳门历史城区之所以能够加入《世界遗产名录》的最主要原因是：澳门的历史建筑同时承载了东西方文化的特点，反映了东西方文化的交融。

澳门历史城区是一片以澳门旧城区为核心的历史街区，以相邻的广场和街道连接而成，保存了澳门400多年中西文化交流的历史精髓。

400多年间，在这块城区内，来自葡萄牙、西班牙、荷兰、英国、法国、意大利、美国、日本、瑞典、印度、马来西亚、菲律宾、朝鲜甚至非洲地区等等不同地方的人，带着不同的文化思想，不同的职业技艺，不同的风俗习惯，在澳门历史城区内盖房子、建教堂、修马路、筑炮台，并开展各类文化活动。

在这种机遇下，澳门成为中国境内接触近代西方器物与文化最早、最多、最重要的地方，是当时中国接触西方文化的桥头堡。

与此同时，居住在澳门的外国人，也以各种方式，向世界各国介绍在澳门见到的一切中国文化思想与生活习俗。澳门，也是一道外国认识中国的门户。

随着外国人的定居，他们把自己的建筑传统越洋带到澳门，使澳门成为近代西洋建筑传入中国的第一站。尤其是葡萄牙人在澳门的建筑物，无不显露出与葡萄牙本土建筑的密切关系。

事实上，文艺复兴后的一些主要建筑形式、风格，结合亚洲其他地区不同的建筑元素在澳门产生了新的变体，形成澳门独树一帜的建筑风格。

澳门历史城区包括妈阁庙前地、亚婆井前地、岗顶前地、议事亭前地、大堂前地、板樟堂前地、耶稣会纪念广场、白鸽巢前地8个广场空间；以及妈阁庙、港务局大楼、郑家大屋、圣老楞佐教堂、圣若瑟修院及圣堂、岗顶剧院、何东图书馆大楼、圣奥斯定教堂、民政总署大楼、三街会馆、仁慈堂大楼、大堂、卢家大屋、玫瑰堂、大三巴牌坊、哪吒庙、旧城墙遗址、大炮台、圣安多尼教堂、东方基金会会址、基督教坟场、东望洋炮台（含圣母雪地殿教堂及灯塔）22处历史建筑。

当中既有中国第一所西式大学（圣保禄学院）、第一座西式剧院，也有中国海岸第一座现代灯塔，还有具岭南风格的庙宇、清末富商的院落等。

在400多年的历史里，中国人与葡萄牙人在澳门历史城区澳门历史城区内，合力营造了不同的生活社区。这些生活社区，除了展示澳门的中、西式建筑艺术特色外，更展现了中葡两国人民不同宗教、文化以致生活习惯的交融与尊重。

这种中葡人民共同酝酿出来的温情、淳朴、包容的社区气息，是澳门最具特色、最有价值的地方。

此外，澳门处于海陆交通的便利位置，中西方文化在这里交融后向外辐射，对中国内陆、日本、朝鲜半岛和东南亚的文化影响都很大。

澳门历史城区是中国境内现存年代最远、规模最大、保存最完整和最集中的，以西式建筑为主、中西式建筑相互辉映的历史城区，体现了中西方文化交融的历史建筑群，是西方宗教文化在中国和远东地区传播历史重要的见证，更是400多年来中西文化交流互补、多元共存的结晶。

第三章

外面的世界也无奈

　　人人都知道外面的世界精彩，但是，你可知道，有时候，外面的世界也很无奈。比如，当你正在兴致勃勃地旅游时，突然遭遇了自然灾害；当你在乘飞机游览舷窗白云时，客机突然出了故障……

　　在强大的自然灾害和有些难以预料的重大事故面前，我们单个的人常常显得很渺小，很无奈。在这种情况下，我们只有掌握一些自救知识，才能平安脱险。所以，请你认真阅读本章的内容，或许在关键时刻，它能使你绝处逢生。

江湖行走小心安全隐患

外面的世界很精彩，外面的世界有时也很无奈。如果你一切打理齐全，可能会有一个愉快的旅行，但假若你稍有一点疏忽，就有可能有麻烦缠身，甚至产生安全隐患。所以，出去旅行前，一定做好相应的准备。旅行中，则应保护好自己的人身安全和财物安全。

出发前

一定要带上身份证等相关证件，入住需要登记，如无身份证无法办理入住手续。

带齐个人必备物品，比如双肩背包、拖鞋、水、晕车丸、防叮咬用品、个人药品、手机充值、充电器、相机、电池、替换衣裤、遮阳帽、雨伞、防晒霜、备用鞋、墨镜、厚点的外套或毛毯、洗漱用品如毛巾、牙膏、牙刷、袋装洗发水、沐浴露。

准备零食水果等，防止饮食不习惯；带瓶水去，可预防水土不服，且景区饮料较贵。

请注意准备一些个人用的常用药品，以备不时之需，如晕车药，保剂丸，整肠丸等。

晚上行车车内温度较冷，请注意着装，预防感冒。

旅程中

在旅游过程中，听从当地导游的安排，遵守时间，以便顺利完成整个过程。

在旅途中，要和导游司机和睦相处，互相尊重，以免发生误解，杜绝不愉快的事情发生。

户外游玩时，紫外线照射较强，注意防晒，带好防晒用品。

出游时尽量穿运动鞋、平底鞋，最好不要穿新皮鞋、高跟鞋、硬底鞋。

竹筏、漂流、骑自行车等注意安全；请不要自行参加行程以外的具有一定危险的活动。

旅游摄影时，请注意安全，不要到有危险的地区拍摄或攀爬。

注意饮食，以免吃坏肚子。

旅途中请提高安全防范意识，保护自己财产及人身安全。睡觉时，请锁好门窗；外出时，贵重物品请随身携带。

在旅游期间如因个人原因自行离团，其未产生的所有费用概不退还，所以尽量不要自行离团，离开团队时至少要两个人在一起，并且一定要告诉单位领导或安全负责人，手机话费要充足。

旅途中需提防各种消费陷阱，如：烧高价香、抱新娘等等，请谨慎购物，避免购买到高价、伪劣假冒等产品。在旅游时，要注意环境保护，尊重当地少数民族的风俗习惯。

乘列车攻略和自救

在国内旅游，火车是不错的出行方式，不仅价格适中，沿途还能欣赏到一路的山乡风景。不过，火车上环境逼仄，人流较多，如果想乘坐得舒适，精神抖擞地抵达旅游目的地，则需要提前做些准备工作，开创舒适的火车之旅。

乘车前的注意事项

（1）免费携带。一名成年人可免费携带物品20千克，未成年人可携带10千克。携带品的长度和体积要适于放在行李架上或座位下边，打包时要有先见之明。

（2）行李托运。行李托运必须到车站行李房去，不要轻信在广场上主动要求帮人托运行李的闲散人员。当然不能冒险在行李中夹带贵重物品。每件行李最大重量为50千克。

乘车中注意事项

（1）谨防烫伤。常见的有两种情况：一是用茶缸去打开水，在列车运行时，端着开水在人行道上行走，会因突然停车或被人碰挤而烫伤自己或别人；二是将盛满开水的茶缸放在茶桌上，遇到紧急停车时，茶缸晃倒或掉下茶桌，烫伤旁边的旅客，对此，需要有针对性地加以防范。

（2）注意饮食卫生。在火车上吃饭，由于没有运动的条件，食物消化过程延长，不可吃得过饱，应吃容易消化的食物；在沿途站台上购买熟食要辨别新鲜度，以免闹肚子；一路上要注意喝水，尽量小口慢饮，以免破坏体内水盐平衡，夏季感到饥渴时，不妨以绿豆汤、八宝粥之类的浆液代替喝水，尤其是勿贪吃冰淇淋、冰汽水之类的冷饮，否则越吃越渴，还易伤脾胃。

（3）适时下车换气。长时间在列车上，空气流通不充分，因此每到一个大站因为停点时间较长，应及时下车在站台上俗称"接地气"，顺便活动筋骨，但要注意听列车的开车铃声。

（4）正确乘坐卧铺。夏天睡卧铺，头应该朝人行道的一端。因为人行道的空气比较流通，气温较低，有利于睡眠，也避免一排排的脚丫子暴露在人行道旁边，显得不文明、不礼貌。夜间行车，睡下铺的旅客要适当盖些卧具，不能把头靠车窗一端睡，以防受凉。空调车晚上通常很冷，一定要带个稍微厚点的外套。

车上卖的食物较贵，最好事先准备水和食物。为了方便欣赏沿途风光，如果不是选择卧铺，最好挑个靠窗的位置。卧铺铺位最好选择靠近车厢中部，车厢两端铺位的灯夜里不关，比较容易影响睡眠，而且来来往往的人也会让你心烦意乱。乘车过程中可以适当做做简单的保健运动，这样下车时体力更充沛，如可转脚丫、拍后背、高耸肩、后甩手等。

（5）保管财物。把贵重物品放在随身包包中，把包包背在胸前，等车和上车的时候，尽量把手放在包上面，或把手放在包包的拉链处。有座位的话，把包压在大腿上或抱于胸前，防止割包盗窃。行李要放置在视线之内的地方。

（6）备好零钱。在车上买饭或购物时，不要现场清点钱物，要用的钱最好事先备好。随身钞票最好零整分放，减少风险。

（7）提高警惕。夜间犯困最好与同行者轮流睡觉，小心小偷下手。在列车靠站时，人流量增多，要留心行李，防止有人顺手牵羊。

（8）不做危险动作。列车行进中，不要把头、手、胳膊伸出车窗外，以免被沿线的信号设备等刮伤；不要在车门和车厢连接处逗留，那里容易发生夹伤、扭伤、卡伤等事故；不带易燃、易爆的危险品，如汽油、鞭炮等上车；不向车窗外扔废弃物，以免砸伤铁路边行人和铁路工人，同时也避免造成环境污染。

列车发生事故的自救

列车是远距离出行的最安全的交通工具之一。列车出事前通常没有什么迹象，不过旅客会察觉到一些异常现象如紧急刹车，这时，应充分利用出事前短短几分钟或几秒钟的时间，使自己身体处于较为安全的姿势，采取一些自防自救的措施。

离开门窗或趴下来，抓住牢固的物体，以防碰撞或被抛出车厢。身体紧靠在牢固的物体上，低下头，下巴紧贴胸前，以防头部受伤。如座位不靠门窗，则应留在原位，保持不动；接近门窗，就应尽快离开。

火车出轨向前时，不要尝试跳车，否则身体会以全部冲力撞向路轨，还可能发生其他危险，如碰到通电流的路轨、飞脱的零件，或掉到火车蓄电池破裂而出的残液上。

火车停下来后，看清周围环境如何，如果环境允许，则在原地不动等待救援人员到来。此外，不论怎样，要呼救，尽快将遇险的信息传递出去。

乘船舶遇到意外怎么办

外出旅行时，会有很多机会乘船。船在水中航行，存在遇到风浪等危险，所以，乘船旅行的安全十分重要。

乘船的安全注意事项

不要搭乘吃水线明显低于水位或乘客拥挤的超载船只，不要乘坐缺乏救护设施、无证经营的小船。

乘船时，不仅自己不夹带危险物品上船，还应主动配合站埠人员做好对危险物品的查堵工作。若发现有人将危险物品带上船只，应督促其交给管理人员作妥善处理。

不管水性好坏，出发前最好在行囊中预备一个便携式气枕或者充气式救生圈，只有有备而来才能心中有数。

登船后第一件事就是留意观察船上备用的救生衣具存放位置，以及救生艇、救生筏存放的位置，要熟悉和了解本船的各通道、出入口处以及通往甲板的最近逃生口，以便在紧急情况下能迅速地离开危险的地方。发现船上出现超载要保持警惕，尤其是船体剧烈颠簸时，要高度戒备，换上轻装，将重要财物随身携带。

下船时，一定要等船靠稳，待工作人员安置好上下船的跳板后再行动；要排队按次序进行，不得拥挤、争抢，以免造成挤伤、落水等事故；上船后要听从管理人员的安排，并根据指示牌寻找自己的座位；不随意攀爬船杆，不跨越船档，以免发生意外落水事故。

客船航行时，不在船头、甲板等地打闹、追逐，以防落水；摄影时，不要紧靠船边，也不要站在甲板边缘向下看波浪，以防晕眩或失足落水；观景时切莫一窝蜂地拥向船的一侧，以防引起船体倾斜，发生意外。

天气恶劣时，如遇大风、大浪、浓雾等，应尽量避免乘船。船上的许多设备都与保证安全有关，不要乱动，以免影响正常航行。客舱内严禁违章用火，如发现有影响旅客和船舶安全的情况，应及时向船舶负责人报告。

乘船发生事故自救

船舶在江河湖海里航行时，如发生碰撞、火灾、爆炸、触礁、搁浅，甚至船舶翻沉等，乘客的安全受到严重的威胁。因此，要掌握一定的自救互救知识。

（1）常见事故危险。

溺水。如果落入水中，不会游泳而又没有任何救生漂浮工具，在水中就无法保持漂浮。

浸泡和曝晒。人体浸泡在水中，散热比在陆地上快得多，容易造成体热消耗过大，时间久了就会使人处于低温昏迷直至死亡。人体在酷热阳光曝晒下，则容易发生晒伤、衰竭、中暑等。

晕浪。救生者在救生艇、救生筏上晕船会引起过度呕吐，使身体大量失水，出现头晕、虚弱。

（2）水上求生有四个原则。

做好自身保护。稳定情绪，寻找救生及漂浮工具，扣好救生衣，找出哨笛。漂浮在水中不要轻易游动，除非是要接近附近的船只或可攀附的漂浮物。在水中采取好的姿势对保存体热很重要，双腿并拢屈到胸部，两肘紧贴身旁，两臂交叉放在救生衣前，并使头部和颈部露出水面，保持清醒，不能入睡，振作精神，坚持时间越长获救机会越大。

沉着冷静设法呼救。要知道船舶出事的准确位置，并想法呼救。

海上求生时不喝海水。海水含盐量往往比淡水大5%，饮用海水，身体反而失水更快，更感到口渴，严重的会出现腹胀、幻觉、神志昏迷、精神错乱等症状。在求生过程中要尽量节省食物，在没有充足淡水供应时，更应注意少进食或尽可能不进食，以免大量消耗体内水分。

弃船逃生。有时不得不跳水游泳离开船，跳水前尽量选择较低的位置；要查看水面，避开水面上的漂浮物；应从船的上风舷跳下，如船左右倾斜时应从船首或船尾跳下；跳水姿势要正确。左手紧握右侧救生衣，夹紧并往下拉，入水后也不要松开，待浮出水面后再放松，右手五指并拢，将鼻口捂紧，双脚并拢，身体保持垂直，头朝上，脚向下跳水；跳入水后尽快游离出事的船。

如果没有救生器材，则应以船身或其他能浮动的物体作为救生器材，死抓不放。如果船只翻沉，不要与人挤作一团，应该分散到船窗或从船内游离船只，然后从容有序地游向岸边，或注意保持体力，等候他人的救援。

跳水时，如果船舶四周的水面上漂浮着燃烧的油火，这时要在船的上风侧选择适当位置，然后深吸一口气，一手捂鼻口，另一只手遮着眼睛及面部，两脚伸直并拢，侧身垂直向下跳入水中。入水后要向上风方向潜游。

露出水面换气时，应先将手伸出并拨动水面，拨开火苗，头出水后立即向下风作深呼吸再下潜，向上风方向游去。如果遇到没有燃烧的漂油时，必须将头部高仰出水面，紧闭嘴，防止油进入鼻口，同时还要注意不要让油进入眼内。

空中遇险的如何自救

旅行中有时为了方便、快捷，也会选择飞机作为交通工具。但随着航空运输的普及，空难事故也时有发生。特别是由于航空运输的特点，空难往往造成巨大的损失。因此，对于乘坐飞机旅行的人来讲，一定要掌握一些有关的安全知识。

乘飞机的安全注意事项

（1）登机前安检。旅客及其随身携带的一切行李物品，必须接受机场安全部门的安全检查，否则不准登机。这是为了防止枪支、弹药、凶器、易燃、易爆、腐蚀、放射性物品以及其他危害民航安全的危险品被带入机场和机舱，以便维护飞机和乘客的安全。

（2）免费行李额。国内航线全票或半票旅客，每人的免费行李额，按第一种票价购票的，一等舱位20千克，普通舱位15千克；按第二种票价购票的，一等舱位30千克，普通舱位20千克。超过免费限额的行李，应按规定行李运价付费，并在航班有空余吨位时才能与旅客同机运出。

（3）携带物品的规定。随身携带的物品一般重量以5千克为限，超过上述重量或体积的物品，应按规定分别作为行李或货物托运。国际航线旅客每人可免费携带下列手提物品：手提包、大衣、雨伞、手杖、少量读物、婴儿食品、婴儿摇篮以及供病人用的可折叠的轮座椅。

（4）机用安全设备。机舱内有灭火设备、氧气设备及紧急出口设施，飞经海上的飞机还有救生衣。这些设施只能在发生紧急情况时，由机组人员组织旅客使用。

（5）听从乘务员提醒。飞机最容易发生危险的时候是起飞和降落的时候，这时要系好安全带，仔细听乘务员讲解怎样应付紧急事故。

（6）不宜乘坐飞机的情况。应当了解有哪些人不适宜乘坐飞机旅行。有心血管病史的，刚做过眼睛手术或头脸部手术的人最好也避免搭乘飞机。

（7）学会运用氧气设备。现代大型客机一般都在一万米以上的高空飞行。为了保证空勤人员和旅客的正常生活，座舱与外界密封隔绝，并设置了专门的设备，对座舱进行调温和增压。

除此之外，还设有固定式和携带式氧气设备。正常飞行时，旅客不必使用氧气。

（8）细读乘机手册。登上飞机后，应仔细阅读面前袋子内的乘机安全手册。认真听取乘务员关于处理紧急情况措施的介绍。这对于第一次或较少乘坐飞机的人来说尤其重要。

要熟悉一下自己周围的环境，特别是看清离自己座位最近的紧急出口的位置。按照机上要求系好安全带是必须重视的事。曾经就有过这样的事例：国内一架客机在航行中遇到强大的垂直气流，飞机在高空短暂失控，引起剧烈颠簸，机上未扣好安全带的乘客被抛向舱顶，造成2人死亡，数十人受伤。

乘飞机发生事故自救

乘坐飞机，如遇飞机密封增压舱失落、失火、机械故障等，驾驶员将不得不紧急迫降。紧急迫降一般在海上进行。但如离海岸太远，有时也只好在荒郊野外或撒满消防剂的飞机场跑道上强行迫降。迫降时，作为旅客应当做好一些重要事项。

保持镇静，保持清醒的头脑，听从指挥，切不可惊慌失措或各行其是。同时，注意看清飞机紧急出口的位置。

如果飞机高度在3600米以上时，密封增压舱突然失落释压，乘客头顶上的氧气面罩会自动垂下，应立即吸氧。直到驾驶员把飞机的高度降低。

在机组人员的统一指挥下，尽可能往前舱就座。因为机尾摔毁的可能性要多于机头摔毁的10倍以上。

按照要求将座椅靠背调节到正常状态，收起小桌板，系好安全带。屈身向前，脸贴在垫有枕头之类柔软物的双膝上，两臂抱住大腿，使整个身体处于"最低水平"位置，以减少因惯性而造成的损伤。

迅速将高跟鞋、眼镜、假牙牙托取下，清除身上或身体周围的坚硬物品，这样可以避免不必要的伤害。在紧急情况脱离之前，仍要系好安全带。

如机舱内有浓烟雾，用毛巾最好是湿的，掩住鼻子和嘴。走向紧急出口时应尽可能俯屈身体，临近机舱下部。

如果飞机是在水上迫降，要按照机组人员讲解的方法穿好救生衣。自己穿好救生衣后，要帮助他人特别是小孩。不要在走出机舱前就让救生衣充气，否则会造成出舱门的困难。

在打开紧急出口前，要通过舱门的玻璃迅速查看外边的情况，如发现外边出口处有浓烟、火焰或尖锐的碎片以及其他障碍，不要打开舱门，立即从另外的出口脱离。

紧急出口打开后，充气救生梯便自动膨胀，以坐的姿势滑跳到梯上，双手护头，快速着地。滑到地面后，尽可能快速地远离飞机，不要返回机上取行李。

离开飞机后，仍要听从指挥人员的指挥，以便统一行动，脱离险境。

如果自己和别人受伤，应通知服务员，他们受过急救训练。等待救援时，设法和其他乘客交谈，保持求生意志。

登山时的安全防范

登山是一项较为危险的运动。自然环境的恶劣，个人操作的失误都会造成意外。所以，旅游者加强自身技术的训练，提高在恶劣环境中的生存能力，在获得登山快乐的同时，确保登山过程中的安全。

登山前注意事项

登山之前要细致听取当地气象部门的天气预报，选择较为温和的天气出行。时间选择在早晨或上午，午后应该下山返回驻地。中途不要擅自改变登山路线和时间。

山上早晚气温较山下低，应根据当天的准确天气预报适当的增减衣服。各宾馆饭店一般都有棉衣、羽绒服免费或出租，但以自己准备为宜。

登山前要做好热身准备。可利用10分钟至20分钟做肌肉伸展活动，尽量使全身肌肉放松。开始爬山锻炼时，切不可一上来就加大运动量，要循序渐进。通常要先做一些简单的热身运动，然后按照一定的呼吸频率，逐渐加大强度，避免呼吸频率在运动中发生突然变化。

锻炼结束时，要放松一下，这样才能更好地保持肌群能力，使血液从肢体回到心脏。

登山应注意着装，尽量选择运动休闲且宽松挡风的衣服，切忌穿裙子和紧身衣裤登山。冬天登山轻巧饱暖的羽绒服为首选。注意要挑选合适的鞋子，以免劳累、起泡。运动鞋、登山鞋、布鞋和旅游鞋等平底鞋均可。切勿穿高跟鞋、拖鞋和皮鞋，以防滑跌带来登山不便。

登山前最好购买登山手杖，以免体力不支。购买拐杖时，应注意选择长短、轻重合适并且结实的手杖。

山中天气变化无常，时晴时雨，反复无常。且山高风大，不宜打伞，免得连人带伞一起刮跑。登山前如天气不好最好准备雨衣或在山下购买，如果等到山上下雨时再买雨衣，价格一定会让人吃惊。

山高路陡，尽量少带行李杂物，轻装上阵，以减轻负荷；但要带足够矿泉水、饮料，以应登山途中水分散失口干舌燥。可选择性地带一些高热量的食品来保持体力的充沛。

登山前应充分了解自己的健康状况，随时携带药物；有高山反应及身体不适者，可选择索道和轿子，千万不要勉强上山。

登山的地点应该慎重选择。要向附近居民充分了解清楚当地的地理环境和天气变化的情况，选择一条最为安全的登山路线，并随时做好标记，以防止迷路。

备好绳索、干粮和水。在夏季，一定要带上充足的饮用水，因为登山会出汗，如果不补充足够的水分，很容易发生虚脱，甚至中暑。

背包不要选择手提式，要选择双肩背包，既可方便携带，又便于双手抓攀。还可以提前备用结实的长棍当作手杖，帮助攀登。

登山中的注意事项

登山时要有导游等当地人的带领，一定要集体行动，不能单独出行。

登山中的队伍不可拉长，随时留意保持前后呼应，避免单独行动，落单最易发生意外。

迷路时应折回原路，切勿惊慌或沿溪下行，设法寻找庇身所，静待救援。请保持体力，平稳情绪，互相安抚。

要随时关注气象预报变化信息。千万不要在危险的崖边留影照相，以防发生意外。

行军途中应注意身体状况，若有不舒服，请立即告知领队或较有经验之伙伴，切莫抱有勉强或不好意思拖累的心态。

应理智评估自己的户外活动能力，不要尝试做超过自己能力与知识的决定与行为，通过困难地形时如感觉没有安全把握，应请领队与协作人员及周围同伴相助通过。

登山时要随身携带必备的通信设备，如手机、对讲机等，以防止意外时紧急求救。

勤于思考，同样可以达成目标，请用最安全的办法来实施完成。

请小心用火，避免导致森林火灾。注意环境保护，垃圾废物务必带下山并妥善处理，实际践行踏过无痕的理念与原则。除了笑声什么都别留下，除了回忆什么也别带走。

遇有意外发生，请保持冷静，以己之长，克敌之短，尽快脱离险境并设法与警察部门及留守人员联系，静待救援。保护自身安全健康，避免运动过量引至运动伤害，尤其是膝盖、脚踝及腰椎。

海边旅游活动的安全常识

海边旅游前的准备事项

想到海边旅游的话，事先要查清天气状况，别准备好了，结果大风大浪又下雨的，那可得不偿失，查完天气选好日子之后就可以着手准备当天要带的东西了。

（1）必需品。遮阳伞、墨镜、防晒霜、泳衣、泳裤、泳帽、水镜、浴巾、拖鞋、耳塞等。

（2）食物方面的准备。准备时应以水为重点，尤其夏季高温酷热，在海边待上一整天不准备充足的水源是非常难受的。

主食方面可以考虑准备面包、香肠、罐头、泡菜、烧鸡……油腻的最好少些，选择上偏向于可口、宜携带、不易坏掉的食物，最好不要带包子之类的，因为天热，闷上一天里面的肉馅很容易变质，虾也最好不要带，不新鲜的虾食用后会食物中毒，重则危及生命，所以海鲜类也尽量不要带，商店买到的干货或腌好的除外。

另外可以带些水果，如：桃子、李子、梨、苹果、西瓜，等等，千万别带西红柿，其他的小零食按照个人喜好适量携带。

（3）药品方面的准备。主要是医疗用品如：创可贴、消毒用品、胃药、治拉肚子的如痢特灵、清凉油，有其他病史的就自己多备些常用药，这东西不怕多，一样带个十来粒的也不占地方，不过打包时记得写清药品名以免吃错。

海边游泳时的注意事项

（1）游泳前要做准备活动。游泳前的热身运动可减少急性扭伤、擦伤和抽筋的发生几率，水上高手务必做完暖身运动再下水。除了有足够的暖身运动，本身已有肌肉、关节方面疾病的人，在游泳姿势上要有所选择。

例如有膝盖毛病者，避免游蛙式；有肩颈问题者，避免游自由式；有下背痛问题者，避免游蝶式；有脚踝问题者，避免游自由式、仰式及蝶式。在游泳时以不同的泳式交替，较不容易造成某些部位过度劳动的运动伤害。

（2）不要在非游泳区游泳。非游泳区水域中水情复杂，常常有暗礁、水草、淤泥和漩流，稍有大意，就可能发生意外。因此，在下水之前一定要在当地搞好调查研究，做到心中有数，尽可能地远离水草、暗礁、旋流和淤泥。

（3）上岸后要防止暴晒。注意保护皮肤，为了避免猛烈的太阳照射，最好涂上防晒霜。海浴前需在岸上做好准备，然后在浅水中浸润皮肤，使身体适宜水温。海浴时请不要攀登礁石，以免被牡蛎划伤。还要注意维护海水及沙滩的清洁卫生，弘扬公共道德。

（4）忌饭前饭后游泳。空腹游泳会影响食欲和消化功能，也会在游泳中发生头昏乏力等意外情况；饱腹游泳亦会影响消化功能，还会产生胃痉挛，甚至呕吐、腹痛现象。

（5）忌剧烈运动后游泳。剧烈运动后马上游泳，会使心脏加重负担；体温的急剧下降，会抵抗力减弱，引起感冒、咽喉炎等。

（6）忌长时间曝晒游泳。长时间曝晒会产生晒斑，或引起急性皮炎，亦称日光灼伤。为防止晒斑的发生，上岸后最好用伞遮阳，或到有树荫的地方休息，或用浴巾在身上保护皮肤，或在身体裸露处涂防晒霜。

（7）忌游泳时间过久。皮肤对寒冷刺激一般有三个反应期。第一期：入水后，受冷的刺激，皮肤血管收缩，肤色呈苍白。第二期：在水中停留一定时间后，体表血流扩张，皮肤由苍白转呈浅红色，肤体由冷转暖。第三期：停留过久，体温热散大于热发，皮肤出现鸡皮疙瘩和寒战现象。这是夏游的禁忌期，应及时出水。游泳持续时间一般不应超过1.5至2小时。

（8）忌忽视泳后卫生。泳后应马上用软质干毛巾擦去身上水垢，最好用淡水冲洗，滴上氯霉或硼酸眼药水，擤出鼻腔分泌物。如若耳部进水，可采用"同侧跳"将水排出。之后，再做几节放松体操及肢体按摩或在日光下小憩15分钟至20分钟，以避免肌群僵化和疲劳。

游泳遇险的自救方法

（1）肌肉抽筋的自救。水中抽筋，是由于身体在水中电解质释放过多、水比较寒冷、体能消耗过大、陆上的准备活动做得不够充分等原因造成。一般腿部和脚趾抽筋最为常见。

如果遇到这种情况，首先应保持身体在水中的平衡，腿部尽量伸直，然后用手抓住脚踝，脚尖向身体方向钩起，把脚尖尽量向自身方向扳拉，直到抽筋消失。如果抽筋过重，腿部已抽缩麻木，可一边扳拉，一边向岸边游进，也可大声呼救。

（2）突然下沉的自救。此危险常见于初学游泳者或泳技不高者。在游进当中会感觉身体突然没劲了，然后身体下沉。这种情况主要是对自身的体力估计不足，体力分配不均匀，体力消耗过大，自身没有觉察。

遇到这种情况，一定要保持冷静，可在身体下沉时闭住呼吸，使体内肺部充满气体，片刻，身体会自然上浮，然后，手部向下按压划水，蹬小腿，脚踝由内向外划圆，逐渐过渡到蛙泳。如果身边有水线等辅助设施，可借助休息一会儿再游。

（3）被水草缠绕时的自救。在野外自然水域中游泳，一定要先观察水下环境。如果不幸遇到水草或渔网缠绕，一定要保持冷静，千万不要挣扎。在这种情况下只有保持冷静，才有机会解脱。缠绕发现得越早越容易解脱。

被缠绕后，首先应放松身体，观察缠绕情况，寻找解脱的方法，如果解脱不了，可大声呼救。

（4）被水母或海胆伤到的自救。在海泳及潜水活动中，要特别小心被海胆或水母刺到，如果被水母蜇伤，会出现刺痛、瘙痒、红疹和水泡等现象，更严重的会有全身性反应，发生恶心、呕吐、发烧、畏寒、头痛和肌肉酸痛等症状。被水母蜇到时应马上以海水、食用醋或稀释的冰醋酸冲洗，千万不要用清水或酒精处理。

如果在戏水时被海胆钙化的刺扎到皮肤，会引起剧痛、局部红肿，若未适当处理，可能在2、3个月后产生肉芽肿，因此必须尽量小心地将刺拔除，并就医治疗。

救助溺水者的注意事项

在游泳时难免会碰上他人水中遇险，在他人危难的时刻，需要伸出救援的双手，然而，在救助溺水者的时候，溺水者由于恐慌，害怕而神志不清，慌乱中往往抓抱救生者，有可能在实行拖运之前被抓住或抱住，在这种情况下，救生者就需要沉着冷静的运用解脱技术，摆脱溺水者，然后再实施救助。

（1）被溺者抓住手腕的解脱方法。如救生者一手被溺者在上方两手同时抓住，被抓之手应紧握拳，另一手由下穿过溺者两臂之间，紧握被抓之手向下抽动，迫使溺者拇指松开，然后再进行救助。

如救生员一手在下方被溺者抓住，同样解脱，区别在于救生者一手由上方穿过溺者两手之间，紧握被抓之手向上抽动。

（2）被溺者从后方抱住颈部解脱方法。救生者一手按住溺者手背，另一手顶住溺者同一侧手的肘部，身体下沉，并用力向上推其肘部，按住溺者手背处用力下压，即可解脱。同时握住溺者手腕，顺势转动溺者，使其背对自己，并进行拖运。

（3）被溺者从前抱住腰部的解脱方法。由于溺者求生心理，往往会死死抱住救生者的腰部，并使脸部紧贴救生者的腹部，造成解脱困难。

此时，救生者应利用人体头部姿势反射的原理，只要以一手托住溺者的下颌，另一手扶住其贴近自己另一侧头部，两手稍用力转动溺者头部，即可使其松手并离开救生者，达到解脱的目的，救生者应从其背后重新接近溺者，实行拖运。

（4）救生者被溺者从后面拦腰抱住的解脱方法。首先，救生者被抱住后，用手触摸溺者手指，找其食指或无名指，抓住并用力向外分开，再将溺者双手分别向上向下伸展，然后松开向下伸展之手，并立即退至其后，待溺者冷静后再进行拖运。

（5）被溺者抓住头发的解脱方法。如救生者头发被抓住，救生者应用与溺者相同之手即体位交叉之手按住溺者之手，寻找溺者之手的小拇指，身体下沉，同时用手向上掀其手，另一手用力推其肘部，使溺者转动身体，背对自己进行拖运。

遭遇狂风时的对策

旅游中遇到超强狂风的袭击，将会严重危害生命财产安全。因此，在台风来临前，要及时将此类设施转移到安全地带，避开以上容易造成伤亡的地点，千万不要在以上地方避风避雨。

台风的预警知识

（1）台风蓝色预警信号。

标准：24小时内可能或者已经受热带气旋影响，沿海或陆地平均风力达6级以上，或阵风8级以上并可能持续。

防御指南：政府及相关部门按照职责做好防台风准备工作；停止露天集体活动和高空等户外危险作业；相关水域水上作业和过往船舶采取积极的应对措施，如回港避风或者绕道航行等；加固门窗、围板、棚架、广告牌等易被风吹动的搭建物，切断危险的室外电源。

（2）台风黄色预警信号。

标准：24小时内可能已经受热带气旋影响，沿海或者陆地平均风力达8级以上，或阵风10级以上并可能持续。

防御指南：政府及相关部门按照职责做好防台风应急准备工作；停止室内外大型集会和高空等户外危险作业；相关水域水上作业和过往船舶采取积极的应对措施，加固港口设施，防止船舶走锚、搁浅和碰撞；加固或者拆除易被风吹动的搭建物，人员切勿随意外出，确保老人小孩留在家中最安全的地方，危房人员及时转移。

（3）台风橙色预警信号。

标准：12小时内可能或者已经受热带气旋影响，沿海或陆地平均风力达10级以上，或阵风12级以上并可持续。

防御指南：政府及相关部门按照职责做好防台风抢险应急工作；停止室内外大型集会，停课、停业；相关水域水上作业和过往船舶应当回港避风，加固港口设施，防止船舶走锚、搁浅和碰撞；加固或者拆除易被风吹动的搭建物，人员应当尽可能待在防风安全的地方，当台风中心经过时风力会减小或者静止一段时间，切记强风将会突然吹袭，应当继续留在安全处避风，危房人员及时转移；相关地区应当注意防范强降水可能引发的山洪、地质灾害。

（4）台风红色预警信号。

标准：6小时内可能或者已经受热带气旋影响，沿海或者陆地平均风力达12级以上，或者阵风达14级以上并可能持续。

防御指南：政府及相关部门按照职责做好防台风应急和抢险工作；停止集会、停课、停业；回港避风的船舶要视情况采取积极措施，妥善安排人员留守或者转移到安全地带；加固或者拆除易被风吹动的搭建物，人员应当待在防风安全的地方，当台风中心经过时风力会减小或者静止一段时间，切记强风将会突然吹袭，应当继续留在安全处避风，危房人员要及时转移。

台风灾害的应急与对策

随时注意台风动向，紧急危险事故可打110电话请求协助。位处低洼地区时，应暂迁至高处所。

准备手电筒、食物及饮用水，检查电路。

不可贸然外出，以免受伤。

检查门窗是否坚固，各种悬吊物应取下。

清扫排水管道。

将屋外的物品移置安全场所。

断落的电线，应请专业人员处理。

遭遇雷电须小心防护

雷电的危害

夏秋旅游时，出现恶劣天气，往往会有雷电发生。雷电因其强大的电流、炽热的高温、猛烈的冲击波、剧变的电磁场，以及强烈的电磁辐射等物理效应使其在瞬时产生巨大的破坏作用。

雷电会导致人员伤亡、终端供配电系统、通信设备和计算机信息系统，引起森林火灾，击毁建筑物，危害人民财产和人身安全。

旅游前可以通过电视、广播、互联网、手机短信等媒体，或者城区的预警信号发布电子显示牌得到气象部门发布的雷雨大风、冰雹预警信号，并注意采取相应的防范措施。

预防雷电措施

（1）室外防雷。迅速躲入有防雷设施保护的建筑物内。汽车是躲避雷击的理想地方，远离树木、电线杆、烟囱等尖耸、孤立的物体。不宜进入孤立的棚屋、岗亭等低矮建筑物。

如果找不到合适的避雷场所时，应找一块地势低的地方，蹲下，双脚并拢，手放膝上，身向前屈。在空旷场地不宜打伞，不宜把金属工具、羽毛球拍、高尔夫球棍等物品扛在肩上。

切勿游泳或从事其他水上运动，不宜进行户外球类、攀爬、骑车、驾车等运动，尽快离开水面以及其他空旷场地，寻找有防雷设施的地方躲避。不宜开摩托车、骑自行车赶路，打雷时切忌狂奔。万一不幸发生雷击事件，同行者要及时报警求救，同时为其做抢救处理。

（2）室内防雷。关好门窗，尽量远离门窗、阳台和外墙壁。

在室外不要靠近更不要触摸任何金属管线，包括水管、暖气管、煤气管等。

在无防雷设施的房间里尽量不要使用家用电器，包括电视机、计算机、有线电话、电冰箱、洗衣机、微波炉等。建议拔掉所有的电源插头，在雷雨天气不要使用太阳能热水器洗澡。发生雷击火灾时，要赶快切断电源，并迅速拨打"119"或"110"电话报警求救，防雷设施要定期检测。

雷击伤员的急救

（1）雷击烧伤的急救。雷击时的电流热效应会引起电烧伤，使人体炭化成焦状，如果遭受雷击者衣服着火，可往伤者身上泼水，或者用厚外衣、毯子把伤者裹住，以扑灭火焰。

对呼吸、心跳停止者，先做心肺复苏，再处理烧伤创面。用冷水冷却伤处，然后盖上敷料，若无敷料可用清洁的布、衣服等包裹，及时转送当地医院，转运途中要输液，并采取抗休克措施。

（2）雷击"假死"的急救。被雷击中的受伤者出现的心脏突然停跳、呼吸突然停止的现象，称为雷击"假死"现象。此时要立即组织现场抢救，使受伤者平躺在地，进行人工呼吸。同时要立即呼叫急救中心，由专业人员对受伤者进行有效的处置和抢救。

雷击假死伤员进行人工呼吸时要注意，用手慢慢推前额，头部尽量后仰，同时用另一只手臂将颈部向前抬起，保持气管通畅；取出口内异物，清除分泌物，挤压力要合适，切勿过猛。挤压与放松时间大致相等，且挤压与人工呼吸次数成比例，成人为15：2，儿童为5：1。

水灾突来时巧应对

在河谷、沿海地区及低洼地带游玩时。当听到水灾的警报或遇到水灾时，应该怎么办呢？

水灾的预防措施

听从导游或单位的组织安排，进行防洪准备，或者撤退到安全地带，如防洪大坝上或地势较高的地区。如果已经受到洪水包围，要尽量利用船只、木排、门板、木床等进行水上转移。

为了防止洪水涌入屋内，要堵住大门下面所有的缝隙，最好在门槛外侧放上沙袋。如果洪水还会上涨，那么底层窗槛也要堆上沙袋。

如果洪水不断地上涨，应在楼上储备一些食物、饮用水、保暖衣物以及烧开水的用具。

如果水灾严重，水位不断上涨，就必须自制逃生工具如床板、箱子及柜子、门板等任何可以浮在水上的木质东西。如果一时找不到绳子，可以用床单、被单等撕开来代替。

在爬上木筏之前一定要试试木筏能否漂浮，所收集的食品、发信号用具如哨子、手电筒、鲜艳的床单、划桨等，这些是必不可少的。在逃生以前，要吃一些含较高热量的食品如巧克力、糖、甜点心等，并喝些热饮料以增强体质。

在离开之前，时间允许的话还要把煤气阀、电源总开关等关掉，将贵重物品包好，收藏在楼上的柜子里。出门时最好把房门关好，以免家产随水漂走。

被水冲走或落水时，首先要保持镇定，尽量抓住水中漂流的木箱、衣柜等物。

如果离岸较远，四周又没有其他人或船舶，不要盲目游走，以免体力耗尽。无论遇到何种情形的危险，都要设法发出求救信号，如晃动衣服或树枝、大声呼救等。洪水过后，要服用预防流行病的药物，做好卫生防疫工作，避免发生传染病。

水灾伤员的急救措施

（1）塌方砸伤人的急救。首先迅速救出伤员，抢救时，搬动要细心，严禁拖拉伤员而加重伤情；其次清除口腔、鼻腔泥沙、痰液等杂物，对呼吸困难者或者呼吸停止者，做人工呼吸。如有大出血伤员必须先止血，等伤员清醒后，喂少量盐开水，送医院抢救。

（2）溺水情况下的急救。抢救时，救护者为防止溺水者抱住自己，一般应该从背后接近溺水者，两手推住溺水者的髋部，迅速将其拖上岸。

溺水者如果停止了呼吸，应该立即清除口鼻中的泥沙、杂草、泡沫，保持呼吸道的畅通；而后用毛巾或是手绢包着溺水者的舌头，将其拉出，用夹子夹住舌头，以防缩回。

人工呼吸。救护者应该用薄手巾盖住溺水者的口部，一手捏住溺水者的鼻子，以防吹气时漏气，另一只手拖起溺水者下颏，用嘴对着溺水者的嘴将气吹入，吹完一口气后，嘴和捏鼻子的手同时离开，接着用手压一下溺水者的胸部，以助呼吸。直到溺水者的呼吸出现为止。

心脏起搏按摩。让溺水者仰卧在较为坚硬的地面上，救护者的右手放在溺水者的心脏的正上方，左手掌重叠在右手上，而后稳健有力地向下垂直加压，使得胸下压缩心脏，然后抬起手腕，使得胸部扩张，心脏舒张，要有节奏地进行，每分钟60次至70次。一般是吹一口气，做5次左右的心脏起搏按摩。

当溺水者苏醒后，应该密切注意其肺部情况，注意生命体征的测定，特别是7天之内要注意引发吸入性肺炎的发生。必要时还需要把溺水者送入医院，观察一段时间。

遇到地震不可惊慌

震前准备

在旅游中不幸遇到地震时，不要慌张，旅游者要在导游的指挥下做好对策预案，避免受到伤害。地震来临前要加固建筑物，并向旅游者进行宣传，使其在思想和知识上有所准备。

在地震发生阶段，可以主要根据平时的防震知识和实际情况，寻找安全地方紧急避震。同时要注意观察附近的情况，是否有人遇难和负伤待救。负伤待救者也应做好自救或尽快寻求救援。

在震后自救阶段，短时间内救援力量难以到达灾区，这时是最困难的时期。在此阶段自救是主要方式，应了解自救的注意事项，并且预防强余震。

另外，震前的物质准备也是很重要的。主要有高能量食品、水、急救箱等，放在震时紧急躲避处，以争取足够的等待外援时间。分配每人震时的应急任务，以防手忙脚乱，耽误宝贵时间。确定疏散路线和避震地点，要做到畅通无阻。

震时应急

（1）瞬时抉择，珍惜12秒自救机会。地震发生时，人能感觉到并受其害的主要有两种地震波，即专业人员常说的P波和S波。每种类型以不同的传播方式和速度运动。P波运动速度最快，传播速度每秒钟8千米至9千米，最先到达地面。

在震中区，P波使人感到的是上、下颠簸，造成的破坏不大，是给人地震发生了的信号。

S波的运动速度比P波慢，通常平均每秒钟4千米至5千米，是继P波后到达地表的破坏性极大的波。它使人感觉到的是前后左右的摇晃以及建筑物等的倒塌，是直接危害人类生命财产安全的波。

因此，自我救助主要是在P波到达地面后的数秒钟之内的事。当P波到达时，应立即反应是地震发生了。若能在横波到达并造成破坏之前的十几秒内迅速躲避到安全处，就给人们提供了最后一次自救机会。一般称为12秒自救机会。

另外，地声地光也是大震的预警信号。许多地声出现在震前10分钟内，到临震十余秒时声响最大。临震时先听到"呼呼"风声，接着是"轰轰"声，再就是"咚咚"声，之后地面开始震动。地光是地壳内溢出的气体，强化了低空静电场所致，其形状有带状、片状、球状、柱状，颜色以蓝、白、红、黄居多。

地面微动可能是临震前震源区断层预滑造成应力波所致。历次大震的幸存者中，很多人就是观察到这些临震异常现象，判断有大震来临，迅速采取措施避险，而躲过了灾难。

（2）了解所处环境，果断采取措施。要迅速远离易爆和易燃及有毒气体储存的地域，避险时要远离高楼、大烟筒、高门脸、高压线以及峭壁、陡坡或海边，不要在狭窄的巷道中停留。

现场的急救

地震同时会出现大批伤员，现场救护往往需在他人帮助下进行。做好现场指挥、现场伤员分类工作十分重要。

（1）现场指挥。救护人员要掌握现场特点，包括建筑物倒塌程度、可能受伤人数和地点，选择安全救护场地。组成现场救护指挥站，组织救援人员将伤员脱离受伤现场，在选定的安全场地对伤员进行现场救护。

（2）伤员的现场分类。根据伤员受伤各程度、部位、生命体征变化进行分类，有利于按伤员伤情的轻重缓急进行救护和向医院转送。

机械性外伤，指被倒塌体及其各种设备的直接砸击、挤压下的损伤，一般占地震伤的95%至98%。另外，还有埋压窒息伤、完全性饥饿、烧伤等。

震后自救与互救

自救与互救在抗震救灾中有极其重要的意义，无论有无救援力量到达，灾民自救都是不可缺少的救生措施。据部分资料统计，自救与互救的脱险率可达40%至80%。

（1）自救。一次强烈地震经过几十秒钟后结束了，首要的问题是如何自救。在废墟下埋压较轻的人，凭借自己的力量和智慧，根据自己所处的具体情况，寻找可以自救脱险的薄弱部位，尽力自救，完全可以脱险，失去理智地乱喊乱叫是无济于事的。

若受重伤或暂时不能脱险者，不要乱喊乱动消耗体力，要设法延缓生命，首先把妨碍呼吸的部位即口鼻胸部附近松动一下，或扒开一定的小空间，以利呼吸，等待救援。发现有人扒救时，可用喊或敲击物体的方法为扒救人指明埋压的位置。

（2）互救。互救要有组织、讲究方式方法，避免盲目图快而造成不应有的伤亡。首先通过侦听、呼叫、询问及根据建筑结构特点，判断被埋人员的位置，特别是头部方位，再进行开挖施救。

问。就是询问震时一起的亲友、同志和当地熟人，指出伤员的位置，了解当地的街道情况、建筑物分布情况。

听。就是贴耳侦听伤员的呼救声和呻吟声，一边敲打一边听，一边用手电照一边听。

看。就是仔细观察有没有露在外边的肢体血迹、衣服或其他迹象，特别注意门道、屋角、房前、床下等处。

探。就是在废墟空隙，或者排除障碍钻进去寻找伤员。这时要注意有无爬动的痕迹及血迹，以便寻找已经筋疲力尽的遇难者。

喊。就是呼喊遇难者姓名，细听有无应答之声。

通过以上五种方法，找到伤员位置，然后再根据情况，采取适当的救援方法，就能很快地将伤员救出，并逐步扩大救援。

救出伤员后应首先将其头部暴露，迅速清除口鼻内灰土，进而暴露胸腹部。如有窒息应及时施以人工呼吸；如伤势严重不能自行出来的，不得强拉硬拖，应设法暴露全身，查明伤情，施行包扎固定或急救。

在扒救中，可使用铲、铁杆等轻便工具和毛巾、被单、衬衣、木板等方便器材。企业的医护人员脱险后，能在救护工作中起重要的核心和骨干作用。

要立即在马路口、废墟旁建成临时包扎点、医疗点，指导自救互救，抢救出来的伤员应尽快包扎，并设法寻找药物、水和适当食物给以急救，然后转移和治疗。

突遇海啸须镇定

海啸的形成

海啸是由水下地震、火山爆发或水下塌陷和滑坡等大地活动造成的海面恶浪，并伴随巨响的现象。是一种具有强大破坏力的海浪，是地球上最强大的自然力。

海啸的波长比海洋的最大深度还要大，在海底附近传播不受阻滞，不管海洋深度如何，波都可以传播过去。

海啸在海洋的传播速度大约每小时500千米至1000千米，而相邻两个浪头的距离可能远达500千米至650千米，它的这种波浪运动所卷起的海涛，波高可达数十米，并形成极具危害性的"水墙"。

在一次震动之后，震荡波在海面上以不断扩大的圆圈，传播到很远的距离，正像卵石掉进浅池里产生的波一样。海啸波长比海洋的最大深度还要大，轨道运动在海底附近也没受多大阻滞，不管海洋深度如何，波都可以传播过去。

破坏性的地震海啸，只在出现垂直断层、里氏震级大于6.5级的条件下才能发生。当海底地震导致海底变形时，变形地区附近的水体产生巨大波动，海啸就产生了。

海啸的传播速度与它移行的水深成正比。在太平洋，海啸的传播速度一般为每小时两三百千米到1000多千米。海啸不会在深海大洋上造成灾害，正在航行的船只甚至很难察觉这种波动。海啸发生时，越在外海越安全。

一旦海啸进入大陆架，由于深度急剧变浅，波高骤增，可达20米至30米，这种巨浪可带来毁灭性灾害。

海啸来袭之前，海潮为什么先是突然退到离沙滩很远的地方，一段时间之后海水才重新上涨？

大多数情况下，出现海面下落的现象都是因为海啸冲击波的波谷先抵达海岸。波谷就是波浪中最低的部分，它如果先登陆，海面势必下降。同时，海啸冲击波不同于一般的海浪，其波长很大，因此波谷登陆后，要隔开相当一段时间，波峰才能抵达。

另外，这种情况如果发生在震中附近，那可能是另一个原因造成的：地震发生时，海底地面有一个大面积的抬升和下降。这时，地震区附近海域的海水也随之抬升和下降，然后就形成了海啸。

海啸的危害

剧烈震动之后不久，巨浪呼啸，以摧枯拉朽之势，越过海岸线，越过田野，迅猛地袭击着岸边的城市和村庄，瞬时人们都消失在巨浪中。港口所有设施，被震塌的建筑物，在狂涛的洗劫下，被席卷一空。事后，海滩上一片狼藉，到处是残木破板和人畜尸体。

海啸给人类带来的灾难是十分巨大的。目前，人类对地震、火山、海啸等突如其来的灾变，只能通过预测、观察来预防或减少它们所造成的损失，但还不能控制它们的发生。

中国位于太平洋西岸，大陆海岸线长达1.8万千米。但由于中国大陆沿海受琉球群岛和东南亚诸国阻挡，加之大陆架宽广，越洋海啸进入这一海域后，能量衰减较快，对大陆沿海影响较小。

因为地震波沿地壳传播的速度远比地震海啸波运行速度快，所以海啸是可以提前预报的。

不过，海啸预报比地震探测还要难。因为海底的地形太复杂，海底的变形很难测得准。1964年国际上首次成立了全球海啸警报系统协调小组，太平洋由于海啸多发，所以海啸预警系统很发达。

此次大地震发生15分钟后太平洋海啸预警中心就从檀香山分部向参与联合预警系统的26个国家发布了预警信息。如果印度洋也有预警系统，也许人类就可以更好地利用从震后到海啸登陆印度洋沿岸的宝贵时间。

海啸的自救

地震是海啸最明显的前兆，如果感觉到较强的震动，不要靠近海边、江河的入海口。如果听到有关附近地震的报告，要做好防海啸的准备，注意电视和广播新闻。

要记住，海啸有时会在地震发生几小时后到达离震源上千千米远的地方。

海上船只听到海啸预警后应该避免返回港湾，海啸在海港中造成的落差和湍流非常危险。如果有足够时间，船主应该在海啸到来前把船开到开阔海面。如果没有时间开出海港，所有人都要撤离停泊在海港里的船只。

海啸登陆时海水往往明显升高或降低，如果你看到海面后退速度异常快，立刻撤离到内陆地势较高的地方。

每个人都应该有一个急救包，里面应该有足够72小时用的药物、饮用水和其他必需品。这一点适用于海啸、地震和一切突发灾害。

戒了吧 拖延症

冯化志◎编著

民主与建设出版社

·北京·

图书在版编目（ＣＩＰ）数据

活出自我 / 冯化志编著 . -- 北京 : 民主与建设出

版社 , 2020.4

（活出自我）

ISBN 978-7-5139-2943-1

Ⅰ . ①活… Ⅱ . ①冯… Ⅲ . ①成功心理 – 通俗读物

Ⅳ . ① B848.4-49

中国版本图书馆 CIP 数据核字 (2020) 第 033534 号

戒了吧　拖延症

JIE LE BA　TUO YAN ZHENG

出 版 人	李声笑	
编　　著	冯化志	
责任编辑	刘树民	
封面设计	三石工作室	
出版发行	民主与建设出版社有限责任公司	
电　　话	（010）59417747 59419778	
社　　址	北京市海淀区西三环中路 10 号望海楼 E 座 7 层	
邮　　编	100142	
印　　刷	三河市天润建兴印务有限公司	
版　　次	2020 年 4 月第 1 版	
印　　次	2020 年 4 月第 1 次印刷	
开　　本	850 毫米 ×1168 毫米　　1/32	
印　　张	25	
字　　数	605 千字	
书　　号	SBN 978-7-5139-2943-1	
定　　价	168.00 元（全五册）	

注：如有印、装质量问题，请与出版社联系。

前　言

　　现代社会，随着物质资料的极大丰富，生活节奏的日益加快，人们的精神需求也变得越来越多样化，越来越任性。每个人都想过自己想过的生活，做自己想做的事。但是，并不是任何人都拥有随意任性的权利。因为，任何的任性，都需要你有与之相匹配的能力。没有能力的任性，只会让自己陷入困境甚至绝境。

　　我们必须明白一个道理：一个人的能力越大，你所能够享受的权利也会越大，但是也请记住一点，就是你同时要承担的责任也会越大。正如梁启超所说"人生须知负责任的苦处，才能知道尽责任的乐趣"。

　　是的，任性可以让你过上随心所欲的生活，但是那种生活却只会浪费你的生命，滋生你的懒惰与乖戾的性格，它只会让你沉沦在自我毁灭的道路上，而让你身边的一切慢慢远离你，直至有一天，你会变得一无所有。

　　当然，并不是所有的任性都是负面的，都是不允许的，毕竟人是有思想的，是会有情绪波动的，总会有需要发泄的时候，而这时稍微任性一下也是未尝不可。比如疯狂的购物，比如来一次说走就

走的旅行等等，但是有一点我们必须明白，这种任性的实现，却是要匹配你现实中的实力的，若是连温饱都解决不了，那么又何谈去任性呢？

所以，如果没有相应的能力去匹配你的任性，最好收起你的脾气，做一个循规蹈矩的人。而如果你想要拥有这份能够适当任性的权利，那么从现在起就开始努力吧！去争取那份能够让你任性的能力。相信你只要肯付出汗水，愿意去为自己的任性买单，就一定会走向成功，赢取一个美好的未来。

为了使年轻朋友的任性能够匹配自己的能力，我们特地编撰了"活出自我"丛书，分别是《别让生活耗尽你的美好》《戒了吧，拖延症》《别在该动脑子的时候动感情》《世界那么大我要去看看》《你的努力终将成就更好的自己》5本。该套书以简明的语言，朴实的道理，详细具体地讲述了该如何去奋斗，如何培养自己多方面能力的方法。相信通过对本书的阅读，一定会让我们的综合能力得到大幅度提升。只有通过淬炼的人生，才会是潇洒的人生；只有付出努力的人生，才能使我们想怎么任性就怎么任性！

目录

第一章
不要拖延，珍惜人生的每一天

拖延，会让我们失去动力，会腐蚀了我们的进取心，会让人放弃对成功的追求，拖延的危害，人人都知道，而要戒掉这种精神之瘾，则需要我们有足够的意志力和自控力。

与拖延相对存在的是勤奋。我们都知道：拖延，只会让我们两手空空，最终走向灭亡，而勤奋却可以让我们获取成功，得到财富，赢得人生。所以，作为新时代的我们，应该要远离拖延，勤奋每一天，去努力地创造属于我们的美好未来。

孩子拖延心理的表现

拖拉之人经常会有今日事明日做的思想。明知道这件事应该今天就完成，却总是期待着能够明天再去做。

拖延症的表现形式

例如：有拖延心理的孩子在完成当天作业时，会找出各种的理由拖延，或者边玩边学，等到时间过晚，又想着能够明天早晨早点起床去完成，而等到第二天又起床晚了。上学后，又会有了新的任务，这样明日待明日，学习成绩自然是不会有所进步。拖延的人还有这一种依赖别人的思想。仔细观察，我们能够发现，在课堂上踊跃发言的总是少数几个孩子，而更多的人则是懒得开动脑筋去思考问题。

这些孩子的心里会有这样一种想法：反正我不举手，也肯定会有人说出正确答案。正是这种依赖别人的拖延心理，使得他们的思维变得越来越迟钝。

而在思想上的拖延，长久下去也必然会导致行动上的拖延。拖延之人明明知道某件事应该做，甚至应该立刻去做。可是却迟迟不肯去做，甚至硬挺过去。做事时也总是无精打采、自由散漫、不积极、不主动、不勤奋。

拖延心理的产生

那么究竟是什么原因导致拖延心理的产生呢？这是一个时代必须是去研究与重视的问题。

（1）过于依赖导致拖拉

如今家庭中的独生子女，都有着严重的依赖性。什么事情都想着靠父母或其他人，没有自己的主见，缺少独立性，他们在家里依靠父母，在学校依靠老师，在社会上依靠其他人。这种依赖性就是导致拖延症滋生的重要原因。

（2）缺少积极的上进心

上进心是孩子前进的动力。缺少上进心的孩子做事容易满足，对自己的要求也不会高，得过且过的思想极为严重。他们做事情不求真实，不求质量，不求快节奏，常会抱着一种"应付""混过去就行"的不负责任态度。正是这种缺少上进心的表现，则必然地导致了拖延现象的产生。

（3）家庭因素的影响

从客观上来说，家长的过分的溺爱，也是造成孩子拖延心理的因素。而这也是最为关键的原因之一。

爸爸妈妈对孩子的过分娇惯，大包大揽，只会使得孩子从小就养成"衣来伸手、饭来张口"的不劳而获的坏习惯。

另外，还有一些家长本身就缺少时间观念，没有勤劳的习惯和果断利落的作风。"身教重于言教"，这样的家庭，往往会严重影响子女良好健康习惯的形成和良好行为的发展，从而促进拖延现象的发生。拖延是孩子成功的绊脚石，喜欢拖延的孩子习惯于等待、依靠、索要，却从不会想去主动争取，最终的结局只能是一事无成。

而只有那些勤奋、刻苦、好学、上进的孩子，最终才会达到自己梦想的彼岸。所以，要想成为一个人生的成功者，就必须努力去克服拖延的坏习惯。

拖延症带给你的危害

拖延是一个中性词语，它是一种自我的调节，有价值，也有危害，后者取决于程度是否可控。拖延症，指的是自我调节失败，已经预料到后果有害，却依然把计划要做的事情往后推迟的一种行为。

拖延症的危害

相信当代大部分人都患有拖延症，据美国一位心理学教授调查研究表明，70%的大学生都存在着拖延情况，而正常的成年人中也有将近20%的人每天都会出现拖延情况。拖延症可以说是最普遍，最顽固的个人挑战之一了。

其实早在古代，就有这样一首诗歌：明日复明日，明日何其多；我生待明日，万事成蹉跎。这说明拖延症，早在那时，就已经成为困扰了人们的一个难题。

往往许多人都能够很清楚地意识到自己有拖延症并不是

什么好事，但就是戒不掉。比如作业拖到通宵不睡觉也要前一晚才能写完，甚至当医生宣判你只有最后几天天期限时，你或许还在想，"没事，还有几天可以活呢"。

拖延症的具体表现

长期拖延也会使得人的工作效率低下、精神不振、焦虑、自欺欺人，纠结痛苦等。因此摆脱拖延无疑是对人身心健康的一种保护方式。但这却需要我们有很强的自制力。

现实生活中很少有人会因为某句话、某本书、某篇文章、某个电影，或是某件事就幡然醒悟，从此满满人生正能量的。所以，我们如果想要戒掉拖延症，就不得不做一些事情。

（1）没有热爱

很多人做写论文、参加各种考试，并非是出自自己内心的真正喜欢，而是被逼无奈，生活或者学业所迫而已。这个时候我们需要认清，即使这件事我们不喜欢，但若别无选择，必须面对，那我们何不把它做好？这很重要。

（2）害怕失败

很多人的内心深处都有样的恐惧，害怕事情做不好，害怕自己即使拼命去做，结果仍然是不尽人意。索性就干脆不去做，或者是拖到最后去做，这样即使失败，也可以归结于不行动，而不是没有能力。殊不知，没有做就是失败！

（3）心存侥幸

很多人都曾在"生死边缘"上挣扎过，譬如在即将开学头一天或是考试的前一晚，用尽意志在最后的强压下写作业、背书，意外发现结果并没有那么糟。"拖一会儿没事，反正最终我会把它完成"，这就给了我们最大的心理暗示。

（4）真心懒

这个世界上总有这样一种人，缺乏吃苦耐劳的精神，做事没有恒心，想要取得成功，但是又不想付出努力。以上的拖延症具体表现，相信很多人都可以对号入座。那么如何对抗拖延呢？

戒掉拖延症的方法

首先你必须要有足够的心理准备，虽然你可能已经暗暗准备无数次了。但是还是要暗示自己，一定可以戒掉拖延症！

很多人都喜欢做计划，从月计划到周计划，条条详尽，但就是无法实现。这时不妨先把计划放一放，抽出几天时间来记录，从起床到睡觉的时间里我们都做了些什么，哪些有意义，哪些浪费时间，接着尽量把浪费的时间段变成充实的时间，再做个记录，这才是实质性的进步。

说起来简单，实际上确要经历四个阶段，分别是：无意识无行动、有意识无行动、有意识有行动、无意识有行动。

最后的"无意识有行动"才是做事的最高境界，因此不要逼迫自己在最快的时间内解决所有问题，尽力把每天应该利用的时间都充实起来，那么拖延症也就不复存在了。

做事拖拉让人变得懒惰

我相信，在学习和生活中，有时候，你会这样告诉自己：我明天再做它，我还有时间……说这样的话，这是办事拖拉、惰性的表现。

做事拖拉的危害

我们每个人身上都有惰性。事情不急的时候，都爱往后拖一拖。现代生活中，我们的学习和生活都很紧张，有时缓一缓再做有助于调节紧张的神经。可是如果凡事都要"以后再做"，往往计划落空，生活一片混乱，这不仅会影响我们的进步，还容易由于拖拉使我们变得越来越坏，就像下面这个同学一样。

朱勇是个初中三年级的住校生，在班上大家都叫他为"大懒虫"。原来，朱勇有一个毛病，就是不管什么事情，只要没到非做不可的时候就不去做。

在学习上，有时候老师提前两天布置了作业，他会等到要交作业的前一个小时才去做。每天都有课后作业，但是他宁愿把自习课的时间用来看漫画书，也不愿意抓紧时间把作业做完。因此，他经常因为没能按时交作业而被老师批评。然而，他还是一直不改。

在生活上，朱勇很少洗衣服、洗袜子。事实上，他的衣服、袜子穿了好几天，已经很脏了，他也想洗干净。只是每次想洗时，他的脑子里都会出现这个念头：洗什么，凑合着穿吧，反正洗干净了还会脏，干脆不洗了，周末带回家让妈妈洗。然后把空闲的时间拿来睡大觉，或是上网。

渐渐地，朱勇拖拉的恶习越来越严重，有些事情在他的一拖再拖下变得不了了之。比如，他参加了美术班，老师要求学生利用空闲时间多练笔，他总是给自己找借口不练。在学习和生活上没有丝毫的主动性，养成了懒惰的习惯。

故事中，朱勇是怎么变懒惰的呢？拖拉的恶习就是最大的原因。在生活中，我们经常可以看到喜欢拖拉的人，他们喜欢憧憬未来，可是未来还太遥远，未来会怎样无法预知，更无法掌控。

还有一些人总是喋喋不休地大谈特谈他以前错过了多么好的成功机会，或者说自己有什么打算。但是他们都没有果断行动起来，他们的口号就是："假若……我就会……"结果在不知不觉中变得懒惰。

避免拖拉的方法

所谓懒惰，就是拖拉，有事往后推，最后不能完成自己的事情或完成得不好。所谓勤奋，就是不偷懒，有事就立即做。

我们应该清楚，拖拉是一种恶习，具有这种恶习性格的人慢慢会成为一个只知道抱怨和叹息的失败者。将所有美好的理想和愿望将变成幻想，永远生活在梦想明天的消极状态中。

因此，如果我们想成为勤奋、果断行动的人，最关键的是要避免自己陷入拖拉的旋涡中，具体应该怎么做呢？

（1）一点一点地做

有些事情，乍一看，感觉是无法实现的，或是需要莫大的努力，于是就导致我们竟然就什么都没做。我们千万不要因为某些学习或生活压力而气馁，这很重要。

我们处理它们的方法应该是逐渐启动，就像小孩学走路时最初的那一小步，采用一种倒金字塔的方法，我们很快就能发现事情正在开始有雏形了。

有一个周末，某中学学生李冰跟爸爸一起走进车库，打算清扫车库。此时，扳手，废油，用过的汽车零件到处都是，一个旧冰箱，一个破损的电视，还有一堆其他没用的废物。李冰真是不知道如何下手，他觉得，这是个永远不能完成的任务。爸爸很快走过去告诉李冰说："这里没有什么要紧的事情，没有什么要求，我们只需要每次做一点，然后看看我们都做完了什么。"

于是，他们从地板开始，然后是那些放东西的抽屉，然后其他越来越麻烦的事情，这样，直到午夜，他们终于完成了。

在生活中，如果我们发现自己面对的事情非常困难，那么，我们可以选择一点一点地慢慢做，但绝不能停止不做，而让拖拉有机可乘。

（2）随时想要做

如果有什么事情是我们感觉"必须"要做的，那么我们就会不由自主地产生一种消极抵触的情绪，当自己感到"被迫"要去做什么事情是自然会产生这种情绪。这将会导致一些严重的拖拉问题，大部分发生在学习上。解决这个问题的办法是将"必须做"的思想倾向转变成"想要做"。

坚信如果自己不想做什么事情，自己就不必去做它。就这么简单。当然，这也许会导致一些严重的后果，但是如果我们能掌握如何躲避不想做的事情的艺术时，这种情况就不会发生。有些令人不高兴的事情我们无法避免，例如替别人做事，对于这种事情我们可以用欺骗自己的技巧来避免拖拉。

我们可以在自己将要做的任务中，寻找任何值得自己高兴的方面，哪怕是一点点，我们就一直想它，然后再去做那些不高兴做的事情。这种方法可以骗过我们的心智，让自己觉得是我们想要去做它，而不是必须做。

（3）给自己定时

不知你发现没有，很多人拖拉的原因是因为他们有太多的时间，所以就可以把事情推托到下一小时，一天，甚至是一周。为此，我们要战胜拖拉的毛病，就应该走到书桌前，拿起闹钟，把自己要做的事情设定在10分钟，30分钟或其他我们觉得合适的时间里。

要确保不能留太多的余地，例如写这篇文章在通常的情况下应该会让我们花费两三个小时完成，我们就把闹钟设置成40分钟闹一次。这将帮助我们激发自己去完成工作，更重要的事情是帮助我们集中注意力，从而使我们做事向果断的方向接近。

（4）消除所有干扰

在做事情的时候，关掉自己的聊天工具，电视，不要收Email，断掉任何网络，关掉音乐以及放弃任何细小的干扰，任何能影响我们注意力的事情。因为，任何能够插入我们和计划要完成的事情中间的事情都会中断我们现有的活动，导致拖拉的产生。为此，我们最好通过消除任何可能导致自己突然终止工作的干扰因素来避免这种情况的发生。

我们应该清楚，拖拉并不会只是影响我们的个人生活，同样会影响到我们的学业，因为一旦有机会，这个毛病就会在我们的学习中表现出来，最终导致一连串的不良后果。为此，在生活中，我们还应该从小事做起，改掉拖拉，才能拥有果断的性格。

（5）从今天，从现在做起

不论明天是个多"规整"的日子，无论你今天多累，有多少理由，要是你真的想改进自己。马上列个事情明细单，定个时间，强迫自己做下去。

（6）制定一个自己能胜任的学习计划。

在第一天的学习之余，还要制定一个近期学习计划。计划要能胜任，时间较宽松些，适合自己的作息习惯。

（7）自我监督与他人监督。

自己制定一个计划表，自己监督自己，或者请同学和朋友监督自己，这样可以慢慢改变自己的拖拉性格，让自己变得果断。总之，作为我们青少年，必须明白：今天的事情要今天完成，因为明天我们又会有新的功课。为此，我们只有确定先做什么，再做什么，我们才能避免因为拖拉而懒惰，才能让自己的性格变得果断，并成为一个性格果断的阳光青少年。

不拖延，今日事今日做

一般来说，每一个人身上都有着一定的惰性。一件事情在不是很着急的时候，都喜欢往后拖一拖。今日的事情总是拖到明天去做，甚至拖到后天去做。青少年原本自制力就差，再加上没有时间观念，结果就会变得更加糟糕。

拖延症的危害

从某种意义上而言，做事拖拉就是浪费生命，就是慢性自杀。拖拉的青少年经常为积压的作业而倍感痛苦，从而影响学习的质量，更影响了身心健康。到最后是，身体没有调养好，学习也没有提高上去，正所谓两败俱伤。

在现实生活中，这样的例子可以说是随处可见，比比皆是。这不，已经是初中生的小新就面临着这样的问题：

小新是某学校初一的学生，学习应该算是班上最好的，因为他的头脑比较聪明。各方面都表现优异的他，唯独不喜欢做作业。他不喜欢做作业最大的原因就是他做事情比较拖拉。

有一次，语文老师布置了一个作业，是写一篇作文，作文题目是《我心中的梦想》，规定是在一周之内必须交上去。

老师规定的是一周之内完成，时间相对很轻松，不过，条件是在认真准备的基础上。但是对于小强来说，前四天的他仍然是心不在焉的、看似轻闲的，因为他始终觉得还不用着急；第五天、第六天也只是随便拿了本作文翻了翻。

到了第七天，大限逼近，他才像疯了一样赶紧完成这篇作文。往往都是不到最后一秒钟，小新是不会搞定老师布置的所有作业。因此，总是到了最后的关头，他才让自己着急的心放下。

虽然他仍然是班上成绩最好的一个，但你别以为他学习得法、有张有弛。其实，在看似无所事事的前几天里，他一直备受煎熬，每天他都不停地告诉自己：该动笔了，时间不多了！

可是，他就是无法进入学习状态，仍旧忍不住坐在电视机前浪费时间。一天的时间很快就过去了，他又不断地谴责自己：这么没有效率，真是无可救药！

从这个故事当中，我们可以看出，小新也是习惯性拖延者中的一员。其实，在我们的生活中，有20%的人都过着这种拖拖拉拉的生活。

有人曾说道："拖拉是一种慢性毒药，它慢慢地征服勇气，使其变得迟钝。"可见，拖拉会影响一个人的健康成长，也会阻碍创造力的发挥。你能够把握的就是今天。昨天已成了历史，明天尚不明确。只有今日，才是属于我们自己的。昨日的不足，今日尚可弥补；明日的目标，今日也可谋划。赶快行动起来，分秒必争更重要。

在生命之中，最好的时态就是现在进行时，最好的时光就是现在，是正在进行之中，正被我们拥有的今天。只有今天才是丰富而真实、鲜艳而美丽的。如果我们都能见缝插针地好好利用那些属于我们的时间，找点事情做做，肯定会有意想不到的收获，并且等于延长了生命。

只有今天，才是人生赐予你的一份礼物。东升的太阳预示着我们将会拥有一个新的开始，那是我们的机会，我们可以利用它弥补过去的遗憾。面对过去的成功，不应该再沉迷了，因为它会使我们变得骄傲自满。我们应当时时刻刻提醒自己，过去的成功并不代表一切，挑战未来才是现在要做的。

人的一生，是由许许多多的昨天、今天与明天构成的。正因为有了它们才让我们有了美好的回忆，有了努力奋斗的动力，有了对未来的展望。这点点滴滴，把我们的人生谱写成了一页页七彩的篇章。

克服拖延症的方法

绝不要拖延每一分钟，立即行动吧！任何时刻，当你感到拖延的恶习正悄悄地向你靠近，或当此恶习已迅速缠上你，使你动弹不得的时候，你都要用这句话来提醒自己。

要知道，拖延只是一种坏习惯，改正它并不难。我们究竟应该怎么去克服属于自己身上的那种惰性呢，克服遇事拖拉的毛病呢？以下方法不妨一看：

（1）从今天做起

不论明天是一个多么"规整"的日子，无论你今天多累，有多少理由，要是你真的想改进自己，就马上列个事情明细单，定个时间表，强迫自己把事情做下去。这一步重要的是体会完成事情后的轻松状感受。不做事，心里不踏实，也是休息不好的。

（2）马上制订一个能够胜任的学习计划

在第一天的学习、工作之余，还要制订一个近期学习计划。计划要能胜任，时间订得较宽松些，也适合自己的作息习惯。这一步重要的是找到你希望坚持、喜欢做的一件小事，有兴趣的小事能够坚持不懈，也能为自己带来信心和愉悦感。

（3）将一件事情分割成几个小部分来做

这点看起来容易，但是需要经验，因为分割后的每个小部分之间并不一定是完全独立的，可能需要你在做这个部分工作的同时，也要想到其他部分可能发生的情况。在每个小部分完成后，还需要花点时间把它们整合起来。

（4）分清事情的轻重缓急来做事

事情肯定会有轻重缓急，先集中时间，把最重要的先完成，不重要的拖拉一下自己也不会担心。利用好零散的时间做事，可以在不知不觉中完成烦琐的杂务。这一步最重要的是不要怕做难做的事情。

（5）限定完成期限

如果你是一个没有什么时间观念的人，可以试试给自己强行制定出一段时间需要完成的任务。例如，在接下来的一个小时里，要看完10页书。

（6）分时段学习

不要连续学习。注意劳逸结合，尝试用一至两个小时努力学习，搞出成果，然后给自己一个短暂的休息。不要持续拼命地学习，这样做未必有最高的学习效率。

（7）从最简单的方面入手

如果一项任务既庞大又复杂，让你觉得无从下手。那么你可以试试从最简单的方面入手，循序渐进。这样既可以节省时间，而且不会让自己有借口拖延。

（8）让别人一同参与

和你的家人，朋友或是同学打个赌，让他们证明你会在特定的时间完成了你的学习。或者用别的方式让自己克服拖延，对应该完成的任务负起责任。

（9）要尽可能排除干扰

如果你觉得学习时总会受到干扰，试着找出原因，尽量排除干扰。或者搬到一个你可以专心学习的地方。如果你需要很安静的环境，关掉电视、电话、电脑和任何会让你从学习中分心的东西。

"赶快行动！还等什么！"拖拉的人要经常对自己这样说。不要给自己理由，也不要对自己留有余地。要对自己严厉地说："非做不可！而且是现在就开始。"然后想象一下在最后期限前面对一大摊事务的痛苦，借此来告诫自己。

青少年朋友，我们应该明白：自己的学业要靠自己完成，自己人生旅途上的任何目标也要由自己来定位和实现。我们要仔细思考：被拖拉的事迟早要做，为什么要等一下？

青春终究是我们自己的，人生终究不能靠别人，我们为什么还要在等待中折磨自己呢？让我们从现在开始，告别拖延，今天的事情今天完成吧！

珍惜时间，珍惜生命

一位名人说过：你知道什么是沮丧吗？那就是当你花了一生的时间爬梯子并最终达到顶端的时候，却发现这并不是你想上的那堵墙。也许，你看完会觉得它只是一段笑话，但如果仔细品味，我们就会发现，它在告诉我们一个真理：时间就是生命。我们的许多时间就是在这毫无意义的"墙"上浪费了。

珍惜时间，一寸光阴一寸金

人生没有回头箭，那么，你所能做的是什么呢？就是珍惜时间，不要为逝去的时间而耿耿于怀，要努力让以后的时间变得更有价值、更加明亮！

可是，许多青少年却不知道珍惜时间，常常表现得松懈、懒散，老师布置的作业没有认真完成，课外的时间没有好好利用，这是令人痛心的事。还有些青少年，明知道时间宝贵，却又不能控制自己的行为，结果一边犯错，一边后悔不已。这些都是我们应该注意改正的。

我们来看一个小故事，看故事中的小主人公是如何学会珍惜时间的吧：

快期末考试了，大家都忙上忙下的，书淑清

楚自己也进入了复习阶段，也应该像大家一样忙起来，可她却没把这事儿放在心里，后来才明白，这样做是极其不对的。

昨天晚上，爸爸在书淑的书包里翻到了一张要求背诵的学科试卷，他要求书淑一定要在他办完事儿回来前完成背诵任务。

"好——"她拖着长长的调子，漫不经心地回答。爸爸走之后，书淑自言自语道："哼！不就是背诵吗，小菜一碟！"说着，她随手拿起那张要求背诵的试卷，摇头晃脑地读了起来，表面上看起来是蛮认真的，可她却是小和尚念经——有口无心！只顾着完成任务快点上网，丝毫没有明白其中的道理。

忽然，书淑的目光停留在餐桌上的一盒脆饼干上，于是她把背诵的事儿抛到了九霄云外，放下试卷，冲过去，抓起饼干吃了起来。后来，她又被茶几上的三本漫画给吸引住了。于是我扔下饼干，拿起漫画书，津津有味地看了起来……就这样，书淑一会儿看这个，一会玩那个，可悠闲自在了！

不知过了多久，爸爸办完事回来了，可书淑还是原来老样子，试卷上的内容一条也不会背诵，再加上满地的果皮纸屑，一片狼藉，她后悔极了，不知道该怎样向爸爸交代，心想，这下我完蛋了！

谁知，爸爸却心平气和地对她说："我知道，我们家书淑是不用复习也能考得高分的，是吗？"

听了爸爸的话书淑更加惭愧了，脸涨得通红，羞涩地站在那儿，战战兢兢地说了声："对……对不起……"话没说完，泪水在眼眶里直打转。

爸爸看着书淑一副可怜巴巴的样子，笑着说："没关系，只要知错能改，你一定是最棒的孩子！"

听了爸爸的话，她又重新振作起来，大声地说："好！我一定将功补过！"说着，她捧起试卷，专心致志地读了起来。终于，她完成了背诵任务，心里踏实多了。爸爸也开心地笑了！

通过这件事情书淑知道了：一寸光阴一寸金，无论做什么事都要珍惜时间，不能像自己第一次背诵试卷那样，只顾着玩，最后只有后悔，幸亏爸爸这次给了她一次机会，感谢爸爸！钱花完了，还可以再挣；东西丢了，还可以再买。唯独时间，稍纵即逝，一去不复返，不管你高兴还是忧伤，它再也无法回来。正如故事中的这位朋友，虽然认识到了错误，但是浪费的时间，总归是浪费了，即使爸爸又给了她一次机会，失去的时间怎么也找不回来了。

不过还好，她还是醒悟了，并且努力改正了错误，这是我们需要学习的。时间就是这样，既是公平的又是无情的，不管你是否在合理运用，它都不会停止，永远也不会停止。

让你的时间变得有意义

正如诗人莎士比亚说过的："时间是无声的脚步，不会因为我们有许多事情要处理而稍停片刻。"时间在你洗手的时候，从水盆里过去；在你吃饭的时候，从饭碗里过去；在你默默的时候，时间便从你凝然的双眼前悄然而流失。

现实中的时间与我们的感觉中的时间并不一致，许多时候，我们感觉过了很久，却发现不过只是一会儿；有时我们感觉不过就那么几分钟而已，看看表，却发现已经过了很久。时间就是这样，不是让它快它就快，让它慢它就慢，有时甚至觉得它在和我们唱反调，要它快，它偏要慢；要它慢，它偏要快！

时间与生命，是与人类相始终的永恒的命题。时间赋予生命以内容，同时也会舍弃生命。时间就好像是一架可怕的机器，它可以摧毁一切的辉煌、壮丽，让所有的一切沉归历史，然后化作烟消云散。

任何惊人与伟大，在时间面前竟显得如此渺小。然而，时间可以创造一切，但它和造物主唯一不同的是，造物主给了我们智慧，给了我们选择权，而时间不会给我们任何选择，它只会一去不复返。

不珍惜时间的人，终将被时间抛弃，这就是人生。时间永在流逝，每天都在成为历史，而已存在的历史长河中，每条生命都是短暂的。

任何知识都要在时间当中获得，任何工作都要在时间中进行，任何才智都要在时间当中显现，任何财富都要在时间中创造。珍惜时间就是在珍惜生命，只有这样，你的生命才会散发出光芒。

时间对于不同的人，意味着不同的结果。对商人，时间意味着金钱；对科学家，时间意味着知识与探索；对农民，时间意味着收成与丰收；对于我们青少年来说，时间意味着希望与成功。

一个时间观念很强的人，会很好地运用时间，这样的人在人生的道路上一定会成功。因为他们知道时间对自己的意义，绝不会在不能给自己带来益处的人和事上浪费一分一秒。他们时时都知道什么才是最重要的，什么才是自己应该去做的。

上帝是公平的，他给了每个人同样宝贵的生命，同样宝贵的时间与机会。然而人们之间产生的，却是迥然相异的人生。

所有的成功者都是能够把握自己时间的人，他们都能认识到时间对自己的价值，如果你还没有认识到时间的价值，那么就算你掌握再多的时间管理技巧也都是白费，这也就像你已经走错了路，就算拼命地跑也没用，而且还会离目标越来越远。

我们一定要好好地珍惜时间！虽然对过去的时间无可奈何，但也不必去回头追寻，把现在的、未来的时间好好把握住，努力地充实自己，从而让自己的每一刻时间都印上生命的足迹，这才是最有意义的事情。

利用时间做更多的事

人生是极其宝贵的，而时间就是生命本身。时间也是独一无二的，对每个人来说是只有一次的宝贵资源。每个人的人生旅途都是在时间长河中开始的，每个人的生命都是随着时间的推移而发展的。只有那些能够把握时间、会利用时间的人，才能够最早接近成功的终点。

时间总是在不经意间悄悄溜走，如果不去主动抓住它，它永远不会停留。回首以前的岁月，很多人都知道自己浪费了许多光阴，为了让孩子的人生不再重演这样的失误，父母们应该立刻行动起来，让孩子从今天开始珍惜时间这一宝贵的资源！

珍惜时间的重要意义

每个人都是在时间的长河中开始人生的旅途，每个人的生命都是在时间中发展的。谁能够把握时间，谁会利用时间，谁就最早接近成功的终点。所有希望孩子成才的父母，要培养孩子做时间的主人，这会使他们终身受益。

如今，越来越多的父母对此开始关心，逐渐认识到如何让孩子学会合理地安排时间，是一个十分重要的问题。学会合理利用时间，不仅是保证孩子身心健康成长的重要条件，还是成才教育的一项基本训练。这种训练应当从小学阶段就开始进行。

上小学的孩子已懂得了昨天、今天、明天，认识了年、月、日，并随着年龄的增长，时间观念不断增强，但他们还没有真正懂得"一寸光阴一寸金，寸金难买寸光阴"的道理，没有时间的紧迫感，没有学会安排和利用时间。

因此，父母应帮助孩子克服淡薄的时间观念所造成的一切不良习惯，必须增强孩子的时间观念，帮助孩子养成惜时、守时的良好习惯，帮助孩子合理地利用时间。

时间对于每个人都是平等的，一天都是24小时，对待时间的态度不同，时间贡献的效益可就大相径庭了。鲁迅先生认为天才就是勤奋，他自己的成功，不过是把别人喝咖啡的时间用在了学习和工作上罢了。他不赞成那种空耗时间的人。他对自己的时间极其吝啬，一分一秒都不愿白白流逝，他把时间比作海绵里的水，总是尽力去挤，人的生命也就是从生到死这一段时间的总和。

所以说，鲁迅先生对时间的比喻，道出了生命的真谛，一个"挤"字道出了生命的价值和意义。若一辈子总是悠悠晃晃，无所作为，生命还有什么价值可言！若对时间没有"挤"的精神，想成就一番事业，岂不是懒汉做美梦——空想一场而已。有志者惜时如金，无志者空活百岁。不善利用时间的人，很难实现宏图大志。

让孩子从小就具有时间观念，珍惜时间，才能使孩子养成雷厉风行的作风，干什么事都会有责任感和紧迫感。学习时能集中精力，神情专注，不丢三落四；做事时有板有眼，快捷利索，不磨磨蹭蹭。可以说，让孩子们懂得并学会珍惜时间，这本身就是人的一种素质、一种能力。伟大的科学家爱因斯坦说过："人的差异在于业余时间。"

由于个人对时间的处理态度、安排内容、使用方式各不一样，必然会给个人的成绩或成就带来各种不同的影响，导致人与人之间差异的产生：有人杰出、有人平庸、有人沉沦。古今中外珍惜时间，刻苦钻研，从而创造辉煌业绩的人不胜枚举。

培养孩子珍惜时间的方法

只有孩子学会了取珍惜时间，那么他的未来才能够走得更远，才能够比别人更容易取得成功。所以，想要孩子赢在时间的起跑线上，就必须做到以下几点：

（1）父母以身示范做榜样

父母可以通过以身示范，给孩子树立惜时如金、守时有信的良好榜样。这是教育孩子、强化孩子惜时意识的有效措施。如果父母本身就是一个勤快的人，生活节奏快而不乱，自然会影响孩子。反之，如果父母整日松松散散，无所事事，孩子必受负面影响。

（2）切不可对孩子娇惯

许多孩子不懂得珍惜时间，这与父母对孩子的娇惯有很大的关系。有的孩子爱睡懒觉。每天早上父母一遍一遍地叫，直耗到不起床上学就迟到的时候，才匆忙起来，父母还得给孩子穿衣服，收拾书包，叠被子……

这样做不但不利于培养孩子的时间观念，也助长了孩子依赖父母的习惯。在处理这类问题上，父母不妨给孩子一点小小的惩罚，让孩子尝尝自己耽误时间的苦果。有些自尊心的孩子也会从中吸取教训，以后会逐渐养成按时起床的习惯。

当然采取这种以自然后果惩罚孩子的方法，父母要根据孩子的心理变化和实际承受能力把握时机，灵活运用。

（3）让孩子集中精力做事

一旦养成了集中精力做事的好习惯，孩子就不会出现手忙脚乱、被动应付的局面。反而会觉得时间比较充裕。对孩子来说，做作业集中精力很快做完，与拖拖拉拉总也做不完比较，前者反而可以腾出更多自由支配的时间，可以去做自己喜欢做的事，或玩耍、或游戏、或看电视、或读课外书等。

（4）培养孩子的时间观念

培养良好的时间观念是一个人做事的基本前提，但并不意味着全部。尤其是对青少年儿童而言，良好的行为习惯是多方面的。父母是孩子的第一任老师，在与孩子朝夕相处的岁月中，最了解也最熟悉自己的孩子，同时，父母有意无意在孩子面前所表露的一举一动，都对孩子一些习惯行为的形成起着至关重要的作用。

但由于一些父母的疏忽，总认为孩子还小，"树大自然直"，对孩子做事少闻少问，少说少管，正确的行为缺乏鼓励强化，错误的行为没有坚决抵制，久而久之，使问题变得更加突出，好习惯没有形成，却形成了许多坏习惯。

（5）让孩子体味"快"的甜头

孩子在感觉到做事快对他来说大有好处时，才会认为做事快是值得的，是一种好的习惯。他做事时的动作，才会因此而更加"快"起来。

孩子自己会有一笔账：我做得越快任务越多，反正也不能出去玩，不如索性做得慢一点，起码可以省点力气。这个问题解决的最好方式就是，平时不要总是对孩子层层加码，要把孩子节约出来的时间还给孩子，在孩子较快完成了任务之后，赋予孩子自由安排生活的权力，让孩子去做一些自己感兴趣的事情。

（6）从善于抓紧时间着手

为了不浪费时间，要让孩子的一切生活与学习用品，摆放有序，要有规定。若摆得杂乱无章，就会常常为找东西浪费许多宝贵的时间。

要从小养成今天的事今天做完的习惯，督促孩子把应该做的功课按时完成，不要随意将任务推迟。切忌明天复明天，明天何其多的拖拉作风。

在养成按时完成任务这个好习惯的过程中，父母要耐心细致地说服帮助，不可性急、焦躁，更不可采取粗暴强制的办法。在督促孩子完成他自己排定的任务时，要着眼于时间观念的培养，而不仅仅是应付差事。

节省时间让人生无遗憾

正所谓："一寸光阴一寸金，寸金难买寸光阴。"时间可变成金钱，但金钱却买不到时间。时间不会为任何人停留，时间的步伐更不会变慢。

时光如白驹过隙，转眼间它又消逝了一部分，可是我们要做的事情还有很多很多。面对时间的不可停留，我们在感叹时光匆匆的同时，是否也付诸了行动？

世界上最大的浪费莫过于浪费时间

人生实在太短暂，我们应该想方设法在最短的时间内完成更多的事情。我们必须节省时间，多做事情。特别是对于我们青少年来说，时间更具有特别的意义。考场上，抓住了时间，可能就赢得了好成绩，而失去了时间，只能后悔不已。

让我们先来看一个关于时间的小故事吧：

你知道吗？有的时候，我总能听到有人在懊悔，悔恨自己没有珍惜时间。小苗也曾是如此，但她自从经历过那件事之后，就慢慢地懂得了珍惜时间。

还记得，当时有一次考试将要临近，大家都在拼着命地复习，而小苗却不以为然，依然在悠闲地玩耍。

她一边看着大家努力地复习，一边想："唉，用得着这么用功吗？不就是一场普通的考试吗？你们平时不烧香，临时抱佛脚能有什么用？难道考试前看看书，就能考个100分？"

就这样，很快就到了考试那天，同学们自信满满地走进了考场。而小苗这时的心却像十五个吊桶打水——七上八下，生怕考题不会做，便安慰自己说：没事的，应该都会的。

过了一会儿，老师发试卷了，在老师说考试开始后，同学们都纷纷拿起笔刷刷地写着，可小苗却像个木头人，坐在那里拿着笔一个劲地发呆。

因为前几天她根本就没有复习，所以这些题目对她来说简直就是天书一样。再看看别的同学们，有的在冥思苦想，有的在埋头答题，这给她制造了很大的压力，就像是一块巨大的石头压在了心头。终于，到了最后的紧要关头，小苗不管三七二十一，硬着头皮写了一些不知对错的东西。

考完试，小苗便收拾东西打算回家，就在这时，同桌兴奋地跑来对她说："小苗，你考得怎么样？你知道吗？这次我好像比上次考得好耶。"

听她这么一说，小苗的心如刀割，表面却漫不经心地说："唉，不就是一场考试吗？要不是我之前没时间复习，说不定还能考个100分呢。"

小苗刚一说完，马上就遭到了同桌的反驳："你还有脸说呢，我们在复习的时候你在干吗？怎么会没时间呢？时间是靠人一点点节省来的，不是你说有就有，说没有就没有的。你说对吗？"

听完她的话，小苗不知道该说什么，只是羞愧地低着头，不断地在心里指责自己。

是啊，以前每次要考试的时候小苗都想过要认真地复习，可坚持没几天，小苗就再也没坚持下去了，总是半途而废。再也不能这样了，小苗决定要从今天开始，抓住每一分钟，不能让青春这样白白浪费掉。

人的一生是十分短暂的，在短暂的人生旅途中，有的人荒废了光阴，虚度一生，有的人却能很出色，因为他们把握住了时间。少壮不努力，老大徒伤悲。

伟人尚且如此，作为青少年，更应该懂得珍惜并节省时间，如果能够做到这一点，时间将会以丰厚的知识回报你。一个人的生命是有限的，读书求学的时光更应该值得珍惜。

节省时间的方法

作为青少年，我们该怎么样才能够有效地利用每一分、每一秒，让我们的青春不浪费掉呢？以下是一些节省时间的好方法，大家不妨看一看、学一学：

（1）改变你的想法

美国心理学之父威廉·詹姆士在对时间行为学的研究中发现，人们对待时间的态度有两种："这件工作必须完成，但它实在讨厌，所以我能拖便尽量拖"和"这不是件令人愉快的工作，但它必须完成，所以我得马上动手，好让自己能早些摆脱它"。当你有了动机，迅速踏出第一步是很重要的。不必立刻推翻自己的整个习惯，只需强迫自己现在就去做你所拖延的某件事。然后，从明早开始，每天都从你的工作清单中选出最不想做的事情先做。

（2）分析起始点

一个没有起始点的人，就像一个无从规划自己的航程的掌舵人，即使拥有了地图和指南针，仍然会无可奈何地迷失方向。所以，只有当你明确知道自己现在所处的位置时，地图和指南针才能发挥作用。分析自己的起始点，就是要你拿出时间，对自己做一个正确的认识和评价，对自己有了一个全面的了解，才能根据自己的实际进行目标的确立和人生的规划。

（3）学会列清单

把自己要做的每一件事情都写下来，这样做首先能让你随时都明确自己手头上的任务。不要轻信自己可以用脑子把每件事情都记住，而且当你看到自己长长的单子时，也会产生紧迫感。

（4）分清重要事和紧急事

生活中肯定会有一些突发困扰和迫不及待要解决的问

题，如果你发现自己天天都在处理这些事情，那表示你的时间管理并不理想。成功者花最多时间在做最重要、而不是最紧急的事情上，然而一般人都是做紧急但不重要的事。

（5）使自己的注意力集中

一个人如果注意力不集中，他将无法真正进入学习的状态。这是因为即使你挤出时间来学习，注意力不集中，学习效率不高，即使学到了东西，进入脑子中的东西也不会牢固，而且又浪费了大量的宝贵时间。花费了时间却没有学到知识的话，那更是对时间的一种浪费。

正所谓"磨刀不误砍柴工"，一个人只有使自己的注意力集中了，才能做出成绩。每天至少要有半小时到一小时的"不被干扰"时间。假如你有一个小时完全不受任何人干扰，把自己关在自己的空间里面思考或者学习，那么这一个小时可以抵过你一天的学习，甚至有时候这一小时比你三天学习的成果还要好。

（6）严格规定完成期限

巴金森在其所著的《巴金森法则》中，写下这段话："你有多少时间完成工作，工作就会自动变成需要那么多时间。"

如果你有一整天的时间可以做某项工作，你就会花一天的时间去做它。而如果你只有一小时的时间可以做这项工作，你就会更迅速有效地在一小时内做完它。

（7）做好时间日志

你花了多少时间在做哪些事情，把它详细地记录下来，把每天花的时间一一记录下来，你会清晰地发现浪费了哪些时间。这和记账是一个道理。当你找到浪费时间的根源，你才有办法改变现状。

（8）花时间寻找出问题或障碍的最佳解决办法

有时，问题的解决办法不止一种，最容易想到的办法不一定就是最好、最有效的。所以，花些时间进行思考，寻找出解决问题的最佳途径，使问题得到顺利解决。

（9）明白时间比金钱更宝贵

用你的金钱去换取别人的成功经验，一定要抓住一切机会向顶尖人士学习。仔细选择你接触的对象，因为这会节省你很多时间。

（10）学会投资时间

对于一个会利用时间的人来说，时间是永远都用不完的。因为他懂得投资时间，懂得花一点时间把事情的轻重缓急弄明白，懂得投资时间就是在节省时间，利用时间。有时候大家需要花点时间来反省自己，进行学习和生活的总结。很多人认为，反省自己简直是在浪费时间。其实并不是这样的。通过自我反省，努力寻求解决问题的方法，并从中悟到失败的教训和不完美的根源，全力做出纠正，就可以免去下次再犯此类错误，反而能节省下解决问题的大量时间。

总之，我们不要忘记了，时间是一去不复返的，让我们从现在开始，珍惜我们生命中的分分秒秒吧！

与其抱怨，不如抓紧时间

现在有很多青少年朋友都在抱怨这个太差，抱怨那个不如意。可是光抱怨又能改变什么呢？我们应该停止抱怨，用更多的时间去为我们的将来，为我们的目标奋斗！

与其抱怨，不如抓紧时间

许多时候，抱怨只是在浪费我们宝贵的时间，或者说我们只是在抱怨中逃避自己应该承担的责任。此时我们最需要做的不是抱怨，而是坐下来冷静一下，分析问题，积极寻找解决或者挽回的办法。

亲爱的青少年朋友，让我们来看一个关于抱怨的小故事：

小辰消灭了一整块巧克力，看着手中的空盒，不由感叹："还是暑假好呀，有那么多时间可供休息。""周二返校，作业完成没？""还好，作文只剩两篇，快了吧！"什么？当小辰听到班级QQ群上这段对话时，顿时傻了，她为什么不知道啊？

"我为什么不知道？你为什么不告诉我？"小辰对着妈妈喊。刚考完试，她就去旅游了，作业是妈妈代记的。

"我也不知道呀，老师没跟我说呀。不过也该说你，半个暑假过去了，你都做了什么呀？"妈妈的话头一转教训了她。

这些话说得也对，但对于又气又怒又焦急的人，比如小辰，根本就是废话，因为她根本听不进去。她气冲冲的把门锁上，谁也别想进来，谁也别想打扰她！她听见门外妈妈轻叹了一声，走开了。

叹什么？叹她这个又懒又蠢的孩子？小辰听了，心里好像又堵得更厉害了。她气恼地把笔扔在地上。"为什么不早告诉我，我什么也不知道呀，都怪你……"小辰当然不可能拿自己出气，只得一个劲地抱怨别人。

抱怨老师，布置这么多作业；抱怨同学，作业为什么做得这么快；抱怨妈妈，为什么不问清楚……唯独忘了她自己，她把自己的错排除在外了。她一个劲地迁怒于人，却没注意到这一点。小辰翻开语文作业，用近乎怨恨的眼神看上面的阅读题，仿佛这些是世上最可恶的敌人。接着，她看到了阅读题里面有这样的一个故事：

"在非洲大草原上，有最快的羚羊与狮子，他们是天敌，每天都在飞快奔跑，最快的羚羊要摆脱最快的狮子，而最快的狮子誓要追上羚羊。同样是为了生存，他们必须全力奔跑，面对生死这个巨大的问题，没时间抱怨。在危急的时刻，抱怨是无用的……"

是呀，抱怨是无用的，冷静下来，想出路才是最重要呀！小辰忽然觉得自己迁怒他人的举动真傻。"我来算算，还有15篇作业，只有五天时间了，虽然只有五天，但每天赶三篇应该来得及……"她喃喃自语起来。接着，她捡起了那只被扔掉的笔……

请不要抱怨。我们要把这句话送给世界上所有的人。正如故事的小主人公那样，与其坐在那里抱怨东、抱怨西，不如抓紧时间做作业。坐在那里抱怨，作业也不会自己完成。

停止抱怨，走向成功

做作业如此，做任何事都是一样。不论遇到什么事，千万不要先去抱怨别人。停止抱怨吧！停止抱怨，我们才能正确面对现实。与其用时间去抱怨，那还不如用时间去面对现实。

停止抱怨吧！不要去抱怨你的命运为何如此悲哀，因为这世上，有多少人比你更加悲哀呢。

停止抱怨吧！我们的人生将会有更多的改变。我们的人生不是要抱怨一切，而是要珍惜一切，热爱一切！

青少年朋友们，想想现在的自己：充满着理想、充满着热情。做你自己想做的事吧！人生短短数十载，把握现在才是最重要的。

第二章
克服拖延症，做个爱学习的人

拖延是人的一个本性。也就是说拖延是人与生俱来的，人人都知道拖延是勤奋的对应词，有了拖延才表现出来的勤奋。而想要孩子不去拖延，去认真地学习，那么就需要父母、老师去从中指引，需要孩子自己去努力克服。

只有克服了拖延的坏毛病，孩子才能够真正地热爱学习。而克服了拖延，也就收获了勤奋，这是能够让孩子受益一生的宝藏！

不要拖延，书山有路勤为径

青春是搏击风浪的船，学习则是航船的动力。作为年轻一代的我们，应抓紧时间，持之以恒，扬帆起航，努力学习，用勤奋的汗水铺就通往未来的成功之路。

成功需要用勤奋来浇灌

古往今来，无论何人，不勤奋、不刻苦都不可能有所作为。青少年时期则是学习的关键时期，正所谓"少壮不努力，老大徒伤悲"。

世界上哪里有所谓的天才？哪里有超乎常人的精力与工作能力，哪里就有天才。

天才百分之一是灵感，百分之九十九是汗水。人的天赋就像火花，它可能随时熄灭，也可能随时燃烧起来，而让它燃烧成熊熊大火的方法只有一个，就是勤奋、再勤奋。

来看一个小故事吧：

"勤能补拙是良训，一分辛苦一分才。"这是小峰最喜欢的一则格言。因为它让他明白了，只有辛勤努力，才能有所收获。

记得三年级时，小峰的数学还不是太好，总是在90分或91分上晃。不是计算错误，就是没理解题意。为了让他的数学成绩提高上去，爸爸给他买了一本《口算题卡》，一本《举一反三》，要求小峰每天写两页口算题卡，做一道举一反三题。除外，爸爸还经常提问他，若是一个没答对，就要做10道这个类型的题。

爸爸说，学数学没什么诀窍，就是多做题。于是，小峰主动要求爸爸给他买点试卷，见识题型。又一次考试来了，这一次由于好多题都在训练时做过，所以考得不错，得了95分。

通过这次考试，小峰尝到了勤奋的甜头。这时，爸爸告诉他，虽然这次考得不错，但是还要再接再厉，更加勤奋，下次才能取得更好的成绩。

从此，小峰明白了只有付出努力，才能有收获，于是我开始积极行动起来。不用爸爸提醒，他每天放学回家就赶快写作业，写完作业就自觉地做题。

慢慢地，小峰学习的速度比老师讲课的速度还要快，许多老师还没讲的内容他都提前学会了。功夫不负有心人，在期末考试时小峰考了一个好成绩。而且，卷子上有道特别难的题，全班只有他和少数几位同学做对了。

这件事，让小峰明白了学习没有什么诀窍，要说有诀窍的话，那只有一个，就是勤奋！

一勤天下无难事。从古到今，有多少名人不是由于勤奋而得来成功的？成功与勤奋有着密不可分的关系，成功是勤奋的结果，而勤奋则是成功的必备前提。成功的诀窍在于勤奋，勤能补拙是良训，一分辛苦一分才，只有勤奋的人才能取得成功。

文学家把勤奋比喻成打开文学殿堂之门的钥匙，科学家认为勤奋能使人更聪明，而政治家则说勤奋是实现理想的基石。只要你勤于付出，总会有回报的。特别是处于21世纪经济发展的今天，吝啬于付出的人，是不可能掌握更多的知识与技能的。

一分耕耘，一分收获

不劳而获的事情是不存在的。纵览古今中外，哪个成功人士不是付出了许多汗水，才取得了丰硕的成果呢？不经一番寒霜苦，哪得梅花扑鼻香！

无论做什么事情，只有付出了才可能有回报。天才就是有无止境刻苦勤奋的能力。因为只有肯付出，才能实现自己的目标，收获的时候才会有让你满意的成果。

每个人成功的机会都是平等的，关键在于你是否去尝试了，去努力了。如果你都不屑去尝试，去努力，是不可能有机会成功的，只要你努力了，至少有机会成功。

爱迪生发明耐用电灯泡之前，曾做过千百次实验，曾有人让他放弃，但他仍坚持不懈地努力，终于发明了耐用电灯泡。

莎士比亚如果没有他执著的"偷学"精神，怎么可能从最初的打杂工到世界著名的剧作家？

林书豪之所以成为一个出色的职业篮球明星，和他每一次在比赛场上的拼搏奋抢是分不开的。如果他没有努力拼搏就不会有今天的成就。

成功人士并不是在突然间就有很大的成就，当他们的同伴沉浸在甜美的梦乡中时，他们还在深夜的孤灯下苦苦奋斗。

从来没有什么好逸恶劳、喜欢拖延的人取得多大的成功。只有那些有雄心和抱负，并且在任何阻碍下都能付出汗水、辛勤劳作的人，才有可能取得成功。

汗水的付出，是为了胜利时的微笑。做任何事情都需用心血去铸造，我们才有机会得到成功的桂冠。因为苦尽甘来终有时，付出总会有回报！

努力奋斗，是成功的关键

青少年学习的目的就是为了将来攀登知识的高峰，所以就应该把每一次失败当作一次教训，在坚持不懈的努力中造就更完善的自我。人生中有失败才会有成功，唯有努力奋斗才不会给生命带来任何怨恨与遗憾。

永远不要放弃努力，要记住阳光总在风雨后。青少年正处于努力获取知识的时候，挫折、失败是成功的必经之路，当命运之门对你一扇一扇地关闭时，请不要放弃，或许下一次的努力换来的就是别样的风景。

做一件事情，努力了不一定成功，但如果你放弃了就一定会失败。青少年们正处于学习的大好时光，就一定要选择一个具有人生价值的目标，并为之努力奋斗。

如果一个人出人头地了，这绝不是什么命运的安排，而是他勤奋、奋斗的结果。其实生活中没有人不想有所作为，问题在于能否真正成功，这里就牵涉到一个有趣的"8020定律"。

经济学家说："世界上20%的人占有80%的财富"，社会学家说："世界上20%的人支配着80%的社会权力"，心理学家说："世界上20%的人拥有80%的智慧与灵感。"

这样看来，有80%的老年人觉得他的一生没有成就也就不足为怪了，因为成功被另外的20%的人抢去了，现在能否成功的问题就变成了：你是否属于那20%。

在人的一生中，有大量的时间花在了从事习惯性行为上，如果一生中做某件事累积的时间超过了一年，那么实际上这件事情已经成为了生命中的一种习惯，就如同聊天与穿衣一样平常。

所以，如果一个人能拿出一万个小时去专注于做好某一件事，这件事就会为他的生命带来成功。

因此，如果你不想在70岁之后成为那80%中的一员，你就必须在70岁之前做到只有20%的人才做到的一件事：把勤奋作为一种生活的习惯。

当然，勤奋也要讲究方法，不但要能勤奋，也要会勤奋。青少年在学习的时候不要总是强迫自己勤学，那样往往会造成反效果。要懂得一张一弛，勤奋有度。

我们正处于美好的青少年时代，就如东升的旭日，充满生机与活力，在这大好的学习时光中，让我们勤奋学习、勇于探索，肩负起祖国赋予我们的责任吧！

学无止境，不学习就会落伍

有位哲人曾说："没有哪个人可以永远独占鳌头，在瞬息万变的世界里，只有虚心学习知识的人才能够掌握自己的未来。"

仔细观察周围，大家就会发现，"学到老"的例子比比皆是：婴儿咿呀学语，儿童的各类兴趣班，学生时代的在校学习，工作以后的在职培训，退休后各处的老年大学里的人济济一堂，几乎所有的事情都需要不断学习。

古今中外的人，都提倡学习。学习能够使人获得巨大的精神财富和强大的力量，可以使人的生活充满阳光，帮人走出困境、通向成功。

不断学习可以让自己进步

学习是一条漫长的道路，学生时代正是学习的好时期，也是打基础的重要时期，摆正学习的心态、把目光放远于未来的人生有着很大的作用。在学习中不断地提升自我、完善自我，是每个人都应有的态度。

自我价值需要在实践中体现，而要想在实践中不断地实现自我价值就需要不断地学习。反过来说，不断地学习也就是在不断地提升自我价值。每个人都应该正确地认识到这一点，这样才可以在人生的道路上走得更加有力、更加辉煌。

为什么大家都要不断学习呢？因为不学习，就会落伍！时代发展太快，不跟上时代的脚步学习新的知识，就会被社会淘汰！

社会不断地发展，人们也需要自我提升、发展。如果一个人不断地学习，就可以保持一种发展的趋势，就可以让自己更具有生命力。相反，如果停止学习，不仅得不到发展，甚至还会倒退，所谓"学如逆水行舟，不进则退"就是这个道理。

不断学习可以帮助自己

不断地学习，就是不断积累知识的过程，而不断积累的知识可以更好地帮助自己证明自己的能力，从而让成功之路变得更加平坦。

如果可以很好地认识到这一点，在学习路上做到尽可能多地学习知识，那么在以后的人生路上就可以充分展示出自己的风采。

俞岳是一个富家公子，他从小就学习了很多知识，钢琴、书法、绘画无一不精，功课也非常好。除此之外，他还喜欢学习钻研股票知识，家里给他的零花钱，他都在股市上进行了投资。

上大学三年级的时候，他父亲的公司倒闭了，他的家境一下子变得窘迫起来。他父亲接受不了打击，几度欲自杀了结人生。

俞岳很懂事地安慰父亲，他说："爸爸，您不要太悲观了，我愿意和你一起承担，咱们一定可以东山再起的！"

他爸爸摇摇头说："孩子！你还太小，并不知道商场险恶，好好学习吧，将来也不要做商人。你不知道，我的亏空有多大！现在银行也不可能贷款给我，想东山再起恐怕是不可能了。"

俞岳说："爸爸，别忘了，我这里还有你给我的零花钱呢！虽然少，不过也还可以做点小生意！我的学费，我可以自己赚的。"

当俞岳把股票账户的钱取出来交到他父亲的手上时，他父亲惊呆了，他怎么也没想到自己儿子的股票账户竟然有50万！

他惊诧地问："我没给过你这么多零花钱啊！你这钱是哪里来的？"

俞岳说："这是我业余时间研究炒股和基金投资赚来的，此外，我上大学之后还在酒吧做兼职钢琴师，平时还当家教给一个学生教美术和声乐，这些收入积少成多，我掌握了知识，就不会让它平白浪费掉的。"

这样，俞岳的父亲利用了这50万的启动资金，又一次杀回商界，俞岳利用学的电子商务专业知识还给父亲的公司帮了不少忙，他和几个同学设计的电子商务管理软件给父亲的公司带来了上百万的收益。他们的家又重新回到了正常的轨道。

相信大家读了这个故事，就会知道学习知识的重要性了。如果俞岳不是一个爱学习、爱钻研的人，那么，当他的家面临窘境的时候，他就无计可施了，所以说俞岳用知识帮助了自己和家人。

不断学习可以让人生更精彩

人的一生不会一帆风顺，遭遇挫折和失败在所难免，学习和改变的速度快慢，是人生成败之关键。

在知识经济时代，没有知识的人越来越寸步难行了。没有知识固然可怕，但更可怕的是没有学习意识，最可悲的就是那些没有知识且没有学习意识的人。

所有的经济力量都依赖于知识，产生于知识，市场竞争归根结底就是知识竞争。只有不断学习，拥有深厚的知识，才能够成为未来社会的接班人。

人生因学习而变得生动有趣，每个人的一生其实就是学习的一生，人们生命中所遇到的人和事，所得到的经验都是一笔财富。只是有的主动学习，有的被动学习，这也正是先进与落后最直观的体现与最根本的原因。

成功者与平庸者的最大区别，不在于其天赋和付出，而在于其是否拥有明确的人生目标——只有勇于挑战人生，才能拥有成功的希望。

心中有远大的人生目标，却不愿意为此而努力学习，注定是一种悲哀。如果只空怀大志，而不愿为目标的实现付出辛勤的劳动，那"目标"永远是空中楼阁。

只有把目标和行动有机地结合起来，才有可能拥抱成功。目标和行动是改变人生的砝码，一个人不管做什么事，具有什么条件，身处什么样的环境，只要专心致志，勤奋刻苦，好学多问，坚持不懈，脚踏实地一步一步地走下去，自然会越来越接近成功。

不断学习可以提高自信

人生的失败多半是败给了悲观的自己。因此做任何事情都要有个良好的心态和信心，一个缺乏自信的人，极可能一事无成。

自信会使不可能变为可能。我们通过学习，不断地积累知识，就会在遇到问题时有备无患，轻松解决各种复杂的问题。长此以往，必将大幅度提升自信，在今后面对各种复杂问题时才会做到游刃有余。

选择了学习，就等于选择了改变，选择了正确的人生道路！年轻时，学是为了理想；中年时，学是为了补充；老年时，学则是一种意境。活到老学到老，是学习的大意境。

刻苦学习，造就成功人生

什么是学习？先说"学"。"学"就是效仿，即从别人或书本、环境、媒体等处通过听讲、读书、观摩、思考等，掌握人类已有的知识、增长智慧。这是人类必经的环节。

再说"习"。"习"的原意是小鸟频频起飞。孔子说："学而时习之，不亦说乎！"其中"习"的意思，一直有不同看法。有人说，"习"就是温习、复习。有人说，"习"是实践。

学习是把"学"和"习"组成的复合词，孔子的意思是说，学了之后及时、经常地进行温习和实习，不是一件很愉快的事情吗？

按照孔子和其他中国古代教育家的看法，"学"就是闻、见，是获得知识、技能，主要是指接受感性知识与书本知识，有时还包括思的含义在内。

"习"是巩固知识、技能，一般有三种含义：温习、实习、练习，有时还包括行的含义在内。

"学"偏重于思想意识的理论领域，"习"偏重于行为行动的实践方面。学习就是获得知识，形成技能，培养聪明才智的过程。青少年要把"学"和"习"结合起来，学习知识并时常的巩固和复习。

青少年要刻苦学习

对于青少年来说，学习本应是快乐和幸福的，可为什么一说到学习，就用刻苦两字来激励呢？为什么有的青少年在学习过程中感到痛苦万分，甚至有人出现半途而废的情况呢？

其实，我们可以想一想，并不是所有的学习都让你感到痛苦和厌烦。从刚出生时和小动物没有什么区别的无知幼儿，到现在成长为一名学生，期间我们已经经历了不少，也学习了不少。

我们的学习，从一出生就开始了：第一次扭头，第一次翻身，第一次能坐，第一次会站，第一次能走，第一次会跑，第一次会说话……

稍大以后，第一次学会用饭勺，第一次能够使筷子……这些跟我们学习的特殊性都是分不开的。

作为一名青少年，我们的学习是在各类学校的特定环境中，按照教育目标的要求，在教师的指导下，有目的、有计划、有组织地进行的，这是一种特殊的认识过程。

以前我们的学习在很短的时间就能感受得到，从来没有像学校学习过程这样漫长，要持续十几年甚至更长，还有一些青少年喜欢放大自己学习活动中的失败感，更让自己添加了许多苦恼。

也正因为如此，学习有时不再仅仅是一种智力的考验，更是人的意志品质的考验。

我国古代有许多刻苦学习的典型：

西汉著名的学者匡衡年轻时十分好学，可小时他家里很穷，连灯都点不起。匡衡晚上想读书的时候，常因没有亮光而发愁。后来，他想了一个办法，就在墙壁上悄悄地凿了一个小孔。让隔壁人家的烛光透过来。就这样，他经常学到深夜，后来终于学成做了汉元帝的丞相。

从凿壁借光的事例可看出：环境因素并不是决定性的因素，匡衡在极其艰难的条件下，尚能通过自己的努力取得成功，我们今天比起那时要先进了无数倍，更应该珍惜光阴，刻苦学习。

东汉时候著名的政治家孙敬也是刻苦学习的典范。孙敬年轻时勤奋好学，经常关起门，独自一人不停地读书。每天从早到晚读书，常常是废寝忘食。

读书时间长，劳累了，还不休息。时间久了，疲倦得直打瞌睡。他怕影响自己的读书学习，就想出了一个特别的办法。

古时候，男子的头发很长。他就找一根绳子，一头拴在他的头发上，一头牢牢地绑在房梁上。当他读书疲劳了打盹时，头一低，绳子就会牵住头发，这样会把头皮扯痛了，他马上会清醒过来，再继续读书学习。

战国时期，有一个人叫苏秦，是出名的政治家。在年轻时，由于学问不深，曾到好多地方做事，都不受重视。

回家后，家人对他也很冷淡，瞧不起他。这对他的刺激很大，所以，他决心要发奋读书。他常常读书到深夜，想睡觉时，就拿一把锥子，一打瞌睡，就用锥子往大腿上刺一下。这样，猛然间感到疼痛，使自己醒来，再坚持读书。

不经一番寒彻骨，哪来梅花扑鼻香。青少年要学习"头悬梁，锥刺股"的主人公刻苦学习和奋力拼搏的精神，努力学习科学文化知识，这样才能成为对社会有用的人才。

怎样做到勤奋学习

在学习上，怎么才能做到勤奋刻苦？这需要我们给自己找到学习的内在动力，即，为什么读书？

在学校，总是有些学生不喜欢自觉学习。青少年不愿学习，怕学习，原因是多方面的：有态度、方法方面的，也有信心、毅力方面的；有自身的，也有外在的。而最关键的、最根本的则是缺少学习动力，缺少一种内在的催促自己不断进取、不断提高的学习动力。那么，学习动力从哪里来呢？

（1）要有良好的学习动机

《学习的革命》一书中说，"学习与动机是不可分割的，动机提供目标和方向，无目的的学习常常是无益的。"学习动力首先产生于学习的动机。学习动机是直接推动学习的一种内部动力。

产生了学习的动机，有了明确的学习目的，才能产生学习动力。这就要求我们青少年要学会听取父母、老师的引导、教育，要有远大的理想和追求，让自己的学习具有强烈的动力。

（2）给自己施加适当的压力

我们通常说，压力产生动力。其实人的一生都是充满压力的：学习的压力、工作的压力、生活的压力等。

有人曾说"压力是人生的燃料"，一个人的生存发展是以压力作为燃料，作为成长的动力，作为人生能量的源泉的。可见压力对人发展的重要性。作为青少年不可能不遇到学习压力。学习是苦乐相伴的过程，有苦也有乐，只靠一时的热情是不行的，更需要正确认识，冷静对待。

（3）让自己不断成长

最能激发青少年产生学习动力的还是自己不断取得学习上的成功。确立一个个小的目标，并努力使自己达到这个目标。

有位教育家说过，"当学生达到他们的目标时，动力与能力就会猛增"。

因此，作为青少年要及时了解自己的学习结果，看到自己的学习成绩进步，努力让自己不断获得成长。

青少年的学习，就应该让自己有学习的"动力"，就会不怕困难，就能排除万难，在求学的道路上，战胜一个个拦路虎。在学习的过程中，发现自己可以做学习的主人，做一个在学业上有所建树的人，做自己生活的强者。

古今中外，有太多关于刻苦学习的名人成功事例都告诉我们：学习不是一蹴而就的事情，每一个想在学业上有所建树的人，必须付出艰苦努力。所以，青少年要不断地激励自己，培养自己非凡的意志和品质，力争用自己的真才实学为社会作出贡献。

朝三暮四，让你一事难成

青少年天生具有强烈的好奇心和勇于探索未知的精神，与此同时，缺乏的可能是持之以恒的学习态度和探索的韧劲。今天做这个，明天做那个，不能长期坚持学习。

自强之路切忌朝三暮四

朝三暮四，就是没有恒心，任何技能的熟练都要有一个过程，在这个过程中会遇到各种困难，但不能向困难低头，要坚持不懈地反复学习，持之以恒，最终走向成功。

青少年在学习的征途上，要想有些成就，就不能"朝三暮四"。成才之路有很多，但真正达到预期目标，学有所成的人，往往并不多。

一个很重要原因，就是有的人常犯"朝三暮四"的毛病。开始时雄心勃勃，可没坚持几天，就找出种种理由放松学习,有时甚至将原来的目标忘得一干二净,这样肯定不会得到好的收获。

学习一样东西、做好一件事情,是非专心致志、下苦功夫不可的。若"朝三暮四"是绝对不可以的。若青少年对于求学很是随便,学习的时间又少,荒废的时间多,这样怎么能学到知识呢?

浅尝辄止将是一事无成

青少年在学习过程中,注意力起着非常重要的作用。有位专家说:"注意力是学习的窗口,没有它,知识的阳光就照射不进来。"

对青少年的学习来说,注意力是至关重要的。只要专注于学习中应该做的每一件事情,全心全意,专心致志,就一定能实现自己的目标。

青少年在学习的时候,一定要专心,唯有心无二用,才可以学到真本领。有的人总是干一行埋怨一行,可是往往他们会被毫无益处的事情弄得筋疲力尽、功亏一篑。

所以,任何人如果浅尝辄止都将是一事无成,没有持之以恒,始终如一的专注,就不能博闻强记。学习不能虎头蛇尾,必须处之泰然,一如既往。

没有永远的失败,也没有永远的黑暗,所谓失败就是自己的朝三暮四,黑暗只是成功前的必经阶段。所以青少年朋友在生活中不要朝三暮四,自强不息,坚持下去,就是成长。

如果一个人只看得见眼前的利益,得到的只是短暂的欢愉；而当一个人目标高远，同样也要面对现实时，只要他把理想和现实有机结合起来，就会成为一个成功之人。

生活学习中不要朝三暮四是一个简单的道理，却可以给青少年意味深长的人生启示。

赶快行动，告别拖拉时代

在学习和生活中，我们常常会有这样的想法："来得及，先玩一会儿，再做吧！"可是，往往玩一会儿就过了头，然后又后悔不已。

拖延带给人的危害

让我们一起来看看一位同龄人的困惑：

我是一名中学生，平时比较懒散，放学之后通常把书本放到一边，就去打球、玩游戏。总想着只玩一两个小时再去做作业、复习也来得及。

可老是控制不住自己，一玩就到很晚，就没时间写作业了。

一到周末我就更不想做作业了，只想玩，没法控制经常是星期天晚上才匆忙地赶作业。开学后我就要升初三了，学习更紧张了，我很想改变现在这样的状态。请问怎样才能克服做事拖拉的毛病呢？

其实，在日常很多同学都会表现出不同程度的拖拉，即往往将任务放在最后时刻才来完成。

偶尔推迟一个任务没什么大碍，因为每个人都会拖延，只是程度不同罢了。然而，如果拖延成了一种生活方式，那问题就真的严重了。

为什么呢？因为从某种意义上而言，做事拖拉就是浪费生命，就是慢性自杀。拖拉会消磨人的意志，使人变得更慵懒。拖拉会使你的计划成为泡影，导致现状更糟糕。

比如，一个在学习中总是拖延的人，造成的直接后果就是：浪费学习时间，学习效率低下，成绩不尽如人意，经常性的受到老师、家长的批评，自信心下降。

一旦对学习失去了兴趣和自信，就会表现出学习没有积极、惰性强，甚至厌学等特点，这样，他的各种学习计划很可能将不复存在，这是非常令人担心的事情。可见，拖拉的习惯不仅影响身心健康，还会影响我们的学习。所以，我们必须战胜拖拉的坏习惯。

战胜拖拉坏习惯的方法

那么，作为青少年，你知道自己究竟应该怎么去克服属于自己身上的那种惰性吗？你知道如何克服遇事拖拉的毛病吗？建议你采用下面的一些方法，相信这会对你有所帮助的。

（1）立刻去做

假使对于某一件事，你发觉自己有着拖延的倾向，你应该跳起来，不管事情处于什么样的困难中，立刻动手去做，不要畏难、不要偷安。这样久而久之，你就能改正拖延的倾向。

事实上，搁着今天的事不做而想留等明天做，在这个拖延中所耗去的时间、精力，实际上完全够将那件事做好了。而做以前堆积下来的事，你只会觉得更厌烦！

（2）制订计划

在执行计划的时候，把做完的内容从计划表中一一划掉，这样就会与一种"我做完了"的成就感！

（3）不要逃避

有时候我们习惯拖延，往往是认为这件事不重要，或者看不到完成这件事的好处。如果这件事真的不重要，就把它取消好了，而不是拖延然后又后悔。或者从你的目标与理想的角度分析这个任务。如果你有个重大目标，那你就比较容易拿出干劲去完成有助于你达到目标的任务。

还有的时候是因为我们觉得完成这件事很难，或者受到逼迫拖延。这个时候，不要逃避，不要怕做难做的事情。不管喜欢与否，也不管你的心情好坏，先行动起来再说，一旦你真正行动起来，你会发现事情往往比原来料想的要容易对付得多。

（4）请人监督

把自己的计划告诉别人，让自己产生压力，自觉去完成任务。还可以请父母监督自己。比如，在做作业或某件事时，请你的爸爸或妈妈监督你，而且必须严格。一旦发现你有拖延的迹象或行为，就提醒你。还可以改变一下环境，选择可以使自己更易觉察自己正在做什么的环境，以促使自己立即去做。

（5）奖惩监督

每当高效地完成一件事情，或者连续地做完作业时，就可以在日记中给自己画一个笑脸，并在旁边写上"你真棒！"，随着日记本上的"笑脸"的增多，你拖延的次数也逐渐地减少。还可以给自己一些"物质"上的奖励，诸如吃一个苹果、一块巧克力等。

不管是吃的、用的、玩的，还是别的什么东西，因为坚持学习了，而给自己一些喜爱的东西作为奖励，都是一个不错的办法。

反之，如果你没有按照计划做事，比如没有按时写作业受到老师的批评，此时，就可以用不买新的运动鞋，今天要承担全部家务，今天不能看电视，今晚要晚睡半个小时改正做错的题等方式来给自己一点惩罚，以此加深你的记忆。此后每拖拉一次，你就想办法惩罚自己一次，这样对于纠正你的坏毛病应该有一定的效果。

（6）不给拖延找借口

有的青少年朋友不愿意立即完成作业，他们的理由是："作业明天还可以做，但那集电视今天不看，明天就不会再放了""我答应好朋友放学后去踢球的，作业等一会再做""我们同学都是边看电视边做作业的""老师要下个礼拜再交，所以不用急着做"……

无论你为自己不愿意立即做作业，找到什么借口，在心里都要强迫自己不要相信自己的"谎话"，学习、作业、读书在你心中永远都要放在第一位。除学习以外的绝大多数事情，都不是你拖延学习时间的借口，请牢记这一点。

拖延是一种人性的弱点，我们不能总是为自己制造各种借口，要看到学习中的"拖延"的形成是由你自己造成的。

万事开头难，这对于每个人都一样。花一点点时间想想为什么自己老是找那么多借口拖延，把精力投入到如何让自己向前、让学业向前，就一定可以打败拖延的坏习惯了。

勤于动脑，是成功的秘诀

孔子说："学而时习之"，就是告诉我们，要勤奋学习，也要善于动脑并时常地巩固和复习。

要学好，勤动脑

在社会快速发展的今天，我们青少年要想学好知识，更重要的是要勤于动脑，有自己的看法和见解，这样的学习方法才是正确的。

在学习中，青少年不要迷信老师和书本以及权威，要善于发现问题，提出问题，解决问题，把自己培养成一个勤于思考、善于动脑的具有时代精神的人。否则，以后就会难以立足于社会，被社会所淘汰。

凡是对人类发展作出巨大贡献的伟大人物，都善于动脑。科学家牛顿就是因为在进行试验时，善于动脑才取得了众多的发明和创造。

当牛顿费尽心血算出"万有引力定律"后，没有急于发表。而是继续孜孜不倦地深思了数年，研究了数年，埋头于数字计算之中，从未对任何人讲过一句。

后来，牛顿的朋友，大天文学家哈雷，在证明一个关于行星轨道的规律遇到困难时，专程登门请教牛顿。牛顿把自己关于计算"万有引力"的书稿交给哈雷看。

哈雷看后才知道他所要请教的问题，正是牛顿早已解决，早已算好了的问题，心里钦羡不已。

在1864年11月某一天，哈雷又到牛顿的寓所拜访。当谈到有关天文学的学术问题时，牛顿拿出写好的关于论证"万有引力"的论文，请哈雷提意见。哈雷看后，对这一巨著感到非常惊讶。

他欣喜地对牛顿说："这真是伟大的论证、伟大的著作！"他再三奉劝牛顿尽快发表这部伟大著作，以造福于人类。可是牛顿没有听信朋友的好意劝告，轻易地发表自己的著作。而是经过长时间的一丝不苟的反复思考、验证和计算，确认正确无误后，才于1687年7月将《自然哲学的数学原理》发表于世。

牛顿是个十分谦虚的人，从不自高自大。曾经有人问牛顿："你获得成功的秘诀是什么？"

牛顿回答说："假如我有一点微小成就的话，没有其他秘诀，唯有勤奋而已。"他又说："假如我看得远些，那是因为我站在巨人们的肩上，我善于动脑和思考。"

这些话多么意味深长啊！它生动地道出牛顿获得巨大成就的奥妙所在，这就是在前人研究成果的基础上，以献身的精神，勤奋地创造，开辟出科学的新天地。

勤于思考苦也乐

人们常说："勤能致富"。但是勤奋并不等于蛮干，也要讲求方法，只有方法适当，才能成功。的确，如果对学到的知识、调查得到的情况不做深入思考，就难以留下深刻的烙印，最终收效甚微。

青少年要充分理解思考的重要意义，蛮干的结果是我们做的都是无用功。要善于思考，切不可蛮干。

其实，人与人之间的智商差异并不大，差距就在于看谁思考得多、思考得深、思考得对。自然，坐在那里默默沉思是一种思考，把自己的所读所想记述下来、表达出来，也是一种思考。长期思考下去，必有大的进步。青少年要在勤于动脑中创造自己的自强人生。

经过思考后得到的果实虽甜，但思考的过程却很苦。苦就苦在思考需要大量研究，掌握第一手资料，需要坚持不懈地总结积累经验，需要给自己不断"充电"。

勤于动脑，不可蛮干，青少年要在学习中善于动脑，哲学家洛克威尔说："真知灼见，首先来自多思善疑"。充分说明了思考的重要意义。勤于动脑，会让我们的人生更加精彩。

古人说道："一勤天下无难事"。青少年正是学习的好时期，因此要养成喜欢讨论问题的习惯。假使你喜欢讨论，你便能懂得透彻地训练思考。相反地，假使你讨厌讨论问题，你便会躲避，也绝不能学到如何思考。所以要培养自己的爱问、爱讨论的习惯，才能学到真正的本领。

第三章

养成好习惯，做事不拖延

如今，很多孩子是独生子女，备受父母的关爱，有些父母甚至包办孩子的一切大小事务，以致使孩子们很难养成良好的做事习惯，做事往往没有效率，一旦遇到困难，便会知难而退。

对此，父母们一定要多加注意，让孩子从小学会做事，养成一个好习惯。这样才能孩子行动起来，才能让拖延症远离他们，最终让孩子都拥有一个健康快乐的少年时光。

好习惯，让孩子远离拖延症

在我们的周围，有的人勤奋，有的人拖延；有的人勤俭节约，有人的铺张浪费；有的人明天的事情今天做，有的人却是今天的事情明天做……勤奋节约的人收获幸福，铺张浪费的人收获痛苦；今天的事情明天做，所有的梦想都将成空，明天的事情今天做，所有的梦想定会成功。

坏习惯的形成原因

有句话说得好，有怎样的行为习惯，就会有怎样的人生！所以，父母应该培养孩子养成勤奋的好习惯。

有这样一个故事：

今天是豆豆上学的第一天，她一回到家里，就把书包往桌子上一扔去玩了。此时，妈妈急忙喊她："豆豆，今天在学校的感觉怎么样，能把学校的事情跟妈妈讲讲吗？"

豆豆头也没回道："我先玩会儿再说啊！"

妈妈一听连忙放下手中的活走到豆豆跟前说："你现在可是一名小学生了，一些幼儿园的习惯也要改改了，有作业的话应该先完成作业再玩耍，如果学校的事不愿对妈妈说也可以自己记录下来呀，等你长大了再回头看看会很有意思的哦！"

豆豆虽然很是不情愿，但还是听了妈妈的话，撅着小嘴写作业去了。写完作业后，她又把一天发生的事情断断续续的给妈妈讲了一遍。妈妈还给她找了一个笔记本记了下来。

就这样，经过这一年的时间，豆豆已经养成了良好的学习习惯。每天放学回家，她会先去完成老师布置的作业，然后记写一些简单的日记。有时候，她自己偶尔翻开自己写的日记看，还咯咯发笑呢！

在现实生活中，有些父母埋怨自己的孩子太懒，根本就不能养成良好的学习习惯。其实不然，孩子能否养成好习惯与父母有着很大的关系。

孩子懒得理发、懒得收拾东西、懒得叠被等等。其实，懒孩子的出现，不是孩子生性拖延，而是父母使他们养成拖延的习惯，最应该反省的是父母，而不是孩子自己。由于小孩子对任何新鲜事物都很好奇，他们总喜欢抢着帮大人扫地、洗碗等等。

可是，当他们参与劳动或对某件事积极时，有的父母怕孩子做不好或者怕孩子弄坏东西，弄脏衣服，都会加以制止。这样，孩子们就失去了尝试的机会。当他们想勤快一下时，父母硬是加以阻止，从此，孩子就会心安理得地等待父母的伺候。也正是因为这样，父母在无没意识的情况下就将孩子勤劳的特质扼杀了。

等到孩子长大后，父母才发现自己的孩子越来越懒。他们不禁惊呼："这孩子怎么这样懒!"其实这都是他们的不当教育所造成的不良后果。

形成好习惯的方法

面对孩子拖延毛病的养成事实，父母想要去改变这种现状，就必须要有一套行之有效的方法了，那么应该怎么办呢?

首先，当孩子主动地做了一点事，不管做哪些事儿做得是否值得称赞，都要称赞他、鼓励他、表扬他，这样会使他大大提高做事的兴趣。渐渐地，孩子就会改掉拖延的习惯，就能养成勤奋的良好习惯。

比如，父母在教育孩子时，对于健忘或比较懒的孩子，父母可采用"帮助促进法"，促使孩子劳动。像是帮孩子洗一只鞋、一只袜，给孩子收拾柜子，整理书桌时，留下一半工作，也让孩子感到别扭而不得不动手干。时间一长，孩子就会养成勤奋的好习惯。

在父母做家务时，应该给孩子分配家庭卫生责任区，也让孩子一起参与劳动。同时，父母还要对孩子的家务做定期检查，并时不时地表扬他们。

孩子除了做自己分内的事情之外，还应按年龄大小，负责部分家务，从而可以增强孩子的责任感和完成工作后的成功感。在父母这样教育的下，孩子就会慢慢养成勤奋的习惯。

在对孩子进行教育时，父母应该耐心细致地说理，要让孩子明确劳动的重要性和必要性。父母通过电视、报刊等媒介，或身边的事例，让孩子认识到劳动是成材的必要条件。

一个人不能缺乏最基本的劳动锻炼，不然等到要离开父母独立生活，独立于社会时，情况就会变得非常糟糕。

家庭环境好，养成好习惯

家庭环境主要是指物质环境和精神环境。无论是物质环境，还是精神环境，对孩子行为习惯都有很大影响。

良好的物质环境可以约束孩子的行为

比如，一个孩子爱随地吐痰，但走进入民大会堂，走在漂亮的红地毯上，他就不会往上面吐痰，可是如果走在肮脏的小巷中，就会毫无顾忌地吐痰了，这就是物质环境对孩子行为的影响。

试想一个家庭桌椅七扭八歪，满地是瓜子皮、水果皮，床上被子散乱，衣服扔得满处都是，孩子怎能养成讲秩序、讲卫生的好习惯呢？

当然，我们这里说的物质环境并不是要求家里的陈设多么豪华，而是说在现有条件下要使居室整洁、卫生，井井有条，这对养成孩子良好习惯是有好处的。

如果家里条件允许，给孩子准备一个书桌，一个书柜，桌上有台灯等，对培养孩子良好的学习习惯是有利的。给孩子准备专用脸盆、毛巾、牙刷等，对培养卫生习惯也很有好处。家里房间布置美观、大方、整洁、卫生，对孩子形成卫生习惯也有一定作用。

精神环境、心理环境也叫氛围，它对形成孩子良好的习惯作用就更大了。众所周知，良好的校风、班风和家风对孩子行为习惯的制约是很大的。

一个后进生进入一个优秀班集体，受到良好班风的熏陶，有可能很快地改掉身上的毛病；而一个学生进入一个乱班，在歪风邪气的熏染下，也有可能很快走下坡路。孩子毕竟是孩子，他们自制能力较差，环境，特别是家庭精神环境的影响，对孩子的成长起着很大的作用。

有首打油诗这样形容家庭不良氛围的影响：

拍，拍，拍，爸爸天天要打牌，捶桌跺脚使劲甩，大呼小叫夸能耐。中央台，地方台，妈妈坐下起不来，节目不论好与坏，总要看到说拜拜。皱眉头，摇脑袋，且将拇指当耳塞，满屋噪音关不住，手握笔杆眼发呆。

大家想想，孩子生活在这样的环境里，怎么可能形成专心学习的习惯，怎么可能养成文明礼貌的习惯呢！

好的家庭氛围让孩子养成好习惯

当家长的一定要给孩子创造一个良好的家庭氛围，用良好的家风影响孩子。孩子生活在和谐温暖的家庭，受到的是积极健康的精神影响，他们的心情总是愉快的，精神总是饱满的，思想总是积极进取的，行为习惯自然也是良好的。

为了培养孩子的好习惯，当家长的要节制自己的行为，要为孩子做出一些牺牲。

有位妈妈为了培养孩子专心学习的习惯，她放弃了自己的业余爱好，下班后不看电视，不听录音，陪着孩子学习到很晚。孩子看到妈妈每天都埋头读书学习，非常专心，不好意思再打扰妈妈的学习，自己也埋头读书。

孩子说："家里充满了读书的气氛，这种气氛对我是一种压力，是一种净化，它使我养成了专心学习的好习惯。"

有个孩子作文比赛得了第一名，人们以为她当编辑的母亲每天一定为她改作文，指导她写作。可是一了解，母亲根本就没给她"吃小灶"，这位母亲说："我每天忙得不亦乐乎，哪有时间辅导她呀！"

秘密在哪儿呢？还是家庭氛围的影响。她家中的一种浓厚的学习气氛，每天妈妈伏案改稿，爸爸埋头计算，家里来了客人，谈论的也都是如何修改文章，论"结构"，谈"中心"，家中这种"文风"熏陶了孩子，久而久之孩子也喜欢上了写作，并获得比赛第一名。

可见，家庭氛围的能量多么大，多么微妙。每一个家庭都要努力创造一个文明的、和谐的、健康向上的氛围，以便更好地培养孩子的好习惯。

父母是孩子的良师益友

孩子是天生的模仿专家。孩子一生下来，就以父母作为模仿对象，到后来，进了幼儿园、学校，老师也会成为模仿对象。但随着孩子一天天长大，他们就会逐渐学会独立思考，渐渐有了自己的思想。

这时，其模仿的倾向日益减少，对事情拥有自己看法的机会增加，从而迫切需要有朋友来沟通、交流、分享。而父母要想继续影响孩子，就必须担当起这个角色，做孩子的良师益友。

家庭教育研究人员认为，父母要做孩子的朋友，从来就不是一个轻松的话题。父母至少应做到如下几个方面：

对待孩子要平等和尊重

把孩子视为家庭的平等成员，尊重孩子的人格尊严，能让孩子独立思考、自由选择。让孩子自由选择也不是说父母就无所作为，父母可以引导，可以帮助分析，但最终的选择权在孩子手里。

如果孩子选择错了，她自己将承担责任，一旦意识到错了，她能很快改正。如果是你帮孩子做出选择，即使对了，她也不一定会做得很好；要是错了，她会怨恨你，因为责任在你。

要认真倾听孩子的意见

父母要与孩子做朋友，家里就不能搞"一言堂"，完全由家长说了算。尤其是遇到与孩子有关的事情，一定要与孩子商议，听取孩子的意见。

意见对的，要接受。意见不对，要做出解释。当你就家里的某件事做出决定时，如果征求孩子的意见，一方面有利于孩子健康成长，孩子会感到她是家里平等的一员，在以后会积极为家庭着想；另一方面也有利于事情本身的完成。

要争取理解孩子

做父母的应给孩子的成长制造一个宽松、和谐的气氛，并努力深入孩子的内心世界，理解孩子的愿望，尊重孩子的选择，支持孩子的正当要求。

同时，也向孩子敞开自己的胸怀，让孩子了解父母的思想，感受父母的喜怒哀乐，争取孩子的信任和理解。这不仅能帮助你真正成为孩子的朋友，而且有助于你更好地引导孩子成长。

正确对待孩子成长问题

对孩子成长中的问题多以摆事实、讲道理来解决不要轻易对孩子的行为做出评价、发指令，尽量引导孩子自己去思考。要多关心孩子的思想和行为，对于问题，应通过谈话、协商，取得相互间的沟通和理解，最后求得公正合理的答案。

做孩子的朋友

父母要做孩子的朋友，这对孩子一生都很重要。不过，这并不意味着要放弃原则，迁就孩子的错误。父母给孩子发展兴趣爱好的自由，但并非自由放任。

应该把握一定的尺度，提出严格的要求。如果确实孩子错了，就不能有任何迁就，一定要严肃指出，并做出相应的解释，以免下次重犯。

如果是自己也弄不清楚的地方，就不要自以为是，固执己见。自己搞错了的地方，要勇于向孩子承认自己的过失。要用自己的言行、作风给孩子做出表率，引导孩子形成良好的人格品质。

给孩子当榜样

要知道孩子的模仿能力是很强的，所以父母在日常生活中，还应该以身作则，时刻注意自己的一言一行。给孩子一个好的榜样，让孩子养成自己动手动脑的好习惯，不要事事依赖父母。这样教出的孩子才会学习勤奋，自强自立。

只要注意一下周围就会发现，那些不摆家长架子的父母与孩子相处融洽，这样的家庭培养的孩子民主意识强，强调公平、自由，注意讲事实、摆道理，有较强的独立思考和积极选择的能力；他们处理问题比较全面，有竞争意识和创新精神；他们为人心胸开阔，能与人友好相处；他们不拖延，做事情持之以恒，不会轻易放弃。

而这些方面正是现代社会应该具备的，所以父母要争取成为孩子的朋友，做好孩子的朋友，以更好地引导孩子健康成长。

作息习惯要从小培养

孩子按时作息的习惯要从小培养，这样就会自然而然地形成良性循环。

培养孩子的时间观念

在许多家庭中，早上有如冲锋陷阵的战场。"父母一方面忙着自己梳洗上班，预备早餐；一方面得迅速将孩子弄妥，让他赶及上课时间。

这边，大人是开始忙碌的一天；那边，孩子却依然恋在他们的被窝里，对大人的催促爱理不理，起床后也是懒洋洋的，急得父母常处于紧张和沮丧的状态。"

其实，妈妈是做了太多不必要的服务，过度的担忧与关怀只会加重孩子的依赖性。就让她面对自己赖床的结果：来不及吃早餐，上学迟到受老师责罚。令他明白准时起床是他自己的事，应由她自己，而不是妈妈来承担自己行为所带来的结果。

梁女士一提及每天早上叫小华起床的事就烦恼了。小华总是赖在床上不愿起来，在妈妈催了十几次并连拖带拉下，才慢慢地爬起来，而且穿衣、洗脸、刷牙全部以慢动作进行，所以常常来不及吃早餐。

但是早餐是一天三餐中最重要的部分，梁女士规定孩子非吃不可，因而常赶不上校车，要乘搭计程车才能免于迟到。每天打发小华上学后，梁女士已弄得精疲力竭。

妈妈首先要放宽心情，以冷静而坚决的态度对待孩子懒散的习性。与孩子一起坐下来，讨论早上起床最适合的时间，让他了解生活上的每个环节都有一定的时间，就此推算出一个合理的起床时间；如果试验一两天后发觉时间不够用，再讨论打出一个更早的起床钟点。

既然已定出了时间规限，孩子就得按照自己定下的安排照着去做。妈妈可以给她一个闹钟，教她使用，一旦钟声大作就得起床；如果不喜欢用闹钟，可以告诉她每天早上只叫她一次，违者自误。

这时，妈妈要做的是静观其变，不要再对起床的事唠叨，让孩子尝尝睡过头的自然结果。

如果孩子因时间紧迫而没吃早餐，妈妈勿过虑，偶尔饿一两顿并不会有什么伤害。但孩子会因而获得教训，亲身体验自己行为的后果，并要对自己行为负起责任和付出代价。

最初时孩子定会哭哭闹闹，妈妈必须坚守原则，有信心地实施这种方式至少一两星期，妈妈会发现孩子渐有改进，培养出良好的生活习惯。

培养孩子不赖床的好习惯

为了不让孩子养成赖床的坏习惯，妈妈一定要认识到，按时休息、按时起床才是好的生活习惯，人体生物钟也较有规律而不紊乱，有利于身心的舒适和健康。又由于各种工作、学习活动都按计划进行、学习，工作的效率也高。

孩子不赖床，他才能较好地避免懒散的习气，从而形成积极学习、勤奋向上的良好品性，有利于人的健康成长。

孩子在慢慢长大过程中会有自己的独立性，他希望能按照自己的意愿去安排自己的生活。这时候做父母的对孩子就不能老是唠唠叨叨，而应用一种和蔼的、民主的气氛去与孩子沟通。

当孩子不能做到按时起床时，也不宜大声地责骂孩子，相反地，应当耐心地说服教育，并且不妨放手让孩子自己对自己的行为负责，让他懂得拥有良好的睡眠习惯对自己只有好处而没有坏处，时间一久，他自然而然地就会自觉自愿地按时起床了。

小孩子一般都是很爱赖被窝的，所以妈妈也不必太生气，重要的是采用相应的对策，治好孩子的"懒病"。

勤讲卫生，做一个干净孩子

如果你要孩子养成注意个人卫生的习惯，必须采取行动，而不是一再地唠叨、敦促。

孩子依赖、拖延的形成因素

有些小孩子是依赖、拖延成性，他们明知妈妈不能接受自己脏兮兮的样子，知道妈妈必会忍不住动手替他洗脸、换衣服？其实呢，他在内心里窃笑，妈妈又上我当！

"我说过多少次了？怎么总没有记性？不要？"这是妈妈最常说的话。孩子不爱干净，懒于梳洗、刷牙、洗澡、换衣服，尽管是不住地提醒或警告，但孩子依然未能养成卫生的习惯。为什么妈妈的督促，孩子都没听进耳去？

其实，"我已经告诉你多少次？"这句话只反映了一个事实：一个得逞的小孩正在与父母玩"我需要你注意我"的游戏。孩子真的听不懂父母的话吗？不！一次的"告诉"已足以令聪明的小孩明白应该注意卫生。但他们有一个错误的想法是：只有像我现在的"污糟猫"模样，才能引起爸妈的注意和疼爱。

培养孩子的卫生习惯

妈妈本身得先做个好模范，注重个人卫生，才能对孩子有所要求。不妨试试以下的方法，必能见效。

（1）不相信孩子

有些妈妈不相信或不肯定孩子已经洗过澡或刷了牙，常常偷偷地检查孩子的牙刷、毛巾是否湿的。这样做若给孩子知道了，反会招致不满。妈妈只需偶然察看一下，而不要像间谍似的紧盯着他。

（2）共同遵守规则

制定下一些规则，要全家上下一律遵守。例如不洗手不可上桌吃饭，不洗澡不得上床睡觉。须注意不要带责备的语气，说过规范一次以后，便不要再重复唠叨，而以行动来实行。

假如孩子个性执拗，不愿合作，硬不肯洗手便上桌吃饭，妈妈可以坚定的态度请他到别处吃，因为他的手太脏，令人看了不舒服从而影响食欲；要不然，爸爸妈妈可以一起离开饭桌，带着饭菜到别处吃，不理睬他。

（3）培养孩子独立个性

孩子不肯刷牙，牙齿烂了，牙痛都是他自己的事，妈妈不用一下一下地为他清洁牙齿，这样对他一点帮助也没有。就让牙医来处理，医生会教他怎样保养牙齿，他也从拔牙、补牙、洗牙或吃药打针上得到"惨痛"的教训。

（4）让孩子学会洗澡

孩子到了六七岁已是有能力自己洗澡，妈妈应给机会让孩子养成自理生活的能力，无须事事操心。孩子不愿洗澡，自然是气味难闻，人人闻了都敬而远之。

趁此，妈妈可以告诉他，实在无法忍受他的体臭而拒绝与他玩耍或同桌吃饭，如果他的同学或朋友告诉他味道不好更是见效。

此外，不洗澡会使身体发痒，一点也不舒服，这是自然的结果，就让孩子亲尝苦果，他自会做出聪明的抉择。谁也不会喜欢不讲卫生的小孩，让孩子自己意识到这一点，情况就会好转。

告诉孩子不做"电视儿童"

孩子沉湎于电视，对子孩子的身体健康和能力培养都是不利的。做妈妈的一定要意识到这一点，勿让电视机扮演"保姆"的角色。

孩子会迷恋电视的原因

（1）现代的家庭环境与结构是成因之一

现代城市住宅使家庭之间近乎隔绝，邻居之间大多是"老死不相往来"。现代家庭一般只有一个孩子，出于安全、学习等各种原因，家长常常把孩子困在家中。独生子女本来就没有同伴一起玩，无所事事，父母又忙于工作与家务，孩子只好成为孤独的电视看客。

（2）成人与孩子的交流太少

独生子女为孩子的成长提供了许多有利的条件，但也存在一些不利因素，尤其是在交往方面，要求父母给予更大的帮助，给予更多更厚的爱，这要靠家长与孩子之间的交流来体现。

但现代生活正在蚕食孩子的这一权利。在学校学习了一天的孩子回到家，往往只能见到空空如也的房子，即使能见到父母，往往也只是忙碌的身影，父母和孩子的交流日趋减少，孩子只好与电视为伴，慢慢地就成了电视儿童。

更有甚者，父母自己就是电视迷，下班回到家就打开电视，直到电视说再见为止，哪里有空和孩子交流？父母的这种习惯更强化了孩子的电视兴趣。

戒掉孩子迷恋电视方法

那么，对孩子迷恋电视的现象，该如何解决呢，以下建议可供参考：

（1）妈妈和爸爸要忍痛割爱

电视是现代生活中的重要消闲工具，既能带来乐趣，也能提供信息、增长知识。但是，由于我国目前住房普遍比较紧张，父母看电视很容易影响孩子的学习和休息，而且父母的行为会为孩子所模仿，容易养成孩子的电视兴趣。

所以，家长要忍痛割爱，自己能离得开屏幕，为了上学的孩子，电视不要看得太晚。

（2）教育孩子有选择性地收看

电视家家都有，不让孩子看是不太可能的。从智力开发的角度来说，看电视也不是坏事。但父母要有一定的牺牲精神，自己想看的节目可以放弃，舍得时间和精力陪孩子看他所喜欢的又有正面意义的电视。

父母可根据孩子的年龄与爱好，和孩子一起来选择有意义的节目，并且规定好每天的收看时间，如小学生看电视的时间一般在30分钟到一个半小时。

同孩子一起看这些电视节目时，尽量要和他们边看边聊，即席解说和评论，以提高孩子对电视节目的赏析能力。

看电视过程中孩子会不断地问为什么，此时父母切不可呵喝孩子"别作声"或"不知道"，否则，会扼杀孩子的求知欲。

指导孩子学会看电视的同时，看后还应交流观后感，这有助于孩子的语言表达和分析思维能力的发展，还能促进父母和孩子的感情交流。

（3）教育孩子看电视必须注意用眼卫生

眼睛是心灵的窗户，孩子的智力发展除了脑神经和脑细胞以外，眼睛也是重要的生理器官。因此，要特别注意儿童看电视时的用眼卫生。要让孩子坐在离电视机2至3米以外的地方，正面看电视；要告诫和督促孩子，每次看电视的时间不能太长。

（4）活动多样化强制关机

让孩子离开电视是困难的，父母必须想办法转移孩子的注意力。父母应指导并和孩子一起开展多种娱乐与游戏活动，鼓励和支持孩子积极参加集体游戏和活动，有意引导和培养孩子的一些业余爱好，如集邮、阅读、参加特长班等。

丰富多彩的活动，能使儿童认识到外面的世界很广阔很有趣，电视只是生活的一小部分。多元化的活动不仅可以防止和矫正孩子沉溺于电视的不良习惯，更能促进孩子健康地、全面地发展。

"溺爱"并不是"真爱"

有很多父母我行我素的溺爱孩子，原因可能就在于父母们并没有意识到，溺爱对孩子能造成多大的危害。事实上，溺爱孩子会对其以后的人生发展和性格发展产生消极影响，包括他的学习、成长、价值观的确立、社会发展、善待父母等方面，都是有百害而无一利。

溺爱的危害

在现实生活中，父母们都希望自己的孩子有学习能力且成绩优秀。希望自己的孩子拥有自信，长大后做个顶天立地的人。

这是所有父母的美好愿望，可是他们却对孩子实施溺爱，若一味这样去教育，只能使失去自我，缺乏独立能力，从而导致孩子能力低下。在孩子必须学会的诸多能力中，父母远远没有认识到劳动就是在开发孩子的智力。这是为什么呢？

所谓溺爱，其实就是指失去理智，直接摧残孩子身心健康的爱。作为一个需要独立生活在社会上的自然人，他连生存的本能都没有了，就根本不可能在这个社会上立足，这都是溺爱的后果。父母在一个孩子的成长过程中，无情地剥夺了很多有益于孩子的权利。

（1）剥夺了孩子的运动机会

培养运动能力，支配自己的身体，是孩子获得成功的喜悦感和自信心的重要途径。溺爱孩子的父母却因为担心孩子的安全、卫生等问题，限制孩子外出活动，结果导致孩子运动游戏的能力差，和同龄人玩不到一起，以至于内心因此自卑孤独。

（2）剥夺了孩子动手做事的机会

溺爱孩子的父母对孩子的大小事务都一一代劳，情愿自己受累，也不肯孩子吃一点苦。这种做法一方面使孩子产生"只有父母会做，我不会做"的自卑感，另一方面认为父母做得一切都是理所当然的，自己不仅变得做事拖拉懒惰，还不懂得感恩。

（3）剥夺了孩子的自主权

溺爱孩子的父母大多非常专制，小到一个发卡，大到以后的人生路，都替孩子做主。父母的做法会让孩子感觉自己就像一个被父母操控的机器人，没有自己的主见和思想。可是由于社会能力和经验不足，孩子又不敢自作主张，所以产生对父母既抱怨又依赖的感觉。

（4）剥夺了孩子认识规则的机会

溺爱孩子的父母总是毫无原则地满足孩子的无理要求，对孩子的哭闹妥协，更不能有效制止孩子的错误行为，于是孩子的内心就无法建立遵守规则的意识。

如果孩子从小就没有遵守规则的意识，在遇到外界要求遵守规则时他就会感到愤怒，甚至无理反抗，在人际关系中成为不受欢迎的人，他也享受不到友情的快乐。

"真爱"的真谛

父母的爱都是无私的，都是深如大海的，或许没有深浅之分却有质量的差别。不是富家望门之族给予的爱就是高质量的，也不是粗茶淡饭的家庭给予的爱就是浅薄没有重量的。决定父母爱的质量，不是金钱、物质、地位，而是在日常生活中简单的细节和感知。

人生由童年开始，以后的人生道路在很大程度上也都受童年的影响。童年的爱和教育是人一生的基础，所以童年的爱的质量是很重要的。

孩子不是为了"成功"或"成才"而活的，他们只是简单为了童年而活。某种意义上来说，有没有飞翔的翅膀，也全都由童年所得到的爱的质量决定着。

每一个人的生存，都不仅仅是个体的发展。所以在给予孩子爱的同时，要让孩子认识到他与万物都是有关联的，要懂得别人的处境和感受。

身为父母，不要总是置别人的事情和感受不管不顾，不要觉得只有自己的情绪和事情才是最重要的。尤其是在孩子面前，不要总是急于维护自己的利益而处处显得自私狭隘，这样只会让孩子人生中真正的美好悄无声息的流逝。

在满足孩子丰富的物质之时，要让孩子懂得善良，懂得体谅。只有高质量的爱才能使孩子拥有健全的人格和美好的品质，使孩子的成长与世界有最少的摩擦。也才能使孩子成为幸福的人，在人生的道路上坦然自若，一步步走向美好！

过分溺爱，很容易使孩子养成骄傲、任性、自私、虚荣、孤僻拖拉等缺点，产生反社会的不良行为，甚至给家庭带来不幸。

其实，父母与子女的关系是建立在爱的基础之上的，高质量的爱，是让孩子懂得善良，懂得豁达，懂得理解，懂得体谅，懂得勤奋，让孩子拥有健全的人格和美好的品质。

帮孩子提高生活自理能力

何谓生活自理，通俗地讲就是自我服务，自己照顾自己，它是一个人应该具备的最基本的生活技能。孩子生活自理能力的形成，有助于培养孩子的责任感、自信心以及自己处理问题的能力，对孩子今后的生活也会产生深远的影响。

生活中有许多孩子依赖性强，自理能力差，以至于不能很好地适应新的环境。因此，培养孩子的生活自理能力非常重要，这项能力的培养，应该作为家庭教育活动的重要内容之一。

生活自理是一种能力

关于生活自理的话题，曾有一组相关调查数据：20.4%的孩子明确表示"缺少生活自理能力"；18.3%的孩子"做事容易依赖别人"；28%的孩子"很少帮助父母干活"；15.1%的孩子"缺少保护自己的能力"；只有18.2%的孩子生活勉强能自理。

看到这组令人心惊的数字，让人不禁发问：一个人如果在孩童时期事事依赖别人，没有独立做事的锻炼，在成年之还能独立于社会？还能成为国家需要的栋梁之材吗？

也难怪，现在的小孩多是家中的独生子女，在家中个个充当的都是"小皇帝""小公主"的角色，衣来伸手，饭来张口，什么事情都是由大人包办，造成孩子什么事情都不会做也不肯做。这会对他们将来的人生产生极为重要的影响。

自己的事情自己做，可以让孩子经历一定的挫折和艰辛，即从小就懂得要想获得成功与幸福，必须得掌握一定的技术，经受住各种考验。

正因为这样，这些孩子长大后他们绝大部分能够迅速融入社会，适应社会的能力较强。因此，父母应从小培养孩子学会劳动、学会生存，生活自理。

培养孩子自理能力的方法

为了良好地培养孩子生活自理的能力，父母应逐渐减少对孩子的照顾，不要包揽一切。孩子一开始做难免会出现一点小问题，如打碎碗，棉被叠得不整齐等。

这都是正常的现象，这时候千万不能指责、埋怨，也不能放任自流，而应热情鼓励，并适当加以指导、点拨。这样，就能使孩子充满自信和兴趣，持之以恒地做下去，最终内化为一种不自觉的习惯行为。

激发生活自理兴趣

父母可利用讲故事、唱儿歌、做游戏等形式，使孩子懂得自己的事应该自己做，让孩子知道自己的小手是可以做许多事情的。从做一些细小的事情入手，激发孩子生活自理的兴趣。

要重视孩子的每一个具有独立意识的要求和行为，并加以鼓励和提供实现的条件。

例如当父母在洗衣服时，孩子若要来帮忙，就不要怕孩子是在搞乱，为自己添麻烦，而要欣喜的接受，并鼓励孩子自己洗自己的衣服。

要知道，如果你拒绝、训斥孩子要洗衣服的念头就在无意间扼杀了孩子独立动手的意识。其实这正是培养孩子生活自理能力的大好时机。如果错过了，就是在拿孩子的未来做交换。因此，父母在平时要给予孩子鼓励和引导，帮助孩子建立自信心，培养孩子的生活自理的行为。

（1）遵循循序渐进原则

父母要根据孩子的年龄特点和能力，来培养孩子的自我服务技能。孩子的成长就是在不断地独立中进行的，优秀的孩子都有事事独立的特点。

（2）有持之以恒的耐心

培养孩子生活自理能力不是一朝一夕就能完成的，父母要从生活的小事中开始培养，要持之以恒。

孩子刚开始动手做事时，往往做得很慢，有时甚至闯祸。父母不要因此就不让孩子动手，而要给孩子示范正确的动作，耐心教他们怎样做，鼓励孩子坚持劳动，养成习惯。例如：教孩子自己穿脱衣服、系扣子、系鞋带，父母要先教给他们正确的方法，要及时地鼓励，耐心地帮助。

俗话说："习惯之始如蛛丝，习惯之后如绳索"。待孩子养成生活自理的习惯后，一切行为就会显得顺其自然。这里父母要特别注意以下几个步骤：

首先，在培养孩子生活自理能力时，父母不可操之过急，要遵循孩子的年龄特征和生长发育规律。比如说让一个刚学会走路的小幼儿就要学会叠被子，是不可能的事情。

其次，在培养孩子生活自理能力的过程中，如果孩子碰到问题或发生错误行为，父母一定要采用积极的正面教育。如鼓励、激励、表扬等形式，否则就会伤害幼儿自尊心，从而让孩子不再敢主动操作。

最后，对孩子生活自理能力的培养，一定要持之以恒，不能三天打鱼，两天晒网。这样就不利于孩子良好生活习惯的养成，以至于影响孩子整体自理能力的发展。

自理能力的培养与孩子的自理意识分不开，父母应对孩子进行正面教育，增强孩子的生活自理意识。孩子的世界到处充满了好奇，他们会因为自己能干一些力所能及的事情而感到高兴的。父母切忌不要把这种好奇心抹杀掉。

第四章

自信的孩子，永不拖延

　　花儿的美丽，不仅在于它绚丽的色彩和动人的外表，更在于其中蕴含着耀眼的生命光辉。有的人之所以引人注目，不仅在于外貌的漂亮初衷，还在于一种发自于心灵深处的自信。

　　自信之于人生，就像是生机之于花朵，是一种灵魂的力量。只有拥有了自信，才会让自己的人生充满希望，才会去更加努力的拼搏，而不是拖延着放弃，懒惰着消沉。

没有自信就无法健康成长

每一天，太阳东升西落，可是人世间却演绎着不同的精彩生活。无论快乐还是悲伤，都是最真的生活。

青少年或许曾经失败，曾经落寞痛苦。如果害怕失败而停滞不前，拖拉消沉，那么成功就永远不会降临到你的头上。假如撑起自信的风帆去奋力远航，就会在成长中发现许许多多意外的惊喜，就会发觉到自身所具备的无穷的潜力。

魅力来源于自信

浑身都是音乐细胞的指挥家小泽征尔是世界著名的交响乐指挥家。他的指挥风格，既能热情洋溢、豪迈奔放地将乐曲引向高潮，又能恰如其分地控制速度和力度的变化。

小泽征尔善于运用带有表情的目光和"会说话"的双臂来表达自己的思想，音乐表现意图十分明确。在他的演奏中，观众们似乎都置身于音乐的海洋中流连忘返。

有一次，他去参加世界优秀指挥家大赛，在最后的前三名角逐时，他是最后一个参赛的。评委会交给他了一个乐谱，让其按照上面的指挥演奏。

小泽征尔以他精湛的演奏技艺，全神贯注的挥动着他的指挥棒。可是正演奏中，他突然敏锐地发现了乐曲中出现了不和谐的地方。

刚开始，他以为是乐队演奏出了点小差错，就让乐队停下来重新演奏，但仍然觉得不自然，不对劲。他觉得可能乐谱存在问题，于是他就询问在场的评委们。

这时，在场的作曲家和评判委员会权威人士都郑重声明乐谱没有问题，是小泽征尔自己出错了。他被弄得很难堪，在这庄严的音乐厅里，面对着这么多的音乐权威，它对自己的判断产生了怀疑与动摇。

经过慎重思考，他还是坚持了自己的感觉。于是，他坚定地对着在座的那些音乐权威们说："不，一定是乐谱错了！"

话音刚落，评委席上的评委们立即站起来向他报以热烈的掌声。

原来，这是评委们精心设计的"圈套"，以此来检验指挥家在发现乐谱错误并遭到权威人士"否定"的情况下，能否坚持自己的正确主张。

而前面两位参加决赛的指挥家，虽然也发现了其中的错误，但都因为附和权威们的意见而没有表明出来，却因此而被淘汰出局。这样小泽征尔多因为充满自信而最终夺得世界指挥家大赛的桂冠。

假如，小泽征尔当时也像前两位演奏家一样，没有坚信自己的感觉，那么他就将与成功失之交臂了，虽然他离成功只有一步之遥。

成长需要自信

这就是说，只有肯定自己才能看见成功。只有相信自己，才会离自己的梦想越来越近；反之的话，就会与梦想越发的背离。

在成长的道路上，青少年会遇到各种各样的挑战和困难。但是如果因此而丧失对自己的信心，否认自己的能力，那是万万不能成功的。无论任何时候，青少年都要保持一颗乐观向上的心，保持自信心。

面对失败和挫折，自信的人能够坚定不移的前进，克服眼前的一切困难，在失败与挫折中越挫越勇，最终获得成功。而缺乏自信的人，却因为"一朝被蛇咬，十年怕井绳"，害怕再次失败而畏首畏尾，自暴自弃，拖拉消沉，从而放弃了努力奋斗，从而错失了许多机会。所以，自信与否，是成功的关键。

自信是走向成功的阶梯，自信是这样一种东西，没有它你什么也做不成。俗话说，世上无难事，只怕有心人。自己的命运掌握在自己手中，天上不会掉馅饼，所以唯有相信自己，唯有对未来，对自己充满信心，才能够有动力去改变自己的生活。

一个自信的人，浑身都会闪耀着别样的光芒，这光芒令周围的一切都逐渐向好的方面发展。反之，若破罐破摔，生活将会越发的糟糕。

自信是促使人发奋努力的内在因素。它能使人产生巨大的力量，这种催人向上的力量，既是一种强大的驱动力，又是一种强大的自我约束力。

可以这么说，自信让我们拥有的努力的信心，让我们不会轻易地去妥协与放弃。自信为我们的人生搭建了一个绚丽的桥，这条路的尽头就是成功。

学会肯定自我的价值

自尊，其实就是自我价值的肯定和认可。作为青少年，如果能够真正地做到认可自己，肯定自己。那么，就是已经拥有了一定的自尊。

肯定自我价值

作为青少年，必须要学会自我肯定。因为寸有所长，尺有所短，只有学会自我肯定，才能"自信、自尊、自在、自省、自勉、自主"。学会自我肯定，不是要去盲目自恋、自大，而是要学会从生活中的现象来认识自我到底是什么。

肯定自己就是尽力发挥自己的优势，多看多想自己好的一面，就能增强信心、充满活力。比如说，人或因为先天或因后天而造成的外表缺陷，这都是自己无法自我选择的。但一个人的内心状态、精神意志却完全是靠自身力量的抉择。"天生我材必有用"，在纷繁的世界上尤应肯定自己，任何悲观情绪都不利于走好成长的路。

作为青少年，当遇到困难时，千万不要去想着放弃，然后懒散地得过且过。你可以尝试着出去走一走，做一点别的事情。也许在做别的事情的过程中，困惑你的难题就会迎刃而解了。

学会自我肯定

如果青少年总是否定自我的价值，那么，必然会觉得学习只不过是一场无聊又无奈的噩梦和游戏而已。

要不然，为什么有些人在遇到无法跨越的障碍、无力解决的困难、无从挽回的挫折时，便会慨叹为何要生存在这个世界上？为何要担惊冒险，受苦受难？为何要忙忙碌碌，顾虑重重？要不然，为什么有些人在遇到挫折和困惑时，便会慨叹在人世间过眼云烟到底是为了啥？

我们来总结一些自我肯定的几种信条，或许也能够帮助青少年学会自我肯定，并让青少年有所成就。

（1）我是一个善良、有用、令人尊敬的人。

（2）我完全有能力达到今天确立的目标。

（3）我控制自己的思想、情绪和行动，并且指导它们帮助我改善身体素质、关系、工作以及生活。

（4）我相信自己承担风险的能力和判断力，这是对自己极限的挑战，我愿意接受此后的结果，以及因这个决定而获得的回报。

（5）我将为实现自己的价值而生活。

（6）从难题和挫折中学习，从中我能够抓住进步和成长的机会。

（7）我的精神、思想和身体是一支强有力的团队，它们能够使我不断超越自我。

（8）我是自己最好的朋友和教练。对自己说的，总是鼓励、支持和尊敬的话语。

（9）每天我都尽量让自己变得更有学识、更明白事理、更有好奇心、更有同情心、更有适应力、更加成功并且更有控制力。

（10）不管生命中会发生什么，我决心让自己快乐。

对照上述信条，积极付诸实践。切记："过去的已经过去了，就像一碗水洒出去以后，你再也找不到它的影子。"

你无法挽救昨天的失败，你无法挽留时间的流逝，你无法挽起失意的胳膊。但是，你可以为昨天的失败画上一个句号，可以为时间的流失贴上一个标签，可以为失意的胳膊做一个完美的告白。

如果你可以满腔热情地投入到此时此刻，为你梦想中的明天和人生的另一半岁月流汗挥泪，去奋力平博，而不是去懒懒地躺上一天又一天，那么迎接你的一定会是人生丰硕的回报。

在自我肯定的过程中，你觉得自己所从事的活动就是在向人类示爱。当你把爱捐赠给他人的时候，他人总会回报你更多的爱。

你处在爱的氛围里，你和你求助的人一样共同分享快乐的爱心。作为青少年，未来的路还有很长，学会自我肯定，往前走，就会又是一片明亮的天空。

成长，是一个温馨而又严峻的过程、青少年必须要学会认识自己并肯定自己。只有能够自我肯定的人，才能够有动力和自信提升生命的高度，才能够自动自发地到达理想的彼岸。

战胜挫折，坚定你的信心

每个人都有自己的梦想，有些人甚至一辈子都在为实现梦想而奔跑，青少年的梦想更是丰富多彩，千奇百怪。

可是，这条奔跑的路并不平坦，一不小心就会让人摔上一跤，并且摔得很疼，这就是挫折。不过挫折并不可怕，可怕的是沉溺于失败和懊丧之中不能自拔。可怕的是一蹶不振，从此颓废，懒散一生。因此，我们在面对挫折之时，需要有一个正确的态度。

迎接挫折，接受生命的洗礼

如今的青少年大多在优越的生活环境中成长，就像参天大树下的一株小草，没有经历过风吹雨打，所以应对挫折的抵抗力也十分微弱，学习或生活中的一点困难就足以将他们打倒。

再加上青少年身心的发展都不成熟，不稳定，一旦被打倒就很容易出现情绪上的波动，极度地悲观失望、自暴自弃，有些人甚至为此付出了宝贵的生命。

青少年面对挫折，唯有张开双臂，勇敢面对，越挫越勇，才能使自己永远立于不败之地。

挫折是一个人走向成功不能缺少的经历，不要用"不可能"来否定自己，更不要害怕挫折，敢于挑战艰难困苦，才能真正地改变自己的命运。

青少年们要相信挫折只是暂时的，只要有勇气去面对和战胜它，明天的太阳一样会准时升起。

青少年是未来与希望，肩上背负着重要的使命，更要具有一种和挫折斗争到底的精神。

不要因为一次考试的失利而耿耿于怀；不要因为自己的出身贫寒而感到自卑；不要因为遇到阻碍和干扰得不到满足，而表现出消极心态；不要在苦涩的泪水中蹉跎、惆怅、忧伤。

即便前面是暴风骤雨、电闪雷鸣，只要我们有满腔热血、斗志高昂，就一定能迎来一个新的黎明。

挫折也是一种幸运

有时候挫折也是一种幸运。纵观历史，失败与成功之间，往往有一个艰难曲折的过程，有人曾经把这个过程比作是桥梁。有些人历尽千辛万苦穿过了桥，而有的人却在桥的中间掉了下去。

青少年遇到挫折时，不要惊慌失措，要相信自己。因为这时你根本就不能确定这是福还是祸，即使不是每个人都那么幸运，但也要坚信，挫折在给你带来"祸"的同时，也必定给你带来了一些其他的东西，关键是你能否发现。

挫折在意志薄弱者面前，犹如一道万丈深渊，会使他们一蹶不振；然而在坚强者面前，挫折化为动力，使他们成长，帮助他们走向了成功。

因此，青少年应该学会从挫折中总结经验教训，把挫折当作是新的起点，不要因为惧怕再一次的受伤而放弃了近在咫尺的成功，敢于面对挫折的人是最坚强的。

挫折不仅是一种磨难，更是学习和锻炼的好机会，就像扑鼻的花香一样，只有经历过严寒才能向世人展示它的芬芳。

青少年只要能够用乐观的心态来看待挫折，希望就永远存在，成功就一定能够向我们走来。

相信自己是独一无二的

在这个世界上找不到完全相同的两片树叶；在这个世界上找不到完全相似的两双手掌；在这个世界上找不到经历完全相同的两个人。每个人都在这个世界上独一无二地存在着，你的价值只能由自己来决定。

自信自己是独一无二的

有段话这样说：自从上帝创造了天地万物以来，没有一个人和你一样。你的头脑、心灵、眼睛、耳朵、双手、头发、嘴唇都是与众不同的。

把自信种在心上，会开出勇敢的花，闭上眼睛你会闻到一阵芳香。让自信永驻心间，你就能够带着梦想走向远方。

青少年朋友，不要被生活中的一些琐事所牵绊，不要被自身的一些缺陷所折磨。金无足赤，人无完人。

人不可能在各方面都非常优秀，都或多或少在某方面存在一定的缺陷，就是那些伟人也毫不例外，甚至他们的缺陷可怕得很呢？

拿破仑的矮小、林肯的丑陋、罗斯福的小儿麻痹、丘吉尔的臃肿，哪一样不同样令人痛不欲生？可他们却拥有辉煌的一生！

所以，你一定不要被这些外在的因素所打败，真正能打败你的是自卑，真正能够给你力量的是自信。甩掉那该死的自卑吧，让自信永驻心间，因为你是自然界是伟大的奇迹，你是这个世界是独一无二的。

你就是你，你是独一无二的

也许你不是朋友中最美丽的，但是你可以成为最可爱的那个；你不是最聪明的，但是你可以成为最勤奋的那个；你不是最健壮的，但你可以成为那个最乐观的那个……让自己成为那个最好的自己，因为你就是你，你是独一无二的。

父母一定要让孩子懂得：父母也许可以给你天空，但却给不了你翅膀，只有让自己内心充满自信，才能展翅飞翔。父母也许可以给你道路，但却不能替你走路，只有让自己内心充满自信，才能健步如飞。

生活中只有一种永恒的美丽，那就是自信！自信的人永远是最美的！自信就是她最好的化妆品。

青少年如果看不到自己的长处，对自己的估计过低，常常容易导致自卑的产生。也经常会因为一些小事而瞧不起自己，觉得自己生来比别人低一等。自卑会使一个人消极，悲观，散漫，一事无成。所以我们应该努力去打败它，把它从生活中赶出去。

相信自己是独一无二的需要足够的自信，如果青少年是一个自卑的人，一定赶快让自己从自卑中走出来。在我们的生活中，一定不要让自己陷进自卑的魔掌，要养成自信的良好习惯。相信你是自然界最伟大的奇迹，相信你是最棒的，你是独一无二的，带着自信上路，你将勇往直前，无所不能。

你的价值由你自身决定

一个人不可能孤独地生活在这个世界上，既然不能做到与世隔绝，那么青少年就必须学会面对世俗观念与偏见的洗礼和挑战，学会辨别尘世中的陷阱和诡计，否则你会很容易被世俗的滚滚洪流所淹没！青少年们要知道，除了自己，没人能让我们贬值，自己的价值是由自身决定的。

平淡面对别人的挖苦

青少年的阅历还太浅，不明白社会上的人情冷暖。有时候，面对别人的挖苦、嘲弄、贬低会感到心情失落，不知所措。其实，青少年要知道，现实世界是残酷的，在生活中，你也许能够得到的真心鼓励并不多。

或许在日常生活中，常碰到下面的事。无论你是处于弱者、失败者、平凡者、还是成功者，不管你长得美丽还是丑陋，不管你喜欢说话还是不喜欢说话……也许都会无缘无故地受到一些无聊人士的挖苦、嘲弄、贬低与诋毁，假如你毫无辨别地全盘接受了别人强加于你的负面信息，那么，不用多久就会自己无所适从。

事实上，挖苦与嘲弄就好像是一阵风，刮过之后不会留下任何痕迹；贬低与诋毁犹如湖面的波纹，同样会自生自灭！

　　无论何时，不论何地，只要你学会擦亮自己的眼睛，善于管住自己的心灵，你将会发现，无论多么尖刻的挖苦与嘲弄，不管多么猛烈的贬低与诋毁都将对你毫发无损，甚至不会在你平静的心湖里留下些许的涟漪。别人并不了解你，对你来说他们所言并非事实，那又何必为了一句传闻而耿耿于怀呢？

相信自己是最优秀的

　　当我们在遇到别人不公正的评论时候，只要不伤及到个人尊严问题就让别人说去吧！毕竟人无完人金无足赤。别人说的对你认真接受，说的不对你就当他唱歌，不要放在心上，这个世界上有那么多的无聊的人，如果你都和他们计较，怎么会有好心情呢！

　　因此，与其生活在别人的口中，还不如坚定地走自己的路！其实，你的人生价值、你的喜怒哀乐、你的言行举止、你的精神面貌，全都来自于你的内心，只要你不让自己痛苦，那么没人能令你痛苦，只要你自己不贬低自己，这个世界任何一个人都不能把你贬低！

　　从古至今，放眼世界，只要是有人活动的地方从来就没有缺少过喜欢挖苦、嘲弄、贬低与诋毁别人的无聊人士，当然每个时代同样不会缺少接受不了挖苦与嘲弄，化解不了贬低与诋毁，而最终一蹶不振，甚至走上绝路的人。

现实生活中，这些现象似乎是司空见惯，但每每想起却又令人感到无比的心痛和惋惜。其实，无论是挖苦、嘲弄也好，贬低、诋毁也罢，这些只不过是无聊人士的把戏而已。

青少年要相信自己是最优秀的，别人的任何语言攻击都改变不了你良好的心态。在这个世界上，没有人能让我们贬值，自己的价值是由自己决定的。

青少年不要惧怕别人比自己更优秀，如果你发现了这样的人，不论他是专才，还是全才，说明你已经有了一定的鉴别能力，你已经向优秀迈进了一大步。

如果你能不断地研究和学习他的优点，那么，迟早有一天，会和他一样优秀，甚至更优秀。如果你能把几个优秀的人的优秀学到手，那么，你将会比他们更优秀。如果坚持这样做，就没有人能让你贬值！

告诉自己我真的能行

哈佛大学曾经有个心理学家做过一个这样的实验:他将一份名单交给校长，声称上面的学生经过智力测验，具有很大的潜力。

学期结束后，名单上的学生果然成绩名列前茅。这时那个心理学家才告诉学校老师和父母，这份名单只是他随机挑选出来的，与那个所谓的测验是毫无关系的。

那么，这个预言为什么会成真呢？在心理学上，这种现象称之为"自我验证预言"。人是社会化的动物，其行为受到社会预期的影响。即，人们会有意或者无意地按照社会的"期望"进行自我暗示，这样一来，自然就会影响最终的结果。

心理学家的名单就暗示老师们要"重点关照"那些学生，而那些学生又会时时提醒自己是"尖子生"，用高标准来要求自己，最后自然就会取得好的成绩。

对自己说："我能行"

有个男孩生性胆怯，因为他天生就有些口吃。其实并不严重，但他却长期地生活在自卑的阴影之中，脑海时时浮现自己在课堂上的尴尬场面，耳畔时时响起同学们的嘲笑声，长此以往，他的缺陷越发明显。

其实，他的声音很动听，有一个当广播员或是演讲家的美好愿望。私底下，在准备很充分情况下，在不紧张时他的表现的确非常好，几乎听不出他的缺陷。

如果他主动告诉别人，别人会显出很惊讶的表情，说："不会吧，我怎么没听出来呢？你演讲得很不错啊！你在重要场合是怯场吧？"

后来，那个男孩经过老师的鼓励，克服自卑意识，坚持自我练习，终于克服了自己的缺陷，屡屡在学校的演讲比赛中获奖，学习成绩扶摇直上，最终如愿以偿地考取了广播学院，实现了自己的理想。

要想让别人肯定你，首先自己要肯定自己，自信一切困难都难不倒你。对横亘在你面前的所有障碍，你都能努力跃过去。不要轻易否定自己的能力，不要为自己的心灵设限，时常告诉自己，我得行！

只要你充满自信和勇气去做，持之以恒下去，就一定会有出色的收获。

让自信把"不可能"变成"可能"

人生中，"不可能"这个词语，只是一个人给自己找的一个放弃的理由。要相信不同的做法就会有不同的结果，没有人类做不到的事情。

其实，在生活中，常常听到"不可能"之类的话语，主要原因就是：遇到困难与挫折时不敢去闯，认为自己不行，不可能做好这件事，所以就选择了放弃，选择了得过且过的懒散生活。

如果你一旦改变这种想法，始终对自己说："我肯定会做到，而且还会做得很好，因为我相信没有做不到"的事情。那么你从此对"不可能"说再见了，你的人生中就不会出现"不可能"这三个字了。

信心能使人在穷困坎坷中挺起脊梁；它能使人的头脑发挥出绝顶的聪明才智、创造非常的功绩；它能使人为了自己的目标去持之以恒的拼搏与奋斗；只要你的信心十足，你自然就能把握所有存在的机会，牢牢抓住一切可以得到的机会，把"不可能"变成"可能"。

大多的事情证明，"不可能"的事情只是暂时的，只是人们还没有找到解决它的办法而已。所以，亲爱的青少年朋友，当你遇到难题时，永远不要让"不可能"束缚了自己的手脚。

有时候，只要再勇敢地向前迈一步，再坚持一下，再多给自己一点信心，也许"不可能"就会变成"可能"。因为成功者之所以会成功，就是因为他们对"不可能"多了一份不肯低头的韧劲和执著。

每个青少年都有自己的梦想，其成功与否，操之在己。虽然，实现梦想这条路很艰难，但是，只要心存希望，手握自信，永远不说"放弃"，永远不说"我不能"，你就一定可以实现自己的梦想！

把命运握在自己手中

青少年要学会自己掌握自己的命运，要学会自己负责自己的人生。只有这样的人生，才算是无悔的、精彩的、没有遗憾的人生。

求人不如求己

人生在世，不要想着把自己的幸福寄托在别人身上。要想过得幸福，过得自在随意，那就只有靠自己的双手与智慧，脚踏实地，埋头苦干。有一分耕耘，才会有一分收获。

人生什么事情都要靠自己去争取，去努力。不要妄想把希望寄托在任何人身上，对于自己而言，自己才是最可靠的。

成长的道路，并非一条充满鸟语花香的康庄大道，而是充满荆棘与陷阱的坎坷征途。漫漫人生路，有谁能说自己是踏着一路鲜花，一路阳光走过来的？又有谁能够放言自己以后不会再遭到挫折和打击？

我们应该看到，成长的背后往往布满了荆棘和激流险滩！如果因为一时的失败就轻易放弃，到头来后悔的只是自己。如果因为害怕失败而丢掉前行的勇气，就永远看不到理想的影子。

手中紧握命运之线

有人相信生死有命，富贵在天。其实，命运天注定之类的话只是那些不想努力奋斗的人自我安慰的一种说法。所谓命运在自己手心里，说明人的命运其实是可以改变的，自己的命运可以自己改变。早就有这句话：这世上从来就没有什么救世主，也没有神仙皇帝。

因此只有挖掘出自身的潜在价值与能力，才能使生命绽放异彩，永葆青春。要创造自己的幸福，改变自己的命运，全靠自己的努力与付出。

假如你努力向上，不抛弃希望，不放弃理想，生活也会回赠给你一个微笑；反之如果你无所事事，不思进取，生活也将给你应有的惩罚。

人生的魅力，在于时时可以从痛苦的阴冷角落里启程，走向光明的远途，走向成长的未来。只要心中有梦想，不自暴自弃，生活就不会抛弃你。

与其抱怨命运的不公去懒散度日，倒不如振作精神奋起直追。滴水足以穿石。每一天的努力，即使只是一个小动作，持之以恒，都将成为明日成功的积淀。

青少年正是学做人的时候，无论何时，都应该相信自己的能力，用自己的才智铺就成长之道。

为了有好的发展，有时候，你可以借助别人的力量，但是要记住：绝对不能将自己放弃。只要你把命运掌握在自己手中，那么，在艰难前行的人生途中，就会充满希望和成功！

第五章

自力更生，让拖延症消失吧

　　生活自理是需要青少年养成良好的生活习惯。良好的生活习惯不但能够促进青少年的身心健康，而且还对其未来发展有着重要的促进作用。

　　人生总是充满了矛盾和曲折，青少年朋友必须要勇于接受并自主地去解决。自力更生，让拖延症消失吧！唯有这样，才能够彻底的戒掉拖延症，才能够尽早地培养起自立能力，成为一名适应生活的强者。

告别依赖，走出父母的庇护

我们21世纪的青少年，大多都是独生子女。因此，孩子成了父母的小心肝儿，小宝贝儿，衣来伸手，饭来张口，生怕孩子累着、吓着。久而久之，孩子养成了依赖心理，如果缺少帮助甚至连最简单的事情都不能完成。

依赖的危害

曾经有这样一则笑话：

有这样一位同学，在新学期开学第一天，妈妈给他煮了两个鸡蛋让他带上在学校吃。可是当他放学回到家时，他却把鸡蛋原封不动地带了回来。

妈妈问道："你不饿吗？"

他却回答说："鸡蛋上没有裂缝，怎么剥啊？"

连鸡蛋都不知道怎么剥皮，真够可悲的！这样的人也许在现实中并不存在，但是，像这位同学那样只会依赖的人，可实在不是少数。现在问一下我们自己，是不是也有类似的依赖心理呢？

你的衣服是自己洗还是让父母洗的呢？你给自己做过饭

吗？你自己买过衣服吗？你抄过同学的作业吗？……其实，这些都是依赖心理的表现。依赖是一种慢性毒药，它渐渐吞噬着有这种心理的人，会把他们的自立能力渐渐挖空，他们的生命大厦也会顷刻倒塌。

告别依赖，自立起来

不论是生活还是学习上，依赖永远是最致命的缺点。所以我们要告别依赖，告别这个笑里藏刀的"假面佛"。

青少年朋友，让我们一起来看一个告别依赖的故事吧：

每一个孩子在家中都是过着衣来伸手，饭来张口的日子。我当然也不例外。记得有一回我放学回家，在路上我高兴地对同学说："今天我家做饺子吃，我可以大饱口福了！"

就这样我高兴地回到了家，到家后我看见爸爸妈妈还没有回来，家中又没有电话。于是我就坐在大厅里边看电视，边等待着爸爸妈妈回来给我做饺子。

可是我等了一中午，爸爸妈妈也没有回来，我只会空着肚子去上学。

到学校后，同学听说我没有吃饭，问我为什么不自己做，我说自己不会做。同学严肃地批评我说："你已经不小了，做什么事都要自己做，不要依赖别人，等你长大了，你妈妈爸爸老了，还要你照顾他们，那你怎么办？要知道生活是自己创造的，如果你从小就不会去创造生活，你长大后该怎么办？"

听了同学的话，下午放学回家时，我看见爸爸妈妈还没有回家，便自己做起饭来。我先洗菜，后切菜，然后炒菜，等我做好饭时，爸爸妈妈刚好下班回家。

当爸爸妈妈尝着我做的菜时，妈妈脸上露出幸福的微笑。爸爸也说："你太棒了！今天怎么这么能干？"

我笑着回答说："不，我今后也一样会很能干，因为我懂得生活是自己创造的，我从今以后再也不依赖你们了，我要告别依赖，创造生活！"

告别依赖，就是为自己的人生路甩开一块绊脚石；告别依赖就是为自己增加一份成熟；告别依赖，就是为自己的生活多一份精彩。故事中的女孩告别了依赖父母做饭的习惯，因此感到了幸福，也让父母感到了儿女自立的快乐。

如今，日益激烈的社会竞争，要求一个人从幼年时就应当具备基本的生活和生存能力，具备最基本的面对问题、解决问题的素质。只有从小时候就培养这样的素质，才能以最快的速度适应社会，才能以最快的速度迈向卓越。相反，如果青少年事事都依赖于他人，不懂得自立，必然就会被社会所淘汰。

纵观古今、横看中外，凡事有成就的人都有一个共同的特点，那就是凡事依靠自己。叱咤风云的拿破仑就曾经说过："人多不足以依赖，要生存只有靠自己。"

依赖，就如同一杯酸性溶液，它会腐蚀挑战者那勇敢的心灵，使他变得畏缩，不再具有那激昂的斗志。

看看我们自己吧，总是依赖于父母，如同温室中的花朵，从未经历过风吹雨打。犯了错误，总是有父母那宽大的肩膀为我们挡风遮雨，甚至有人把父母比作一堵结实高大的墙。

可是，我们要清楚，墙也有破残倒塌的一天，我们不能永远长不大，总有一天要踏进自己的人生。鸟儿长大了，就应该学会在碧蓝的天空展翅翱翔；人长大了，就应该学会在坎坷的道路中面对挫折前行。只有靠搏，只有靠炼，我们才能真正自立成长。

自力更生，作生活的主人

纵观这个社会，如果你想成为佼佼者，那你不但要学会自立生活，还要学会自主学习。有些同学觉得作业多，学习压力大，遇到难题却不加思考，立马放弃，说是"浪费时间"，这样的做法就是所谓的"节约时间"吗？

有的却总想着"老师会讲，不必自己做"。这样对老师的百般依赖，要是在考试中还怎能自己答题呢？自立地学习，它会使你找到知识殿堂的金钥匙，当你打开它，那便是一片金碧辉煌。挪威著名剧作家易卜生曾经说过："世界上最坚强的人就是独立的人。"这无疑说明了人要学会自理，更要懂得自立。是的，因为自立的人才会有所作为。因为总有一天，许多事情都要自己解决，自己面对。我们不能事事都依赖他人。

自立是对一个人的起码要求，如果有谁做不到，他就不能得到别人尊重，甚至得不到家里亲人的尊重。社会有一种人，祖上创下的家业，他拿来供自己吃喝玩乐，结果败得精光，就像寄生虫一样。

这种人其实一辈子都是依靠别人，从来没有真正做一个有主心骨的、能够当家做主的人。这种人是受人鄙视的，人们给他们冠以"败家子"的称谓，把他们作为坏典型来教育孩子。

当然，人生在世，父母、夫妻、儿女、亲戚朋友、同学同事等各种人际关系，彼此之间也会或多或少地互相依靠。

自立也不等于绝对不靠他人，尤其是遇上个人力所不及的困难时，依靠群体帮助来渡过难关，更是很正常的事。而且这种互相帮助也是增进亲情、增进友谊所不可缺少的。不过，这里要有个尺度，就是："靠人更须靠己"。

做一个独立自强的人，首先得靠自己努力，要立足于自力更生，这也是做人的骨气，然后才是考虑接受别人的帮助，即便是对于亲生父母，也应如此。

虽然说父母养育儿女是天经地义的事，但是如果儿女已经长大成人，却不思自立，仍长期依赖父母养着，就不可原谅了。这种人其实跟上面说的"败家子"之流差不了多少，应该自己感到羞愧才对。

青少年朋友，我们应该非常清楚，父母是没法养你一辈子的。离开父母，想再靠别人就难了。归根到底，如果不想去做乞丐，还是及早学好本领，自立自强，让父母看着放心！

如果你还是那温室中的小花朵，就请你走出温室，去挑战疾风骤雨；如果你还是那畏畏缩缩的幼鹰，就请你张开翅膀，勇敢地挑战蓝天；如果你还是离不开长辈庇护的孩童，那就请你告别种种依赖，走向自立人生。

亲爱的青少年朋友，从现在开心尽情地飞翔吧！见证自己，培养自理自立的能力，翱翔于蓝天，搏击于风浪，那才是我们健康成长的天空！"青年强则国强"，让我们以自立的英姿去迎接希望的曙光吧！

自己的事情学会自己做

著名教育家陶行知先生曾说过："滴自己的汗，吃自己的饭，靠人，靠天靠祖上，不算好汉。"

可是，现在的青少年大多以为自己是个小孩子，什么事情都要靠父母，这样的人是不能成就大事的。即使有个好的学习成绩也没什么用，一个人首先要自立才能谈到是一个真正意义上的人。

自理能力的重要性

生活自理能力的培养对于人的一生十分重要，自理能力是一个正常人生活的最基本的能力。对于现在的很多青少年来说，大部分的时间和精力都用在学习上，生活上很多事情都是由自己的父母包办打理。

试想一下，青少年们总有一天要离开父母的怀抱，到那个时候，一点生活自理的能力都没有，更何谈事业有成呢？所以，青少年要学会自理。生活自理能力是自身能够生存、竞争与发展的基础，青少年要认识到自己的事情应该自己干，懂得生活自理能力需要有意识地去培养。

青少年朋友，让我们来看一个小女孩自己供自己上学的故事吧：

我的父母都是普通的工人。同其他的父母一样，他们深知知识的重要。因此，我成了他们的希望，而我也立志要考上大学。然而苦难却横亘在我的梦想之路上。

我6岁那年，爸爸在加夜班的时候铁屑崩到了眼睛里，左眼失明了。我11岁那年，爸爸因肾积血手术摘掉了左肾，再也无法进行体力劳动。

我上初一时妈妈下岗了，一家的生活只剩下爸爸每月200元的工伤补助费维持。那段日子似乎空气都变得压抑。这样一个家庭是需要我来挑大梁的。那天，我毅然作出了一个决定：打工，我要自己供自己上学。

我从同学那借来50元钱，去批发市场进了一些小装饰画，小工艺品，准备像校门口的小贩那样。没想到平时司空见惯的事情轮到自己头上竟然变得那么艰难。

那天中午，我竟然没有从包里把货物拿出来。可是货如果卖不出去，我连借的50元钱都无法偿还。第二天中午我去了一所比较远的学校门口，摆好了货物，可是怎么鼓励自己都不敢吆喝。

好久，一个小同学走过来问我："这是卖的吗？"我急忙点头。那天我赚了一毛钱，是我赚到的第一个一毛钱。那一刻，我深深地体会到了赚钱的艰辛，懂得了平时爸爸交给我的那些钱里面凝聚着多少汗水和辛苦。

一个月以后，我赚到了80元钱。我用23元买了一本向往已久的《题典》。走出书店，我突然感觉天空是那么蓝。回到家爸爸诧异地问我钱是哪来的，我这才告诉了他。他什么也没说。但我看到他的嘴角在不停地颤抖，我知道他在努力控制自己的情绪。

不久，爸爸也开始到一所小学校门口摆地摊卖货了。我十分感激父亲，他的行为是对我无声的鼓励。我真切地感受到，命运的火种其实就在自己的手里。

每年最轻松的是寒暑假，因为时间宽裕，货品也不限于卖给小学生了。

　　那一年寒假，二十几天，我和爸爸走遍了附近的马路，赚了600多元。那个春节是我所过得最开心的节日。父母很高兴，我想是因为他们看到自己的女儿在一天天长大……

　　就这样，依靠自食其力，我顺利完成了自己的学业，并且以高考总分600分的成绩被哈尔滨工程大学录取。

　　这个小女孩家庭已经困窘到几乎不能上学的地步，却靠着自己的力量，完成了自己的学业，而且顺利高分考上了大学，可见青少年学会自理的重要性。试想，如果她没有自理能力，天天依赖父母的话，恐怕中学都是很难上完的吧！更谈不上自立了。

　　在生活中，很多我们自己能够做到的事情，爸爸妈妈为我们"代劳"了！这很容易使我们养成懒惰、拖延，依赖他人的不良习惯。我们渐渐成长，在生活中会遇到很多事情，都需要我们自己独立去面对，去处理，这就需要我们有良好的自理能力。

自己动手，丰衣足食

　　自己的事自己干有利于培养自己的动手能力，磨炼我们的意志。现在，社会飞速发展，人才的需要也逐步在向知识、能力相结合的方向发展。

要成为真正的人才，我们必须培养自己的动手能力。而动手能力的培养，绝非一朝一夕的事，它是要经过长时间的实践磨炼出来的。在这个过程中，我们要脱离家长、老师等的帮助，完全靠自己的能力，发挥自己的智慧，把自己的事干好。

亲爱的青少年朋友，我们已经长大了，相信我们每个人都不想永远躲在大人的影子里，而希望自己去开辟出一片新天地。

生活是充满困难与挫折的，我们要学会凭借自己的力量去克服和战胜它们，养成独立自主地好习惯。

我们不应该做温室里的花朵，要做冰天雪地里傲然绽放的梅花；我们不应该做笼中之鸟，要做展翅翱翔的雄鹰；我们不应该成为生长在绿荫下的小树，而要做暴风骤雨中傲然挺立的劲松。

青少年朋友，我们要时刻记住一句话：依靠别人的干粮过日子，就得挨饿一辈子。依靠别人只能是暂时的，依自己才是终生的。因此一定要端正自己对自理能力的认识，注意对生活自理能力的培养。总之，自己动手，丰衣足食。

计划周密，做事更顺利

亲爱的青少年朋友，你是不是每天去准备上学的时候，总是觉得手忙脚乱、顾此失彼呢？你有没有想过，为什么会出现这种现象呢？

朋友，你想不想从容不迫地处理好所有事情呢？告诉你一个小秘诀，其实你只需订好计划，按照计划执行，就可以避免手忙脚乱的状况了。

计划是我们人生开始的第一步

我们无论做任何事情都是要有一个详细的计划，才能得以去实现的。对于任何人来说，每一个人有每一个人的计划。老师要有老师的教学计划，学生也要有自己的学习计划。计划能让我们自立起来，可以有效改善我们的学习生活。

朋友们，让我们来看一个小男孩如何按计划做事的吧：

因为周日是"六一"，小明显得格外兴奋。周五就和妈妈商量："妈妈，我想这两天先把作业写完，然后'六一'就不用写作业，可以尽情地玩了。"

妈妈笑着点头："可以呀，你自己的事情，自己安排吧。不过，周六下午，我们要留出点时间，妈妈的叔叔病了，我们得去医院探望他。"

"哦，要不，我今天晚上就写作业吧。"于是周五的晚上，小明居然放弃了看电视和玩乐，写起了作业。

"唉！"过了一会儿，小明忽然叹了口气说："烦死了，这么多作业，什么时候才能写完啊！"

妈妈走了过去，看到儿子正烦躁地把书翻来翻去，就问他："怎么了？"

"作业太多了，我觉得我肯定做不完。"小明难过地说。

"今天做不完没关系呀，还有明天的嘛。"妈妈安慰他。

"明天的事还多着呢，上午还得去参加书法班的活动，明天也做不完！"小明提高的声调中还夹杂着点儿哭腔。

妈妈拿过小明记作业的本子，认真地看了看。作业项目虽然多，但是并不难，除了"书法作业"需要慢慢写之外，其他的都不是问题。可小明自己却被这些看似很多的任务吓倒了。于是，妈妈让小明拿出一张白纸，把要完成的事项一件件的写了下来：

第一，数学：六单元测试卷（已完成）；七单元测试卷；

口算卡2页（已完成）。

第二，语文：《练习与测试》（已完成）；听写生字；写话《六一》。

第三，英语：抄写字母两行；

然后，妈妈对小明说："你看，这是所有要完成的事，我们把它列出来。然后每完成一个，就画一个'√'并且奖励星星一颗。1、2、3……"

小明数了一下已完成的事项，说："已经完成三项了，可以得到6颗星了。这三天是双倍积分，该奖励6颗星，对吧？"

"哦，对呀。来，你自己画上去6颗星吧！"妈妈笑着把笔递给了小明。

小明拿着彩笔兴冲冲地在表格上画星星。表格上已经有7颗星了，加上这6颗，他得到了一个月亮。"哈哈，我又多了一个月亮啦。"小明的脸上已经没了愁云，一脸的灿烂。

接下来，小明果然开始按计划行事，每完成一件事，就自觉地在后面画一个"√"。到临睡的时候，除了"书法作业"和"写话《六一》"没完成之外，其他的都完成了。自己数了又数，兴奋地对妈妈说："妈妈，我又完成了4项，应该奖励我8颗星。"

洗漱完毕，小明又说："妈妈，我想现在把书法作业也写了，行不行？"

"为什么想现在写？"妈妈问。

"因为我想快点得到更多的星星。"小明坦诚地说。

妈妈笑着说："现在已经很晚了，再说，做计划表的目的是让我们在计划的时间内，有条理的做事情，就像上楼梯一样，要一步一步地慢慢来。"小明点了点头，睡了。

第二天，参加完活动后，小明一进家门，连鞋子也顾不上换就跑进自己的房间，在计划表的活动上画了一个对勾，然后对妈妈说："妈妈，快看，我的计划表快完成啦！我现在就准备写书法作业。"

妈妈笑着走过去，在表格上画了2颗星星。小明问："我还没写呢，怎么就奖励我星星了？"

"今天的书法比赛你得了二等奖呀，这应该得奖励。"

"谢谢妈妈！"小明高兴地说。

没有计划的人生杂乱无章，看似忙碌却是空缺的。我们做事应该有计划性，不然我们就会被各种繁杂的事情弄得顾此失彼。正如故事中的儿子面对一大堆作业时的无奈。

然而，一旦我们把要做的事情列出来，一件件的去完成，繁杂就会变成有条理，也许原来觉得很难的目标也就不难实现了。故事中的儿子正是学会了这招，果然一切顺利。

做事有计划是非常重要的。它可以帮助我们有条不紊地处理应该处理的事情而不会手忙脚乱。做事没有条理的人，他将无法很好地料理自己的生活，也无法很好地进行学习和工作。在走向成功的道路上，做事没有条理、没有计划的人将会比其他人走得更辛苦。

人生道路的决定往往取决于最为关键的几步，学习可谓是最为关键的阶段，而决定学习成败的主要因素就在于：学习过程中知识的积累和吸收。

要知道，学校和老师的教学计划是针对全体学生来安排的，每个学生的学习进度和学习能力不同，所以，制定一个针对自己的学习计划是十分有必要的。

做事有计划的重要性

有了计划，就可以把时间安排得更合理，做起事情才会井然有序。如果你总是随心所欲，想做什么就做什么，很容易发生问题。

所有事情都应该分出前后顺序，一件件依序地完成，就像盖房子，必须先打好地基，才能砌墙，最后才盖上屋顶。如果先砌墙再来打地基，就会发生问题，甚至得把砌好的墙拆掉，从头做起。所以每件事情都得按照应有的程序去做，不能前后倒置、乱无章法。

排定计划时，我们必须优先处理重要的和紧急的事，这些事情容易影响我们的心情及做事的效率，优先处理这些事有助于放松心情，之后也比较能集中精力做好其他事。有计划地做事，一切都循序渐进，就不会忙中有错，也不会忘记某件该做的事，更不会发生事倍功半的状况。

目标是通往成功的地图，而计划就是通向目标的行车路线，我们可以在路线中规划出许多中途站，让我们一站一站沉稳地开往终点，不会走错路。

最后，对于你用心拟定的计划，也要用心努力地去完成。只有做到了周密的计划，我们才能在实践中不断地强化自我，锻炼自己的独立决策的能力。学习上才能有动力。

青少年朋友们，给自己一个完善的、周密的计划吧，那样你的学习生活将会是丰富多彩的!

独立思考让脑袋更灵光

判断、思考能力是我们思维发展的一个重要特征。可是，我们看到一些孩子经常会说"妈妈，我不知道怎么说"，"妈妈，你说怎么办吧!" "爸爸，你去替我做……"这些孩子在遇到困难时，本能的想法就是请父母帮忙，帮助他们做思考，帮助他们做选择、判断。

其实，针对不同的孩子，家长可以利用生活中发生的具体问题，提供机会让孩子学会独立思考，自己面对问题，并想出解决问题的方法。

独立思考让孩子更聪明

在美国，大家喜欢看的电视节目之一，是黑人笑星比尔·考斯彼主持的《孩子说的出人意料的东西》。朋友们，我们一起看一个女孩在其中的表现吧：

有一次，比尔问一个七八岁的女孩："你长大以后想当什么？"女孩很自信地答道："总统！"

全场观众哗然。比尔做了一个滑稽的吃惊表情，然后问："那你说说看，为什么美国至今没有女总统？"

女孩想都不想就回答："因为男人不投她的票。"全场一片笑声。比尔："肯定是因为男人不投她的票吗？"

女孩不屑地："当然肯定！"

比尔意味深长地笑笑，对全场观众说："请投她票的男人举手！"伴随着笑声，不少男人举起手来。

比尔得意地说："你看，有不少男人投你的票呀！"女孩不为所动，淡淡地说："还不到1／3！"比尔做出不相信又不高兴的样子，对观众说道："请在场的所有男人把手举起来！"言下之意，不举手的就不是男人，哪个男人敢不举手？在哄堂大笑中，男人们的手一片林立。

比尔故作严肃地说："请投她的票的男人仍

然举手，不投的放下手。"比尔这一招厉害：在众目睽睽之下，要大男人们把已经举起的手，再放下来，确实不太容易。这样一来，虽然仍有人放手下来，但"投"她的票的男人多了许多。

比尔得意洋洋地说道："怎么样？'总统女士'？这回可是有2/3的男人投你的票啦。"

沸腾的场面突然静了下来，人们要看这个女孩还能说什么。女孩露出了一丝与童稚不太相称的轻蔑的笑意，说："他们不诚实，他们心里并不愿投我的票！"

许多人目瞪口呆。然后是一片掌声，一片惊叹……

这是典型的美式独立思考。思考好比播种，行动好比果实，播种越勤，收获也越丰。一个善于独立思考的青少年才能品尝到金秋的琼浆玉液，享受到大地赐予的丰收喜悦。

正如伟大的物理学家爱因斯坦所说："学会独立思考和独立判断比获得知识更重要。不下决心培养思考习惯的人，便失去了生活的最大乐趣。"

可是，我们往往只知道朗读书本、抄写书本、背诵书本和相信书本。从小就以为，"书本上的"知识等于"正确的"知识。书本学习得越熟练，知识便掌握得越扎实。于是，我们便怀着无限的热情、毫无疑问地、毫无筛选地将这些知识装入了我们本来就不宽裕的大脑里。小学相信书本，初中相信书本，高中相信书本，等到自己已经成为成年人的时候，这种惯性式的非质疑式的思维已经融入进了自己的血液中。

久而久之，便成了：书上写什么，我就信什么；媒体说什么，我就信什么；大众传什么，我就信什么。但很少去考虑，这些东西到底是不是真的。久而久之，我们懒于去独立思考。久而久之，我们甚至失去了独立思考的能力。

并不是说别人的观点、看法和建议没有价值。别人的一切，都可以参考，但也仅仅是参考而已。

为什么自己就不能综合别人的观点看法，经过自己大脑来分析处理，并最终得出自己的结论呢？为什么会变得越来越浮躁？为什么总是浅尝辄止？为什么总是人云亦云？为什么总是模仿别人？为什么会轻信别人的话？为什么总是急于作判断？为什么不懂得创新思维？为什么从不花时间去了解你其实并不了解的东西？为什么连自己想要什么都没有想过？为什么不能对自己诚实？

独立思考是走向成功的关键

如果缺乏独立思维的能力，那么只能去相信别人的观点，说别人说错的话，做别人做错的事，走别人走过的歪路，犯别人犯过的错误。

如果你懒惰，喜欢拖延，那么只能少思维，随着大众，跟着前面那条看不到头的长队走下去，反正未来走到哪里，你似乎也未曾在乎过，因为如果你哪怕在乎一点的话，你就不会继续排在这个长队里了。

如果你懒惰，总是拖延，那么只能不为自己的人生做任何打算，不需要打算的人生过着最舒服。但既然要选择舒服的生活，就请不要在别人端着自己成功的王冠慢慢欣赏时，你独自一人落寞在一边并暗自抱怨上帝的不公平。

懂得独立思考的人，早在你人云亦云的时候，自己亲自尝试，亲自经历，亲自判断，亲自摸索出一条适合自己的路。

懂得独立思考的人，早在你因为别人说难便也觉得难而放弃的时候，那些懂得独立思考的人就已经收拾行装，顺着那条自己为自己挑选的路走下去了。

懂得独立思考的人，有小成绩的时候，他会开心地告诉自己，方向是对的；遭遇挫折或失败的时候，他会乐观地提醒自己，要纠正错误并继续前进。

懂得独立思考的人，会通过成功总结经验，通过失败吸取教训。懂得独立思考的人，会细心分析，并弄明白一个道理：其实那些说某条路很难走的"人们"，并没有把这条路走到底，只是在刚摔了一跤之后，便踉跄下场了。

每个人都应该有独立的懂得思辨的头脑，去分析他人的观点看法以及自己身边的一切。面对失败者的抱怨，你只该变谨慎，而不该变悲观。

面对成功者的经验，你也只能参考而不能照搬。那些话，就算是出自圣人之口，放在你身上也不一定管用，因为你不是圣人。要学会独立思考，不要总是听信别人口中说的话。一切的一切，请经过自己大脑的思考过滤后，再去有选择地接受。没有独立思考的人，就没有独立性。养成独立思考的良好习惯，是使人们发现新的知识，通向成功之路不可缺少的桥梁。

独立思考的人，是不唯书，不唯上，非常自信的人。一个常怀疑自己的人，也是不敢怀疑书本的，一个不敢怀疑书本的人，是不可能做出惊天动地的大事业的。

古希腊哲学家赫拉克利特说过："博学并不能使人智慧。"只有在学习和生活中善于独立思考，才能开出智慧的奇葩。在学习上独立思考，其实质就是在学习知识的过程中要经过自己头脑的消化。如果不能独立思考，在学海中随波荡舟，人云亦云，那就不知会飘向何方。

科学巨匠爱因斯坦十分强调培养人的独立思考和独立判断的能力，他说："发展独立思考和独立判断的一般能力，应当始终放在首位，而不应当把获得专业知识放在首位。"爱因斯坦是这样说的，也是这样做的。他用自己思考的力量成为了一位杰出的科学家。

当人们赞誉他对人类做出的巨大贡献时，他笑着说："学习知识要善于思考，思考，再思考。我就是用这个方法成为科学家的。"

但是，独立思考并不是胡思乱想，它需要一定的知识作基础。假如脑袋里空空如也，一无所有，那么任凭你如何独立思考，也是不会思考出什么"出类拔萃"的东西来的。

完全独立的"独立思考"是没有的，人们总是在吸取前人有益遗产的基础上，方能进行独立思考，得出与前人多少有所不同的东西来。因此，对于我们青少年来说，最重要的就是学习一切有用的知识，在此基础上培养自己的独立思考的良好习惯。

敢于尝试，走适合自己的路

成长就是同龄人一起进行的马拉松长赛跑，这一路上，我们少不了把自己与同龄人进行比较。犹如赛场上有选手看他人时的表现，一会儿惊叹甲快步如风，一会儿赞扬乙步履矫健，一会儿羡慕丙动作协调一样。

很多青少年总会看到谁谁谁又取得了什么成绩，谁谁谁又获得了什么嘉奖，谁谁谁又有了很大进步，联想到自己的不足，人们常常在羡慕他人、自叹不如的同时，年轻的心常常会困惑不已：我的路，该往哪里走呢？

敢于尝试，坚定自己的路

在我们成长的过程中，不免会遇到各种各样的路。这一路上可能布满荆棘，也可能风雨无阻；可能困难重重，也可能一帆风顺。但最重要的是我们要学会选择走自己的路。只有这样，我们才会实现真正的人生价值，我们人生的渴望才能得到真正的满足。

　　每滴水、每片树叶都有耀眼之处，每个人都有属于自己的独特舞台。人生的路千条万条，但适合自己的路只有一条。找到了它，就要决绝果断地走下去，再不要犹豫徘徊，最终才会走出属于自己的一片光明的天地。

　　走自己的路虽然免不了遭遇各种各样的困难，也免不了吃些苦头，但是只有在属于自己、适合自己的路上，才能绽放出最美丽的花朵。正如上面那位美丽的大学生。

　　可是，在现实生活中，许多青少年却找不到自己的路。他们只是在社会的需求指引下，在父母的鞭策唠叨下，怀着渴望成功的心，沿着他人风风光光的足迹，一路往前走去。

　　因为前面有人成功走过，所以初走别人的路时，他们踌躇满志，期待着自己能获得与前人一样的荣耀，甚至是更大的荣耀。但是走着走着，很多人会发现，这一切远非愿望中的那样。

　　人家做起来兴趣盎然的事，在自己看来兴味索然；人家能轻松跨越障碍，在自己看来如高山难攀；人家乐此不疲，在自己看来一天都难以坚持下去，更不要说取得成功和出人头地了。

　　难道是你生不如人吗？是你注定此生平庸吗？是你自身努力不够吗？答案当然是否定的，你错就错在走的是别人的路。

去寻找到属于自己的路

　　这个世界上路有千万条，每个人都有一条属于自己的路，不同的路适合不同的人走：适合张三的路，往往不大适合李四走；适合李四的路，往往不大适合王五走；适合王五走的路，又不适合赵六走。

纵观历史，有多少数学家，就是因为小时候什么都不会，才选择了数学，并凭借惊人的毅力坚持走完这条路，才成为著名的数学家。例如国际数学大师陈省身，当记者询问他为什么选择了数学，他回答说，别的什么都不会，只好做数学。

横穿古今，有多少画家就是因为小时候什么都不会，才选择了作画。他们持之以恒，坚持不懈，日复一日，年复一年，不退缩，不气馁，最终成就了他们自己的事业，并取得了伟大的成就。例如著名的画家黄永玉，当记者询问他为什么选择学画时，他的回答也是什么都不会，只好作画。

纵观古今，有多少的著名人士是因为小时候别的什么都不会，才选择了现在的专业？他们又是怎样取得了伟大的成就呢？这个问题发人深省。

在人的一生中，有很多种路让你去选择，但路很难选，因此每条路上有着它诱人的东西，让你每条都想去走走，但是走每一条路都会让你经历很多，它会慢慢磨炼你的意志，让你变得越来越成熟，越来越勇敢，当然，还是要找一条适合自己的路走下去。

每个人都有自己擅长和喜欢的。我们为什么不能效仿那些人呢？当自己什么都不会时，不要停下自己的脚步，要思考思考自己哪一科比较擅长或者是自己较喜欢那一科，并按照自己的想法，矢志不渝地走下去。

人生如戏，每个人都是自己生命中唯一的导演，学会选择学会放弃的人生才是彻悟的人生。那些出类拔萃的人，无论身处何种境地都不会轻言放弃。我们既然选择了自己的路，就要按自己的方式坚持不懈走下去。

人生只有走出来的美丽，没有等出来的辉煌。在现代快节奏的生活中，如果你什么都不会，不妨选择你自己较为擅长或者是比较喜爱的学科并为之坚持不懈的努力，你终将走出属于自己的路，属于自己的辉煌，自己的人生。

走适合自己的路，当然比走现成的路更艰难。可是，只有在自己的路上才能最大限度地发挥自己的能动性，才能让自己的人生价值最大化。

走适合自己的路，是改变现状的一种机遇，俗话说："三百六十行，行行出状元，不是只有某个行业才会成就人才，只要走适合自己的路，而且用心走，就会取得进步。"

第六章
战胜拖延症，成就辉煌人生

　　每个人都会有拖延的心理，任何人都不会例外。拖延症就像是一条粗壮的苦藤，会把人死死地缠着不放，阻挡着我们前进的脚步。而勤奋就像一把镰刀，他会割掉那层层的阻碍，最终让你到达成功的彼岸。

　　所以，我们应该去拿起那把勤奋的镰刀，割除掉拖延症这根苦藤，让自己不再沉湎于享受，去努力地追寻自己的梦想。相信只要我们持之以恒，做一只勤奋的蜗牛坚定的向前，那么，我们最终一定会成为命运的主宰者。

成功只属于有准备的你

古人说得好："凡事预则立，不预则废"。这里的"预"，就是有预见、有准备的意思。做事情，有预见性、有准备就可以取得成功，没有预见性、没有准备就可能失败。

古往今来，这样的事例举不胜举：越王勾践经过"十年休养生息"的耐心准备，才有了苦心人，天不负，卧薪尝胆，三千越甲可吞吴的传世壮举；一代帝王朱元璋通过"高筑墙，广积粮，缓称王"的精心准备，才创建了大明王朝的开国大业。

没有准备的人注定失败

不做准备的人，其实就是准备失败的人。只有善于做准备的人，才是离成功最近的人。青少年朋友们，让我们来看一个故事吧：

阿明刚毕业后很快就找到工作，但是没过多久，他便对工作产生了倦怠。当时，心情不好的学长为了缓解自己的情绪和压力，常常带着鱼竿到湖边钓鱼。

但是，换了好几个地方，阿明都没有获得好成绩。于是，他的鱼篓越换越小，到最后只拎着一把钓竿和鱼饵就出门了。

有一天，钓鱼技术不如他的同事老王约他一同去钓鱼，老王拿了一个大鱼篓，当他看见阿明几乎两手空空，便塞给他一个小鱼篓。

阿明摇了摇手，对老王说："不用啦，我每次都钓不到两条鱼，用手拿就够了。"

但没想到这天却出乎意料，他们遇上了丰富的鱼群，几乎鱼饵都来不及装，那些大鱼小鱼一条接着一条地被甩上岸。阿明的鱼饵很快就用光了，幸亏老王带了许多鱼饵来。

阿明看着老王装得满满的大鱼篓，自己只能用柳条绑住几条，不得不放弃仍在地上活蹦乱跳的鱼，懊恼不已。

青少年朋友，这个故事的含义是什么呢？这个故事告诉我们，机会永远只留给有准备的人。所以每当我们抱怨运气不佳的时候，不要只顾着埋怨别人不给自己机会，而是要看一看自己的鱼篓是否够大，有没有破洞；也许不是池塘里的鱼太小或鱼群不多，才装不满你的鱼篓，而是你的篓子破了个大洞，让鱼全溜走了。

凡事预则立，不预则废。事实情况的确如此，凡事预于先，谋于前，做足准备，往往能占据主动，确保事情的成功。否则，事发突然，或计划赶不上变化，往往让人手忙脚乱、穷于应付，甚至连可以避免的失误都避免不了，处处陷于被动之中。

成功只属于那些有准备的人

我们青少年只有通过勤奋的学习和努力，做好万全的准备，才能得到最终的成功。成功的准备是需要无数泪水和汗水酝酿的。只有做好准备的人，才更有可能走向成功，才有可能创造自强人生。

要把梦想变成现实，光想不行，光说不行，光等不行，光靠别人不行，必须依靠自己的积极努力，认真做好充分的准备才行，因为成功属于有准备的人。

世界酒店大王希尔顿早年追随掘金热潮到丹麦掘金，他没有别人幸运，没有掘出一块金子。

但是他并没有因此而绝望，在别人忙于掘金之时，他却在准备建旅店的工作而忙碌，这里面的艰辛是我们常人无法想象的，最终他也成为了有钱人，为他日后在酒店业的成功奠定了坚实的基础。

一个人要想成功，就必须要做大量辛苦的准备。农民种庄稼，光播下种子是远远不够的，还必须进行浇水、施肥、除草等，这些辛苦的劳动就是为收获做的准备。

戏剧界有句行话，"台上一分钟，台下十年功"，这十年是为了台上一分钟的表演做的准备。

对于所有人来说，机遇并不是上帝给的，所有的东西都要靠自己去争取，机遇要靠能力去创造。假如机遇摆在你面前，而你却没能力去应付，显然是无法达到目的的，所以说能力是成功的先决条件，机遇只是其中的一个因素而已。

能力是锻炼出来的，要靠先天的条件也要靠后天的努力，永远要相信自己，相信自己一切都可以办到，机遇总会碰到，但不是每个人都能坚持"十年"。看看那些站在事业巅峰的人，哪个是没有经过"苦练"，就轻轻易易成功的。

机会对每个人也都是公平的。如果没有成功，不要迷茫，因为对于有准备的人来说，只不过是"万事俱备只欠东风"而已，仅仅是缺少一个"伯乐"来识这匹千里马，只不过是在成功路途上延长了时间，并不会影响结果。

而对于那些没准备的人，得到了这个机遇也只是浪费。所以只有我们不断地学习、积累，不断地探索、研究，不断地锻造自己的见识、能力，你才能抓住机遇。

也许，有的青少年认识到了准备的重要性，然而，却没有做出积极的准备，而是混天了日，得过且过，这是非常危险的行为。

因为在现实社会和生活中，竞争激烈，危机重重，要想在竞争中胜出，就必须付出艰苦的努力，比别人准备的更为充分。多一些准备，就会多一些成功，就会少一些风险和危机。

也许，有的青少年不是不想准备，但不知该怎样去准备，那就从自己的身边小事做起吧，在知识上不断积累，在思想道德行为上养成良好的习惯，并持之以恒地做好各方面的具体准备。

也许，有的青少年朋友也做了一些准备，但有时候还会遇到这样那样的失败和挫折；你可能会找出许多借口或理由，但有一个最根本的教训应该记取，那就是4个字：准备不足！

因此，青少年朋友在学习上要踏踏实实的，学习来不得半点的虚假。因为成功需要我们做万全的准备，准备好的人，成功便会不知不觉地来到我们的身边。

青少年朋友，让我们从现在开始，着手做好准备以实现我们的未来吧！

辛勤耕耘才能不断攀登

俗话说："辛勤的耕耘，快乐的收获"。作为一名青少年，只有勤劳的学习，才有快乐的收获。有耕耘就有收获！

勤奋的人才能有所作为，博学多才来源于勤奋忘我的辛勤劳动。只要我们青少年在学习上舍的花一点力气，狠下功夫，就必定能够用辛勤劳动的汗水和智慧，浇开芳香的理想之花，获得真才实学。

辛勤耕耘，才能成长

"勤能补拙是良训，一分辛苦一分才。"只有勤奋、上进，才会取得成长。因此，我们在以后的学习中，都应该勤奋、努力，这样才会取得好的成绩！

一些有成就的人，都是勤奋者，勤奋是成才必要条件。成功要勤劳，也要有卓越的创造力和想象力；勤奋就是要不懈的努力，要进行后天的培养和不断的追求。这样的勤劳方式才能助我们不断向前攀登，创造财富。

勤劳致富的道理，就是勤劳改变了历史，勤劳创造光辉灿烂的人类文明。

辛勤的劳动，无论是农民的锄禾日当午，还是工人在机器旁的穿梭忙碌；无论是医生在手术台前的聚精会神，还是老师在讲台上的娓娓而谈，都是创造，都是奉献，都值得我们青少年致以深深的敬意和不断地学习。

牢记勤奋，远离拖延症

人们常说："书中自有黄金屋"，就是说学习是成功的阶梯，要想获得成长，创造财富，就要通过读书学习创新努力去获得。青少年应杜绝拖延的懒惰心理，辛勤耕耘，不断攀登，自立自强创造人生财富。

许多科学家，在创造的过程中身居恶劣的环境，但通过他们的勤劳和勇于克服困难的精神，终于取得了伟大的成就。

马克思说过："在科学的道路上没有平坦的大道可走，只有不谓艰辛和劳苦在崎岖小路上辛勤攀登的人，才有希望达到光辉的顶点。"他本人为了写《资本论》，就曾经花费了45年的时间。

坚持不懈地勤奋学习，自然是"苦"事，但这又是成长的必由之路。勤奋的人最光荣。青少年要养成勤奋学习的好习惯，努力进取，不断攀登，只有这样才能创造自己的辉煌。

著名作家高尔基说过："天才就是辛勤劳动，人的天赋就像火花，它即可以熄灭，也可以旺盛的燃烧起来，而让它们成为熊熊烈火的方法，那就是辛勤的劳动。"

青少年要想茁壮成长，只有通过勤劳的学习，才可以达到理想的目标。

毅力是成功的必备条件

人生本来就是一趟长途旅行，没有坚韧不拔的毅力，是不可能取得成功的。

毅力是成功的必要品质

世界著名的科学家居里夫人曾经说过："人要有毅力，否则一事无成。"毅力是一种优良的意志品质，指的是一个人做事坚持不懈，持之以恒，遇到困难和挫折不动摇。这是女人成就事业的必备品质。

居里夫人玛丽出生在波兰个贫困家庭，她从小就具有一种面对困难不退缩，坚持到底不动摇的坚强意志。

在巴黎求学时，玛丽租了一间小小的阁楼，那里没有电灯，没有水，没有烤火的煤。每天夜里，她只能到图书馆去看书。

冬天的晚上，她把所有的衣服都穿上睡觉还冻得瑟瑟发抖，她经常一连几个星期只吃面包和水。在这样的环境里，玛丽坚持学习了四年，终于获得了物理学和数学硕士学位。

1895年，玛丽与法国物理学家比埃尔·居里结婚。从此，两人走上了同甘共苦，攀登科学高峰的道路。

当时，他们的生活仍然十分贫困，为了寻找一种能透过不透明物体的射线，只得借了一个旧木棚充当实验室。

实验室里既潮湿又黑暗，下雨天还会漏雨。为了节省开支，他们从很远的地方买来价格便宜的沥青矿渣做原料，靠着几件简陋的设备，开始了繁重的提炼工作。

居里夫人每天穿着布满灰尘和油渍的工作服，把矿渣倒进大锅里烧，用一根一人高的木棍不停地搅拌，还要经常将20多千克重的容器搬来搬去。

提炼工作经历了无数次的失败，但她没有被困难所吓倒。

整整坚持了四年，终于从好几吨的矿渣里提炼出十分之一克镭的化合物氯化镭，它具有极大的放射性。这一发现轰动了全世界。

1903年，居里夫人和她的丈夫双双获得了诺贝尔奖。

正当居里夫人一家的工作、生活条件有所改善时，不幸的事发生了，1906年4月19日，比埃尔·居里死于一场车祸。

居里夫人失去了亲爱的丈夫和最好的导师，她悲痛极了。但她没有消沉，而是挺起胸膛，继续进行科学研究。

1910年，居里夫人提炼出1克纯镭。她将这一克镭捐献给法国镭学研究院，用于治疗癌症病人。1911年，居里夫人再次获得诺贝尔奖。

居里夫人就是这样以顽强的毅力，克服了重重困难，坚持科学研究几十年，终于发现了放射性元素镭和钋，成为世界著名的科学家。

人生的道路不是一帆风顺的，任何目标的实现都不能一蹴而就，需要人们执著地追求和坚韧不拔的毅力。一个人在成功之前，也许会遭遇到很多挫折，甚至遭遇某种程度的失败。当失败和挫折重重打击一个人时，最简单的方法就是放手不干，大多数人都是这样想的。而作为有志的人，更应该从小培养自己的毅力。

毅力是成功的关键

在化渴望为成功的过程中，坚韧不拔的毅力会起关键作用，是对意志力的一种严峻考验。

意志力若与渴望结合得当，便是一对无可匹敌的绝配，那些取得成功的人，他们所有的一切便是意志力，他们把意志力和坚忍不拔结合起来，作为渴望的后盾，才能确保自己达成目的。

逆境的改变往往产生于再坚持一下的努力之中。生活中，我们常常会遇到各种危险情景，却又无能为力，唯一的办法就是咬紧牙关扛过去，相信一切都会好起来。

恒心和毅力是一种心智状态，是可以培养训练的。培养恒心和毅力有四个简易的步骤。这些步骤不需用大量的智慧，也不必有什么特殊教育的背景，只要用一点点意志力，下一点点的功夫就会成功。这些步骤是：

用灼热的渴望支持自己实现确切的既定目标；以连贯行动执行确定的计划；不让负面情绪影响你的心；和鼓励自己执行计划追随目标的人，建立友好的盟友关系。

别让外在力量影响了你，即使你必须面对来自他人的不解与嘲笑，也不要放弃自己的目标。凭着顽强的意志力一步步向前，你终会到达成功的巅峰。

勤奋是通向成功的大门

世界上哪里有所谓的天才？正所谓"天道酬勤，不劳何获？"哪里有超乎常人的精力与工作能力，哪里就有天才。不勤奋，无所得。

天才就是勤奋

人的天赋就像火花，它可以熄灭，也可以燃烧起来，而逼它燃烧成熊熊大火的方法只有一个，就是勤奋，再勤奋。

亚历山大·汉密尔顿曾经说过这么一句话："有时候人们觉得我的成功是因为天赋，但据我所知，所谓的天赋不过就是努力工作而已。"有道是："业精于勤荒于嬉"，如果过于"嬉"就会荒废学业。

从前，有个人从少年时就很贪玩，家里人劝他学习，他总是说就今天玩一回，明天再学，就这样，明日复明日，青春虚度，迈入老年，终至一事无成。

他后悔莫及，写了一首诗："镜里但见鬓如银，虚度闲掷七十春。只因常立明天志，一生事业付儿孙。"这个便是少年时期不懂得抓紧时间而

"老大徒伤悲"的很好例证。

勤奋可以让一个人的学业和事业有所成就，而嬉玩则会使学业和事业遭到失败。大凡有作为的人，无一不与勤奋有着难解难分的缘分。

勤奋能塑造伟人，也能创造一个最好的自己。我们从古今中外卓越的伟人身上，都可以找到某些成功的偶然性。

凡是能创造最好的自己的人，他们的努力虽然各有不同，但他们勤而不怠却是相同的。一个人如果能够勤学习、勤积累、勤思考、勤质疑……必定能够达到析疑释惑、豁然开朗的境界。

拖延让你一事无成

"拖延"是一个极具诱惑力的怪物，每个人的一生当中谁都会与这个怪物相遇。

比如，早上躺在床上不起来，起床后什么事也不想干，能明天的事今天不做，能推给别人的事自己不做，不懂的事自己不想懂，不会做的事自己不想做。

"拖延"可以说是人类最难战胜的一个公敌，许多本来可以做到的事，只因一次又一次的懒惰拖延而错过了成功的机会。

爱迪生说：天才是1%的灵感加上99%的汗水。伟大的成功和辛勤的劳动是成正比的，有一分劳动就有一分收获，日积月累，从少积多，就可以创造奇迹。

由此可见，伟大的成功离我们并不远，当我们又记住一个单词，理解一个公式，背出一篇课文，掌握一个学习方法，我们不是又和成功更近一些了吗？

勤奋助你走向成功

"天才出于勤奋"是一条颠扑不破的真理。我们每一个人都应该用勤劳去弥补自己的笨拙，用汗水浇开那绚丽的成功之花！让我们一起努力，一起付出，一起走向成功，走向这胜利的舞台。

新时代的青少年，之所以要勤奋，是因为我们肩负责任。在许多情况下，责任意味着付出多于回报，责任意味着要放弃一些利益坚持工作，责任更意味着在困难面前百折不挠，责任意味着服从大局。勤奋与责任是密不可分的。

每个青少年都要勇于承担责任，因为在承担责任的同时，你才会积极地寻找解决问题的方法，为你的勤奋提供动力。

有一位记者，在五年的记者生涯中，他领了许多奖杯，但是他一直严格要求自己，他告诉自己领到的不是荣誉而是责任，是党和人民赋予自己的责任，是使命。

他将漂亮的奖杯当做一面面镜子，时刻通过奖杯监督自己，要求自己"懒不得，堕不得"，要勤奋笔耕、一心为民，为守护一个记者的良知而付出自己的一生。

青春期应该是人生中最浪漫、最富有诗意的一段时光，也是友情碰撞爱情最朦胧的时刻了。但自从高考成为决定人一生命运的那一刻开始，青春期便成了一个角斗场。

勤奋

在这个角斗场上虽然没有刀光剑影，但也要挑灯夜战，面对百无聊赖的数字与文字。特别是当大家共同面对这个一分便能决定自身命运的高考的时候，又有几个人敢掉以轻心，去过快乐、自由而富有诗意的生活呢！

在这条独木桥上，有多少人十几年寒窗苦读，甚至将自己的个人爱好也束之高阁，无暇顾及，可以说是一切都为了高考了。

没办法呀，发奋努力是老师的谆谆教诲，孜孜不倦更是家长的苦口婆心，他们都希望我们一步一个脚印，一天一个进步；然后，金榜题名，光耀门楣。

但是，正值人生的花季雨季、青春年少，有谁不爱玩，有谁愿意整天埋头苦学呀。因为一心只顾着学习，你可能失去了很多快乐的时光，也失去了很多朋友。

可是，你如果只顾着肆无忌惮的玩，不学习的话，那你又知道等到最后自己也一定会后悔的，特别是在看到别人都拿着大学录取通知书的时候，自己会很伤心很难过的。

所以，你就在玩与学习之间徘徊、拿捏不定；然后，时间一天天过去了，你学也没有学成，玩也没有玩好，于是，你就更加矛盾了，用一个现今比较流行的词来形容，就是"郁闷"。

其实，你完全不必要有这么多顾虑。该玩的时候就痛痛快快地玩，该学的时候就痛痛快快地学，一张一弛，勤奋有度才是学习的正道。

学习毕竟不同于无拘无束的游戏，成功与否，关键在于是否有良好的学习习惯；快乐也不是无条件的，如果在学习中你不会自我约束、自我控制，这对于你自身的成长也是没有好处的，尤其是处于这段人生的关键时期。

所以，能掌握好玩与学习的度，做到边玩边学习，学习与玩两不误，这对于处于青少年时期的你来说，是非常重要的。

总之，我们应该明白：如果自己的学业不如人，我们首先应该问问自己，是否做到了勤学苦练，是否流下了足够的汗水？只有勤奋起来，才能让自己更出色。

光阴似箭，莫要虚度年华

光阴似箭，不可虚度。珍惜时间就是珍惜生命。

珍惜时间

珍惜时间，就是珍惜生命。每一个人的生命是有限的，属于一个人的时间也是有限的。人生短暂，只有珍惜时间，才能拥有无悔人生。

古往今来，有多少人都在叹息"黄河之水天上来，奔流到海不复回……"时间的流速令人难以估测，无法形容。那么，青少年要想让自己的人生更有意义，就应该珍惜属于自己短暂的时间。

古人有诗写道："三更灯火五更鸡，正是男儿读书时，黑发不知勤学早，白首方悔读书迟。""少壮不努力，老大徒伤悲"等诗句都是告诫我们：人生有限，必须惜时如金，切莫把宝贵的光阴虚掷，要趁青春年少时期多学一点，成就一番事业。

一个人要想在有生之年作点贡献，就必须爱惜时间。珍惜时间，就是爱护自己的生命。"时间如流水，稍纵即逝；生命像激光，一晃而过"。这些都提示着我们青少年应珍惜时间。

放弃时间，时间也会放弃他

著名作家莎士比亚说："放弃时间的人，时间也会放弃他"、这就告诉我们，要想多学知识，不断成长，取得成就，青少年必须要珍惜每分每秒，不可虚度。有作为、有成就的人们，都是因为珍惜时间才得到的结果。

可是，对于青少年来说，还有一部分人不懂得珍惜时间。庸庸碌碌，无所作为。把今天所要干的事放在明天去干，生在黄金岁月，一点也不感到虚度年华而悔恨，也不为碌碌无为而羞耻。

在青少年成长的大道上，要抓住"时间"这匹烈马的缰绳，并把姗姗而来的"未来"扶上马背，扬鞭催马，四蹄生风，争分夺秒地驰骋在我们人生成长的大道上。

要知道，"一寸光阴一寸金，寸金难买寸光阴"。时间对于每个人来说都是平等的，但是在这有限的时间内，因为我们有不同的努力而创造不同的结果。

俗话说："少壮不努力，老大徒伤悲"。从中我们可以领悟到，人生单行道，岁月不留情。青少年必须珍惜时间，不虚度光阴，为自己的人生成长铺上正确的道路。

作为一名青少年，要树立远大的理想，努力学习科学文化知识，无悔自己的青春年华。

要达到这个目的，就应当惜时如金。因为珍惜时间才能学有所成，珍惜生命才能创造出辉煌人生。

活出自我

别让生活耗尽你的美好

冯化志◎编著

民主与建设出版社
· 北京 ·

图书在版编目（CIP）数据

活出自我 / 冯化志编著 . -- 北京 : 民主与建设出
版社 , 2020.4

（活出自我）

ISBN 978-7-5139-2943-1

Ⅰ . ①活… Ⅱ . ①冯… Ⅲ . ①成功心理—通俗读物

Ⅳ . ① B848.4-49

中国版本图书馆 CIP 数据核字 (2020) 第 033534 号

别让生活耗尽你的美好

BIE RANG SHENG HUO HAO JIN NI DE MEI HAO

出 版 人	李声笑
编 著	冯化志
责任编辑	刘树民
封面设计	三石工作室
出版发行	民主与建设出版社有限责任公司
电 话	（010）59417747 59419778
社 址	北京市海淀区西三环中路 10 号望海楼 E 座 7 层
邮 编	100142
印 刷	三河市天润建兴印务有限公司
版 次	2020 年 4 月第 1 版
印 次	2020 年 4 月第 1 次印刷
开 本	850 毫米 ×1168 毫米　1/32
印 张	25
字 数	605 千字
书 号	ISBN 978-7-5139-2943-1
定 价	168.00 元（全五册）

注：如有印、装质量问题，请与出版社联系。

前　言

现代社会，随着物质资料的极大丰富，生活节奏的日益加快，人们的精神需求也变得越来越多样化，越来越任性。每个人都想过自己想过的生活，做自己想做的事。但是，并不是任何人都拥有随意任性的权利。因为，任何的任性，都需要你有与之相匹配的能力。没有能力的任性，只会让自己陷入困境甚至绝境。

我们必须明白一个道理：一个人的能力越大，你所能够享受的权利也会越大，但是也请记住一点，就是你同时要承担的责任也会越大。正如梁启超所说"人生须知负责任的苦处，才能知道尽责任的乐趣"。

是的，任性可以让你过上随心所欲的生活，但是那种生活却只会浪费你的生命，滋生你的懒惰与乖戾的性格，它只会让你沉沦在自我毁灭的道路上，而让你身边的一切慢慢远离你，直至有一天，你会变得一无所有。

当然，并不是所有的任性都是负面的，都是不允许的，毕竟人是有思想的，是会有情绪波动的，总会有需要发泄的时候，而这时稍微任性一下也是未尝不可。比如疯狂的购物，比如来一次说走就

走的旅行等等，但是有一点我们必须明白，这种任性的实现，却是要匹配你现实中的实力的，若是连温饱都解决不了，那么又何谈去任性呢？

所以，如果没有相应的能力去匹配你的任性，最好收起你的脾气，做一个循规蹈矩的人。而如果你想要拥有这份能够适当任性的权利，那么从现在起就开始努力吧！去争取那份能够让你任性的能力。相信你只要肯付出汗水，愿意去为自己的任性买单，就一定会走向成功，赢取一个美好的未来。

为了使年轻朋友的任性能够匹配自己的能力，我们特地编撰了"活出自我"丛书，分别是《别让生活耗尽你的美好》《戒了吧，拖延症》《别在该动脑子的时候动感情》《世界那么大我要去看看》《你的努力终将成就更好的自己》5本。该套书以简明的语言，朴实的道理，详细具体地讲述了该如何去奋斗，如何培养自己多方面能力的方法。相信通过对本书的阅读，一定会让我们的综合能力得到大幅度提升。只有通过淬炼的人生，才会是潇洒的人生；只有付出努力的人生，才能使我们想怎么任性就怎么任性！

目录

第一章
生活模式的心理调适

　　面对苍茫宇宙，我们男人在这短暂的数十载中，有的成为了许多人的仰慕对象，有的创造了令世人瞩目的辉煌，有的改变了这个世界，而有的却默默无闻，一事无成。之所以会造成这种局面，其根源就在于一个心理。

　　良好的心理状态能够让我们表现出良好的行动，不良的心态会让我们表现出糟糕的行为。因此，我们只有适当地调节不好的心理，才能够正确地做出判断和行为，才能使我们保持最佳的心理状态，从而获得幸福的生活。

将焦虑心理调整为镇静

在很多人的心目中，男人都是强者的代名词。然而，我们这些铁打的硬汉却常常被社会压力和家庭责任搞得疲惫不堪，因此焦虑就成了我们重要的心理问题。只有解决好焦虑问题，才能让我们的男人重新找回镇静、坦然、自由和健康的人生。

1. 辩证地看待焦虑与镇静

焦虑是男人的一种情绪，有的人往往对未来可能出现的情况有种种不利的负性猜测，结果造成紧张、不安和恐惧。这种焦虑是暂时的。从某种意义上来讲，人类的生存也有赖于焦虑情绪的存在。我们正常人在面对困难或有危险的任务，预感将有不利的情况或危险发生时，可产生一种没有明确原因的、令人不愉快的紧张焦虑状态，这种焦虑通常并不构成疾病，是一种正常的心理状态。

通常我们过马路时会左右看看，一辆辆汽车从我们面前驶过，我们会产生焦虑紧张的感觉。人行道上的绿灯亮后，我们才从人行道上过马路，焦虑情绪自然就释放出来。如果没有焦虑紧张的感觉，无所谓地过马路，后果是可想而知的。

同样，适当的焦虑情绪也能更好地帮助我们的工作和学习。每年学校中考、高考之前，学生都会产生适度的焦虑情绪，这种焦虑紧张情绪能保持我们的警觉性及应激水平，使我们的潜能得到充分地发挥。我们正常人的焦虑情绪也称现实焦虑，只要未来发生的事情能顺利完成，焦虑就消失了，我们就会重新进入一种坦然镇静的状态之中。

可见焦虑并不是坏事，焦虑往往能够促使我们鼓起力量，去应对即将发生的危机。从这个意义上说，焦虑是一种积极应激的本能。只有当焦虑的程度及持续时间超过一定范围时才成为焦虑症状，这就会妨碍我们应对和处理危机，甚至会妨碍正常的生活。

有焦虑性障碍患者的焦虑往往是一种预期性焦虑，也可以说是一种真正意义的焦虑，一种病态的焦虑。比如失眠，很多人可能都会有这个问题，但是对于焦虑患者来说，失眠的危害会更严重。一般人失眠了，并不会对他的日常生活有太大影响，至少我们不会把失眠看得那么重要，我们能够镇静坦然地应付自己的日常工作，忘记昨天晚上的失眠。

而焦虑患者却不是这样，他不能从自己的失眠思绪中走出，所以在头脑里一直都想着：今晚再睡不着怎么办？这甚至严重影响到我们的日常生活和工作。

我们往往躺在床上后，翻来覆去不能入睡，结果越想越睡不着，时间久了，我们对睡眠也就产生恐惧不安了，如此恶性循环，失眠也就越来越严重了。

如果我们男人患有焦虑情绪障碍，那么就可能无时无刻不在为未发生的事情发愁、苦恼、烦躁，所以就会整天提心吊胆、心慌、呼吸急促、尿频、尿急、搓手顿足、唉声叹气，还会出现手脚心多汗、颤抖等植物神经功能失调现象。

2. 消除焦虑的方法

随着经济的飞速发展，生活节奏的不断加快，心理焦虑造成的心理疲劳不知不觉潜伏在了我们身边。当然它不会一朝一夕就置我们于死地，而是到了一定时间，达到一定的疲劳量，才会引发疾病，所以往往容易被我们忽视。那么，我们怎样才能有效地消除焦虑呢？

（1）寻找滋生原因

焦虑症作为一种病征，只有找到其滋生的根源，才可能对症治疗。躯体疾病或者生物功能障碍虽然不会是引起焦虑症的唯一原因，但是，在某些罕见的情况下，我们的焦虑症状可以由躯体因素而引发，比如甲状腺亢进、肾上腺肿瘤等。我们的认知过程，或者是思维，在焦虑症状的形成中也起着极其重要的作用。研究发现，抑郁症病人在有应激事件发生的情况下，更有可能出现焦虑症。

（2）去除恐惧心理

焦虑的性质是一种心理反应，虽然焦虑时有各种身体症状，但不是我们身体发生了严重疾病，因此不要害怕。我们应充分认识到焦虑症不是器质性疾病，对我们的生命没有直接威胁，因此我们不应有任何精神压力和心理负担。

（3）提高自信心

个性胆怯、自信不足的人往往易产生焦虑，所以，我们要注意心理卫生，提高自信，充分发挥我们的积极因素，要敢于面对现实。我们要树立战胜疾病的信心，应坚信自己所担心的事情是根本不存在的，经过适当治疗，是完全可以治愈的。

（4）学会自我调节

我们要学会调节情绪和自我控制，如心理松弛、转移注意力、排除杂念，以达到顺其自然、泰然处之的境界。我们要学会正确处理各种突发事件，增强心理防御能力。

（5）争取相关支持

在可能的情况下争取家属、同事、组织上的关照、支持，解决好引起焦虑的具体问题。

（6）培养兴趣爱好

培养广泛的兴趣和爱好，使心情豁达开朗。我们要注意积极参加文体活动，包括听音乐、打球、跳舞，这样能迅速减轻焦虑。

（7）勇敢面对

对于我们感到害怕或焦虑的目标采取逃避、拖延等行为，会导致担忧、害怕和焦虑继续存在。勇敢面对，能够帮助我们解决所担心的问题，这是战胜焦虑的最佳方法。

3. 保持镇静的要素

镇静是我们男性失意后的乐观，沮丧时的自我调整。镇静其实就是平淡中的一份自信、一份快乐、一种潇洒。生活里没有旁观者，我们每个人都有一个属于自己的位置，每个人也都能找到一种属于自己的精彩。那么我们男性平时怎样做到镇静呢?

（1）呼吸放松法

我们可以这样做：坐着或躺着，闭上眼睛进行深呼吸，呼吸时速度要慢，将注意力放在身体的感觉上，在呼气时可以想象，这样紧张就会随着呼出的气体离开身体，而吸气的时候就想象有一股能量被我们吸入胸腔，不断地呼吸，不断地感受。

保持一种缓慢均匀的呼吸频率，将空气深吸入肺，然后缓慢地全部呼出来。注意，吸气时应让我们的肺部鼓起来，这表示我们已用肺呼吸，直至我们觉得所有的紧张都被呼出体外为止，而吸进的能量则从我们的胸腔弥漫开来，直到充盈我们的全身。

（2）肌肉松弛法

肌肉松弛法，即通过全身主要肌肉收缩和放松的反复交替训练，使我们体验到紧张和放松的不同感觉，从而更好地认识紧张反应，并能够对身体各个器官的功能起到调整作用，最后达到心身放松的目的。

找一个舒服的坐姿，先做三五次深呼吸，然后迅速地绷紧肌肉，保持5秒钟，然后回到放松状态，重复几次就可以了。

（3）音乐放松法

我们男人在疲劳时，可以放一些比较轻快的音乐，切不可放悲伤哀愁的歌曲，这样会让我们的情绪更加低落。信心不足时，可放《我的未来不是梦》《从头再来》《阳光总在风雨后》《真心英雄》等励志歌曲来激励自己。

（4）冥想放松法

通过一些广阔、宁静、舒缓的画面或场景的想象来达到放松身心的目的。我们可以回想一些曾经欣赏过的优美风景，例如日出、晚霞、蓝天、大海、森林等广阔、宁静、优美的景象，达到放松身心的目的。

（5）运动放松法

我们男人学习疲劳时可放下书本，稍稍活动一下，如散步20分钟，小跑一会儿，做一些摇摆、踢腿等运动都会使紧张的情绪消失。

（6）合理宣泄法

有时可以把我们的焦虑倾吐给好友或父母，也可以写在日记本上，但千万不要闷在心里。

（7）心理暗示法

我们可以给自己一些肯定的、正面的暗示，如："我已经准备好了""我有自信""我很轻松""我对自己特别有信心""我知道我能通过这次考试""我会成功的"等这些励志的话语来振奋精神，增强信心。

把抑郁情绪改变为开朗

抑郁是一种特殊的心境，是一种常见的消极情绪反应，它是低沉、灰暗的情感基调，轻度抑郁表现为烦闷、消沉、郁郁寡欢、状态不佳、心烦意乱、苦恼、忧伤到悲观、绝望，严重时会产生自杀的念头或行动。所以必须注重调适。我们男性既有获得自我空间的需要，又有交流沟通的渴望。在这种情况下，我们最好设法让自己由抑郁变得开朗，唯有如此，我们才能走得更远，也才能生活得舒心而快乐。

1. 辩证地看待抑郁与开朗

所谓抑郁症，简单地说，就是情绪低落，一整天高兴不起来，时间持续两个星期以上。这种症状的形成跟当事人的个性特点有关，往往责任与焦虑成正比，责任心强、做事认真、好强的男人更易患抑郁症。

一般来说，抑郁症发病前有一定的精神诱因，如家庭矛盾、经济纠纷、夫妻不睦、子女不孝、身患重疾等，尤其是忽然进入一个新的环境，社会圈子缩小，心理有障碍和落差，如不及时进行心理调节，就很容易患抑郁症。

如何判断我们男人是否患了抑郁症，可以从下面一些典型症状进行判断，如出现厌倦、心情烦躁、注意力涣散、思维迟钝等疲劳症状，那就表明我们可能已经接近抑郁症了。

如果再加上我们情绪抑郁，有诱因及无诱因的情绪低沉、郁郁寡欢，对自己的前途悲观失望，对自己微不足道的过错加以夸大，认为犯了弥天大罪，兴趣索然，甚至出现消极观念及轻生行为，那么毫无疑问，我们正在遭受抑郁症的折磨。

此外，抑郁症患者还表现为言语减少、行动减少、睡眠差、焦虑及各种疑病症状。

为什么会得抑郁症呢？医学专家认为主要的原因是我们脑神经功能发生了异常，此外，快节奏的社会生活产生的压力、生活中的困难和不如意事情也是促发因素。

在抑郁症的治疗方面，医学专家认为，一般是心理治疗为本，药物治疗为标，一定要接受心理治疗，必要时服药治疗。

抑郁是可以治愈的心理疾患，如果我们已经出现一些症状，请不要害怕。相信经过有效的治疗，再加上家人和朋友的细心照料与精神慰藉，我们会最终走出抑郁的阴影，以更加积极健康的心态投身到自己的生活工作中去。

2. 消除抑郁的方法

抑郁症对我们个人生活、家庭、事业以及社会都会产生一些负面影响，因此，我们应该像对待糖尿病、冠心病一样认真对待这种高发病率的疾病。那么我们平时该如何注意呢？

（1）认清抑郁

多数男性抑郁患者其抑郁是因躯体疾病而产生的，如各种癌症、脑血管意外、高血压、冠心病、糖尿病、类风湿性关节炎等疾病。也有少数男性患者抑郁是发生在躯体疾病之前，即生活事件的应激，如亲人病故、心理受挫折、工作压力太大等。抑郁是我们的一种身心疾病，而不是人的一种缺点或性格缺陷，通过自我心理调节、心理治疗及适当的抗抑郁药物的治疗，抑郁大多能康复。

（2）拥抱自信

我们男人若在生活中偶尔抑郁，不必过分忧虑，要相信自己的身体自然会调节适应。人的身心弹性甚大，偶尔抑郁之后，自然就会消失。即使我们已经患上了抑郁症，也不必过分担心，因为抑郁症是可治之症，临床医学证明，85%的患者可以经过治疗得到缓解，经过6～8周药物治疗后，绝大部分的患者可痊愈或接近痊愈。

（3）停药治疗

有些抑郁症是由药源性引起的，因此一定要找到我们致病的原因，如果是由于服用某种药物引起，那就应该立即停药。

（4）自我调适法

我们大多数男人都会有情绪低落的时候，随着时间的推移和自我调适，这种情绪很快会消失。

但是如果这种低落情绪长时间挥之不去，并已妨碍了我们的注意力、记忆、思考、抉择等心理功能，或者上学、上班、家务、社交等活动的话，那我们就应该重视了。

心境抑郁主要是由我们的心情决定的，心病还得心药医、解铃还须系铃人。所以自己心理调适是最重要的。

3. 保持开朗

我们男人每天生活在纷扰、烦杂的世间，往往会遇到一些不尽如人意的人和事。面对这样的环境，我们不能在自己抑郁后才想着去如何克服，重要的是时刻保持心情开朗，这样就避免了抑郁，促进了我们身心的健康。那么如何才能让我们时刻保持开朗的心境呢?

（1）善于控制情绪

我们要调整自己的心态，以平和的心境，沉着而坚定地去面对碰到的种种难题，一步一步向前迈进。心态开朗了，健康了，自然就活得轻松和踏实。

今天克服不了的难关，也许明天就能解决。男人们应该抱着这样的希望，坚韧而严肃地生活。如果碰上一丁点挫折，就整日整夜忧心忡忡，唉声叹气，甚至失去面对的勇气，失去对未来的希望，这只会让生命不断地萎缩与枯槁下去!

（2）坦然面对得失

学会从容地去应对突发事件，时时保持开朗健康的心态，诚恳地反思自己，善良地对待别人，踏踏实实地做些有益的事情，这才是对人生应有的态度。保持开朗健康的心态，会使你更加充满活力，也会使你的生活变得更加欢乐和安宁。

（3）良好的生活规律

避免抑郁的最有效方法，是使我们男人的生活起居规律化，养成按时入寝与按时起床的习惯，从而建立自己的生理时钟。有时因事而晚睡，早晨仍然按时起床;遇有周末假期，避免多睡懒觉;睡眠不能贮储，睡多了也无用。

（4）睡前放松

睡前半小时内我们要避免过分劳心或劳力的工作。即使明天要参加考试等，也绝不带着思考中的难题上床。临睡前听听轻音乐，有助于睡眠。

（5）乐于助人

在现实生活中，不是每个男人都能一帆风顺的，在有能力帮助别人的时候，一定要竭尽全力地帮助别人，这样你以后的路就会越走越宽，这也是拥有一个好心情的方法之一。

（6）学会让步

俗话说："忍一时风平浪静，退一步海阔天空。"在适当的时候我们男人要善于做出让步，以免自己的心理压力太大或者是平添烦恼给自己的生活带来很多不愉快。

（7）恰当发泄情绪

我们每个男人都不可能是没有情绪的，在这个时候，除了要冷静之外，还要为这些情绪找一个安全恰当的发泄方式，比如说去跑步，或者是把它转换为一种工作的动力，切忌借酒浇愁。

（8）正面思考

很多人总是在一件事情发生以后，最先看到这件事情不好的方面，而往往忽视了好的方面，古语说，"祸福相伴"，我们要多看到事物好的一面。

将内心空虚转化为充实

心理空虚是由于我们男人不思追求、无所事事造成的。

因为不思追求，所以人生就缺乏奋斗目标，就不会有拼搏的乐趣和成功的欢愉。因此，我们要让自己充实起来，让自己的生活更加丰富多彩。

1. 辩证地看待空虚与充实

心理空虚是一种社会普遍的心理现象，当一个社会失去精神支柱或社会价值多元化导致人们无所适从时，我们就容易产生空虚的心态。

空虚通常发生在这样两种情景之中，一种是我们的物质条件十分优越，胸无大志，无须为生活烦恼和忙碌，习惯并满足于享受，看不到也不愿看到人生的真实意义，没有也不想有积极的生活目的。

另一种是我们心比天高，对别人向往的目标不屑追求，而我们自己向往的目标又无法达到而难以追求，结果是心灵虚无空荡，精神无从着落。

精神空虚的男人什么事都不想做，一旦懒惰下去，精神就会更加空虚萎靡，身体也会跟着出现很多症状。

于是，为了摆脱这种心理上的饥饿，我们就有可能因寻求刺激而去抽烟、喝酒、赌博，甚至闹事，以此来打发时间。个别的还会走上偷盗等犯罪的道路。因此，摆脱精神空虚必须根据自己的实际情况，采取相应措施。

生活是不是过很充实，这应该是取决于我们自己，为了充实就让自己不停地忙碌，没有时间去想别的事情，这并不是长久之计，也许这在一段时间内你感觉充实了，但同时也会带来其他的烦恼。

我们之所以想过得充实，一方面也许是你想让自己的生活过得更有意义，一方面也许是你不想让自己去想一些不开心事情，但不管怎么样，这些都取决于你，无论从哪个角度讲，劳与逸相结合才是科学的，而且时间也是最好的药方。

其实生活是丰富的、是多彩的，就看自己是怎么看，很多时候，很多东西是要辩证地去看，打起精神，勇敢面对生活，生活就充实了。

2. 消除空虚的方法

空虚是指百无聊赖，寂寞孤单，事与愿违的消极心态，是心理不充实的表现。

当人长期生活在空虚状态中，就会产生抑郁病、忧郁症、孤独症等病态。那么如果我们正在遭遇精神空虚，我们该怎么办呢？

（1）拥有良好的志向

有志向，才会有追求。当然，我们的志向要与自身的实际水平和能力相适应，志向太低了无须努力，也不会去努力；志向太高了难以奋斗，也无从奋斗，到头来仍然是没有努力和奋斗。

（2）善于调整目标

在充实自己的过程中，要适当地调整计划。如果你觉得干点别的事情比这件事情更有效于自我充实，那么请不要犹豫，立即修改计划。比如说，也许你会觉得多读一点有关精神方面的书籍比自我反省有用多了，那么你就可以把每天的计划从自我反省改为书籍阅读。另一方面，如果你觉得它们两者都有存在的必要，那么你可以把两者都编入计划，做计划的原则是越少越好。

还有一种可能就是增加工作的强度，使自己更上一个台阶。比如说，作为男人可以把每天半个小时的体育锻炼改为每天一个小时。通过这种方式，我们就可以确保自己每天都在丰富自己的生活。虽然我们有时会经常忘记自己每天的计划任务，但是我们还是会在某段时间里做出计划任务，而且很高兴看到通过这样的方法使我们的生活变得和谐、充实、丰富，成功克服空虚的心理。

（3）获得朋友的支持

当我们男人失意或徘徊的时候，特别需要有人给予力量和支持，予以理解，只有在获得很多人支持时，我们才不会感到空虚和寂寞。

（4）懂得适时放下

当某一种目标难以实现、受到阻碍时，我们不妨暂时放下，培养一下自己的业余爱好，使困扰的心平静下来。

当有了新乐趣后，就会产生新的追求，有了新的追求就会逐渐完成生活内容的调整，并从空虚状态中解脱出来，去迎接丰富多彩的生活。

（5）果断行动

要摆脱精神空虚就必须行动起来，虽然一开始会很难，不过我们可以慢慢来，做什么都没关系，可以从自己喜欢的和不得不做的事开始，比如听音乐、跳舞等。

这样，日子就会充实起来，虽然有时会觉得累，但日子充实，精神也会跟着充实起来，自然摆脱精神空虚了。

（6）改变懒散的习性

因为懒散，就不想有所追求，就会无所事事或不愿做事，就会胡思乱想，或者设法寻求消极的刺激，结果就会慢慢变得空虚起来。

因此，我们男人只有在生活中克服自己懒散的习性，逐渐养成勤劳的习惯，在劳作中忘却不必要的烦恼，消除不切实际的幻想，从中获得乐趣，才能克服自己的空虚心理。

3. 保持充实的方法

生活的充实要求我们男人充实地生活，而充实自己就是充实生活的方式。我们要适时改变，要有好的控制力，充实自己，充实生活。我们该如何才能让自己充实起来呢？

（1）确立目标

要有充实的生活，首先要给自己的生活定下目标计划，有理想有目标才会有动力，然后再有计划地一步步去实现它。围绕丰富物质生活与精神生活、进行体育锻炼及社会交往这四个方面去制订自己的计划。由此，我们的物质生活、精神生活、身体状况、社交能力都会达到一个较高的水平，我们的生活自然就丰富、充实了。

给自己定的目标要现实，首先要从小事做起，勉励自己努力去完成，然后一步步去计划大一点的目标。

比如说每天坚持早起，那么一定要克服睡懒觉的习惯，提醒自己早起对身体有益。那么你坚持下来后就会觉得小有成就，这样会给你下一个目标带来更多的动力。

（2）把握机会

每一天都是一个好机会，如何充分利用好每一个机会则完全取决于我们自己。每天必须确定一些必须要做的事情。简而言之，就每一个方面而言，挑选一至两个每天必做的工作。

（3）记录生活

在制定好各方面的各项任务之后，你所需要做的就是确保完成所有任务。所以我们的每一项任务都应该记录下来，这样你就可以知道自己是否完成任务了。

我们可以用一个笔记本、一份电子表格或者其他任何你需要的工具，记下你每一天完成的任务，并方便查看进度。这样一来，我们就很容易发现哪一方面的任务是自己经常忘记的，然后付出更多的努力去完成。

（4）善于阅读

读书是填补空虚的良方。读书能使我们从狭窄的经验天地奔向无限浩瀚的知识海洋，从中获得智慧、吸取力量，从而情绪高涨、精神饱满，使空虚的心灵不断得到充实。读书可使我们解脱，读书越多，知识越丰富，生活也就越充实。

（5）勤奋工作

劳动是让我们摆脱空虚极好的措施。当我们集中精力、全身心地投入工作时，就会忘却空虚带来的痛苦与烦恼，并从工作中看到自身的社会价值，使人生充满希望。

（6）与人交往

与人交往能在相互启示、相互激励、相互帮助中让我们自己受到心灵的感染，使心灵充实。

当然我们交际的对象应该是有志向的，这样的人能对自己产生良性影响。如果我们交际的对象也是心理空虚的人，这样就只能使自己更加空虚，甚至造成不良的后果。

消除身心的疲劳与负累

当今社会，随着竞争的日渐激烈，我们的工作和生活节奏不断加快，工作和生活的无形压力也会悄然背负在心头。平时我们如不注意调整自己的心态，就会很容易产生身心疲劳感，即人们常说的活得太累。我们该如何面对这种情况呢？

1. 正确地看待"累"

有些人活得累，主要是因为上了欲望这艘"贼船"而又无法到达彼岸，因为我们心里无时不充斥着金钱欲、权欲等，而唯独忽略了一种叫快乐的东西，所以我们就活得累。

我们在童年无忧无虑，是因为没有束缚，没有压力。上学后便开始感受到压力了，成绩就是一把无形的剑，悬挂在头上。以后，便是上大学找工作人生转折点的巨大压力了。最后我们终于成家立业，又要为养儿育女、为一日三餐奔波。

如果你是个有责任心的人，活在世上，不管你是贫穷的还是富裕的，也不管你是一介布衣还是一方诸侯，都会有烦恼，有解不开的结，都会感到活得累。

我们的心理疲劳是一种带有主观体验性质的疲劳，并不完全是客观的心理指标的反映。

人们可能都有这样的体会，某天心情不好，上班时又被许多麻烦事搅得心烦意乱，做事没规则，东一下，西一下，什么事也办不成，一天下来，可能早已疲惫不堪。

而另外某天，我们心情很好，工作中也诸事顺心，干事情总是顺理成章，尽管忙得连饭都顾不上吃，但仍觉轻松愉快，毫无疲倦之感。这就清楚地表明了，我们的疲劳与情绪之间有着密切的内在联系。

我们太多的人将自己全部地交给了疲于奔命的人生之旅，心灵交给了那个不堪的工作，时时刻刻做着生存的奴隶，所以才会长时间挣扎焦虑。我们花太多的时间来权衡自己的位置、车子、孩子，权衡我们过得不比别人的幸福。所以就有了自己的不快乐，也就有了自己的身心之累。

2. 认识活得累的原因

现在社会上普遍存在的一种现象，人人都说自己活得太累，到底是什么原因让人们活得累呢？我们一起来探讨一下吧！

（1）神经累

我们大家都为了上班而上班，一天8小时的工作已经心力交瘁，还要面对社会上的各种压力。特别是一些社会窗口单位更要受到全社会各阶层的监督，例如教师，可能就会感到来自学生、家长、学校、社会的各种压力。

在压力下，我们的大脑皮层始终处于高度紧张状态，生怕一不小心触犯了哪条规章制度丢了工作。

（2）身体累

我们大多数年轻人没有多少资产，要想过上富裕生活就必须自己努力奋斗一番。于是一些人干完了第一职业又去找第二、第三职业，好像他浑身上下有使不完的劲，可到头来却累倒了，因为我们忘记了身体才是奋斗的本钱。

想一想，如果我们本钱都没了还怎么做生意？这种"今天拼命挣钱，明天花钱买命"的错误想法是不科学的，也是造成人们觉着活得累的重要原因之一。

（3）活得累

我们人的一生就如同一段劳累的旅行，累的根源在于难以满足的人的欲望。我们之所以感觉累，是因为我们的生活掺入了过多的攀比、虚荣、贪婪等外在因素。

朋友，放下该放下的吧！毕竟我们的双肩不能承担过重的压力。心底无私天地宽，放下心中的包袱轻装上阵，面对生活，一切都会好起来的，我们的明天会更美好！

3. 活得不累的方法

疲倦是我们人体对外界压力的自然反应，是健康状态已处在警戒线的信号，机体已经用红灯在警告我们了。例如，情绪紧张焦虑可导致我们出汗、心悸、呼吸急促，情感打击会使我们沮丧，劳心的工作会使人感到精疲力竭。这些不良情绪还会引起内分泌失调、中枢神经系统功能紊乱、能量过度耗损，以致使人无法正常地工作和生活。我们该如何解决这个问题呢？

（1）树立新观念

我们要学会树立人际关系的新观念，不要抱着传统的关系学不放。要记住，我们是新时代的人，我们要有自己的生活。

（2）保持乐观

遇到困难与挫折时，我们要尽量克服悲观失望的消极情绪，保持在逆境中生存的乐观情绪。

（3）转移注意力

不要对我们自己的内心感受太过敏感。例如，患有社交恐惧症的人，对自己与陌生人交往时出现的紧张、心跳、脸红、出汗等症状特别敏感，一到社交场合就拼命控制自己，生怕别人看出自己的窘态，结果把自己原本要谈的内容忘得一干二净。

（4）培养业余爱好

我们要多参加户外活动，不要一天到晚老想着自己的症状。许多神经症患者以前业余爱好很多，患病后整日愁眉不展，根本无心参加任何活动，这样更会造成恶性循环。

我们应该强迫自己参加一些文体活动，运动能使大脑产生抗抑郁的物质。

（5）增强自信

不以别人的评价作为我们自我评判的标准。有些人特别在意别人怎么看待自己，结果行动起来畏首畏尾，把自己搞得很紧张，总好像为别人活着似的。

例如，有的人害怕别人发现自己因紧张而脸红，其实，别人更注意你对他说什么，而不是脸色，再说，你又不是演员，目的是与人交往，而不是表演，所以，即使脸红也不要在乎。这样想开了，做起来也会轻松一些。

（6）知足常乐

如果你对自己要求过高，总不知足，当然很难感到愉快。人在许多时候都需要自我激励，对自己肯定一下。必要的自我满足是人生进步的基础。

当然，有些人觉得调整性格说起来容易，做到很难，毕竟江山易改，本性难移，这时就需要求助心理医生了。

坚决根除赌博的恶习

赌博是指用钱物做赌注以比输赢的一种不正当的娱乐活动。沉迷于赌博的人，极容易惹上债务。债台高筑，负债累累，不仅破坏人际关系，还会破坏家庭，严重的甚至导致违法犯罪行为，后果是不堪设想的。

1. 关于赌博心理的分析

赌博成瘾，特别是心理成瘾，是一些男人堕落的重要原因。这种对赌博活动的渴求，既是我们一种强烈的内心活动，也是一种慢性病态，它强烈地驱使参赌者对赌博产生的强烈渴求感，反复从事赌博活动。特别是网络赌博更容易让人沉迷其中，那么，赌博的人是怎样一步步地陷入赌博的泥淖呢？

（1）好奇心

所有赌徒最初对赌博大多是凑热闹式的围观，在观望中使自己的好奇心和寻求刺激的欲望得到满足。

随着他对赌博规则的熟悉，加上对自己的能力和运气的自信，逐渐滋生出跃跃欲试、亲自体验的冲动，在别人的怂恿和"凑角儿"的召唤下，便半推半就地参与其中，迈出了赌博的第一步。虽然我们所有走了第一步的人不一定都会成为赌徒，但所有赌徒都是从第一步开始的。要避免成为赌徒，关键在于把握自己不开戒，不要参与。

（2）贪念钱财

赌博与钱和利是分不开的，一些男人抱着想赢钱、多赢钱的心态参赌。一旦赌赢了，参赌者在贪婪欲望支配下收手的情况不多，多数是恋战，以致越赌劲越大。

（3）赌输翻本

参赌者如果赌输了，是决不会甘心的，在侥幸取胜心理的支配下，一意孤行地想翻本。翻本如果成功了，多数参赌者此时会想："现在运气好，何不乘机大捞一把？"于是由翻本挽回损失变成贪财，想赢和想多赢。如果失败了，他们随着理智感和自控力再次被削弱，不顾一切地想继续翻本，如此恶性循环，最终走向深渊，难以自拔。

（4）赌瘾发作

当赌博给我们自己、家人带来莫大痛苦、伤害和羞辱时，当面临人们善意的规劝和有力的帮教时，有的参赌者也会表现出真诚的悔恨，责任感和良知得到一定程度的恢复，因而痛下决心戒赌。但是如果这时得不到家人朋友的有力支持，或者自我内心不能克制，会在绝望之余放纵自己，破罐子破摔，加速堕落的步伐。赌瘾如同毒瘾一样，戒了之后，再次参赌，则瘾更大，会陷得更深。

（5）理智丧失

在赌瘾和贪婪欲望的驱使下，参赌者理智丧失殆尽，自控力严重削弱，有的甚至人性全无，不顾一切地在赌场上搏杀，完全到了不能自拔、不可救药的境地。

2. 认清赌博的危害

有的男人认为，赌博只是一种娱乐而已，大多数人都可以享受赌博的乐趣，不会出什么问题。这种认识是极其错误的。赌博有哪些重要的危害呢？

（1）伤性命

赌博成瘾的一些男人往往不分昼夜，不顾饥寒，不断消耗，疲惫精神。长此以往，控制不住而呈病态赌博，必定会损害我们的健康，甚至自杀、杀人。

赌博时高度紧张，赢钱了就会强烈兴奋、情绪激动，输钱了就会心烦意乱、脾气粗暴，情绪反差极大。长此以往会引起神经系统和心脑血管系统疾病，也容易诱发脑出血和心脏骤停而危及生命。

（2）生贪欲

赌博容易使人产生贪欲，也会使人的人生观、价值观发生扭曲，使人妄想不劳而获。

（3）离骨肉

赌博让人忘记了勤奋工作，忘记了父母妻子互相疼爱，失去了天伦之乐，变成了苦海，只顾自己的豪爽，不顾家人的怨气，致使骨肉分离、妻离子散。

特别是赌博为各种刑事犯罪活动提供了温床，常常是赢了钱，就要腐化、堕落；输了钱，就要打架斗殴、偷窃、诈骗、贪污。这样使家庭不和以致夫妻离婚，家庭破裂。

（4）坏心术

一旦赌博，心中千方百计地在想要赢对方的钱财，虽然是至亲至朋对局赌博，也必定暗下戈矛，如同仇敌，只顾自己赢钱，哪管他人破产。

（5）丧品行

在赌场之中，人变得只是问钱少钱多，易产生好逸恶劳、尔虞我诈、投机侥幸等不良的心理品质。

（6）费资财

开始赌博时，气势豪壮，挥金如土，面不改色，到后来输多了因而情急，就把家庭财产甚至集体财产、国家财产作为赌注，必然害人害己。

（7）耗时间

赌博会浪费大量的时间，有的通宵达旦，以至于严重影响学习、工作、生活，玩物丧志。

（8）毁前程

法律禁止赌博，赌博违反法律法规。违法会受处罚，也将毁掉我们的前程。总之，赌博恶习的存在，是犯罪现象的又一诱因。我们每一个人都应自觉地抵制赌博。

3. 戒除赌博的方法

赌博是我们一些男人的一种习惯性行为，戒赌并不容易，但如果你有坚定的意志，则可以克服赌博。我们平时该如何对自己的赌博心理进行自我控制呢？

（1）自我克制

首先我们要避免出席任何赌博场合，努力打消赌博的念头。

（2）制定限额

如果我们实在不能克制，那就定一个限额，无论你正在赢钱或输钱，只要赌款达到所定的限额，便立即停止赌博。

（3）不在手里留钱

我们要严格控制自己现金的流转，限制现金的供应，如制定从银行提款的限额，对手头的现金进行适当分配，不留下过多的钱进行赌博活动。

（4）时时自省

我们出现赌博欲望的时候，要及时提醒自己，并把可能出现的后果写出来，时刻警示自己。

（5）转移疗法

我们尽量让自己有事可做、心中有期盼，忙个不停，不至于无所事事只想赌博。

（6）示疗法

我们可以效仿古人"头悬梁、锥刺股"，在家里处处贴满"戒赌"字画，时时警醒自己。

（7）学会释放

控制精神压力、定时做运动，学习松弛的技巧，或进行休闲活动，听听音乐、与朋友聊天，可以借此驱走我们心中的闷气，舒缓紧张的情绪。

（8）记录心理

养成记录的习惯，写日记可助你了解自己的赌博行为，找出赌博的倾向和模式进行反省。例如，你可能发现，每当你感到苦闷或失落、手上持有现金，或当你需要用钱时，便会赌博。这些记录可以帮助你找山抑制赌博的有效方法。

（9）向人倾诉

倘若你想找人倾谈你的赌博问题，但又不习惯面对面或不愿向你认识的人倾诉，你可以通过电话，向心理医生和社会学家倾诉你的感受，或商讨赌博问题。

我们现在好好想一想，自己是否已成为病态赌徒，如果我们不能确定，那不妨问自己以下10个问题，相信你很快就会知道自己现在的心理状态了！

坚决避免沾染毒品

毒品是鸦片、海洛因、大麻和可卡因等能使人形成癖瘾的麻醉药品和精神药品，不包括烟草、酒类、安定类、安眠药及其他兴奋剂、止痛剂中的成瘾物质。

毒品是诱发犯罪的因素之一。为了我们的生活，为了社会的安定，我们务必要珍爱生活，远离毒品。

1. 了解吸毒的原因

毒品危害如此之烈，为什么很多男人还会吸食呢？吸毒的原因是复杂的、多种多样的，有社会的原因，自身的原因，也有生理的、心理的等诸多原因。具体来说，究竟有哪些原因呢？

（1）好奇心理驱使

吸毒的原因中，"体会感觉""抽着玩玩""试一试""尝新鲜"等念头占了第一位。特别是我们青少年好奇心重，缺乏必要的文化科学知识和辨别是非的能力，当听说吸毒后其乐无穷便想试一试，从而一发不可收拾，被毒魔死死缠住不能自拔。

（2）个人交友不慎

交友在我们的人生道路上有着非常重要的作用。交上一个好的朋友，可以对我们的工作和生活产生良好的影响；交上一个坏朋友，可能会影响我们的前途，使自己一生黯淡无光。我们很多人就是因为交友不慎而走上吸毒歧途的。

（3）精神空虚所致

我们每一个人都会受到许多外在因素的影响，特别是我们青少年最易受外界影响，一旦遇到生活困难、人际冲突、升学受挫等挫折，就会灰心丧气、精神颓废、心灵空虚。为了填补空虚的心灵，便去寻找各种刺激，而毒品就是一种可以在短暂时间内给人以强刺激的物品，因此，人在精神空虚时往往会染上毒品，试图在毒品中寻找安慰，忘却烦恼。

（4）寻找刺激

许多人认为吸毒时髦、气派、富有，特别是一些先富起来的个体老板，认为该享受的全体验过了，抽一口，不枉来一世。可这一抽上，富有很快变成贫穷，百万富翁沦为乞丐的数不胜数。

（5）被欺骗

不少吸毒者是在毫不知情的情况下被欺骗吸毒，吸几次后便无法自拔。不少毒贩为扩大毒网，经常利用我们青年学生的无知多方引诱。

2. 毒瘾的危害

吸毒一旦成瘾，会对我们的身心带来极大的伤害，进而还会触犯法律，危害家庭、社会。具体来说，吸毒有哪些危害呢？

（1）生理依赖性

毒品作用于我们人体，使人体体能产生适应性改变，形成在药物作用下的新的平衡状态。一旦停掉药物，生理功能就会发生紊乱，出现一系列严重反应，使人感到非常痛苦。

（2）精神依赖性

毒品进入我们人体后作用于人的神经系统，使吸毒者出现一种渴求用药的强烈欲望，驱使吸毒者不顾一切地寻求和使用毒品。我们一旦出现精神依赖后，即使经过脱毒治疗，在急性期戒断反应基本控制后，要完全康复原有生理机能往往需要数月甚至数年时间。

（3）危害人体

在我们正常人的脑内和体内一些器官，存在着内源性阿片肽和阿片受体。在正常情况下，内源性阿片肽作用于阿片受体，调节着人的情绪和行为。

人在吸食海洛因后，抑制了内源性阿片肽的生成，逐渐形成在海洛因作用下的平衡状态，一旦停用就会出现不安、焦虑、忽冷忽热、起鸡皮疙瘩、流泪、流涕、出汗、恶心、呕吐、腹痛、腹泻等。

冰毒和摇头丸等毒品在药理作用上属中枢兴奋药，会毁坏人的神经中枢。

（4）危害家庭

男人一旦开始吸毒，家便不再为家了。吸毒者在自我毁灭的同时，也会破坏自己的家庭，使家庭陷入经济破产、亲属离散，甚至家破人亡的境地。

（5）危害社会

吸毒者首先导致自己身体疾病，影响工作，其次造成社会财富的巨大损失和浪费。总之，吸毒害人害己，远离毒品，保护人类是我们每一个人的责任。

3. 戒掉毒瘾的方法

吸毒人员既是违法者又是受害者。矫正吸毒人员的自卑心理要坚持"尊重、理解、关心"的原则，因人而异、对症下药，把心理疏导和培养自信有机地结合起来，注重自我、注重点滴，循序渐进地使吸毒人员从自卑心理阴影中走出来。

（1）认清毒瘾

我们一定要深深懂得吸毒摧残身心，危害社会、家庭，害人害己。我们一定要知道毒瘾难戒，要在思想上有充分的心理准备，要消除戒不了的悲观想法，对戒毒应持务实的态度。既不要过于乐观又不要一味自卑而对戒毒悲观失望。

（2）自我激励

如果我们在戒毒过程中有了积极表现，哪怕是十分细微的进步，都要激励一下自己，比如我们可以在自己的日记本上给自己画一面小红旗，写上我们又攻克了一个阵地，然后立即再给自己提出新的要求，争取有更大的进步，这样我们就会有更大的信心，最终才能克服毒瘾。

（3）确定目标

我们可以制定一个切实可行的目标，在制定目标时，一定要结合自身实际情况，制定自己能够完成的目标。这样我们才会真正认识到毒品的危害，树立戒除毒瘾的决心，鼓起戒毒的勇气。

（4）克服自卑

吸毒人员的自卑心理主要来自心理方面的压力，心理方面的压力越大，自卑心理也越强。

吸毒人员除了实现戒除毒瘾的目标外，可能会关心自己是否被亲戚朋友遗弃，被社会歧视，以前的工作是否能找回，还能不能像正常人一样重新生活等。

这些心理虽然是正常的，但是会给我们带来不必要的压力和自卑，因此，我们一定要学会自我减压，坚信只要自己戒毒成功，一切都会好起来，即使不能完全恢复自己原来所有的一切，只要自己戒毒成功，也比让毒瘾控制自己好上百倍。

第二章
高标做事的心理掌控

　　高标做事是一种效率、一种质量，更是一门艺术、一门学问。我们男人不管有多聪明和多能干，或背景条件有多好，如果不懂得如何做事，那么最终的结局肯定是失败。可以说，心态创造一切。要想成功做事绝对离不开良好的心理掌控。

将犹豫心理转化为果断

果断是一种气质，一种心理，一种意境。果断让人感觉希望明朗，能给人更多的安全感，让人捕捉更多成功的机会。

果断能够让我们得到信心，信心能够让我们得到力量。我们一定不要犹豫不定，行动是治愈恐惧的良药，犹豫、拖延会不断滋养恐惧。如果我们做事的时候经常瞻前顾后，犹豫不决，那就会寸步难行，从而错失良机。

1. 认识犹豫与果断

计谋之成，决心之下，速度之快，能使智者来不及进行谋划，勇者来不及发怒。我们只有达到这样的果断，才能稳操胜券。

习惯犹豫的人，会对自己失去信心，所以在比较重要的事情面前没有决断。

有些人的优柔寡断简直到了无可救药的地步，不敢决定任何事情，不敢担负任何责任。之所以这样，是因为他们不敢肯定事情的结果是什么样的。

由于对自己的决断很怀疑，不敢相信自己有解决重要事情的能力。因为犹豫不决，很多人使自己很多美好的想法归于破灭。

时光易逝，时机易失。如果我们还在犹豫中摇摆不定，那我们就是正在失去美好的东西，正在向失败的边缘滑去。兵贵神速，赶快行动，花开堪折直须折，莫待无花空折枝。

无数战例和成功的人士都证明了这一点，拿破仑在滑铁卢战役中犹豫了5分钟，结果战败，被送到了圣赫勒拿岛上，这有力地说明了成在果断、败在犹豫这个战争法则。

上兵伐谋，无谋必败，无决心也一定必败，所以说，无论你有多聪明的脑子，但如果你没有果断的决心，是不会取得任何成绩的。

打仗是这样，做其他任何事也都是这样，如果我们过于优柔寡断，是办不了任何事的。一个人怕这怕那，不敢决定事情，不敢担负应负的责任，消极等待是不会出现好的结果，机会就会在你犹豫等待中消失，你的前途也会在犹豫等待中丧失。

2. 克服犹豫不决

很多时候我们总因犹豫不决而苦恼不已。稍不留神，这又将成为一个恶性循环。犹豫不决，往往因为缺乏自信和习惯性担心某些潜在的问题。要克服犹豫不决，就要相信自己的直觉，很多时候，如何做事比做什么事更重要。

（1）认清选择

有时我们总认为做出正确的选择是相当重要的，因为总觉得选择必定有对和错之分。

然而，这是一个误解。选择永远只是幸福的条件，而不是幸福本身。选择虽然不同，但幸福的感觉永远是相同的。

如果一味地担心自己的抉择是否正确，那么即使是做出了所谓正确的选择，我们也是无法享受生活的，我们会在悔恨中失去自己的幸福。

有一个人一直后悔在21岁时的一个决定，因为当时他没有找一份稳定的工作。在以后的15年里他一直自责，从而让自己一直处在痛苦之中。

其实这是个错误的想法，这个人太看重自己的选择了，当初的选择并没有他想象中那么重要。不用为做完美的选择而忧虑，只需保持最佳的心态面对就可以。

（2）培养自信

缺乏自信，怀疑自己的能力，往往会让人犹豫不决。或许，想做一个运动队的裁判，但是却很怀疑自己能否做好。心中犹豫不定，该不该去竞争呢？不要怀疑自己。

应该相信直觉，比起心中承认的必定比失去的少得多。若能忽视不必要的忧虑，不必担心是否值得付诸实践，就很容易做出新的选择。

只要我们能够增强自信心，就能在重大问题上选择不犹豫，做出快速、正确的判断，加以选择，就能改善甚至改变自己犹豫的性格。

（3）走自己的路

我们很多时候，过于关注别人的评价。选择时，总会担心别人对此会怎样想，这是很错误的。

我们可以听取他人的意见，但是，如果真的感觉自己的选择是正确的，那么就该去做。不要太看重他人的意见，毕竟，生活是你自己的，不是别人的。

（4）和朋友谈谈

有时候，犹豫不决如同向下的螺旋缠绕在我们的脑海里，挥之不去。出现这种情况时，我们最好找个自己信任的朋友讨论一下，当然不必让朋友替自己做决定。

但是我们一定要记住，我们只是与朋友讨论一下，只是想有助于澄清问题，能从一个较好的角度去看问题，这样也更容易进行选择，而不是让自己变得犹豫不决。

（5）分辨轻重

人生短暂，很多事情没有时间去做。因此对家庭、人际、内心世界、运动等都要有一个很清晰的轻重认识，排排次序是很重要的。面临抉择，就能很快地选择重中之重了。

或许，你的老板想要你加班，而且补助也不错，但是你很清楚你最看重的是跟家人在一起的时间，那么就会很轻松地立即拒绝了。世界上没有万全之策。不要期望可以为自己的事业奉献一切的同时又可以和家人共享美好时光。

3. 做事要果断

土息不坚和优柔寡断，对丁我们来说，实在是一个致命的缺陷。有这种弱点的人，就不可能有坚强的毅力。那么我们平时如何做到果断呢？

（1）发挥强项

一个能力极弱的人肯定难以打开人生局面，成大事者在自己要做的事情上充分施展才智，一步一步地拓宽成功之路。

（2）立即行动

有些男人是"语言的巨人，行动的矮子"，所以不会有任何成就。成大事者是靠行动来落实自己的人生计划的。

（3）善于交往

如果不懂得交往，必然不会借助人际关系的力量。成大事者的特点之一是：善于借力，借他人之力去营造成功的局势，从而能把一件件难以办成的事办成，实现自己人生的规划。

（4）重新规划

成功只是一个过程，成大事者懂得从小到大的艰辛过程，所以在实现了一个小成功之后，能继续拆开一个个人生的"密封袋"。

（5）知己知彼

如果我们能够全面地看待他人和自己，就会感觉自己没那么差，在乎他人的看法或想法。其实他人的看法或想法往往存在片面性。

我们要多学习别人的工作经验，学习别人的长处，观察他们的不足，在这方面下功夫，我们就能胜过他们。我们要打起精神努力奋斗。相信自己一定能战胜困难，多给自己一些鼓励，从而振作精神，好好奋斗。

（6）敢想敢干

良机已经出现，我们还在犹豫等待什么呢？还不赶快出击！果断的错误胜过犹豫的正确，把我们的眼光放得远些，做一些别人没做过的事情。

我们要有自信心，从心灵上确认自己能行，自己给自己鼓劲。只要有心理准备，我们就不会因为一点点困难而退缩，就能充满信心、完成任务。

将急躁情绪转变为耐心

急躁情绪的特点是缺乏沉稳、心境浮躁、办事不踏实，并且容易动怒，不善于控制自己的情绪。这种心理对人生发展的负面影响是很大的。

英国生物学家达尔文说过："人要是不能很好地控制自己，而为一些细小的事情急躁发脾气，就等于在人类进步的阶梯上倒退了一步。"的确，急躁是最容易使人失去理智的。如果你是一个急躁的人，那么就该给自己敲敲警钟，多多反省了。

1. 认识急躁与耐心

遇事急躁，缺乏耐心，沉不住气，这是我们的一种不良的情绪。这种毛病在我们男性朋友中较为常见。

急躁心理，是当我们很想实现某个目标，但还没有准备好的心理状态。如果由于时间方面的原因而不得不等待的话，等待期间就会心神不宁、惴惴不安，如热锅上的蚂蚁，仿佛度日如年。

只有把事情办成或者即使办不成，但因有不可逾越的障碍而只能如此时，心情才会彻底放松，把紧绷的神经松弛下来。

急躁作为人格表现缺陷方面的一般心理问题，其情景同样是明显的，即一般只有遇到与我们自己切身利益紧密相关或与维持自尊和自身形象紧密相关的事情时，我们的急躁性格才会显露出来。

而与自己的切身利益、自尊等无关痛痒的事、可办可不办的事，或虽与自己的切身利益、自尊相关，但目前无法办成，其相关紧密度又不是很高的事，或与将来的切身利益、自尊紧密相关，但如今无伤大雅的事等，则通常不会表现出急躁的心情。

比如帮人购物、在学习期间想到毕业后的出路等，自知可急可不急或急也没有用，因而很少甚至不会表现出急躁情绪。

急躁与暴躁不同。急躁虽然有时也会导致发怒甚至暴跳如雷，但主要不是表现为发怒和暴跳如雷，而表现为心急、焦躁、不安、担忧，一般不会殃及他人。

而暴躁虽然有时也表现为焦躁不安、心烦意乱，显得很急躁，但主要表现为暴怒，甚至唇枪舌剑，拳脚相加，通常会殃及他人。

虽然我们的急躁心理不会对他人造成很大的危害，但是这种心理状态对于我们事情是不好的，并且往往导致我们做事失败。

相反耐心却往往是我们做事成功的基础。急躁会犯很多错误，会自己打败自己，而耐心的人往往占据主动。

耐心是一种涵养，它要求你不急不躁，冷静行事。耐心是一份理解，它要求你能反思，多替别人想一想。

耐心是一份宽容，它要求你满怀爱意，对待自己身边的朋友。耐心又是一份期盼，它要求我们撒下种子，耐心等待成熟，而不是揠苗助长、杀鸡取卵。

我们有了耐心，就会冷静地对待自己遇到的这样那样的问题，并妥善地加以解决。更重要的是，因为我们有了耐心，也使得自身每天都拥有一份好心情，去领略成功的喜悦。

2. 去除急躁的方法

诗人萨迪说过："事业常成于坚忍，毁于急躁。"的确如此，急躁常使我们不能冷静地审视客观条件而任意行事，其结果往往是事倍功半，甚至事与愿违，欲速则不达。那么我们如何克服自己容易急躁的毛病呢？

（1）认清危害

只有充分认识到某事的危害，才可能有自觉地去克服的动机与力量。

在实际中，急躁给我们带来很多不良后果。它会打乱我们平时的工作秩序，浪费掉大量的时间。它容易使人完不成任务，灰心丧气。

有急躁心理的男人，常感情用事，易发脾气，出言不逊，不计后果，不顾别人的自尊心与个性特点，一味强求别人与自己保持统一，从而使人际关系难以和谐。长期急躁可能会危害我们自己的身体健康。因为我们总是坐立不安，急得像热锅上的蚂蚁，这样就会使得大脑长期处于紧张状态之中，得不到休息，影响机体其他功能的协调发挥。

（2）找到原因

我们要认识到急躁是一种常见的心理现象，急躁与一个人的气质和性格类型有关，多血质和胆汁质的人，相对容易急躁。

由于我们的性格在很大程度上是天生的，后天改变起来比较困难，但这并不是说急躁就不能改变。只要我们持之以恒，有意识地改变自己，急躁情绪还是可以得到缓解的。

除气质与性格有一定的影响外，与我们后天所处的环境与教育、自身的修养、认识也有较大的关系。

我们每个男人都有急躁的一面，脾气急躁跟身体的状况也有关系，平时多喝点枸杞菊花茶，注意尽量早点睡觉，可以养肝。认清了自己急躁的根本原因，是我们克服急躁心理的最重要一步。

（3）加强修养

我们应不断地加强自身修养，通过修身养性来调节自己的情绪，增加自己的心理包容性，目的就是给自己一个舒适的环境，宽松怡人，忘掉烦恼，摆脱急躁情绪。

（4）适时自我暗示

适时进行自我暗示，这样可以淡化我们的急躁心理。当急躁情绪出现时，就提醒自己："要冷静点，心急能解决问题吗？心急只会把事情弄糟。""何必太心急呢？"等，也可请人在发现自己有急躁情绪又没意识到时，及时提醒一下，从而帮助自己恢复情绪的常态，以避免急躁心理。

（5）不要过于执着

应该接受一个事实，即谋事在人成事在天。而且事情的成败终究是次要的，不要太执着，这样也会有效克服我们不该有的急躁。

（6）劳逸结合

劳逸结合也是我们克服急躁情绪的有效措施。文武之道，一张一弛，在紧张工作之余，可以听音乐、散步或郊游，使紧张的心情得到放松，使得大脑神经兴奋中心转移，与工作相关的神经细胞得到休息，这不仅有利于提高工作效率，还能避免急躁情绪出现。

（7）素质训练

急躁往往与我们的个性紧密联系在一起，要克服急躁，可以采取一些措施，把急性子磨慢。例如，我们可利用业余时间打太极拳、钓鱼、练习书法绘画、下棋等。只要我们长期坚持、一丝不苟，就能克服急躁，培养起耐心和韧性。

（8）持之以恒

急躁者做事情往往虎头蛇尾，不能善始善终。要想克服急躁情绪，必须努力做到始终如一。急躁的情绪不是一天形成的，因此，克服它也要有毅力。只要坚持下去，急躁情绪就会被克服。

3. 培养耐心的方法

耐心是帮助我们男人成功的一个良好基础，如果我们缺乏耐心，那么就会也失去许多成功的机会。那么我们在现实生活中，如何让自己更加有耐心呢？

（1）从小事做起

耐心的培养需要我们从日常的点滴做起，不要考虑太多，要扎扎实实做好你手头的每项工作，所有的事情都踏实去做，时间长了我们的心态就平静了。

耐心的培养不是一朝一夕的，只要我们努力去做，相信我们就能做到。让我们从平时的小事做起，努力改变自己吧！

（2）形成思考的习惯

我们平时要形成冷静慎重、三思而行的习惯。要看到世界是复杂的，不可能都按我们个人的意愿行事，任何一件事都可能受到其他因素的制约。

要冷静地思考，慎重地决策，全面地分析各种可能出现的情况，耐心地处理，尽量避免偏差，提高办事的效率。如果条件暂时不成熟，就尽可能创造条件，耐心等待时机。对不具备可能性的事就改换目标或途径，以免费力不讨好。

（3）制订计划

做事之前我们要给自己制订一个计划，做计划时力求从总体上来把握，不拘泥于一些细节。在执行计划时，可根据具体情况增加或减少一些内容，这样能使生活、学习和工作有条不紊。

（4）充分准备

一般情况下，我们想要达到的价值目标相对高于自己的能力，若想马上实现，就会产生躁动不安的心理并引发急躁的情绪。

所以，只要我们能够理智地看待自身能力与目标实现的可能，并为实现目标做好充分的准备，包括失败的准备，就会更加心平气和。

（5）统领全局

不断提高认识事物和为人处世的能力，那么我们就能站在统领全局的高度，即便是千军万马，也凭我们羽扇挥来摇去。那时，我们还有什么不耐心的呢！

（6）找到规律

我们的急躁往往还由于对事情规律的了解还不够充分，计划不够完备造成的，没有做好事情后面阶段的相应准备，所以当你失去对事情的控制的时候，你就会产生希望目标马上实现的急躁情绪。

如果我们能够掌握事情的发展规律，并妥当地做好充分的准备，那么，完成事情的过程就会变得十分有趣。

想想看，当事情的发展在我们的掌控之中，并按我们的预计发展的时候，我们一定会充分享受这个过程，享受这种控制事情而不是被事情控制的感觉。

把鲁莽性格调整为慎重

鲁莽的性格表现为不够细腻，遇事风风火火，容易冲动。与女性相比，男人更容易鲁莽行事，特别是在面对压力的时候，或强悍，或铤而走险。这是极不成熟的心理，所以男人要想成功做事，就必须将鲁莽的性格调整为慎重。

1. 认识鲁莽与慎重

俗语说忙中出乱，意思是说，做事情不能鲁莽，而应该谨慎细致。

我们很多人在日常生活、工作和学习中，经常莽撞无羁，为所欲为，粗心大意，不顾大局，经常出错，常失礼仪，无视安全。这种状态，就是鲁莽。

做事鲁莽的人经常是失败者，因为他们做事往往不顾大局。因此我们做事一定要慎重，凡事不能不经大脑考虑，鲁莽从事。

1794年深秋，拿破仑的军队向荷兰发起进攻，荷兰无力还击，只好打开水闸，用洪水迫其后退。拿破仑不得不下令撤军，但法军统帅却无意间发现蜘蛛在吐丝织网，他知道这预示着干冷天气即将来临，于是下令停止撤退。

不出所料，一股冷空气很快来了，洪水在一夜之间结冰封冻，法军越过冰河，顺利地实现了作战企图。

由此可见，小心仔细、严谨慎重对于我们来说有多么重要。而粗心大意、鲁莽行事则可能给我们带来意想不到的严重后果。遇事细思量，行事莫鲁莽。我们应该时时处处注意培养谨慎细致的良好作风。

2. 消除鲁莽的方法

现实中，很多男人虽然也有把事情办好的良好愿望，但往往因为行事鲁莽，将事情办砸了，甚至有时还弄得令人啼笑皆非。那么我们该怎么样才能克服自己的鲁莽呢？

（1）分析原因

具有鲁莽性格的男人，一般开始并不自觉，当自身有所察觉后，就应该努力寻找脱离鲁莽的方法。首先我们要从自身来寻找鲁莽的原因。

男人鲁莽的内在原因一般是缺智，不懂策略，不谙兵法，不识规矩，随性操作，随意而为。鲁莽经常和失败相连，成功者经常和鲁莽分道扬镳。鲁莽的成因有生理因素、心理因素、家庭因素和社会因素。

（2）对症治疗

如果我们男人的鲁莽是因为生理上的原因，要克服我们的鲁莽心理和行为，就需要对症下药，及时治疗。

如是造成我们男人鲁莽是心理上的原因，我们也要及时进行心理调适，解决心理问题。

如是家庭原因，那就应该对我们的家庭进行审视并调整，使自己鲁莽的成因得到根除。

如是社会原因，那就需要社会给予关注，对鲁莽者的社会存在和社会影响，加以适当的调整。

（3）小心谨慎

我们做事的时候，要谨慎，将不安全因素和失败因素悉数排除，而这恰恰就是对鲁莽的排斥和消除。

3. 培养慎重的方法

我们男人做事要慎重，不可冲动。无论做什么事，我们都要反复权衡和分析，分清优势和劣势，经过充分论证后，再做决策。做了决策后，我们还要适时调整不合时宜的措施，确保自己做出的决策能够取得实实在在的效果。在现实生活中，我们该如何培养自己慎重的作风呢？

（1）培养好性格

性格特征是形成男人鲁莽的重要原因，要根治我们的鲁莽，首先须从改变我们不良的性格特征入手，培养我们认真的态度、严谨的作风和高度的责任感。

我们要从一点一滴做起，做一切事都要有因有果，不能敷衍了事，不能赶任务。这样持之以恒，才能在潜移默化中养成良好的性格特征，改掉鲁莽的不良习惯。

（2）破除心理定式

要破除心理定式，一方面要培养我们良好的观察品质，有计划地训练自己，提高我们辨别事物或现象之间细微差别的精确性品质和及时发现不易发觉的事物特征的敏锐品质，发展观察能力，这是保证知觉的客观性、避免鲁莽、消除心理定式的有效措施。另一方面要培养我们求异的思维习惯，使我们看问题能够从不同角度思考问题，这对消除心理定式也有一定的作用。

（3）集中注意力

注意力是我们心理过程的开端，它可为认知活动提供一个清醒的心理背景。注意力不集中，我们做事时的心理指向就经常变化，注意对象也就不能得到清晰而完整的反映，因而极易鲁莽做错事。

注意力集中稳定是我们成功的基础，是我们每个人都必备的品质。因此培养集中注意力的习惯对杜绝鲁莽是非常重要的。

（4）加强自我反思

我们男人做事鲁莽，从根本上说是由于自我监控能力弱，也就是缺乏一种在做事后反思的过程，没有了反思，也就没有了对自己行为的评判，下次遇到类似的事还可能鲁莽，因此，经常反思自己的行为，才能减少鲁莽的行为。

（5）大胆心细

学会心细防微对于克服我们的鲁莽十分有效，鲁莽往往是粗心大意所致，心细，多一个心眼，心细，就是要让自我的各种感觉器官灵敏一些，认真一些。

所有败因往往都是十分细微的，一个大瓷罐，有一道裂纹，很细，不认真审视，不让视觉灵敏地观察，就很难发现。

处在这样一个浮躁的社会，能做到慎重不易，能保持更不易。我们每一个人都应该寻求内心的安宁，做一个有良好修养、美好德操、高尚境界的人。

把盲目心理调整为明确

盲目是一种不清晰的思想，是一种对事物模糊的心理。我们男人要想成功做事就必须明确目的与目标。目的不明确是盲目，目的偏离真理的方向是错误。人的一生极其短暂，应该把重心放在那些必须要做的事上，而不是那些可做可不做的事上。并且凡事不能盲目求快，因为欲速则不达，过于急功近利，反而会一事无成。

1. 认识盲目与明确

很多男人从小到大努力地读完中学读大学，读完大学再读研，甚至出国留学等。

但是，在拿到他们苦苦追求的那张文凭后却发现，找不到工作，或者即使找到了工作却远远低于当初的期望值，总是被工作抛弃，总是被机会抛弃。

这其中的原因在哪里呢？最根本的一点就是太盲目，我们没有把自己的行动和明确的目标结合起来。我们每天都感到很忙，但是很多时候却不知道自己在忙什么，没有目标，只是瞎忙，最后才发现自己什么都没有得到。

相反，如果我们做事能够有明确的目标，那么就能领先别人半步，将来领先的可能是几十年，这个差距就会很明显。

所以，我们一定要找准自己的位置，始终向自己的目标前进。没有明确的目标，我们就永远达不到成功的彼岸。

没有明确目标的指引，我们很容易盲目，费时费力地做一些无用功。

有一位妻子让丈夫去买火腿，还叮嘱丈夫不要忘了让肉贩把火腿的末端切下来。

丈夫不解地问："为什么？"

妻子回答说："因为我母亲一直是这样做的。"

正巧这时岳母来了，丈夫便向岳母询问为什么要切下火腿的末端。

岳母说："我母亲是这样做的。"

后来有一个机会，丈夫又向妻子的外祖母询问了这个问题。

外祖母回答说："我之所以要切下火腿的末端，是因为当时的烤炉太小，放不下整只火腿。"

这虽然是一件小事，但却反映了一个问题，那就是我们很多人做事很盲目，从来不问为什么。

很多人没有为成功制定相应的目标或计划，没有了目标和计划，做起事来只能东一榔头西一斧，什么事也做不好。

当我们明确了自己的目标后，还要一步一个脚印地朝着目标努力，这样，目标才有可能在将来得到实现。

正确的方法比盲目的执着更重要。我们应该调整思维，尽可能用简单的方式达到目标。

2. 消除盲目的方法

在实际生活当中，我们很多男人都会被目的周围的烟幕弹所左右，丧失目的或者看不清目的，变得盲目起来。那么我们该如何克服自己的盲目心理呢？

（1）不盲目从众

心理学研究发现，在群体活动中，许多男人存在着各种从众心理，往往在群体的诱导或压力下放弃自己的意见。

在生活中，我们一定要用自己的头脑去思考、去分辩、去判断、去行动，不要让别人的头长在自己的脖子上，支配自己的思维和行动。

（2）增强广告免疫力

不加分析地顺从某种宣传效应，到随大流跟着众人走的从众行为，以至发展到盲目顺从，让广告牵着我们的鼻子走，这是不健康的心态。多一些独立思考的精神，少一些盲目从众，这才是健康的心理。

（3）提高思维能力

提高我们的创造性思维，能让我们在做事时有自己的独到见解和开拓性意见；提高我们的多向性思维能力，能够让我们对自己现在的行为是否适当提出质疑。可见，提高思维能力对于我们克服做事时的盲目性确实是有效的。

（4）能够独立思考

努力培养和提高自己独立思考和明辨是非的能力，遇事和看待问题，既要慎重考虑多数人的意见和做法，也要有自己的思考和分析，从而使判断正确，并以此来决定自己的行动。

（5）坚定理想信念

一般说来，克服盲目心理主要靠学习科学文化知识，别人的意见和压力并不是我们从众的关键因素，关键的因素是我们的理想、信念和道德观。只要我们具有正确的理想、信念和世界观，就不会轻易受到别人的影响，也不会因害怕孤立而屈服于压力。

3. 做事要明确

目的明确能事半功倍，那么在现实中我们该如何让自己做起事来更加明确呢？

（1）设定目标

在现实生活中，许多男人整天默默工作，辛勤劳动，但却由于没有设定自己的奋斗方向、奋斗目标，做了一辈子，还是在原有的岗位上工作，用一个词来形容，就是碌碌无为。

方向就是战略，就是目标，做企业也是这样，只有企业战略明确了，方向正确了，思路清晰了，然后通过团队的共同努力，才能达成企业的目标。

有了明确的目标，就已经成功了一半了。我们不能天天只在羡慕着别人的成功中生活，白白浪费自己的大把时间。我们一定要沉下心来，为自己设定一个明确的目标。

（2）分清主次

先做重要的事，不要为琐事所牵绊，更不要去做一些表面化的事情，做任何事情我们都要分清轻重缓急。

目标的实现具有阶段性，就如同大任务可以分解为小任务和小步骤一样，伟大的目标也可以分解为相关的、连续的小目标和小步骤，然后通过累积，最终达到我们想要的结果。

（3）目标要合理

在制定短期小目标时，我们一定要注意目标的合理性。心理学家通过实验证明，过于简单的事情或难度太大的事情都不具备挑战性，都无法激起人们的热情。

所以，我们在制定短期目标时，一定要充分考虑自己的经验阅历、素质特长和现实的环境等多方面因素，从而使制定出来的目标既比自己的现有水平高，又切实可行。

（4）规定具体时间

我们在制定短期目标时，还要有具体明确的时限，比如要在半年或一年内完成等。制定的目标如果没有明确的时间限定，就相当于没有制定目标。相反，如果自己心中对短期目标完成的时限有清晰、具体的规定，就能充分了解自己在每一个特定的时限内需要做的事情。

（5）经常提醒自己

当我们清楚了自己的任务后，可以不断地提醒自己，也可以把它们写在纸上，贴到自己最容易看到的地方。

这种提示会在我们的潜意识里形成一个做事的尺度，使我们明白自己什么时候该完成什么事情，从而让我们做起事来时刻保持清醒的头脑，向着自己的目标前进，而不是变得盲目。

总之，只有我们明确了前进的方向，才能让自己走得更快更好，少走冤枉路，实现成功。当目标确定后，请你马上下决心去努力实现吧！有了目标的指引，你的人生之船一定能够驶向理想的彼岸！

将夸夸其谈转变为务实肯干

俗话说："说一千，道一万，不如实际干一干；空谈误国，实干兴邦。"这句话淋漓尽致地说明了务实肯干的重要性。梦想再好，志向再大，目标再高，如果不踏踏实实地干，一切都是幻影。可以说，务实是成熟的心理，也是一个人成功做事最基本的要素。所以作为一个男人，与其夸夸其谈，不如务实肯干。

1. 认识空谈与实干

花园荒芜，大家都想修整。但我们大家只是各持己见，争论不休，而没有一个人真正去实践，最终花园依然荒芜。

我们各自谈了一大堆理论，互相批评对方，这些空谈不会对花园有好处，试想，如果我们中的一个人按照自己的方法去真实地做，花园现在大概已是芳草萋萋，鲜花满园了吧！

成就一件大事，需要我们踏踏实实地做，不是我要云云，明天要怎样做，而是你现在去做，并把它做好。

很多人可能看过这样一幅漫画，这幅漫画的名字是《三个事后诸葛亮顶不上一个实干臭皮匠》。这幅漫画说的是三位高居大堂的人，正在唾沫横飞地审判一个正在忙碌的鞋匠。一个干，三个不干，干的受审判，不干的倒有理。这种现象值得深思。

诸葛亮是《三国演义》中的人物，他神机妙算，料事如神，为复兴汉室，运筹于帷幄之中，决胜于千里之外。

我们佩服诸葛亮的预见性、掌握客观规律的科学性。真正的诸葛亮为世人所景仰，而事后诸葛亮却是要不得的。

因为这些事后诸葛亮都是些空谈家，没有真本事，缺乏预见性，别人干时他不伸手，别人干完了，他们却说三道四，妄加评论。干好了，是他们早就料想到的；干不好，则是风凉话连篇，冷嘲热讽不断，更有甚者则抓住人家的错误，横加指责，让干实事的人寒心。

而实干家则是脚踏实地、任劳任怨地工作。他们虽然很平凡，正如漫画中的皮匠，干的是平凡的工作，但却踏踏实实，在工作中不断积累经验，为的是把工作做得更好，这是宝贵的品质！

只有拥有实干的精神，用自己的打拼、自己的奋斗，才能得到丰硕的果实。在通向人生巅峰的天梯上一步一步地攀登，尽管道路坎坷，尽管困难重重，但我们的努力终将会得到回报。

竞争日益激烈，归根到底是人才的竞争。而人才就必须少些空谈，多干实事。我们与其空谈将来的理想，空谈我们是祖国未来的希望，为祖国做出贡献，倒不如从现在起，为自己的目标实实在在地做，空谈只是我们失败的借口，努力奋斗，为梦想一步步地努力，为中华崛起而多些实干，少些空谈。

拥有了实干，就拥有了实现梦想后的喜悦。在未来的世界里，不要让空谈占据了你生活的全部。我们要的是实干，而不是空谈！

2. 避免空谈的方法

空谈的男人，只不过是在做自己的黄粱美梦罢了。在不切合实际的"魔毯"上飞，最终一定会被摔下来。那么我们平时如何做到避免空谈呢？

（1）认清危害

有一句话叫"空谈误国，实干兴邦"，可以说将空谈的危害和实干的意义说到了极致。

空谈有很多害处，虽然别人一开始可能不知道你的底细，但是一旦知道，就会失去别人的信赖，大家都觉得你不是一个可靠的人，从而与你疏远。

当空谈者被人识破后，谈得越多会越让人觉得心烦，这样还会破坏自己的形象，不利于工作，不利于自己的发展。所以说，空谈是一件害人害己的事，最后的结果只能让我们后悔莫及。

（2）吸取教训

空谈并不可怕，可怕的是不吸取教训。只要空谈者闭上嘴，多做实事，那么在不久的将来，就会成为实干者。自然，成功和荣誉乃至爱情终究也会来。

3. 培养实干的要诀

与其空谈，不如实干。我们的人生的确如此，只有脚踏实地，一点点耕耘，再一点点收获，梦想并不会因为我们的空谈而实现。

正如一篇文章里说的："你给了生活多少耕耘，生活就会赏赐你多少果实；你给了生活多少懒惰，生活就会回敬你多少苦涩。"那么我们平时该怎样培养自己的实干精神呢？

（1）坚持不懈

踏踏实实地学习工作容易，但是要我们一辈子坚持就不容易。古稀之年的华罗庚常说："树老易空，人老易松，科学之道，我们要诫之以空，诫之以松，我愿一辈子从实以终。"

华罗庚的这种坚持不懈的实干精神，使他成为中国数学界的一颗璀璨的明星。从他的身上可以看出，我们确确实实需要实干的精神。

（2）平实真诚

"少说空话，多干实事。"是巴金的座右铭，也是他一生的真实写照。巴金一生追求说真话，做实事，主张不为文学而文学，他不管对工作还是对青年，都主张用一颗平实真诚的心待人接物，因而，他被人们盛誉为"20世纪中国的良心"。

因此，我们不要做整天夸夸其谈、空谈大道理而无所事事的人，我们要多做一些实事，这样人生才会更有意义。一千个"0"顶不上一个"1"，一千个愿望顶不上一次实际行动。所以，空谈不如实干。

把压力转化为奋进的动力

一方面，竞争日益激烈，生存越发艰难，压力是可怕的。但另一方面，压力又是我们不断前进的动力。我们在努力实现自我价值的同时，更要重视精神生活，崇尚身心健康，学会化解压力。

不要认为压力只有不良影响，应当转换认识和情绪，以良好的心理多去开发压力的有益之处。

1. 辩证地看待压力与动力

我们男人不可能生活在真空里，工作、学业、生活或多或少都会带给我们压力，我们应当认识到这是普遍现象，压力每个人都有，只是大家感知的程度、对待的态度不一样罢了。

压力是坏事，也是好事，这要看我们从什么角度去看，去分析。面对压力的态度很重要，甚至决定一个人的人生。

如果我们感到生活与工作没有任何压力，那表明我们很可能是目标感欠缺、动力羸弱的人。

我们得过且过，无所事事地打发着人生，白白地蹉跎了岁月。这样生命的意义将大打折扣，这样的人生没有意义。

压力本身就是我们生活和工作的调味剂。面对环境的变化和刺激，我们应该努力去适应，生命有时因压力而丰富。挺过去，你会体会到别样的精彩。

我们男人必须有适量的刺激，才能更好地生活。刺激过度或不足，人都无法适应。适当的压力既有利于机体平衡，也有利于心理健康。压力能够激发我们采取行动，促使我们去做某些事情。我们的生活需要冒一些风险，我们需要承受一些压力，以确保我们从生活中获得些东西。

既然这样我们男人应该试着以积极的态度去迎接压力，并将其转化为动力，这才是根本的办法。

否则，我们在压力面前便会丧失信心，失掉勇气，失去斗志。被压力所吓倒，被压力所蒙蔽，被压力所征服，被暂时的困难消退了勇气，被面临的困境消磨了精神，被眼前的艰险击垮了信念。

压力面前采取什么态度，关系到我们一个人的人生哲学与人生的价值。只有勇于面对压力，善于把压力化为动力，我们的人生才会异常丰满，我们也才能充分体会到生命的意义。

反之，如果我们只会逃避现实，不敢直面压力，我们的人生必将黯淡，我们的生命必将缺乏光彩。

2. 化解压力的方法

我们应该看到，现实生活中压力无处不在，不可避免，虽然有的人被压力击垮，一蹶不振，而有的人过得更有意义，更有效率，这其中的奥妙就在于我们是消极面对压力，还是对压力进行有效运用。我们日常生活中该如何化解遇到的压力呢？

（1）认清压力

机体对压力往往有一种天生的吸收和缓冲机制，一般的生活压力会被身体转化成活力与激情。如果一个人生活在流动的、不停变化的压力丛中，他的机体不仅可以是健康的，也是充满能量的。压力过小的生活让人消沉、昏昏欲睡、机体懈怠、思维变慢。但有两种压力可能使机体调节失常，一是突如其来的过大压力；二是持续不变的低量压力。稍微过多的压力会引发纷乱的情绪。较大的压力会带来躯体各种不适反应。

（2）接受压力

逃避压力，并不能解决问题，最好的办法就是与压力相处，坦然接受压力。让我们做一个有心人，正视压力，克服困难，创造奇迹。

（3）缓解压力

缓解压力的方法有很多，如冥想、流泪、体育锻炼等，都能让我们的感情得到释放，压力得到减轻。

平衡躯体压力与精神压力有点像跷跷板，躯体压力大，精神压力也会慢慢增大，反之亦然。通过放松来释放躯体压力，精神的压力也在释放。

当我们集中心智工作太久，或者长期处在竞争的状态里，可通过机体的放松来释放内在的压力。而当我们懈怠太久、无所事事的时候，通过机体的运动来保持精神的活力。

（4）调节压力

管理好各类压力有很多可操作的好方法，如写压力日记、生物反馈、肌肉放松训练、冥想与想象、倒数放松、自我催眠、一分钟放松技巧等，并按照各种生活场景给予恰当的提示与指导，可以作为人们压力管理的手册。

（5）积极心态

良好的心态可增加我们应对压力的能力，不良的心态就像一团乱麻，干扰我们的内心。

压力并不可怕，可怕的是我们对压力有不恰当的观念与反应。越怕压力就越会生活在压力的恐惧中，喜欢压力的人在任何压力面前都会游刃有余，让我们坦然面对压力，勇敢走向成功。

3. 增强动力的要诀

压力得到减轻，并不代表我们就有了十足的动力，那些有着强烈的、热切的渴望去达成目标的人才是真正动力十足的人。但具有这种特别品质的人似乎并不多，那么我们该如何培养热情，让自己也变得动力十足呢？不妨掌握以下一些要诀：

（1）断绝后路

如果我们的目标确实对我们非常重要，那么我们就可以从断绝后路开始，如此我们就别无选择，只能前进。这就是兵法上所说的破釜沉舟、背水一战、置之死地而后生。

比如，我们想开创自己的新事业，就可以从辞掉现在的工作开始。写封辞职信，放进贴了邮票、写了老板地址的信封里，交给一个信得过的朋友，告诉他，如果自己在某个确定的日期还没有辞职的话，就把这封信投进邮箱。

（2）大胆展示

假设我们有了一个重要目标，我们可以找些贴纸板，然后做些自己的海报，上面写上自己的目标，然后把海报贴满房间。把电脑屏保也改成同样的话，或一些同等的动力语。如果在一间办公室工作，也用同样的方法改造我们的办公室。别在意同事怎么想，去做就是。

（3）交积极的朋友

结交一些会鼓励我们向目标前进的朋友，跟他们多相处。只跟那些支持我们的人分享你的目标，而不是那些漠不关心甚至冷嘲热讽的人。

同时我们还必须从生活中剔除那些消极的人，思维模式是具有传染性的，我们还是把自己的时间花在那些值得"被传染"的人身上吧！

（4）不断激励自己

如果我们想戒烟，就看一些戒了烟的人写的关于如何戒烟的书。如果我们想开创事业，那就海量阅读生意方面的书。

我们每天至少花15分钟充实自己的头脑，让我们的"电池"持续充电。

（5）立即行动

一旦我们为自己设定目标，就立即行动。当我们开始为一个新目标努力时，别过多地考虑设定长期、详细目标的问题。

动力总是跟随在行动之后，持续行动的动力给动机增加了燃料，而拖延则会谋杀动机。所以，勇敢地行动吧！如果我们总是给渴望增加燃料，成功不过是时间问题。

总之，让我们行动起来，坦然面对一切压力吧！让我们把所有的压力都变成我们前进的动力，让我们的火焰永不熄灭。只要我们有足够的能量，我们就能达成积极的成果，变成一个动力十足的人。

第三章

处世有道的心理调整

　　世事洞明皆学问，人情练达即文章。为人处世是我们人生的必修课。我们的成功需要很多因素，学历、背景、机遇等，其中尤其不能忽视的就是我们为人处世的能力。

　　从一定程度上说，我们为人处世的水平，决定了我们的生活、工作、事业等诸多方面所能达到的高度。善于处世的人，无论在任何环境之下，都能怡然自得，欣欣自乐。

将好胜之心转化为谦让

老子在《道德经》中说："上善若水，水利万物而不争。"从一定程度上说，就是告诫我们不要有太强的好胜心。一个人处处争强好胜，结果反而事与愿违。而且好胜心太强不仅容易得罪人，也会从心理上深深地折磨自己。

我们一定要有谦让的心态。谦让作为一种美德，能自然地赢得他人的尊敬。如果我们能够保持真心谦让，我们的能力会更容易被人接受。

1. 认识好胜与谦让

我们的好胜心可以说毫无意义，如果是由于我们自己能力不足而被人轻视，那么是我们自己的过错而不在别人，这种轻视是理所当然的。

如果是我们自己很有才能而别人不知道，因此被人轻视，那么错在对方而不在我们，这根本不值得怨恨。

两位才德相当的人，能够谦让的人必定是个才智出众的人。举例说，战国时期赵国上卿蔺相如以退避的方式，使廉颇负荆请罪；东汉时期的大将寇恂，坚持不与同僚贾复争斗而获得贤名。

由此可知，两位才德相等的人，如果两人争强好胜，终必使自己陷入困顿的境地。

好强争胜，表面上看起来能让我们自己得到好处，其实却是惹祸的根苗。而谦虚忍让，虽然表面上看起来是会让我们遭受损失，其实从长远来说，却会让我们得到更大的好处。

在处理人际关系时，我们必须遵循谦让的基本原则，做到不争强好胜。如果我们有了善行就夸夸其谈，有了才能就出来显摆，那一定会让人心生厌烦，因此不要自我显耀。

争强好胜只能让我们死死地陷在是非、高下、对错的泥潭里不能自拔，只能徒增烦恼，掉进是非之中。

常常反省我们自己，看看我们自己的短处。慢慢就会正确地、真实地看到别人的长处。为人处世，万万不可争强好胜、斗勇斗狠。

2. 克服好胜的方法

不求进取、缺少竞争意识是不可取的，可是如果我们男人的好胜心太强，太爱出风头也不利于我们的发展，那么平时我们如何才能克服自己争强好胜的心理呢？

（1）认清危害

好胜心强会给我们男人带来很多不必要的烦恼，而且还很痛苦。别人有的东西，我们也要有。我们害怕落后，害怕别人看不起自己，我们要超过别人，成为最强的人。

可事实是我们拥有后，还是发现其他人拥有我们没有的东西，于是，我们又去争取……于是，我们落入一种怪圈，我们永远得不到满足，永远只有痛苦和折磨。

我们在这些极端的追求中已经失去了很多自由。很多时候，我们都被这些功名利禄还有物质牵着走。我们事事都要去争夺，最终使自己举步维艰，画地为牢，把自己弄得很累。

有的男人做事情时总是很在乎别人对自己的看法，害怕别人笑话自己，看不起自己。他们总是融入不到人群中。因为害怕自己的一言一行会出错、出丑而被人笑话。

你要告诉自己，只要尽力就好，任何事情都要看得开。

（2）认识好胜心

要消除好胜心强的心理，首先要明白好胜心是我们每一个男人都有的自然现象。

每一个人都有好胜心，明白了这点，我们也就不会再为自己有好胜心而自责，因为它是人正常欲念的一部分。

（3）全面看待自我

看到了别人有的东西，我们就告诉自己不要去追求那些东西，我们不可能把所有的东西都据为己有。

告诉自己，其实我们有的很多东西，别人都没有，所以我们不需要去比什么，也不需要去争取什么，一切顺其自然。只要明白了这个道理，你就能够克服你的好胜心了。

（4）学会分享

我们要学会分享，因为分享才能让我们得到更多快乐。我们平时可以有意识地把自己的东西分享给朋友同事，不要总是一个人独享，这样自己的人气就会上升，也会更有人缘。

（5）进取不强求

我们男人看准了目标就要努力实现，如果失败了，我们要安慰自己，我们要为别人的胜利鼓掌，不能因为自己不如别人就破罐子破摔。

凡事有个度，要进取但不能强求，这样生活才能既快乐又有意义。有时绿叶也出色，要快乐地为别人鼓掌，以荣辱不惊的平常心态去迎接生涯中的种种寻衅。

（6）不要弄虚作假

好胜本身是无可非议的，但是不能为取胜而采用不光明的手腕，如野蛮无理、造假，甚至诬陷他人。

我们应该明白胜利来自于努力，而不是别人故意让的结果。我们一定要知道，为了好胜心而利用不正当手段达到个人目的，只会让人看不起。

（7）保持立场

不争强好胜并不是说当我们涉及原则问题也不坚持、不争论，而随波逐流，刻意掩盖矛盾。面对问题，特别是在发生分歧时我们要努力寻找共同点，争取求大同存小异。

实在不能一致时，我们不妨冷处理，我们保留自己的意见，让争论淡化。

3. 做到谦让的要诀

谦让是一种充满智慧的处世哲学，因为谦让不仅可以化解矛盾，还体现了为人的一种风度与涵养。谦让让我们得到一种内心的平和，内心平和才会心静，心静才能生出大智慧。谦让展现出我们的气度与修养，从而会增加自己的人缘，获得更多信任与好感。我们在现实生活中如何让自己做到真心的谦让呢？

（1）有大局观

我们所在的企业、集体需要协调配合才能更好地发展，我们如果处处表现出强烈的互不相让的行为，那么我们企业、集体的任何一项工作都会因为内耗而增大成本。

谦让不是让我们男人拿原则做交易，而是要始终以大局为重，当集体利益与个人利益发生矛盾时，应自觉地牺牲我们的个人利益，维护集体利益。

（2）从小事做起

谦让是我们中华民族的传统美德，我们不能只顾自己，就丢弃美德。谦让体现在我们生活中的方方面面，如坐公交时自动排好队，不要争先恐后、乱挤乱拥，在车上时给老弱病小让座等。

（3）与人为善

在我们日常生活中，我们应当学会与人为善，与人和睦相处。

（4）要有恒心

谦让，是我们日常生活中的一门必修课，只要我们人人都能够学会谦让，那么我们的国家就会国泰民安、繁荣昌盛。

将狂躁之心转化为平静

狂躁症是以情感的病理性高涨为特征的一种精神疾病，常常表现为我们男人对自己评价过高，高傲自大，自命不凡，盛气凌人，不可一世。这种心理性疾病，会诱导躯体做出过分的事情，比如暴力和人身攻击等，因此具有一定的危害性。我们男人要想享受美好而幸福的生活，必须学会调适心理，将狂躁之心转化为平静。

1. 认识狂躁与平静

现代社会，我们很多男人由于生活压力大、精神负担重，容易出现狂躁的表现，如冲动、打人毁物等，对自己和别人都造成不必要的伤害。因此，我们有必要通过狂躁自测来判断一下自己是否存在狂躁倾向，以便及早采取防治措施。

狂躁病人往往兴趣广，喜热闹、交往多，主动与人亲近，与不相识的人也一见如故。与人逗乐，爱管闲事，打抱不平。凡事缺乏深思熟虑，兴之所至狂购乱买，每月工资几天一扫而光。

狂躁症容易导致我们工作、学习和家务劳动能力受损，社会交往能力也受到影响，更重要的是可能给别人造成危险或不良后果，所以我们一定要注意，尽量减小狂躁带给我们的伤害。

在避免狂躁时，要追求心灵的平静，让自己得到更多幸福。许多人都在追求心灵的平静，那么，心灵的平静有什么益处呢?

我们或许有这种体验，当自己心里烦恼时，常常会做错事情或做出不正确的决定。相反地，当我们情绪平稳、心灵平静的时候，头脑思路清晰，能做出较正确的判定。

正确的判断和决定能减少一错再错的事情发生，当我们心灵平静时，做起事情来也就能达到事半功倍的效果了。

心灵平静不但能使我们的麻烦减少，而且也能使我们心平气和的情绪表现于五官而感染他人，并使别人觉得你随和可亲。因此可说，心灵平静能使我们的人缘更好，好人缘不但会使我们和家人及朋友相处得更愉快，也使我们与同事相处得更融洽，大家共事更能互相合作。

另外，当我们没有烦恼、心灵平静时，学习东西比较容易上手。换句话说，当我们心灵平静时，就能充分地发挥我们内在的潜能，而得到意想不到的结果。

可以这么说，心灵平静能使我们过一个快乐的人生。

2. 消除狂躁的方法

狂躁症分为多种，主要包括狂躁型精神病、狂躁型抑郁症、电脑狂躁症等。狂躁症患者不仅给自己，而且给自己的家庭和朋友带来了很多麻烦，为了根除狂躁症，应该及时到正规医院进行治疗。那么我们该如何才能克服狂躁呢?

要想对症治疗，要查明病因。一般来说，狂躁症的引起主要有以下几种原因：一是遗传因素，虽然不能说狂躁与遗传有明显的直接原因，但是统计数据显示，与遗传有一定的关系。

体质因素也与狂躁症有一定关系，循环型人格的主要特征是交际、开朗、兴趣广泛、好动、易兴奋，也较易变得忧虑多愁。

另外，精神因素对于狂躁症也有影响，狂躁抑郁性精神病的发病可能与精神刺激因素有关，但只能看作诱发因素。

3. 保持平静的要诀

现代社会人与人之间的竞争很激烈，我们在工作和生活中压力很大，心理负担很重，不知不觉形成狂躁心理，让自己的心灵得不到平静。我们只有保持平静的心，才能让自己的人生真正美好起来。那么我们如何才能永远保持平静的心态呢？

（1）凡事往好处想

狂躁症者的心胸非常狭隘，表面上似乎对什么都满不在乎，不过，一旦遇到了一点儿不如意，马上就大发雷霆、怒火中烧。要想改变这种性情，我们男人就要学做一个豁达的人，凡事多往好处想，多想一些积极的方面，这样我们就不会钻牛角尖了，自然就不会有狂躁症了。

（2）集中精力做事

有狂躁症的男人，做事情时往往心不在焉，毛毛躁躁，结果事情没做好，只会更加狂躁。所以，要想克服狂躁症，我们就要督促自己集中精力做事，在做一件事时就把全部心思都放在这件事上，即使偶尔思想开小差，我们也要努力把思想再拉回到这件事上，直至这件事结束。

（3）提高个性修养

狂躁症一旦发作，通常是控制不住的，这与我们平时的一些习惯有很大关系。所以，要想消除狂躁症，我们就要从提高自身个性修养开始，让自己养成良好的心性和品质，戒骄戒躁，让情绪总是处于一种稳定、安静的状态。这样，无论发生什么事，我们都能够平静地对待，这对改善狂躁症是很有帮助的。

（4）学会转移

想到心情不好就心情会不好，那就不用想它，如果还是想，那就让自己忙起来，让自己没有空闲去想它，让自己充实地过好每一分钟。早晨醒了后不要恋床，醒了就起来，推开窗，呼吸一下新鲜空气，放松全身，把自己想象成快乐小天使。

（5）学会放松

选择一个空气清新、四周安静、光线柔和、不受打扰并可活动自如的地方，取一个自我感觉比较舒适的姿势，站、坐或躺下。活动一下身体，做的时候速度要均匀缓慢，动作不固定，只要感到关节放开、肌肉松弛就行了。

生容易，活容易，生活却不容易。别发愁，快乐地生活吧，并不是每个人都能成功的，只要你努力对待每件事情，对生活认真一点，只要你认真对待每一天，不管你的人生怎么样，都是精彩的。加油吧！

将暴怒心理转变为平和

暴怒是一种心理障碍，也是我们男人的一种坏习惯，但每当不合心意、心情不佳时，它都会无法抑制地爆发。因缺乏理智而出现暴怒的行为常常引发许多悲剧。据医学专家说，这实际上也是一种心理疾病，所以必须注重心理调适。

1. 认识暴怒与平和

在远古时代，人们只求温饱，并无奢望，感情释放是无保留的，所以古人一般都比较平和。而我们现代人由于讲究生活质量和生活品位，注重外部形体容颜乃至手中权力等多方面的影响，所以更多采取压抑情感的方式，往往使情感淤积，有时便会不由自主爆发出来，成为让人畏惧的暴怒。

然而这种暴怒情绪对于我们来说，是百害而无一利的。脾气暴怒的男人不仅容易发生中风、动脉硬化，也容易发生猝死。

脾气暴怒的男性较那些脾气平和的男性更容易产生心室纤维性颤动。虽然这种症状对许多人来讲并不构成很大的威胁，但有可能增加中风的危险。

人们常说，气大伤身。所谓气大，是指我们情绪十分激动，过度生气，怒气冲天。这种情况下，大脑皮层高度兴奋，引起皮层下中枢功能失调，一些内脏的神经调节发生障碍。

同时，我们在过度生气的情况下，体内的儿茶酚胺分泌增多，导致动脉血管收缩，管腔变窄。

中医认为，怒可伤肝，怒则气上，如果太严重，甚至会让我们半身不遂。长时间生气会降低我们肌体的免疫力，得病的可能性就增大了。如果生大气，就有可能得心脑血管病，后果真的很严重。另外，与那些脾气平和的人相比，脾气暴怒的男性发生猝死的危险高出20%。

2. 消除暴怒的方法

遇事不能控制住自己火气的人，往往是缺乏为他人着想的习惯。事事爱从自己的角度考虑，从自己的感受出发，随意地表现出自己的喜怒哀乐，没有想过由此可能会给周围人带来怎样的感受，以及可能带来的不良后果。那么我们如何才能克服自己的坏脾气呢？

（1）提醒法

我们可以请自己的好朋友帮助，当自己要发脾气时，请他们及时提醒，帮你压住"火"，使自己冷静下来。

念几遍不气歌、莫恼歌，细细品味，从中受益，付诸实现。或在床头、墙上贴上"制怒"的警句，提醒自己遇事要冷静。

（2）转移法

听到什么让自己生气的事，你就左耳进右耳出，或者干脆两耳不闻，自己做自己的，以此来转移注意力。

在怒气来临之前我们要强迫自己数30下或马上把自己的注意力转移到另一件事情上去。可以自然放松3分钟，做深呼吸5次，多喝几杯水，大笑几声。

想点高兴的事，做点愉快的活动。

听听美妙的轻音乐，看看令人陶醉的图画，欣赏心旷神怡的风景、雨中漫步、花间流连、湖边钓鱼、海滨远眺，这些都能有效转移自己的暴怒。

也可以读读故事书、出门跑跑步，要不然睡一觉，醒来一切怒气都云消雾散。

（3）记录法

我们可以把每一次因一些琐事而发怒的原因和经过记在一个本子上，事后看看一定会有羞愧之感，自己都觉得好笑，没准你自己会说："真是犯不上。"以后，发脾气的次数一定会减少的。

（4）躲避法

当我们遇到要生气的事情的时候，大可不去理它，这就减少了很多暴怒的机会。举例来说，当你跟对方在沟通的时候，你发觉你开始心跳加快、肌肉紧绷，这时候你就应该要警觉到自己的状态。

如果你感觉继续谈话下去可能会让你发脾气，你就应该避开这个谈话。这时候你可以跟对方说：我现在不想再谈这件事情，我们明后天找时间再来谈，我们现在情绪都不好，不要再谈了。

或者如果你已经生气了，你也可以说，"今天不要再跟我讲话，"或单纯比划一个手势停止对方的谈话，然后离开。

当你不再跟对方谈话的时候，你可以去散步半小时，也可以看看电视，让自己的脑子不要再想那些事。

这些活动的主要目的就是要让你的脑子分心，不要重复地被刺激，而当你的心思不再被刺激的时候，你的情绪就会渐渐平稳下来。

（5）释放法

房子脏了要打扫，同样我们的负面情绪多了，也要懂得转移，所以要合理地释放，这个释放不是要你去乱打人，或者是强烈运动，而是找好友聊聊，把这些负面的情绪释放出来。

（6）升华法

把生气的缘由作为自己前进的动力，这应该是一个不错的方法，我们与其和别人生气，不如和自己的工作较力，让自己的工作做得更好。

（7）自我控制法

俗话说："忍字头上一把刀。"进行自我控制，一定要有比较好的自我素养。

3. 营造平和的要诀

平和是迷人的，它带给人以信心和欢笑，让人感觉不到一丝忧郁和悲哀，感受到的只有美好生活带来的顺心如意，其实平和是可以营造的，有几条建议不妨试一试：

（1）对自己不苛求

有些男人把自己的目标定得太高，对自己所做的事情要求十全十美，往往因为小小的瑕疵而自责、暴怒不已，结果受害的还是自己。

为了避免由挫折感引发的暴怒，我们应该把目标和要求定在自己能力范围之内，懂得欣赏自己已取得的成就，心情就会舒畅。

我们不要指望用金钱买到平和。人们赚取金钱的实际数量对平和快乐并无多大影响，关键是对自己的收入是否感到心满意足。珍惜每一时刻。平和快乐来自每天发生的一件件小事，而不是源于偶尔的几件带来好运的大事。

（2）不要处处与人争斗

有些人心理不平衡，处处与人争斗，使得自己经常处于紧张状态。其实，人际之间应和谐相处，只要你不敌视别人，别人就不会与你为敌。

（3）对亲人期望不要过高

妻子盼丈夫飞黄腾达，父母希望儿女成龙成凤，当对方不能满足自己的期望时，便大失所望。其实，我们每个人都有自己的生活道路，何必要求别人迎合自己。

（4）适当让步

处理工作和生活中的一些问题，只要大前提不受影响，在非原则问题方面我们无须过分坚持，适当让步，从而减少自己的烦恼。

（5）找人倾诉烦恼

生活中有烦恼很正常，我们把所有的烦恼都闷在心里，只会让自己抑郁苦闷，有害身心健康。如果把内心的烦恼向知己好友倾诉，心情会顿感舒畅。

（6）三思而后行

思什么？思前因、后果和方法。冲动情绪往往是由于对事物及其利弊关系缺乏周密思考而引起的，我们在遇到与自己的主观意向发生冲突的事情时，若能先冷静想一想，不仓促行事，情绪也就冲动不起来了。

总之，在生活中，我们男人要学会原谅自己，也要学会原谅别人，别用自己的过错来折磨自己，也别用别人的过错来惩罚自己。我们每个人都应该心平气和地度过自己的一生。

将自大心理转变为谦逊

自大是一种浅薄的心理，其特征是看不起别人，置别人的成绩于不顾，贬他人的才干如草芥。当别人取得一些成绩时，他的心理便会失去平衡。

当自大占据我们男人心灵的时候，我们往往身处险峰而高视阔步，只谓天风爽，不见峡谷深，从而会失去理智，陷入逆境。所以我们必须学会谦虚，敢于接受批评，并虚心向人请教，这样才能让自己不断进步，从而更好地成就自己的事业。

1. 认识自大与谦逊

自大往往让我们表现得很无知浅薄，除了让人轻视外，不可能得到任何好处。

现实生活中我们许多男人都多多少少存在着这样一种自大心理，我们常常对自我过高地评价，以致形成虚妄的判定。

自大的害处很多，会让人变得盲目，变得无知。骄傲会让我们看不到眼前一直向前延伸的道路，让我们觉得自己已经到达山峰的顶点，再也没有爬升的余地，而实际上我们可能正在山脚徘徊。所以说，骄傲是阻碍我们进步的大敌。

三国时候，祢衡很有才，在社会上很有名气，不过，他除了自己，任何人都不放在眼里。容不得别人，别人自然也容不得他。因此，他被杀于黄祖。祢衡短短一生未经军国大事，是什么样的人很难断定。在这方面，即使他是天才，傲慢也必招来杀身之祸。

关羽大意失荆州，同样是历史上以傲致败最经典的一个故事。其一生忠义，几近完人。只为一个"傲"字，失地断头。

相反，为人谦虚、处事谨慎、戒骄勿躁，是追求个人修身养性、为人处事之道的非常重要的组成部分。

谦逊如那偏僻山崖中的泉眼，所有的崇高美德都是由此潺潺流出的。

谦逊对于优点犹如图画中的阴影，会使之更加有力更加突出。对上级谦恭是本分，对平辈谦逊是和善，对下级谦逊是高贵，对所有的人谦逊是安全。

真正的虚心，是自己毫无成见，思想完全解放，不受任何束缚，对一切采取实事求是的态度，具体分析情况，对于任何方面反映的意见都要加以考虑。

2. 消除自大的方法

我们男人平时要多注意自己的言行，如果我们有了盲目自大的心理，要及时将自己从自以为是的陷阱中拉出来，并且重新学习与人相处。那么我们如何消除狂妄自大的心理呢？

（1）认清原因

认清原因，我们才能对症治疗。首先自大心理往往与我们自我意识发展的特点有关。我们有些人对认识和评价自我充满了浓厚的兴趣和急迫感，自我认识和评价的水平大为提高，但自我认识和评价的客观性与正确性尚不够，还存在一定程度的盲目性，因此会让我们产生自大心理。

随着我们男人独立意识、自尊心的发展，常常会导致一种不必要的自负心理。于是自吹自擂、老子天下第一等言行和心理，便在我们身上表现出来了。

自大心理也可能与我们的家庭背景有关。比如我们读书时的成绩好，初入社会的顺利，家人对我们的要求又百依百顺，使我们不知不觉形成了事事以自我为中心，养成了一种不懂得迁就别人及完全不能容忍挫折的性格。

（2）调整动机

达到或超过优异标准的愿望，使我们个人认真地去完成自己认为重要或者有价值的工作，并欲达到某种理想地步的一种内在推动力量，正是成就动机推动人们在各种行业里奋发图强。我们一定要学会实事求是地评价自己的能力和知识水平，定出符合自己实际能力的奋斗目标。

（3）善于学习

我们男人要虚心地取人之长，补己之短。诚然，谁都不可能成为无所不能、万事皆通的全才，然而，只要虚心地向别人学习，善于把别人的长处变成自己的长处，那么他必定会越来越聪明、越来越进步。

3. 培养谦逊的美德

人生在世，我们男人要谦虚一些、谨慎一些，多一点自知之明为好。我们可以看看那些科学家、艺术大师们，他们当中，绝少有人因为自己具有足够资本而狂一狂的。他们是非常自知而又非常谦虚的。所以，我们的行动准则应是谦逊而不是自大。我们在克服自大心理的同时，如何培养自己谦逊的美德呢？

（1）照镜子，认清自己

有些人总认为道理总是自己的对，文章总是自己的好，品格也总是自己的高，小的优点放得特别大，大的弱点缩得特别小。

自视高，旁人如果看得没有那么高，我们的自尊心就遭受了打击，心中就结下深仇大恨。这种毛病在旁人，我们就马上看出，在自己，我们却熟视无睹。所以我们要经常照镜子。我们如果认清了世界，认清了人性，自然也就会认清我们自己。

（2）分功他人

我们谦虚并不意味着我们不肯定成绩，而在对成绩有一个清醒的认识，尤其不要忽视他人努力及帮助。

许多科学家正是在取得成就的时候，念念不忘前人给予的启示，不但无损于自己做出的贡献，反而使其辉煌业绩与谦虚美德交相辉映，从而赢得了人们的崇敬。

（3）侧重法

有时候，我们为了说明自己取得某些成就或者胜任某项工作，不免要对自身因素做出评判，如品德、才智、思维方式、心理素质、努力等。我们在对自己所取得的成绩进行评价时，不妨强调一下自己所付出的努力，而不是炫耀自己的才能，这一定会得到更多人的尊敬。

（4）对比法

谦虚是我们男人积极的人生态度，其特点是朝前看、朝上看，在广泛对比中关注的是他人的长处、强者的水平、未来的需要，因而总能找到自己的不足，在成绩面前不骄不躁，保持永不满足的进取心。

（5）冲淡法

有时候，他人对我们的称赞恰如其分，若否定则有悖于事实，若肯定则有沾沾自喜之嫌，不妨采用自嘲、夸张、巧辩等形式，将对方的称赞加以冲淡、化解或变换，从而达到调侃得随意、谦虚得别致的境界。谦虚的方法还有很多，可以说，谦虚是一门大学问，领悟了它，就获得了动力、魅力、合力，就能在平凡人生中构筑起一道美丽的风景。

将贪婪心理变为知足

"贪婪"是指一个人贪得无厌之心，即对与自己的力量不相称的某一目标过分的欲求。与正常的欲望相比，贪婪没有满足的时候，是一种非常危险的心理。当我们贪婪的欲望之火被点燃后，烦恼也会来敲打你的心门了。因此我们要学会知足，如此，人生才会更幸福，人生才会更有意义。

1. 认识贪婪与知足

俗话说，"贪心图发财，短命多祸灾"。心地善良、胸襟开阔才是我们每一个人应有的良好品性，才是我们的健康长寿之本。如果我们一味贪图小便宜，终究是要吃大亏的。

有的人人际关系一次用完，做生意一次赚足，他们以为自己这样做很聪明，殊不知这都是在断自己的路。

贪婪是致命的人性弱点，也是一大忌，因为它足以摧毁一个人。我们不想自己随波逐流，那么我们必须有一颗平和知足的心，能够在清贫中守住自己，也能够安贫乐道，随遇而安。

欲望的永不满足诱惑着我们追求物欲的最高享受，然而过度地追逐利益往往会使我们迷失生活的方向，因此，凡事适可而止，我们才能把握好自己的人生方向。

大千世界，诱惑太多，如果我们什么都想要，会非常累，该放就放，你会轻松快乐一生。贪婪的人往往很容易被事物的表面现象所迷惑，甚至难以自拔，事过境迁，后悔晚矣。

2. 打消贪婪的念头

贪婪是一种顽疾，我们极易成为它的奴隶，变得越来越贪婪。人的欲念无止境，当得到不少时，仍指望得到更多。一个贪求厚利、永不知足的人，等于是在愚弄自己。贪婪并非遗传所致，是个人在后天社会环境中受病态文化的影响，形成自私、攫取、不满足的价值观而出现的不正常的行为表现。只要有心克服，就一定能够做到。我们该如何才能打消自己的贪婪之念呢？

（1）认清危害

贪婪是一种过分的欲望，如果我们不加克服、任其滋长，最终的结果必然害人害己。有的人唯利是图，见利忘义，利用一切手段索取钱财。有些人为了出人头地，拼命地往上爬，或诬陷他人以表现自己。这都是贪婪心理在作祟。

我们要知道，这些行为都是让人们不齿的行为，你可能一时得逞，但是害人者必害己，这是千古不变的真理，认清了贪婪的危害，我们就要下决心克服它。

（2）自我抑制法

最好的方法就是我们进行自我控制。控制好自己的贪念，首先要正确认识自己的贪婪心理，知道哪些是正常的需求、哪些是贪婪的欲望。然后我们要对自己的贪婪进行冷静的分析，比如认定其是由于什么样的心理造成的，是由于过分的补偿心理、侥幸心理还是攀比心理，是不是自己的价值观本来就有待改正。认清楚这些事实，改正这些不良心理就能够从根源上消除贪婪心理了。

（3）自警法

可以通过许多途径来做到自我的警醒。一些古往今来的名言、警句可以帮助自己起到警示作用，好人好事、社会上弘扬的无私精神，也可以起到很大的激励作用和示范作用。

古往今来，仁人贤士们对于贪婪之人都是非常鄙视的。他们撰文作诗，鞭挞或讽刺那些向国家和人民索取财物的不义行为。陈毅的《感事书怀·七古·手莫伸》，许多人耳熟能详。其中写道：手莫伸，伸手必被捉。党和人民在监督，万目睽睽难逃脱。如果我们想消除贪婪心理，不妨将此类诗歌警句裱成堂幅，悬挂室内，朝夕自警。

（4）二十问法

这是一种自我反思法，我们可以自己在纸上连续20次用笔回答"我喜欢……"这个问题。

回答时应不假思索，限时20秒时，例如，我们在纸上连续写下，"我喜欢钱""我喜欢很多的钱""我喜欢自己是个有钱人""我喜欢有许多财富""我喜欢过有钱的生活"等。

写完之后，我们再思考一下，自己对钱是否有一些过分的欲望，为什么许多举动都与谋钱有关，接着往下想，我们的生活离不开钱，但这钱应来得正，不能取不义之财。

另外，钱是我们身外之物，生不能带来，死不能带走，贪婪之心最终会阻碍自己的发展。

最后，还要分析自己贪婪的原因是有攀比、补偿、侥幸的心理呢？还是缺乏正确的人生观、价值观呢？分析清楚后，便下定决心，堂堂正正做人，改掉贪婪的恶习。

（5）知足常乐法

要想活得快乐我们就要懂得知足。知足便不会有非分之想，常乐也就能保持心理平衡了。

一个人对生活的期望不要过高，虽然谁都会有些需求与欲望，但这要与自己的能力及社会条件相符合。快乐的生活不是大量的金钱、很高的地位，这些都只是身外之物而已，真正的快乐来自内心，只要懂得知足，快乐就会来到你的身边。我们每个人的生活有欢乐，也有失望，不能攀比。心理调适的最好办法就是做到知足常乐，知足，就不会有太多的欲望、贪婪的心理和这样那样的非分之想。

3. 做到知足的要诀

人们常说："知足者常乐。"的确如此，所以我们要在取得进步或成功的时候，好好让自己从心底里知足一把。在生活中，我们必须学会知足常乐。我们该如何让自己知足呢？

（1）自得其乐

知足是一种美德和智慧，面对各种压力，我们要正视压力，学会自我化解，自我释放，学会苦中寻乐，进而自得其乐。

因为知足，我们会自觉珍惜，并倍加珍惜我们今天拥有的一切，从而更好地把握现在，把握未来。

因为知足，我们会更坦然地面对竞争，在权、钱、色面前心静神定，在义利的天平上摆准砝码，做到有所求有所不求，有所为有所不为，能为则为，不能为则不为。

因为知足，我们会超然洒脱，不必奉承拍马，阿谀应对，更不必做蝇营狗苟之事。也因为知足，我们会懂得许多生活的情趣，从许多不经意的小事中获得美的享受。挥毫泼墨，泛舟江湖，棋盘纹秤，浇花种竹，怡然自乐。

（2）自娱自乐

尽管我们平时的工作繁忙，但要学会从百忙之中挤出宝贵的时间来，在工作之余尽情地自娱自乐。

如果你喜爱运动，那就去体育场上挥洒汗水；假如你喜爱音乐，去卡拉OK潇洒一回；倘若你喜爱棋牌，去棋牌室里寻找对手；要是你喜爱倾诉，去找自己的知己或者上网聊天。

因为人总有对某一事物厌倦的时候，多种兴趣爱好交替进行，既能减少厌倦，又能增长知识，提高自身的综合素质，何乐而不为呢？

（3）助人为乐

理性的思考、平和的心态和兴趣的多元化，可以慢慢消除自我心中的压力。我们要学会换位思考，学会关心、帮助他人，学会移情战术。只有这样，才能设身处地地站在他人的角度，理解他人的苦衷，欣赏他人的亮点，赞美他人的成绩，在赏识、帮助他人的同时愉悦自己的身心，丰富自己的感情。

为他人着想，我们就会自然地表现出友善和愉悦，可以让我们感受到帮助他人的快乐。

把自恋心理转变为自爱

自恋是人性中广泛存在的现象，但总的来说，自恋心理是一种不成熟的表现。自恋者自我欣赏，又很在乎别人是否关注自己，并且期望得到别人的认同或赞美，但因为缺少与他人平等相处、沟通的能力，所以活得很累。而自爱则是我们将自己放在整个社会当中，努力不断地完善自我，通过正确的方法来爱护自己。这是我们的一种良好、积极的动态，是成熟的表现。所以我们要告别自恋，学会自爱。

1. 辩证地看待自恋与自爱

自恋，即恋慕自己，看自己一切都是好的，对自己充满了怜惜，我们通常把此类人称为自恋狂。

不可否认，我们每个人多多少少都有点自恋的倾向，毕竟，懂得欣赏自己也是一种美好的品格。如艺术家在某种程度上的自恋，有时候不仅不是问题，反而可以增加个人魅力。但适度很重要，自恋就像炒菜用的盐，少了则淡而无味，多了便难以入口。所以我们要辩证地看待它。

有的男人喜欢把自恋的价值定位在外在的、透过感官可以触摸到的东西。因为我们过多地活在了自己的情感世界中，而与外界保持着冷淡的关系，同样，我们也会对旁人的感受或痛苦视若无睹，这就是过分自恋者的特征了。

过度自恋的男人往往自认为英俊潇洒，随处照镜子，借着车窗照，对着电梯里的镜子照。自恋使男人只盯着自己脚尖上的灰尘，完全忽略了周围的世界。

虽然我们都应该爱自己，但是爱得过了火就危险了。过分自恋，其实与自私无异。凡事看到的都是自己，渐渐整个世界也都变成了自己一个人的了。在自恋心态的支配下，我们没有全身心地释放自我，真正地做自己，又因为缺少与他人的沟通，总是对人有期待，必然会活得很累。

自恋者只会寻找跟自己类似的人做配偶，无论他们跟什么人在一起，永远是他们自己。一旦配偶在某个地方跟他们有较为明显的不同或相反，他们就会很失望。

所以自恋者会经常失恋，无论是主动离弃配偶还是被配偶抛弃。自恋狂很难与除了自己以外的其他人维持一段相对正常的情侣关系。而我们自爱的人不一样，自爱者比较喜欢配偶互补，但也不排除和接近的人在一起。

我们自爱的人对待感情的态度是理智的，我们尊重配偶的意愿和选择，不盲从也不抗拒对方和自己截然不同的习惯，就算双方有矛盾，也能找到调和的办法。而不是像自恋狂那样一遇到问题就回避，或者离开甚至人间蒸发。我们自爱的人不会对自己过分溺爱，更不会自负。我们懂得要怎样关心自己，因此，不会过分地强求自己去做办不到的事。

我们自爱的人总是广施爱心，不但懂得爱自己，也关心自己周围的人。我们待人处世很成熟，却不乏小孩子的天真。我们总是尽心尽力地把自己分内之事做好，因此，我们很自信。我们不做有损于自己名誉的事情，因为我们有自尊。

世界如此美丽可爱，我们为什么不懂得珍惜享受呢？为什么不学会做自爱的主人，而选择做自恋的仆人，让其在我们身上恣意横行，践踏我们的生命呢？愿自恋离我远去，自爱归来，更愿所有的人，都懂得自爱，拥抱自爱。

2. 消除自恋的方法

男人自恋者由于不能从自我中走出来，因此一直处于一种极度自私的状态，这样不仅会危害自己，甚至还会影响别人。那我们该如何消除自恋呢？

（1）努力工作

我们必须努力工作，以取得成绩来吸引别人的关注与赞美。

（2）不嫉妒别人

每个人都有属于自己的好东西，我们要争取我们应得到的，但不嫉妒别人。

（3）请人监督

我们还可以请一位亲近的人作为监督者，一旦出现以自我为中心的行为，便给予警告和提示，督促并及时改正。

（4）不挑剔

假如我们一直非常挑剔，拒绝外部世界的融入，就会转回自恋状态。我们可以尝试着把专注的目光从自己身上移开，去关注离自己最近的人。

（5）学会欣赏

我们要以一种欣赏的眼光看待这个世界，甚至连别人幼稚的或愚蠢的举动都是欣赏，作为一个欣赏者，你的心情会非常好。你在一个无名的地方看见一朵无名的花开了，你觉得很美，在你的世界里就只有那样的美而没有了自己。当我们的注意力被外部世界吸引，我们会发现自恋不自觉地融化了，甚至不存在什么自我。病态的自恋，正悄悄地从我们的身边走开。

（6）自我分析

我们男人可以尝试做一个自我分析，最简单的办法就是列出自己的性格优势及劣势，同时列出与自己的性格相关的真实事件。假如我们的自我分析中只有优势、只有成功，肯定是自己在骗自己。一份真实的自我分析可以帮我们打碎自恋的幻觉镜子，我们并不像自己想象的那么完美，甚至有好些行为连自己都无法忍受，这样我们还会自恋吗？

3. 学会自爱的要诀

我们爱自己没有错，但是真正懂得欣赏自己爱自己的心理是自爱而不是自恋。自爱是一种内省的智慧，它让我们明白自己的内在世界，分享自己的感受，也用心去感受周围的一切。最重要的是我们因自爱才能对人尊重、关怀，才能设身处地看待人。那么我们平时该如何做到自爱呢？

（1）从现在做起

"不，我不想再亲密地接触女人"，许多男人在心里嘶喊着。恐惧爱，远离爱，可是他们心中很渴望爱，充满了自我的矛盾。于是我们用事业做填补。虽然事业成功了，但我们心里依然饥渴着，直到我们没有爱的能力时，便开始爱的掠夺，于是失望、不满意、愤怒。

让我们从现在就开始医治那份痛吧！去找心理医生，去寻找爱自己的方法。让心中惴惴不安的小鼓消失，让安全与爱从心中重新升起。

（2）敞开胸怀

敞开我们的胸怀，使自己能感受周围和自身的一切，从而愿意接受自己所做的一切。现在说出我们自己受感动的东西，说出自己觉得重要的东西，使自己越来越为自己和别人所看见。

（3）学会爱人

让我们做一个有爱心的人，不仅爱自己，也要爱别人。如果我们一味地要求别人爱自己，是自私而无法得到别人认同的。总之，自爱是对生命的敬畏和珍惜，使人看重自己，珍惜自己，珍惜每一个学习机会，努力充实自己，追求知识，发展自己自爱的人，能真正面对自己，并且在自爱中也爱别人。

第四章
从容社交的心理态势

　　社交心理就是指人与人交往中的心理变化以及在社交中人的思维惯性。也叫社会交往心理学。

　　社交心理是我们在社会活动中的一种基本心理和行为。社会交往就其本身而言，不仅是一项重要的社会实践活动，而且还是从事其他社会活动的基础和前提。因此，社会交往不仅具有普遍性和广泛性的特征，它还能体现一个人的素质和能力。

将偏执心理转变为通达

偏执是指人的一种病态观念或妄想，其行为特点常常表现为：极度地感觉过敏，对侮辱和伤害耿耿于怀；思想行为固执死板。持这种心理的人在家难以和睦，在外也很难与朋友、同事相处融洽，别人对其敬而远之。所以善于调整并改变偏执心理对一个人的人生十分重要。

1. 认识偏执与通达

偏执是一种不良性格，表现的程度可能不一样，但是对人对己都是有害的，所以我们要认清偏执，认真克服。如何看出我们是不是有偏执的表现和行为呢？

偏执表现在我们身上，比如过于自尊和自负，常常固执己见，独断专行，喜欢挑别人的"刺"，对人苛刻不宽容，总是抱怨和指责别人，和别人经常发生争吵、争辩。

或者过于敏感，多疑又多心，常将他人无意的、非恶意的甚至友好的行为误解为敌意或歧视，或无足够根据，怀疑会被人利用或伤害，因而过分警惕与防卫。

偏执的人容易激动，喜欢钻牛角尖，看问题偏激。由于认知的片面性，平时难以感知和反映事物的真实性，所以一遭到别人的反驳就激动不已，指责别人，甚至对人采取报复行动。

偏执让我们不能正确、客观地分析形势，有问题易从个人感情出发，主观片面性大，如果建立家庭，常会怀疑自己的配偶不忠。

如果这些症状我们大部分都具有，那么我们很可能已经受到偏执的困扰了。我们应该及时纠正自己的偏执心理，让自己通达起来。

老子说："无执，故无失。"意思是不固执某种观念或主张，也就不会在这种观念或主张上失败。无执无失就是通达大度，具有宽容精神。

让我们告别偏执心理，变得通达起来吧！

2. 改变偏执的心理

如果我们男人有了偏执心理，就会产生一系列问题。所以，改变偏执的不良性格是非常必要的。在改变偏执的过程中，我们平时应该如何做呢？

（1）提高认知

首先我们要多了解偏执人格障碍的性质、特点、危害性及纠正方法，争取对自己的心理问题有一个正确、客观的认识，并自觉自愿产生要求改变自身人格缺陷的愿望。

（2）正视自己

发现自己有偏执倾向的人，要认真反省自己，是否过于自尊，是否轻易地批评别人或否定别人的意见，是否对别人都加以戒备和猜疑，是否对人冷漠。如果确实如此，应需加强自我修养，正视自己的偏执性格及其危害，下决心克服和矫正。

（3）以诚交友

我们必须采取诚心诚意、肝胆相照的态度积极地交友。要相信大多数人是友好的和比较好的、可以信赖的，不应该对朋友，尤其是知心朋友存有偏见和不信任态度。

我们必须明确，自己交友的目的在于克服偏执心理，寻求友谊和帮助，交流思想感情，消除心理障碍。

（4）主动帮助朋友

主动帮助朋友，有助于我们以心换心，取得对方的信任和巩固友谊。尤其当朋友有困难时，更应鼎力相助，患难中见真情，这样才能取得朋友的信赖和增进友谊。

（5）改造非理性观念

偏执的人都喜欢走极端，这与其头脑里的非理性观念相关联。因此，要改变偏执行为，必须分析自己的非理性观念。

例如，一些男人不能容忍别人一丝一毫的不忠，认为世上没有好人，能相信的只有自己。

我们要改变观念，我们要知道，自己不是说一不二的君王，别人偶尔的不忠应该原谅。世上好人和坏人都存有，我们应该相信世上还是好人多。

每当我们故态复萌时，就应该把改造过的合理化观念默念一遍，以此来阻止自己的偏激行为。有时自己不知不觉表现出了偏激行为，事后应重新分析当时的想法，找出当时的非理性观念，然后加以改造，以防下次再犯。

（6）经常提醒自己

事先自我提醒和警告，处世待人时注意纠正，这样会明显减少我们的敌意心理和强烈的情绪反应。

（7）学会忍让

生活在复杂的大千世界中，冲突、纠纷和摩擦是难免的，我们必须学会忍让和克制，不能让怒火烧得自己晕头转向，肝火旺旺。

3. 做到通达的要诀

通达也就是通情达理。很多人，只认自己的理，而不认他人的理。那么我们平时该如何才能真正做到通达呢？

（1）坦承

沟通时，首先要让对方感受到自己的坦承，从而让对方也敢于表达内心真实的想法，哪怕是反对意见。如果对方把反对意见藏在心里不说出来，就不坦承。

（2）接纳对方

无论对方产生什么情绪，我们都应先接纳理解，情绪没有对错，只有接纳和理解，只有通了这个情，才有可能达到那个理。

（3）允许不同意见

当对方提出反对意见时，我们不要急于讲出自己的道理，试图说服对方，而是要相信对方一定有他的道理，不妨请他说出来。

（4）共同探讨

听完对方的话之后，我们可以给予理解，继而共同探询，同时把自己的想法说出来，也许对方心悦诚服地接受了你的意见，也许，你们会综合双方的想法找到了第三个方案。

总之，沟通的好坏的判断标准是，双方是否心悦诚服地达成一致。

将孤僻心理转变为开朗

孤僻是指因缺乏与人交流而产生的孤独、寂寞的情绪体验。也就是我们常说的不合群。这种人由于不能与人保持正常交往，所以往往处于一种离群索居的心理状态。

孤僻心理对于男人的身心以及日常生活是有很大负面影响的。所以将孤僻心理转变为开朗就显得十分重要。须知，开朗快乐不仅对健康有益，而且更容易融入社会这个大家庭。

1. 认识孤僻与开朗

孤僻的男人一般为内向型的性格，主要表现在不愿与他人接触，待人冷漠。对周围的人常有厌烦、鄙视或戒备的心理。

孤僻是一种人格表现缺陷，尽管其自视甚高，常显出一副瞧不起人的样子，但其实内心虚弱，害怕被人刺伤，因而不愿与人交往，在不得不与人交际时，也显得行为怪僻、奇特和做作，常会给人一种神经质的感觉。

孤僻让人的猜疑心增强，容易神经过敏，办事喜欢独来独往，但也免不了为孤独、寂寞和空虚所困扰。因此，孤僻对我们的身心健康十分有害。

孤僻让人缺乏朋友之间的欢乐与友谊，交往需要得不到满足，内心很苦闷、压抑、沮丧，感受不到人世间的温暖，看不到生活的美好，容易消沉、颓废、不合群，缺乏群体的支持。这种消极情绪长期困扰，会损伤身体。

孤僻的成因往往与我们幼年的创伤有关，如父母离婚、父母的粗暴对待、伙伴欺负、嘲讽等不良刺激，使我们过早地接受了烦恼、忧虑、焦虑不安的不良体验，会使我们产生消极的心境甚至诱发心理疾病。

造成我们孤僻性格的原因，除了家庭因素，还有一定的社会因素。如由于缺乏必要的社会交际能力和方法，使得我们在人际交往中遭到拒绝或打击，如耻笑、埋怨、训斥，使我们的自主性受到伤害，于是我们便把自己封闭起来。越不与人接触，社会交往能力就越得不到锻炼，结果就越孤僻。

相反，保持开朗乐观的心境，会让我们对生活充满希望，也更容易融入集体生活，得到别人的认可，让我们在交际中如鱼得水。

即使偶尔出现消极的情绪，如苦闷、焦虑等，我们也能自己摆脱，因为减少了心理压力，感染疾病的可能就会减少到最低，我们也才会更加健康。

让我们保持一份轻松愉悦、乐观开朗的心情吧，那样我们就会收获更多的快乐！

2. 消除孤僻的方法

当我们男人不自信，与人交往遇到困难时，躲避绝不是办法，长期以躲避人群来掩饰自己，只会使我们自己陷入更深的孤僻状态中。孤僻的害处是显而易见的，我们应该有意识地消除孤僻，那么到底该如何做呢？

（1）认清危害

我们要正确认识孤僻的危害，敞开闭锁的心扉，追求人生的乐趣，摆脱孤僻的缠绕。孤僻危害很多，如难以与其他人相处，使自己经常处于落落寡合、忧虑、不愉快的状态中。对于需要集体合作才能完成的工作，需要互相配合才能做的事情，都难以胜任等。

（2）认识别人和自己

我们每一个人都有自己的长处和缺点。可是孤僻者一般不能正确地评价自己，要么总认为自己不如人，怕被别人讥讽、嘲笑、拒绝，从而把自己紧紧地包裹起来，保护着脆弱的自尊心，要么自命不凡，认为不值得和别人交往。

所以，孤僻者需要正确地认识别人和自己，多与别人交流思想、沟通感情，享受朋友间的友谊与温暖。还要正确认识孤僻的危害，敞开闭锁的心扉，追求人生的乐趣，摆脱孤僻。

（3）有奋斗目标

一个有所爱、有所追求的人，不会孤寂；一个为事业忙碌的人，也不会孤僻。因此，我们一定要树立坚定的事业心和奋斗目标，并为之努力拼搏，孤僻自然会被热情所淹没。

（4）树立必胜的信念

我们可以把主动和别人说一次话，或主动邀请别人做一件事，当着一次胜仗来看待。你可以这样暗示自己：我主动与你交往，即使你不理我，我也算取胜了。经过一段时间的锻炼，一旦你品尝到胜利的滋味，你的胆怯心理就会逐渐被克服。

总之，要面对现实，主动和别人交往，树立信心，增强自尊，这样会体会到与人交往是一件平常的、正常的事。多一分自信，胆怯就会减少一分。

3. 做到开朗的要诀

我们在每天生活中，会遇到许许多多的事情。一些事情可能让我们不舒服。这就要求我们试着用乐观开朗的心态去对待，逐渐形成习惯，从而让自己的人生永远充满快乐。那么具体我们该如何做呢？

（1）改变看问题的方式

凡事从好处想，遇到一时想不开的事情，可以找位自己信得过的师长、父母或者朋友倾诉，使自己得到放松。学会用微笑和快乐去面对人生。

（2）完善个性的品质

孤僻的性格，是我们在生活环境中反复强化逐渐形成的，孤僻让我们兴趣狭窄、清高孤傲，难以融入集体。要努力克服孤傲的心理，我们就要增加心理透明度，以开放的心态主动与人交往，吸纳别人的长处，享受、体会人际交往的情意和欢乐。

（3）培养健康的情趣

健康的生活情趣可以有效消除我们的孤僻心理。利用闲暇我们可以潜心钻研一门学问。或学习一门技术，或写写日记、听听音乐、练练书法，或种草养花养宠物等，都有利于消除孤僻。

（4）学习交往的技巧

我们可以看一些交往方面的书籍，学习交往技巧，可以从先结交一个性格开朗、志趣高雅的朋友开始，处处跟着他学，并请他多多提携。

（5）多参加活动

我们要多参加正当、良好的交往活动，在活动中逐步培养自己开朗的性格。我们要敢于与别人交往，虚心听取别人的意见，同时要有与任何人成为朋友的愿望。

这样，在每一次交往中都会有所收获，纠正认识上的偏差，丰富知识经验、获得友谊、愉悦身心，重塑你在大家心目中的形象。

（6）取长补短

学习别人的长处，弥补自己的不足。我们要用谦虚、友好的态度对待每一个人。把朋友当作教师，将有用的学识和幽默的言语融合在一起，你所说的话一定会受到赞扬，你听到的一定是学问。

总之，通过有意识地自我调节，我们一定会告别孤僻，找回开朗快乐的自己，让自己的生活变得更加幸福快乐。

将敌对心理转变为宽容

敌对是一种因嫉妒、逆反或憎恨而导致的情绪反感。其特征是对抗他人，与他人敌视而不相容。当这种敌对心理比较严重时往往会导致行为上的过激，使对方遭受痛苦和伤害。所以敌对是害人害己的一种心理，我们应加强心理调适，力求将敌对心理转变为宽容。

1. 认识敌对与宽容

我们的敌对心理常在以下两种情景中发生。一种是客观情景，当我们受到他人轻视、指责和伤害时，产生敌对心态。这时我们常常表现出怒目相对、冷漠仇视的态度，不管这种轻视、指责、伤害是出于善意还是恶意，是确实如此还是自己主观上的错觉，反正对一切感觉不利于己都充满敌对。

另一种是主观情景，凡是我们自己看不顺眼、不满、厌恶的人，常常表现为对他们冷眼相对，动辄非难，尽管他们没有冒犯自己，但只要这样偏见诱发出敌视情感，就会随时随地地在表情和行为上表现出这种敌对心态。

无论我们的敌对心理由哪种情景引起，都是攻击行为的潜在状态。一旦我们的敌对心态迅速膨胀，超过了忍耐的限度，就会演变为挑衅、报复、破坏等攻击性行为。

我们每一个男人可能都受到过别人的冷淡、误解，但不是每个人都会产生敌对心理的。一般来说如果我们自信宽厚，就会较少产生敌对情绪，因为我们对自己的优点、缺点有清晰的认识。

而如果我们心胸狭窄，就容易对常见的误解耿耿于怀，带着警惕的目光看待周围的人和事。因此，我们的人际关系就容易紧张，我们的敌对心理也就会很强烈。

我们男人平时不良的人际关系往往就是由我们的敌对心理引起的，因此我们要学会宽容，只有这样，才会建立良好的人际关系。

宽容是一种非凡气度，代表了我们男人心灵的充盈和思想的成熟。越是有智慧，我们的胸怀就会越宽广，因为我们明白，宽一分是福，让一步为高。这种态度不仅能让他人释怀，同时也善待了我们自己。

宽容是一种生活艺术、生存智慧，当我们了解了社会人生，必然会获得这份从容和超然。

宽容是一种美德，让我们告别狭隘、自私、固执，真诚宽容别人的过错，无须用折磨自己来惩罚别人。坦然应对我们生命小舟中的每一个险滩，就会融化别人冷漠的冰雪，迎来生机盎然的春天。

宽容是快乐的源泉，如果我们男人能够对朋友无意的误解泰然处之，我们的友谊之树就会常青；如果我们能够不计较同事的中伤，那么彼此之间会更团结；如果我们能够宽容领导暂时的失察，就能使我们的工作更顺利、更协调；如果我们能够宽容下属无心的冒犯，会让他们更自觉。

请学会宽容，我们不会贫穷到无机会表达宽容的地步。不要吝啬这高尚的财富，把宽容这束鲜花撒向人间吧。

2. 消除敌对心理的方法

把身边的人都看成敌人，对己对人当然都是有百害而无一利。那么我们平时应该怎么做才能克服自己的敌对心理呢？

（1）消除偏见

在人际交往中，我们男人不要戴着有色眼镜去曲解他人，不要不分青红皂白地认为他人对你有敌意。

凡事我们都要多从正面去理解，恶意伤害别人的人只是少数，即使别人是恶意伤害，只要我们心平气和地加以处理，也必定会使伤害者汗颜并有所收敛。

同时，我们也不要以自身的好恶去看待他人，要懂得人的兴趣、需要、性格是各不相同的。

（2）良好沟通

我们对他人不信任与缺乏人际沟通有关，沟通不良会造成人与人心理上的疏离，还会造成我们对别人的误解及别人对我们的误解。因此，要与别人建立良好关系，应从促进沟通开始。

有了良好的沟通，就会更多更深地了解别人，从而建立良好的人际关系。

（3）视觉转换疗法

所谓"视觉转换疗法"，即通过换一个看问题角度以达到改善情绪和观念的目的。

事实上，我们很多消极的情绪并不都是事实本身造成的，而是由我们看问题的方式和角度决定的。

譬如说，我们现在更多看到别人的缺点及别人行为中消极的一面，那就不妨在心里不断提醒自己，只关注别人行为当中的积极成分，不要关注消极的成分。

（4）发挥优势

我们都有自己的优势，自己的弱项。虽然我们目前人际关系差一点，但我们可能有很强的音乐智能、绘画智能、运动智能等，只要尽情发挥，一定会成功。

如果我们能把时间用于对自己优势能力的挖掘发挥上，也就没有心思用敌对方式向世界表示你的不满了。我们的心情和人际关系也会随之好转。

（5）积极暗示

即使我们是一个极为平常、毫无优势可谈的人，我们也用不着灰心丧气，不然的话会对自己的健康造成极大的危害。最佳做法是应该常给自己积极的暗示，我们可以经常对自己说："天生我材必有用""我很快乐""我很幸福""大家对我都很友好"之类的积极话语。

这样的积极暗示在学习、生活中会给我们正面的影响，它不仅可以让我们保持愉快的心情，减轻我们的敌对意识和行为，还可以给我们周围的人带来愉悦，形成一种良好的生活环境。要记住，敌对不能解决我们的任何问题，应该用积极正面的方式寻找快乐，享受生活。

（6）大处着眼

我们不要在小处过分坚持、斤斤计较，应学会忘记那些不愉快的事，减少自己的烦恼。男子汉就应该有"宰相肚里能撑船"的肚量，这样我们就会感到好像从自己的肩上卸下了沉重的愤怒的包袱，一身轻松。

（7）换位思考

我们男人不要念念不忘别人对我们的不友善态度，当事情发生时，要学会换位思考，站在别人的角度上想想，就会理解、原谅别人，化干戈为玉帛。

（8）交知心朋友

我们男人在与人开始交往时应当不抱成见，寻找机会取得别人的信任，奉行以诚待人的原则，如果我们处处关心别人、体谅别人，常常用友爱、善良和真诚的态度去对待别人，就会广交朋友，同时也能克服我们的敌对心理。

其实，我们男人都应该明白，别人永远都是你的镜子，如果你对别人微笑，别人也会对你报以笑脸；而如果你对别人投以敌视的目光，别人也会向你投来敌视的目光。

3. 培养宽容的要诀

宽容是我们每个人的必备素养之一。宽容不是纵容，宽容是信任、激励与欣赏，是尊重、理解与关爱。在现实生活中，如何让自己宽容起来呢？

（1）自我反省

宽容需要不断反省自己、提升自己，宽容是淡化矛盾、解决问题的良策，忍一时风平浪静，退一步海阔天空。

宽容不是针尖对麦芒，而是心平气和微笑握手，不斤斤计较，大踏步跨过情感的沟沟坎坎，以爱人爱世界的大度赢得别人的敬仰尊重。

（2）学会释怀

宽容是坦然释怀，我们总是对自己的痛苦念念不忘，那就永远走不出阴影，久而久之人就会被眼泪淹没，人也会狭隘起来。

如果我们能够放下那些不愉快的往事，打开心灵这扇大门，宽容一切，得饶人处且饶人，我们的生活就会焕发出新的生机。所以，宽容是爱过之后的感激、理解，宽容是心境相通之后的幸运、珍重。

（3）宽容待人

有什么样的思想观念，我们就会有什么样的处理方式。要想做到宽容，就必须树立正确的观念，即人非圣贤，谁能没有过错。

既然每一个人包括我们自己都可能犯错，我们为什么就不能对别人的错误宽容一下呢？当我们树立了这样的思想时，面对别人的错误，就会心平气和起来，就有了宽容的情感基础。

　　不论别人犯了多大的错误，我们一定要冷静，一定要控制住自己的感情。声色俱厉、气势汹汹不仅解决不了问题，反而会激起别人对自己的反感。用微笑面对别人的过失，也许更会让对方愧疚，主动承认自己的错误。

　　对于别人的错误，我们要给他们认识错误和改正错误的时间，也就是在时间上宽容他们。公众场合的问题，尽可能在事后解决。这样我们的头脑会更清醒，也给对方一个反省的机会。

　　总之，宽容是要求我们对人不苛求，对事不苛求。如果我们能够常用宽容的态度对待事业、家庭和朋友，事业、家庭、朋友才会更长久。

　　真正的宽容是真诚的、自然的，没有丝毫强迫的意味，因此，没有人比宽容的人更强大更自豪。我们的生活里多一点宽容，我们的生命就会多一些空间和爱心，生活也就会多一些温暖和阳光。

将报复心理调整为宽恕

　　报复心理是指我们在无端受到心理挫折而感到愤怒时，所产生的一种对对方的攻击欲望。其实生活中并没有那么多的敌我矛盾，所以一个人的报复心不能太强。我们男人千万不要以报复对方的方式来满足自己的不满，因为这种方式只能增加自己的负担。相反，宽恕会让我们的心里没有过多负担，同时也会让我们更快乐。

1. 认识报复与宽恕

我们男人在自我觉得遭受了欺侮、委屈，心灵受到伤害，心理失去平衡时，常常心生怨恨、仇视，并且"以眼还眼，以牙还牙"甚至变本加厉地去反击对方，包括语言、表情、行为等，企图让对方遭受痛苦，使之名誉受损、财产丧失、肢体受伤甚至生命终止的心态就是报复心理，我们这样做的目的是通过对方遭受痛苦来达到自己心理的平衡。

攻击报复总是挫折的结果，当我们受辱、遭贬、被拒绝、被排斥后，心生怨恨甚至仇恨，报复的冲动就萌生了，但从产生报复的念头到采取行动，常常受到内外各种因素的干扰，许多时候行动或放弃就在一念之间。

一般情况下，我们大多数男人能够通过冷静的分析、理智的思考而没有演变为报复行为。而有的人在报复心理的驱使下，不能控制自己，以致出现了报复的攻击行为。

另外，由于我们受到道德、法律、良心的约束及自我的管理，即使我们有一定的攻击报复行为，也是在社会许可范围内进行。例如我们经常会迁移攻击目标，如工作受挫发泄到配偶身上等，或者是转换到工作、学习、娱乐中。

但是，如果我们这些通常的发泄渠道释放受阻，或者是多次遇到挫折，攻击本能蓄积，蓄积之后又未能得到及时疏泄而超过一定限度后就会置道德、法律、良心于不顾。

我们往往因出这一时之气而招来百日之悔，甚至为报复而打架斗殴、互相伤害，轻则使我们的人际关系更加恶化，逐渐升级，陷入恶性循环。重则让我们两败俱伤，甚至导致犯罪，锒铛入狱，后悔莫及，这又何苦呢？对失去理智的报复行为所带来的不良后果，无疑是我们每个人都不愿看到的。

所以，我们男人应该学会宽恕，事实上我们每个人的一生都是在别人的宽恕中，也是在宽恕别人中度过的，因为你有一颗博大仁爱的心，因此你的人生是如此快乐而又轻松。

其实过好我们生活中的每一天，每个人都并不轻松，只有把我们的那些痛苦像包袱一样一次次地扔掉，我们才会带着快乐轻装前行。

有一些人认为，只要我们不原谅对方，对方一定会因为内疚而痛苦。其实真正痛苦的是我们自己，我们不能原谅对方，因此我们的心情永远处于责怪之中，为此我们耿耿于怀，郁闷不乐，为此我们寝食不安，愤愤不平。

所以我们不妨换个角度，真正学会去宽恕别人也宽恕自己吧！爱自己，也爱别人，常常带着一颗宽恕的心，让爱跟随你的心，在给别人快乐的时候，你将得到最大的快乐。

2. 打消报复的念头

报复心理尽管是我们男人的一种心理被扭曲的变态心理，但是只要我们认识到这种心理的危害性，并进行自我调节，那么这种心理既可以防止，也可以矫正。那么，我们这些热血男人该如何对待报复心理，怎样打消报复行为呢？

（1）反省自己

"金无足赤，人无完人"，我们自己之所以受到他人的批评、指责、举报、恋人离自己而去、妻子要离婚等，这些肯定也有我们自身的原因，因此值得别人批评和举报，恋人也应该离开自己去寻找美好的爱情，妻子应该离婚去谋求幸福。

这样一想，我们也就不会觉得自己委屈了，也不会抱怨别人冤枉自己或对自己无情了。只要我们用理智的态度认识自己、评价自己，看到自己存在的问题，就会杜绝报复心理的产生。一旦产生也很快就会被正常的心态所融化。

（2）多看正面

如果我们凡事都往坏处想，就会越想越糟糕，越想越可怕，越想仇人越多，越想越难解脱。如果我们凡事往好处想，情况就大不一样了。

别人批评指责我，是为了关心帮助我；恋人离开我，这是自己的解脱，如果结合将留下遗祸；第三者插足，是因为自己不善处理夫妻关系，只要努力改善，就可以逐出第三者；自己的欲望不能满足，是因为不切实际或者努力不够；别人赖债或不履行合同是因为有实际困难。这样一想，什么怨恨都会跑得无影无踪了，心情也就自然平和了。

（3）树立宽容的意识

我们之所以产生报复心理，其根本原因就是我们心胸狭隘，缺乏宽容的思想意识。如果有了宽容的意识，对于别人的批评、指责就会正确对待。

这样，即使产生了报复心理，也会用宽容战胜它，也就不会让报复心理困扰自己而使自己走上犯罪的歧途了。

（4）多想后果

因报复心理引发的暴力犯罪尽管能平泄我们心中的怨恨，然而这样既害了他人，同时也毁灭了我们自己；既给别人的家庭造成难以弥补的损失，同时也给我们自己的家庭和亲人带来严重的创伤，更重要的是给社会带来了不安定的因素。

这一切都是不可想象的，因此一想到这严重的后果，我们就应该克服自己的报复心理。

（5）积极寻找正确途径

如果我们自己确实受了委屈，利益受到了损害就应该寻找正确的途径予以解决。或找领导申诉辩解，或找同志交换意见，或通过第三人调解，或诉诸法律。

总之我们要树立信心，采取积极的方式解决，而不应该采取报复这种消极方式处理。因为采取消极的方式是无法解决问题的，只有采取积极的方式，才能办好我们自己要办的事情。

3. 学会宽恕

报复的心理往往会对我们的心血管和神经系统造成不良影响，血压和心律也会有所升高，肌肉也能紧张不少，情绪控制感会大大减弱。那么，我们该如何让自己学会宽恕呢？

比如我们希望晋升，我们的一个同事也希望晋升，而空缺只有一个。结果，最终得到这个机会的是那个同事。偏偏这个时候，我们又听到了有关那个同事的风言风语。如果我们正视这件事情，就会去了解相关情况。

也许事情没有人们说得那么糟，说不定我们的同事没有过错。即便有过错，也是可以理解的！我们在这一基础形成的宽恕才是一种长久的。

不承认伤害只会使我们的心理感觉变得十分麻木，更不可能使自己胸怀宽大起来。一旦不顺的时候再次出现，一旦新的伤害再次降临，说不定会引起更大的情绪反弹，所以正视现实才是更重要的。

我们要承认，若要治愈心理伤口，就要使自己做出一些改变。如果总是墨守成规、固执己见，总是记着别人的不是，那我们的宽恕就无从谈起。我们有些人遇到不顺利的事情，总是将原因归咎于他人。这种思维惯性是不可能使其学会宽恕别人的。

有的时候，别人做出某种事情或者说出某句话，跟我们可能没有任何直接关系，甚至根本没有关系。比如我们跟某个擦肩而过的人打招呼，他却没有理我们。

这个时候，我们应该想一下，说不定这个人没有听到我们的招呼，也可能是有急事，或者刚才遇到了什么不高兴的事情。所以我们也就顺理成章地原谅了别人的不礼貌，这对我们是很有好处的。

经常闭上眼睛，体验一下与宽恕相伴而来的心理放松，宽恕别人对我们的健康、快乐、幸福都有很大的促进作用，所以我们在享受自己的幸福生活的时候，要经常让它们和宽恕联系起来，这样就会强化我们自己的宽恕思想。

将吹嘘的习性转变为谦虚

喜欢吹嘘是许多男人的毛病，这大多是因为虚荣心理作祟。这种人总是喜欢表现自己，到处吹嘘自己，生怕自己的能力不为人所知，而且会显示自己不同于常人的优越感，希望因此得到别人的钦佩和尊重，但结果常常事与愿违。所以将吹嘘习性转变为谦虚是培养男人优秀人格的重要一课。须知，谦虚作为一种重要的美德，更能显出我们人性的高贵，对人生也有莫大的益处。

1. 认识吹嘘与谦虚

许多男人喜欢在公众场合吹嘘自己。男人为什么会喜欢吹嘘自己呢？

这其中的原因有很多，可能为自己在职场中的位置感到自卑，不满意自己不被关注，不是大人物，在单位同事尤其领导面前没有面子。

内心自卑又孤独，渴望被重视，被大家接纳。也渴望大家给自己一个重要一点的位置，渴望大家承认我们有能力。也有可能不想让别人说自己是妻管严，说自己不是个爷们。

其实无论是哪种吹嘘者，都说明他们对自己不够自信，很怕被人看不起，需要被接纳和认可。

一般情况下，我们男人吹嘘是在现实与梦想的巨大落差中寻找一个心理平衡，我们一心想成就一番大事业，做个顶天立地的男子汉大丈夫，但却往往在现实面前四处碰壁、举步维艰。

在内在压力与外在压力的双重挤压下，我们适当地吹嘘一下，也算无可厚非，它多少可以缓解一下我们男人的心理压力。

但总体来说，吹嘘并非好事。无论我们出于何种原因进行吹嘘，大多都容易影响心理健康及人际关系。

一方面，惯于吹嘘让真实的自我越来越小，虚假的自我越来越大，从而极少关注现实问题，因此难以成功。

另一方面，吹嘘或许可以让我们暂时获得他人的尊重，一旦牛皮戳破，对方就会认为你在愚弄他们，从而失信于人。

特别是有时候，吹嘘还会成为一种精神人格异常的表现。有一种"夸大妄想"症病人，其表现之一就是吹嘘。所以，我们务必要克服吹嘘的心理，学会谦虚谨慎。

其实，我们每个男人都差不了太多，根本没有必要去大肆吹嘘什么，要想让自己更优秀，做法很简单，就是谦虚待人，诚心待事，脚踏实地地赢得认可，从而取得做人和做事的成功。

谦虚的人，会给人以亲切感，更容易取得别人的信赖，加上实际工作中适当表现出来的能力，就会赢得别人的尊重。

2. 避免吹嘘的方法

我们男人都有自尊心，都渴求得到他人的尊重，这是一种正常的心理现象。但自尊心一旦脱离现实，变成畸形的需求，就会发展成为虚荣心。为了满足自己的虚荣心，故意夸大或捏造自己工作或生活的某些事实，在别人面前进行吹嘘，使之符合自己的想象，以期引起别人的重视，这就是心理不正常的表现，危害很大。我们平时该如何避免自己的吹嘘心理呢？

（1）树立正确的人生观

我们老是喜欢吹嘘自己，直接原因是虚荣心作祟，根源在于世界观、人生观和价值观发生了偏移。吹嘘自己是大款的人，往往是嫌贫爱富；吹嘘自己有靠山的人，一般都热衷于搞庸俗关系；吹嘘自己神通广大的人，内心里是看不起老实巴交的平民百姓。

因此，我们要改掉吹嘘的毛病，首先要从根本上树立正确的世界观、人生观和价值观上。

（2）有一颗平常心

我们男人中有自我吹嘘毛病的人，既有自尊心过强的问题，也有自信心过低的问题。

一些人既迫切希望得到别人的尊重，又对自己的能力素质信心不足，于是就通过吹嘘来虚构一个"自我"，以此满足自己的虚荣心。

要克服自我吹嘘的毛病，我们一定要正确认识自我，善于接受自我，正确对待别人的评价，无须对别人的评价过于敏感，更没有必要为别人怎么看待自己而忐忑不安。那些实实在在、真真切切的人，往往更能赢得别人的尊重。

（3）认清危害

现实生活中，我们说假话被揭穿后，是非常尴尬的。我们对不诚实的人不屑一顾，更谈不上什么尊重了。

有些人吹嘘自己神通广大，结果别人求他办事却办不成，不仅会招来抱怨，而且自己也十分苦恼。还有冒充大款的人，为了面子上好看，花钱大手大脚，搞得债台高筑，父母骂我们不孝，朋友说我们欠债不还，极个别的甚至为此而走上了偷盗、抢劫的邪路，葬送了自己的美好前程。

（4）不盲目攀比

比较是我们常有的社会心理，但我们要把握好比较的方向、范围与程度。我们要从现实生活出发，不好高骛远，不妄自菲薄。

3. 培养谦虚的要诀

做到不吹嘘还不够，我们男人还必须要懂得谦虚谨慎，对人对事不要骄狂，不要乱摆架子，否则就会使我们自己处在四面楚歌之中，被世人讥笑和瞧不起。只有不居功自夸、不肆意张扬、平易近人的人才能够受到别人的欢迎。我们平时该如何培养自己谦虚的品性呢?

（1）学会低头

在现实生活中，我们应该学会低头，学会认输。处世的智慧就在于你能不能适时地咽下一口气，不去做无谓的坚持。

低头并不会降低我们的人格，能让我们得到谦虚的美德，避开无谓的纷争，避免意外的伤害。学会低头，这是最基本的生活常识。

（2）学会尊重

我们如果任何时候都是高昂着头，别人就会对我们敬而远之。如果你总是把自己看得很高，把别人看得很低，你所得到的必然是对等的蔑视。生活在这个世界上，我们都需要尊重。尊重别人其实也就是尊重自己，这样我们就会显示出谦虚的美德，也会赢得别人的尊重。

（3）永不满足

我们应该知道学无止境，我们应该知道"天外有天，人外有人"。所以我们不能自满，不自满才能让自己表现出真正的谦虚，才能不断进步。

（4）不得意忘形

人生如戏，因此在得意时，一定要懂得收敛，不要锋芒太露，以免招来不必要的是非。

在生活中，我们唯有谦虚才能学到更多的知识，才能让自己永远立于不败之地。面对强者，我们要谦虚，取长补短完善自己；面对弱者，我们不要骄傲，做到见不贤而内自省也。

从今天，从这一刻起，我们用谦虚谨慎的心去面对一切，包容一切。

将虚荣心转变为务实

从心理学角度来说，虚荣心是一种追求虚表的心理缺陷，是一种被扭曲了的自尊心。在社会生活中，每个男人都有自尊心，都希望得到社会的承认，但虚荣心过重者不是通过实实在在的努力，而是利用撒谎、投机等不正常手段去渔猎名誉，这无疑是十分有害的。所以男人们要善于将虚荣心转变为务实，即讲究实际、崇尚实干、排斥虚妄、拒绝空想，从而追求充实而有活力的人生。

1. 认识虚荣与务实

虚荣是指我们表面上的荣耀，虚假的荣誉，是对自身的外表、学识、作用、财产或成就表现出的妄自尊大。

虚荣心是被扭曲了的自尊心，是自尊心的过分表现，是一种追求虚荣的性格缺陷，是人们为了取得荣誉和引起普遍注意而表现出来的一种不正常的社会情感。

所谓"金玉其外，败絮其中"，许多男人只重外表，不求实际，就会造成这样的一个后果。

我们男人中许多好虚荣的人，不能用道理来说服人，也不知用道德来感化人，只用穿着打扮来夸耀自己，难道衣服、鞋袜能够表现一个人的伟大崇高吗？甚至有的人，日常用品、穿着衣物，都要名牌；凡事爱出风头、喜欢受人赞美、经常吹嘘自己等，诸多浮华不实之事，都是虚荣心的表现。

我们男人中虚荣心强的人，往往追求表面上的光彩，并且极力掩盖自己的内心世界。从根本上说，虚荣是一种源于自卑感、极力想得到别人承认、得到荣誉和尊重的心理表现。一旦虚荣心得不到满足，就会产生自卑感。真正懂得荣誉、懂得生命尊严的人，会以求实的精神坦然面对荣辱，而不去在意一时的浮华虚名。我们做人应该实事求是，不要打肿脸充胖子，不要逞一时之快，凡事要脚踏实地，要争千秋，不要只争一时。多少人的十载寒窗，多少人的生聚教训，都在说明从务实勤劳里才能成功。

反之，如果我们只会虚荣，而不肯务实做人，就如一棵没有根的树，是很容易枯萎的；犹如一栋地基不稳的大楼，随时都有倒塌的可能。

2. 消除虚荣的方法

男人在虚荣心的驱使下，往往只追求面子上的好看，不顾现实的条件，最后造成危害。在强烈的虚荣心支使下，有时会产生可怕的动机，带来非常严重的后果。因此，虚荣心是要不得的，应当把它克服掉。我们该如何克服自己的虚荣心呢？

（1）认识荣誉

如果我们不是通过自己的作为得到别人的尊重，而是靠弄虚作假骗取荣誉，即使今天获得了荣誉、受到了尊重，明天或后天也会因名誉不好而失去别人的尊重。

滥竽充数的南郭先生能蒙混一时，但最终还是要被人揭穿，这不就是最好的说明吗?

（2）认清真相

虚荣心实际上是扭曲的自尊心。我们自尊心强的人对自己的声誉、威望等比较关心。做了好事，心里高兴是荣誉感的表现，珍惜荣誉，顾全面子是维持自尊心的正常要求。然而我们为了表扬去做好事，甚至不惜弄虚作假，这就是虚荣心的表现了。

（3）认清危害

虚荣心强的男人，在思想上会不自觉地渗入自私、虚伪、欺诈等因素，这与谦虚谨慎、光明磊落、不图虚名等美德是格格不入的。虚荣的男人为了表扬才去做好事，对表扬和成功沾沾自喜，甚至不惜弄虚作假。他们对自己的不足想方设法遮掩，不喜欢也不善于取长补短。

虚荣的男人外强中干，不敢袒露自己的心扉，给自己带来沉重的心理负担。虚荣在现实中只能满足一时，长期的虚荣会导致非健康情感的滋生。

（4）端正人生观

自尊自重是我们克服虚荣心必须要做到的。做人要诚实、正直，绝不能为了一时的心理满足，不惜用人格来换取。只有把握住自尊与自重，才不至于在外界的干扰下失去人格。

随着社会的发展，我们的观念发生了新的变化，加上社会上某种消极因素的影响，不少人对生活、前途、人生的态度过分追求外在的虚华。讲排场、摆阔气、大吃大喝、攀比，这都为虚荣心的滋长提供了土壤。只有树立正确的人生态度和价值观，才能更好地克服虚荣心理。

（5）调整心理需要

需要是我们生理的和社会的要求在人脑中的反映，是人活动的基本动力。在某种时期或某种条件下，我们有些需要是合理的，有些需要是不合理的。因此一定要根据自己的实际情况和真实需求进行取舍。在认清自己的心理需求只是虚荣的时候，应该立即进行调整，别为了一时的面子就害人害己。我们一定要学会知足常乐，多思所得，从而实现自我的心理平衡。

3. 做到务实的要诀

我们现代人生活节奏越来越快，压力重，欲望高、诱惑大，随之而来的痛苦和烦恼也就越多，在这样的情况下，我们要以清醒的心智和从容的步履走过岁月，我们的心境中不能缺少淡泊。我们该如何做到务实呢？

（1）树立崇高理想

我们追求的目标越崇高，对低级庸俗的事物的抵制力就越强。我们应该追求内心的真实的美，不图虚名。

我们自我价值的实现不能脱离社会现实的需要，必须把对自身价值的认识建立在社会责任感上，正确理解权力、地位、荣誉的内涵和人格自尊的真实意义。

我们只有着眼于现实，把自己的理想与国家、民族的前途结合起来，通过艰苦努力，克服前进道路上的困难和障碍，才有可能实现自己的远大理想和抱负。

我们很多人能在平凡的岗位上做出不平凡的成绩，就是因为有自己的理想，同时做到自知之明。这就是说要能正确评价自己，既看到长处，又看到不足，时刻把消除为实现理想而存在的差距作为主要的努力方向。

（2）自知之明

人生逆境十之八九，我们总不能事事如意，在某方面达不到自己的要求或自己有某些方面比不上人家，这是正常的，无须耿耿于怀，更不必用虚假的东西来掩饰。假的就是假的，被人识穿以后会更加丢人现眼。

（3）善于主宰自己

我们不要过于计较别人怎样议论和怎样看待自己，我们对于别人的言论和看法，往往采取批判的接受态度。

我们不能时时处处以取悦别人为目的，把他人的言论作为自己的行为准则，如果那样，就会不知不觉地给自己套上一个无形的精神枷锁，最终只能是不断助长自己的虚荣心理。

（4）矢志奋斗

虚假的荣誉不属于自己，它终究会被人遗弃。我们与其追逐一个个转瞬即破的肥皂泡，还不如立下大志，通过奋斗创造自己的未来。经过奋斗得来的荣誉，才是真实的和自豪的，务实者会脚踏实地地从今天做起，坚持下去，这样真正的荣誉就会降临到你的身上了。

第五章

获取成功的心理素质

　　成功的心理素质是指个体在适应与应对环境过程中表现出来的良好心理品质。如果你真的想要获得成功，你必须要有强烈的成功欲望，就像你有强烈的求生欲望一样。成功起源于强烈的企盼，孕育于痛苦的挣扎，是寻找自我最终超越自我的一种结果。一个人事业成功与否，很大程度上取决于个体的成功心理素质。

让自卑心理变为自信

自卑，就是自己轻视自己，看不起自己。自卑心理严重的人，并不一定就是他本人具有某种缺陷或者短处，而是不能悦纳自己，自惭形秽，常常把自己放在一个低人一等、不被自己喜欢、进而演绎成别人看不起的位置，并由此陷入不可自拔的境地。

自卑对我们的发展会产生很多危害，因此我们应该树立自信，寻找成功。

1. 认识自卑与自信

在社交中，具有自卑心理的男人孤独、离群、抑制自信心和荣誉感，当受到周围人的轻视、嘲笑或侮辱时，这种自卑心理会大大加强，甚至以畸形的形式，如嫉妒、暴怒、自欺欺人的方式表现出来。

自卑是一种低劣心理，是一种消极的心理状态，是实现理想或愿望的巨大心理障碍。自卑的人往往都是失败的俘虏、被轻视的对象，严重的自卑心理能导致一个人颓废、落伍、心灵扭曲。因此，自卑是成功的敌人。

通常，自卑感强烈人往往有过一些特别严酷的经历，有心理创伤。

但是，在遭遇同样心理创伤的情况下，并非所有的人都会产生自卑感，因为我们的心理创伤并不是完全起因于外部的刺激，还有我们主观性格的原因。

自卑感较强的人一般具有小心、内向、孤独和偏见、完美主义等性格特征。

造成自卑心理的原因还有很多，如我们生理素质方面的，五官不够端正、过胖、过瘦、过矮、口吃、身体有残疾、缺陷等；社会环境方面的，如出身农村、经济条件差、学历低、工作环境不好、家庭或单位的影响等。

自卑是苦恼和痛苦的，因此我们自卑者总是想方设法要去掉这个心病。

自卑的对立面是自信，自信就是我们自己相信自己，自己看得起自己。别人看得起自己，不如我们自己看得起自己。

我们男人常常把自信比作发挥能动性的燃料，启动聪明才智的马达，这是很有道理的。我们要确立自信心，就要正确地评价自己，发现自己的长处，肯定自己的能力。

如果我们只看到自己的短处，似乎是谦虚，实际上是自卑心理在作怪。尺有所短，寸有所长，我们每一个人都是平等的，只是分工不同。

我们每个男人都有自己的长处和优点，并以己之长比人之短，就能激发自信心。我们要学会欣赏自己，表扬自己，把自己的优点、长处、成绩、满意的事情，统统找出来，反复刺激和暗示自己。

当然自信不是让我们孤芳自赏，也不是让我们夜郎自大，更不是让我们得意忘形，而是激励我们自己奋发进取的一种心理素质，是以高昂的斗志，充沛的干劲，迎接生活挑战的一种乐观情绪，是战胜自己、告别自卑、摆脱烦恼的一剂灵丹妙药。

2. 去除自卑的方法

自卑是一种消极的心理状态，是实现理想的巨大心理障碍。自卑让我们成为失败的俘虏，严重的自卑还会导致我们心灵的扭曲，使我们走向消极。

虽然造成我们自卑的具体原因不同，但是，无论是哪一种原因造成的，自卑绝不是绝症。

只要我们男人有决心，能够正确认识，能够对症下药，就可以克服一切。那么我们该如何克服自卑心理呢？

（1）查找原因

我们应该正确分析自己的自卑感形成的原因，然后对症治疗。如果是家庭环境造成的，我们就应该告诉自己，长辈的挫折不能传递给我们。

作为一个正直的人，应该开拓新的人生道路，而不应该总是心灰意冷地龟缩在长辈们留下的阴影里。如果是因为父母错误的教育方式造成的，我们就应该树立起自信心，通过自己的努力和勤奋证明自己与别人一样，有头脑，能干，同样可以像别人一样取得成功。

（2）择友

我们要有意识地选择与那些性格开朗、乐观、热情、善良、尊重和关心别人的人进行交往。

在交往的过程中，你的注意力会被他人所吸引，会感受到他人的喜怒哀乐，从而跳出个人心理活动的小圈子，心情也会变得开朗起来，同时在交往中，能多方位地认识他人和自己，通过有意识的比较，可以正确认识自己，调整自我评价，提高自信心。

（3）暗示自己

我们要不断提高对自我的评价，对自己做全面正确的分析，多看看自己的长处，多想想成功的经历，并且不断进行自我暗示、自我激励，如"我一定会成功的""人家能干的，我也能干，不比他们差"等，经过一段时间的锻炼，自卑心理会被逐步克服。

（4）从能胜任的事情做起

我们要想办法不断增加自己成功的体验，寻找一些力所能及的事情作为试点，努力获取成功。如果第一次行动成功，使自己增加了自信心，然后再照此办理，获取一次次的成功，随着成功体验的积累，我们的自卑心理就会被自信所取代。

3. 树立自信的要诀

我们男人要记住一句话：没有永远的困难，也没有解决不了的困难，只是解决时间的长短而已。困难与人生相比，它只不过是一种颜料，一种为人生增添色彩的颜料而已。

当我们遇到困难的时候，不要逃避问题或是借酒消愁，只要我们对自己有信心，那么什么困难都难不倒我们。那我们如何才能提高自己的自信心呢？

（1）克服自卑

我们首先要克服自卑的心理，才可能树立自信心。只要努力，方法得当，那么什么事都能办到。

（2）昂首挺胸

遇到挫折而气馁，垂头丧气是失败的表现，是没有力量的表现，是丧失信心的表现。成功的人，获得胜利的人总是昂首挺胸，意气风发。昂首挺胸是我们富有力量的表现，是自信的表现。

（3）行走时要有力

心理学家告诉我们，懒惰的姿势和缓慢的步伐能滋长人的消极思想，而改变走路的姿势和速度可以改变心态。

（4）坐在前面

坐在前面能建立我们的信心，因为敢为人先，敢上人前，敢于将自己置于众目睽睽之下，就必须有足够的勇气和胆量。久而久之，我们的这种行为就成了习惯，自卑也就在潜移默化中变为自信。

另外，坐在显眼的位置，就会放大我们在领导及老师视野中的比例，增强反复出现的频率，起到强化自己的作用。把这当作一个规则试试看，从现在开始就尽量往前坐。虽然坐在前面会比较显眼，但要记住，有关成功的一切都是显眼的。

（5）正视别人

心理学家告诉我们，不正视别人，意味着自卑。正视别人则表露出的是诚实和自信。同时，与人讲话看着别人的眼睛也是一种礼貌的表现。

（6）当众发言

当众发言是我们克服羞怯心理、增强自信心、提升热忱的有效突破口。这可以说是克服自卑的最有效的办法。

想一想，我们的自卑心理是否多次发生在这样的情况下？我们应明白：当众讲话，谁都会害怕，只是程度不同而已。所以我们不要放过每次当众发言的机会。

（7）善于表现

心理学家告诉我们，有关成功的一切都是显眼的。试着在乘坐地铁或公共汽车时，在较空的车厢里来回走走，或是当步入会场时有意从前排穿过，以此来锻炼自己。

（8）保持笑容

没有信心的人，经常眼神呆滞、愁眉苦脸，而我们雄心勃勃的人，则眼睛总是闪闪发亮、满面春风。

我们人的面部表情与人的内心体验是一致的。笑是快乐的表现。笑能使我们产生信心和力量，笑能使我们心情舒畅、精神振奋，笑能使我们忘记忧愁、摆脱烦恼。

学会笑，学会微笑，学会在受挫折时微笑面对，就会提高我们的自信心。

将恐惧心理调整为无畏

恐惧心理，是在真实或想象的危险中，一个人所感受到的一种强烈而压抑的情感状态。其表现为：神经高度紧张，内心充满恐惧，注意力无法集中，脑子里一片空白，不能正确判断或控制自己的行为，变得容易冲动。

所以我们男人要塑造坚强的个性品质，培养自己勇敢无畏的精神，自觉克服恐惧心理，这样才能让自己做起事来勇往直前，直到成功。

1. 认识恐惧与无畏

我们许多男人特别是年轻人由于缺乏社交场合锻炼，初涉世事，当与陌生人接触时，在众目睽睽之下，尤其是需要回答问题或做演讲时，由于过度紧张便会出现脸红心跳、语无伦次、动作拘谨等失常现象。

我们平时可能讲起话来滔滔不绝，可一到正规场合就显得十分紧张，支支吾吾的什么也说不上来。

有的人在参加考试前失眠、进考场后晕场，有的在参加重大比赛时怯场、不能发挥正常水平。

恐惧心理的产生与我们过去的心理感受和亲身体验有关。俗话说："一朝被蛇咬，十年怕井绳。"我们如果在过去受过某种刺激，大脑中就会形成一个兴奋点，当再遇到同样的情景时，过去的经验被唤起，就会产生恐惧感。

恐惧心理还与我们的个人性格有关。一般从小就害羞、胆量小，长大以后也不善交际，孤独、内向的人，易产生恐惧感。

恐惧心理对我们男人的身心健康损害极大。之所以心理学家对恐惧心理的治疗研究一直颇为热衷，是因为外部环境和躯体本身的致病因素，常常首先使人产生恐惧的情绪反应，然后才产生其他心理、生理功能的异常变化。因此对人的身心健康危害最大的就是恐惧心理。

当我们产生恐惧时，常伴随一系列的生理变化，如心跳加速或心律不齐、呼吸短促或停顿、血压升高、脸色苍白、嘴唇颤抖、嘴发干、身冒冷汗、四肢无力等，这些生理功能紊乱的现象，往往会导致或促使躯体疾病的发生。

另外，恐惧会使我们男人的知觉、记忆和思维过程发生障碍，失去对当前情景分析、判断的能力，并使行为失调。如旅馆失火时，住在旅馆里的人常常显得慌乱、紧张、不知所措，争先恐后往外跑。

长期处于恐惧状态中，会严重地影响我们的寿命。两只同窝出生的羊羔在相同的阳光、水分、食物条件下生活，一只与拴着的狼为伴，因恐惧而不思饮食、消瘦而死亡，另一只则健康生长。

俗话说"狭路相逢勇者胜"，勇敢无畏才能让我们克敌制胜。所以我们要从平时做起，积极勤奋地学习，不断锤炼自己的意志，努力防止和消除恐惧心理对自己的影响。培养自己勇敢无畏的心理，让自己健康成长，获取成功，享受快乐。

2. 消除恐惧的方法

由于恐惧心理对我们的成功影响很大，而且还会影响我们的身心健康，所以我们一定要想办法消除恐惧心理。那我们该如何做呢？

（1）树立自信

自信自立是我们男人消除恐惧心理的前提。要知道，每增加一分自信，我们就会多一分勇气，就能消除一分恐惧。在恐惧面前，多想克敌制胜的长处，多回忆自己努力后成功的事例，这样就能牢固树立克服恐惧的信心。

（2）勤奋苦练

我们首先要正视恐惧的对象，也就是要弄清自己到底怕什么，不要强迫自己回避感到恐惧的事物，也不要掩盖自己的恐惧感。

我们要主动、积极地去接触恐惧的东西，例如，如果害怕在人前讲话，那么偏在人前讲话。

我们要注意在日常训练中要对疑虑不解的问题耐心地找出正确的答案，变疑虑为了解，增强制胜心理，消除恐惧的根源。当我们知识完备的时候，所有的恐惧将统统消失。

（3）向榜样学习

榜样的力量是无穷的，我们要善于用英雄人物勇敢无畏的精神激励自己，相信世界上没有征服不了的困难，没有克服不了的恐惧，从而在平时的训练和生活中勇敢地面对恐惧，战胜恐惧。

（4）转移视线

在恐惧的时候，我们男人可以将自己的注意力从恐惧的对象上转移到其他无关的方面，淡化恐惧，并消除恐惧，反复接受引起恐惧事物的刺激，习惯成自然后，也就不再恐惧了。

相信通过以上的不同方法，我们已经能够逐渐克服自己的恐惧心理了。

不过克服了恐惧，并不代表我们就已经无畏，在特定的条件下，的恐惧心理还可能产生，这就要我们不断克服，真正让自己勇敢起来。

3. 做到无畏的要诀

无畏就是大胆，就是勇敢，不惧怕，具有冒险精神，自信，和自我肯定。无畏增加了我们生活的勇气和信心，增加了我们对于成功的体验，我们该如何让自己变得无畏呢？

（1）心底无私

无私才能无畏，我们不能处处时时都以自己的利益为出发点，那样不可能无畏。

（2）磨炼性格

性格坚强的人才会勇敢，所以我们平时要注意在艰苦的环境下磨炼自己的性格，学会吃苦耐劳，不能娇惯自己。

（3）知识积累

知识是力量的源泉，无论我们做什么事情，都需要知识和技能。有了知识技能，我们去做事的时候才心里有底，才会具有勇往直前的信心和勇气，否则心里没底，又怎么会勇敢呢？

（4）道德修养

要注意培养我们的社会公德意识和正义感，是非分明，爱憎分明，明白哪些事情是值得自己出力出汗甚至献身的，哪些事情是不值得那样做得，这样你的勇敢才能用到正地方，才会为正义、为社会、为大众激发出勇气，并勇敢投入。

将狂妄之心转化为低调

狂妄是一种致命性的心理缺陷。这类人多表现为目中无人，自以为是，是一种缺乏修养的表现。狂妄的人常常在无意中伤人，也常常因为这种秉性而使自己受伤。

就客观而言，有些人，并不是没有才华，之所以不能施展才华，就是因为太狂妄。没有人乐意与一个不可一世的人共事，更没有人乐意帮助一个出言不逊的人。所以为人还是低调一点的好。

1. 认识狂妄与低调

狂妄是一种极端放肆、极端高傲的心态。狂妄在我们身上通常表现为妄自尊大、自命不凡、肆无忌惮、目中无人。

狂妄是极端的自高自大，通俗地说，就是对自己给予过高的评价，对他人给予过低的评价，甚至不把他人放在眼里。狂妄自大是自我意识的膨胀、扩大，属于一种消极的自我意识。

狂妄比骄傲更甚，我们男人骄傲的时候不过是对自己的长处自吹自擂，自高自大，尽管也有夸大的成分，但绝不会到肆无忌惮、恣意妄为的程度，也绝不会达到口出狂言、放肆无礼的程度。

狂妄者都是拿着放大镜看自己的长处，甚至把缺点也视为长处，拿显微镜看他人的短处，把别人的细微的短处找出来。

狂妄者容易产生盲目乐观的情绪，自以为是，不易处理好人际关系。而且会对自己提出过高的要求，承担无法完成的任务、义务，从而导致失败。

狂妄者没有认识到世界上没有十全十美的人，每个人都有优缺点，都有自己的长处和短处。正是因为对自己的高估才导致对别人的低估。

具有狂妄心理问题的人，会时不时表现出狂妄心态和行为。

当我们议论、研讨某个问题时，其不管自己对议论和研讨的内容是否熟悉，都会情不自禁地大放厥词、高谈阔论，全然不顾他人的感受，也绝不会给人留一点情面。

当他们听到有人褒扬他人时，就会嗤之以鼻，认为只有自己才有资格受此殊荣。

于是，他们往往大言不惭地吹嘘自己，千方百计地贬低他人，把他人说得一无是处，以显示自己才是"鸟中凤凰"。

有狂妄心理的人还会制造显示自己狂妄的情景。例如他们在与人交往时，会竭力表现自己与众不同的优越感，以慑服众人，从而盛气凌人，显得不可一世、唯我独尊。

狂妄只能让我们失败，这是被无数事实证明了的客观规律。纵观历史，只有低调务实的人，才能在事业上有所成就。

狂妄很容易伤害别人，同时也会让别人看不起。因为一个人的能力不是靠嘴吹的，我们一定要学会低调做人，这样才能让自己有所成就。

2. 去除狂妄的方法

有狂妄心理的人，需要对自己做一番全新的评价和估计，将自己从自以为是的陷阱中拉出来，并且重新学习与人相处。否则，在社会上是难以立足的。那么，怎样纠正狂妄心理呢？

（1）了解别人

狂妄的人通常都是以自我为中心，不了解他人的需求。长期坚持对他人的了解之后，我们就会由自我世界中走出来，随之我们的自以为是也会慢慢地消逝。

（2）调整动机

达到或超过优异标准的愿望，是我们认真地去完成自己所认为重要或者有价值的工作，并欲达到某种理想地步的一种内在推动力量，正是这种力量推动我们奋发图强。

我们要实事求是地评价自己的能力、知识水平，定出符合自己实际能力的奋斗目标。

（3）善于学习

我们要虚心地取人之长，补己之短。诚然，谁都不可能成为无所不能、万事皆通的全才，然而，只要我们虚心地向别人学习，善于把别人的长处变成自己的长处，那么必定会越来越聪明、越来越进步。

（4）接受批评

接受批评是根治我们狂妄心理的最佳办法。狂妄者的致命弱点是不愿意改变自己的态度或接受别人的观点，接受批评即是针对这一特点提出的方法。

这并不是让狂妄者完全服从于他人，只是要求其能够接受别人的正确观点，通过接受别人的批评，改变过去固执己见、唯我独尊的形象。

（5）平等待人

狂妄者视自己为上帝，无论在观念上还是行动上都无理地要求别人服从自己。平等相处就是要求狂妄者以与别人平等地交往。

（6）谨言慎行

我们男人不能由着自己的狂妄性子口若悬河，到处吹嘘自己，更不能目空一切，损人无礼。我们要知道天外有天，人上有人，即使本事再大，也必定有不足之处、不懂之理，狂妄只能被人鄙视，被人厌恶，被人嫌弃。

只有实事求是地评价自己，凡事谦虚小心，多看到自己身上的不足，多学习他人的长处，才能消除狂妄之心和狂妄之举。

3. 学会低调的要诀

克服了狂妄心理，我们还要学会低调做人。战胜了自己的狂妄，只是医治了我们心理上的问题，还没有真正学会如何做人。只有学会低调做人，你才会越来越稳健，才能赢得别人的尊敬，从而走向成功。我们该如何学会低调呢？

（1）谦卑处世

谦卑是一种智慧，是我们为人处世的黄金法则，只有懂得谦卑，我们才能真正得到人们的尊重，受到世人的敬仰。

（2）要有忍耐力

要成就大业，我们就得分清轻重缓急，该舍的就得忍痛割爱，该忍的就得从长计议，这样才能实现理想。

（3）懂得让步

懂得让步才能让我们化敌为友，才能有良好的人际关系。

（4）不要恃才傲物

当你取得成绩时，你要感谢他人、与人分享、为人谦卑，如果你习惯了恃才傲物，看不起别人，那么总有一天你会独吞苦果！

（5）学会谦逊

我们懂得了谦逊，才能懂得如何积蓄力量，才能在生活、工作中不断积累经验与教训，最后达到成功。

（6）不揭人伤疤

我们不能随便拿朋友的缺点开玩笑，不要以为你很熟悉对方，就能随意取笑对方的缺点，揭人伤疤。那样就会伤及对方的人格、尊严，违背开玩笑的初衷。

（7）放低姿态

面对别人的赞许恭贺，我们应谦和有礼、虚心，这样才能显示出自己的君子风度，才能保持和谐良好的人际关系。

总之，低调做人是我们为人处世的一门艺术，是一种诗意栖居的智慧，是一种谦虚谨慎、超然洒脱和优雅的人生态度，是一种海纳百川的胸襟、一种圆熟睿智的情怀，更是赢得人生、取得成就的法宝。

将易发的冲动转化为冷静

冲动是我们男人常常犯错的根源。遇事冲动的人考虑问题肤浅，不计后果，很容易酿成悲剧。所以，将易发的冲动转化为冷静对人生的发展十分重要。克服冲动的良药是冷静，我们要变热处理为冷处理，这样我们才会及时解决问题。

1. 认识冲动与冷静

我们男人在冲动的时候，思维要么非常混乱，做事情就会乱套，没了章法。要么头脑变得一根筋了，做事情很容易走偏,对眼前的棘手问题想做出及时正确的反应几乎是不可能的。

生活中我们时常听到这样的事情,某人跳楼自杀后,其朋友都说他平时是很平静、很容易沟通的,没听说过他和谁积过怨,甚至都不知道他会有什么想不开的地方。

或者某人动刀砍人犯罪之后,说是自己之前从未想过要砍人,和被砍的人也只是因为小事而冲突起来的。

那为什么会发生这样的事呢?其实是因为我们在冲动的时候容易做出一些平时连想都不会去想的事情,从而导致了对自己或是对他人的伤害。

冲动是魔鬼,我们往往会由于一时冲动做出不理智的事,如喜欢冲动的人常常会因为一些小事,甚至一句过激的话,就和别人打起来。

冲动让我们缺乏冷静,不懂宽容,大打出手。如果我们每个人都不能控制自己的冲动的话,那么,我们的社会将成为一个到处充满战火和硝烟、处处都是冲动和仇恨的社会。

冲动就容易犯错,如果继续冲动,错误就会继续犯下去,可能会越犯越大,不可收拾。

我们经常听说这样一句话"聪明一世、糊涂一时",有些错误犯了之后,可能会遗憾终生。古往今来,就连很多英雄好汉也是死于冲动,如桃园结义的刘备、关羽、张飞三兄弟均因冲动而死。

生活中,特别是在集体生活中,我们每个人都难免与别人产生磨擦、误会，甚至仇恨。心胸狭窄的人无法容忍一点点摩擦和误会，遇事冲动，咽不下一点气，他们的人生之路是狭窄的。

而心胸宽广的人却善于化敌为友，因为他的心里没有仇恨，只有冷静、宽容和忍让，他的朋友越来越多，他的人生之路越走越宽。人生之路上，别忘了在自己的心里装满宽容，忘掉仇恨，远离仇恨，那样就会少一份阻碍，多一份成功。

2. 消除冲动的方法

在我们的日常生活中，每个人都会有冲动的时候，偶尔的冲动是可以理解的。但如果经常冲动，而且是未经考虑的自发行为，往往会导致一些不良的后果。这种处事方式既不利于我们的健康，也会破坏与他人的关系。那我们应该怎样克服爱冲动的缺点呢？

（1）正确看待问题

冲动行为一般是自己遇到不满意的事情时发生的。这个时候，我们男人应该认识到，世界上的事情不是每件都按自己的意愿发展的。既然事情已经发生，我们就应该考虑怎样去解决它，不能感情用事。

（2）适当发泄

当你情绪激动时，一定要保持冷静，换一个环境，进行深呼吸放松自己，把自己从不愉快的事情中拉出来。心中告诫自己：冲动的后果会让自己后悔的！

当自己的情绪稳定以后，可以找父母、朋友，把自己心中的不满和愤怒倾诉出来。

（3）学会容忍

只有让心的容量变得更大，只有让心的韧性变得更强，我们才能更好地驾驭冲动这匹野马，才能在生活中享受快乐。

（4）三思而后行

冲动情绪往往是由于我们对事物及其利弊关系缺乏周密思考引起的，在遇到与自己的主观意向发生冲突的事情时，若能先冷静想一想，不匆促行事，情绪也就冲动不起来了。

（5）锻炼自制力

易冲动的一个重要因素在于我们男人本身缺乏自制力，自己掌控不了自己的情绪，像个易燃品见火就着，所以在发现自己可能冲动的时候，要学会克制自己，这也就是人们常说的变热处理为冷处理。

（6）扩展心胸

冲动情绪的产生往往和我们男人的心胸、气度大小有关，如果我们对有损自己的言行有一种容忍精神，经得起错误的批评甚至冤枉，能够委曲求全，克己让人，冲动也就不那么容易产生了。

（7）听从劝告

我们在情绪冲动的时候，旁人的劝告能使自己从牛角尖中走出来，对自己的激烈情绪起到缓冲作用。

（8）理智对待

当你被别人讽刺、嘲笑时，如果你顿显暴怒，反唇相讥，则很可能双方争执不下，怒火越烧越旺，这样于事无补。

但如果此时你能提醒自己冷静一下，采取理智的对策，如用沉默为武器以示抗议，或只用寥寥数语正面表达自己受到伤害，指责对方无聊，对方反而会感到尴尬。

（9）暗示法

当我们察觉到自己的情绪非常激动、眼看控制不住时，可以及时采取暗示、转移注意力等方法自我放松，鼓励自己克制冲动。

可以在心里对自己说："不要做冲动的牺牲品，没什么大不了的"等，或转而去做别的事情，或去一个安静平和的环境，这些都很有效。我们可能只需要几秒钟、几分钟就可以平息下来。

3. 做到冷静的要诀

保持冷静，需要我们男人平时形成习惯，不仅要克服自己的冲动心理，还要有一个冷静的头脑，让自己处事不慌。那么我们该如何做到冷静呢？

（1）驾驭愤怒

要想做到冷静，首先我们得能够驾驭愤怒。愤怒是一种激烈的情绪的表现，偶尔一次也无不可，但经常发怒不好，会让我们失去冷静的习惯。

发怒了，情绪失控了，不妨拖延一下，转移一下。可以数数字，慢慢数，可能等你数到60的时候，火也就发不起来了！

（2）克服紧张情绪

压力、矛盾、冲突、风险、危机，很容易使我们紧张，失去应有的冷静，变得手足无措。

过多的紧张对工作对身体对生命都没有好处，我们可以通过沟通协调、学会享受、参加一些文明的娱乐活动等来消除紧张的情绪。

（3）摆脱消极情绪

消极情绪本身就是一种不冷静的态度，我们可以经常培养自己的积极情绪，热情的心态，开放的心态，自己找乐趣。

（4）合理宣泄情绪

长期受不良情绪影响，会在心里积累并可能最终爆发，让我们心理失控，不能冷静。

我们要适当宣泄，可以到一个没有人的地方，大叫，发泄，大叫的时候可以做着一些夸张式的动作，人便会放松下来。

（5）多学知识

我们的修养同自己的文化知识的多少关系很大，看的东西多了，知道的东西多了，就不会为了一些无关大局的事情发火，涵养是知识陶冶出来的。

总之，冷静是我们男人成功的智慧之一，它可以让我们把自己的潜力真正发挥出来，让我们学会应对复杂的局面，从而取得成功。

把失望心理转变成希望

失望与希望是截然相反的一种心理。失望的特征是心灰意冷，甚至万念俱灰。这无疑会弱化并挫伤一个人的意志，会使人失去前进的动力和奋进的勇气。而希望则是一种积极阳光的心理。

所以，作为一个真正的男人，我们要勇于战胜失望，善于把失望变成希望。须知，希望是动力，是信念的支撑，是引领我们踏上成功之路的一盏明灯。

1. 辩证地看待失望与希望

希望与失望恐怕是我们人类所有感情中最古老的。当我们茹毛饮血的祖先在茫茫荒原中为拾得一枚野果而欢呼雀跃、为一只野兔的逃脱而捶胸顿足之时，希望与失望就已经编入了人类情感的词典。

我们今天的思维方式，感情色彩比我们的祖先要复杂多了，但这希望与失望的纠葛、牵缠恐怕仍没有太大的变化。

我们每个人的一生中总会伴随着这样那样的希望，也会同时品尝着大小不同的失望，生活就是在希望与失望的交替中向前行进着。希望时时在，失望天天有。希望越大，失望也越大。希望越多，失望也会越多。

但是，如果我们没有那么多的希望和失望，我们的人生还有什么意义？希望因失望而珍贵，失望因希望而悲壮。希望中有美，失望中也有美。只要我们能够发现美，一切就都还有希望。

希望的美大多是自然的美，而失望的美大多是理智的美，能领略、品味到失望美的人比只能或只想观赏希望美的人更充实、睿智。

失望毕竟是痛苦的，但这苦痛包含着我们人生悲壮惨烈之美。希望是向日葵，失去了太阳就找不到方向。失望是仙人掌，它告诉我们在沙漠里只有靠自己的生命力去维持自己的生命。

令人失望的事可以成为一次有积极作用的经历，因为它用事实给我们上了一课，它就像早晨洗脸用的冷水，使我们清醒过来，正视生活的现实。它提醒我们重新考察自己的愿望，以便使之更加切合实际。这正是失望与希望的辩证关系所在。

我们男人可以失掉这一件东西或那一件东西，放弃这一个想法或那一个想法，但无论如何，不能失掉和放弃生活的希望。一个没有希望的人，必然要成为自甘沉沦、淡漠处世、灰溜溜地过日子的人。

2. 消除失望的方法

我们男人往往以为形势发展不如我们所愿，我们就应该失望，就应该烦恼、消沉、失意，甚至生气。可是我们从没想到，其实正是我们自己对事物的认知角度引起了自己的失望，而那是自己可以控制的。那么我们平时该如何消除自己不良的失望情绪呢？

（1）找到根源

当我们感到失望的时候，想想是什么令我们失望，真的是因为当时的情况，还是因为某个人，或者因为他们没有按照你认为的那样表现？

我们要慢慢地让自己看清楚形势的发展，学会从一个新视角去看待问题，以正确的态度对待正在发生的事情。

如果能够这样做，我们失望的感觉就会变少，这将有助于你更好地控制情绪，更好地掌握自己的情绪和行动。

（2）接受失败

爱迪生有句名言：“失败也是我需要的，它和成功一样对我有价值。”失败是一种强刺激，对于我们来说，往往会产生增力性反应。因此失败并不总是坏事，也没有什么可怕的。面临失败，我们不能失望，而是要找出失败的原因，寻求进取之策，下一次就会成功。

（3）把失败当过程

世界上固然有一帆风顺的幸运儿，而更多的却是命途多舛、历尽艰辛的奋斗者，爱迪生发明灯泡先后试制了10000多次，无疑，其间至少也失败了很多次。倘若爱迪生不把自己一次次的失败当作前进的过程，不要说一万次失败，就是100次失败也足以使他望而生畏，知难而退了。因此我们要提高克服失望情绪的能力，就要增强自己承受挫折的耐力。

（4）期望适中

如果我们对外语一窍不通，却期望很快当上外文小说翻译家，岂不自寻失望？如果我们平时学习成绩平平，却想进重点大学深造，结果难免失望。

事情的结果同我们的期望不符合，期望越是过高，失望越是在，因此我们应该追求同自己的能力相当的目标，脚踏实地地向目标前进，这样才会得到自己想要的东西，才会少一些失望、多一些希望。

（5）适时调整

生活中，期望不只是一个点，而应该是一条线、一个面。这样的好处是，一旦遇到难遂人愿的情况，我们就有思想准备放弃原来的想法，追求新的目标。

比如我们去剧场听音乐会，原先以为自己喜爱的歌唱家会参加演出，不料他因病不能演出，我们当时会感到失望。如果我们这时将期望的目光投向其他歌唱家时，我们就会抛弃失望情绪，逐渐沉浸在艺术美的境地中，内心充满着欢悦。

（6）持之以恒

根据自己的生活与感受，我们不难发现，在我们的生活中，总是充满着困难、坎坷、挫折、失败，所以当太多的或不可接受的不如意向我们袭来时，我们自然会感到茫然和失望，这本是人之常态，许多人常半途而废，然而，其实只要再多等一分钟，再坚持一下，我们就会胜利。

我们之所以失望，主要是因为缺乏毅力和在困境时的自我确认。所以在我们遇到困境想放弃时，别忘了提醒自己：人生犹如四季的变迁，此刻只不过是人生的冬季而已。若冬天已来，春天还会远吗？只要不放弃希望，永远和失望做斗争，我们就不会成为胜利者，希望就会变成现实。

3. 拥抱希望的要诀

我们人类最可宝贵的财富是希望，希望减轻了我们的苦恼，为我们在享受当前的乐趣中描绘来日乐趣的图景。

如果我们只限于当前，那么我们就不会再去播种，不会再去建筑，不会再去种植，我们就会没有希望。那么，我们该如何经营自己的希望呢？

（1）规划生活

学会平衡自己各种各样的要求和责任，这点对于我们很重要。如果我们觉得其中某件事是至关重要的，我们就很可能会忽略其他的事情。

如我们太专注于工作，就可能会忽略家庭，太专注你的个人爱好，那么工作和家庭将会被忽视。规划自己的生活，确定优先次序，才能带给你长久的希望和幸福。

（2）充满情趣

心情要靠自己调节，早上起床面对镜子给自己一个迷人的微笑，对自己说："我是最棒的！"

知道自己没有条理，可以对症下药，为自己设计一个一日时间表，让自己充实起来，多看一些书充实自己，也可以出门旅行游览大好河山，放松自己的心态。还可以为自己制定一个目标，学一样本领，让生活充实起来。多和父母、同学交流自己的感受，相信自己，生活是五彩缤纷的。

（3）训练爱心

爱与被人爱，这是人的本能欲望。如果我们能够对社会、对他人充满爱心，并能够成功地获得对方的爱与尊重，我们就会很开心。

相反，如果我们既对他人缺乏欣赏的热情和兴趣，又不能获得他人的爱或尊重，我们很可能就会郁闷、压抑而痛苦不堪，就会感到生活没有多少希望。

让我们从关心身边的人和事做起，学会每天起床后对自己说"你好！"在路上遇到帮助需要帮助的人时，主动帮助别人并保持微笑！时间长了，习惯了，我们就有爱心了。

（4）保持好奇

我们在孩提时，大多有很强的好奇心，长大了，有所恶有所好，渐渐地发现我们自己的脚步放慢了，或是知识更新得更快了，我们感到自己跟不上时代的发展了，于是失去了希望。那么最好的方法就是找到我们的好奇心，这样我们会发现人生真是乐趣横生，生活也就充满了希望。